全国普通高等中医药院校药学类专业第三轮规划教材

有机化学学习指导（第3版）

（供药学、制药工程、中药学等专业用）

主　编　赵　骏　杨武德

副主编　方　方　钟益宁　房　方　陈胡兰　尹　飞　张园园　权　彦

编　者　（以姓氏笔画为序）

万屏南（江西中医药大学）	方　方（安徽中医药大学）
方玉宇（成都中医药大学）	尹　飞（天津中医药大学）
权　彦（陕西中医药大学）	杨武德（贵州中医药大学）
李　根（天津中医药大学）	李贺敏（南京中医药大学）
何张旭（河南中医药大学）	余宇燕（福建中医药大学）
沈　玮（湖北中医药大学）	张　建（甘肃中医药大学）
张园园（北京中医药大学）	张京玉（河南中医药大学）
陈传兵（广州中医药大学）	陈胡兰（成都中医药大学）
林玉萍（云南中医药大学）	罗国勇（贵州中医药大学）
郑　彧（辽宁中医药大学）	房　方（南京中医药大学）
赵　骏（天津中医药大学）	钟益宁（广西中医药大学）
施小宁（甘肃中医药大学）	姚惠文（湖北中医药大学）
贾鹏昊（天津中医药大学）	徐秀玲（浙江中医药大学）
高　颖（长春中医药大学）	盛文兵（湖南中医药大学）
彭彩云（湖南中医药大学）	蔡梅超（山东中医药大学）

中国健康传媒集团

中国医药科技出版社

内 容 提 要

本书是"全国普通高等中医药院校药学类第三轮规划教材"《有机化学》的配套教材,配合《有机化学》理论的各章内容,单独列出习题及参考答案,并将参编院校近年来本科生结课考试题、研究生入学考试题及参考答案一同编入,以提高学生的综合解题能力。本书实用性较强,也可作为研究生入学考试复习参考资料。

本书主要供全国高等中医药院校药学、制药工程、中药学等专业使用,也可作为参加医药行业考试与培训人员的参考用书。

图书在版编目(CIP)数据

有机化学学习指导/赵骏,杨武德主编. —3 版. —北京:中国医药科技出版社,2023.11(2024.7 重印)

全国普通高等中医药院校药学类专业第三轮规划教材

ISBN 978 - 7 - 5214 - 3986 - 1

Ⅰ.①有… Ⅱ.①赵… ②杨… Ⅲ.①有机化学 - 中医学院 - 教学参考资料 Ⅳ.①O62

中国国家版本馆 CIP 数据核字(2023)第 140213 号

美术编辑 陈君杞

版式设计 友全图文

出版 **中国健康传媒集团** | 中国医药科技出版社

地址 北京市海淀区文慧园北路甲 22 号

邮编 100082

电话 发行:010 - 62227427 邮购:010 - 62236938

网址 www. cmstp. com

规格 889mm × 1194mm $\frac{1}{16}$

印张 13

字数 356 千字

初版 2015 年 3 月第 1 版

版次 2023 年 11 月第 3 版

印次 2024 年 7 月第 2 次印刷

印刷 北京印刷集团有限责任公司

经销 全国各地新华书店

书号 ISBN 978 - 7 - 5214 - 3986 - 1

定价 **39.00 元**

获取新书信息、投稿、为图书纠错,请扫码联系我们。

出版说明

"全国普通高等中医药院校药学类专业第二轮规划教材"于2018年8月由中国医药科技出版社出版并面向全国发行，自出版以来得到了各院校的广泛好评。为了更好地贯彻落实《中共中央 国务院关于促进中医药传承创新发展的意见》和全国中医药大会、新时代全国高等学校本科教育工作会议精神，落实国务院办公厅印发的《关于加快中医药特色发展的若干政策措施》《国务院办公厅关于加快医学教育创新发展的指导意见》《教育部 国家卫生健康委 国家中医药管理局关于深化医教协同进一步推动中医药教育改革与高质量发展的实施意见》等文件精神，培养传承中医药文化，具备行业优势的复合型、创新型高等中医药院校药学类专业人才，在教育部、国家药品监督管理局的领导下，中国医药科技出版社组织修订编写"全国普通高等中医药院校药学类专业第三轮规划教材"。

本轮教材吸取了目前高等中医药教育发展成果，体现了药学类学科的新进展、新方法、新标准；结合党的二十大会议精神、融入课程思政元素，旨在适应学科发展和药品监管等新要求，进一步提升教材质量，更好地满足教学需求。通过走访主要院校，对2018年出版的第二轮教材广泛征求意见，针对性地制订了第三轮规划教材的修订方案。

第三轮规划教材具有以下主要特点。

1.立德树人，融入课程思政

把立德树人的根本任务贯穿、落实到教材建设全过程的各方面、各环节。教材内容编写突出医药专业学生内涵培养，从救死扶伤的道术、心中有爱的仁术、知识扎实的学术、本领过硬的技术、方法科学的艺术等角度出发与中医药知识、技能传授有机融合。在体现中医药理论、技能的过程中，时刻牢记医德高尚、医术精湛的人民健康守护者的新时代培养目标。

2.精准定位，对接社会需求

立足于高层次药学人才的培养目标定位教材。教材的深度和广度紧扣教学大纲的要求和岗位对人才的需求，结合医学教育发展"大国计、大民生、大学科、大专业"的新定位，在保留中医药特色的基础上，进一步优化学科知识结构体系，注意各学科有机衔接、避免不必要的交叉重复问题。力求教材内容在保证学生满足岗位胜任力的基础上，能够续接研究生教育，使之更加适应中医药人才培养目标和社会需求。

3.内容优化，适应行业发展

教材内容适应行业发展要求，体现医药行业对药学人才在实践能力、沟通交流能力、服务意识和敬业精神等方面的要求；与相关部门制定的职业技能鉴定规范和国家执业药师资格考试有效衔接；体现研究生入学考试的有关新精神、新动向和新要求；注重吸纳行业发展的新知识、新技术、新方法，体现学科发展前沿，并适当拓展知识面，为学生后续发展奠定必要的基础。

4.创新模式，提升学生能力

在不影响教材主体内容的基础上保留第二轮教材中的"学习目标""知识链接""目标检测"模块，去掉"知识拓展"模块。进一步优化各模块内容，培养学生理论联系实践的实际操作能力、创新思维能力和综合分析能力；增强教材的可读性和实用性，培养学生学习的自觉性和主动性。

5.丰富资源，优化增值服务内容

搭建与教材配套的中国医药科技出版社在线学习平台"医药大学堂"（数字教材、教学课件、图片、视频、动画及练习题等），实现教学信息发布、师生答疑交流、学生在线测试、教学资源拓展等功能，促进学生自主学习。

本套教材的修订编写得到了教育部、国家药品监督管理局相关领导、专家的大力支持和指导，得到了全国各中医药院校、部分医院科研机构和部分医药企业领导、专家和教师的积极支持和参与，谨此表示衷心的感谢！希望以教材建设为核心，为高等医药院校搭建长期的教学交流平台，对医药人才培养和教育教学改革产生积极的推动作用。同时，精品教材的建设工作漫长而艰巨，希望各院校师生在使用过程中，及时提出宝贵意见和建议，以便不断修订完善，更好地为药学教育事业发展和保障人民用药安全有效服务！

PREFACE 前言

　　第 3 版《有机化学学习指导》是"全国普通高等中医药院校药学类专业第三轮规划教材"《有机化学》配套教材。本书配合第 3 版《有机化学》各章内容，单独列出习题及参考答案，并将参编院校近年来本科生结课考试题、研究生入学考试题及参考答案一同编入。目的是促进各校师生相互学习，共同提高；满足学生参加全国硕士研究生入学考试的需要，提高学生的综合解题能力。

　　2017 年中国化学会有机化合物命名审定委员会对 1980 年《有机化合物命名原则》做了更新修订，《有机化学学习指导》第 2 版修订主要依据 2017 年修订的《有机化合物命名原则》规定，对书中有机化合物名称做了相应修订。第 3 版修订更正了某些不准确或错误的内容，并对部分习题做了增减，为了帮助学生了解本科生结课考试及硕士生入学考试常见的题型及难易程度，并重新收录了近年来本科生结课、硕士生入学考试试题各 13 套。

　　学生对大学有机化学课程的理解可能并不很难，但在运用所学知识时常遇到问题，增加练习是掌握和巩固有机化学知识、解决问题的有效方法之一，尤其对于初学者更是如此。3 版重新编写了有机化学各类型题解题方法思路分析，以帮助学生理解掌握解题规律。另外，本书所收集的习题范围较广，少数习题难度较大，目的是使学生通过解答习题得到一些课外知识的补充。

　　由于学科不断发展，书中可能存在不妥之处，欢迎读者在使用中提出宝贵意见，以便及时修订完善。

编　者
2023 年 7 月

CONTENTS **目录**

第一篇　有机化学常见题型解题思路分析

第一节　有机化合物的命名

有机化合物的命名是学好有机化学的基础，学生必须熟练掌握有机物的基本命名规则。有机化合物的命名包括书写名称和书写结构两种形式，就难易程度来说，后者的难度更大，它要求学生熟练掌握不同类型化合物的结构特点、同分异构现象以及不同结构的相互转化条件和规则，如化合物分子的楔形式、透视式、纽曼式、锯架式、构象式、费歇尔投影式、哈沃斯式以及它们之间的相互转变都可能成为书写结构的命题。

有机化合物的命名方法有普通命名法、衍生物命名法、俗名和系统命名法，其中系统命名法使用最为广泛，并且不断被修订和补充，其基本原则是每一个名称只能对应于一个结构。本部分内容参照2017版《有机化合物命名原则》进行相应更新。

一、有机物的系统名称

有机化合物系统名称的基本形式：前缀（如取代基）＋母体氢化物名（如某烃）＋后缀（如特性基团或称官能团），名称中还常包括数字、各种符号等。当有立体构型时，将判断出的双键、脂环、手性碳等的构型符号置于括号中，放在系统名称的最前面。

二、解题的基本思路

(一) 链烃及其衍生物的系统命名

作为后缀的特性基团（官能团）称为主体基团（主官能团），用于化合物的命名。当分子中含有多种特性基团时，需要确定一个为主体基团。排在前面的特性基团优先作主体基团，常见主体基团优先次序依次如下（卤素和硝基只作为取代基）：

—COOH，—COOOH，—SO$_3$H，—COOR，—COX，—CONH$_2$，—CN，—CHO，—COR，

—OH(醇)，—OH(酚)，—SH，—OOH，—NH$_2$，—OR，—OOR，—C≡CH，—C≡CH$_2$

1. 选择主链（母体）　①链烃化合物选择最长碳链为主链；②有多个等长碳链，选择连取代基多者为主链；③链烃衍生物选择含主体基团的最长碳链为主链（母体）。

2. 主链编号　①从靠近取代基一端开始编号，若主链含主体基团，则主体基团位次最低（小）；②所有前缀（支链）取代基合在一起的位次组最低（小），即最低（小）位次组原则；③在不违反原则①和②的前提下，前缀取代基英文名首字母排序靠前的给以较低编号。不饱和键（烯或炔编号有选择时，给双键以较低编号）的位次组最低；④顺（cis）比反（$trans$）优先；Z 比 E 优先；R 比 S 优先。

3. 书写名称　①取代基前用阿拉伯数字表示其在母体结构中的位次，表示位次的数字间用逗号分开，多个相同的取代基简并读出，前面冠以二、三等中文数字表示取代基数目，阿拉伯数字与汉字间用英文连接号"－"连接；②2 种或 2 种以上的取代基，必须逐个比较其英文名中首字母的顺序，靠前的先列出，靠后的后列出。

4. 复杂取代基的命名 如果支链中还有取代基，支链命名的方法与链烃类似。编号从主链直接相连的碳原子开始，此取代基全名放在括号中。

例1 用系统命名法命名下列基团和化合物。

$$CH_3CH=CH-$$ 　　　　$$\underset{3}{CH_3}\underset{2}{C}=\underset{1}{CH_2}$$ 　　　$$-CH_2CH=CH_2$$ 　　　$$>CH$$ 　　　$$>CH_2$$

丙烯基　　　　　　　丙-1-烯-2-基　　　　　丙-2-烯基　　　　　甲爪基　　　　甲叉基
　　　　　　　　　　　（异丙烯基）　　　　　（烯丙基）　　　　　（次甲基）　　　（亚甲基）

（1）$$CH_3CH_2\underset{\overset{|}{CH_3}}{\overset{\overset{\displaystyle CH_2CH_3}{|}}{CH}}CHCH_2CH_3$$ 　　（2）$$ClCH_2CH_2CH_2\underset{\overset{|}{OH}}{CH}CH_3$$ 　　（3）$$ClCH_2\underset{\overset{|}{OH}}{CH}CHCH_2CH_3$$

3-乙基-4-甲基己烷　　　　　　5-氯戊-2-醇　　　　　　　　1-氯戊-3-醇

如果编号方向有选择时，给取代基首字母排序靠前的较小编号，如例（1）；如果羟基为主体基团，从离羟基最近的一端开始编号，如例（2）。

（4）$$CH_3CH=CHC\equiv CH$$ 　　（5）$$CH_3CH=CHC\equiv CCH_3$$ 　　（6）$$HOOCCH_2CH_2\underset{\overset{|}{OH}}{CH}COOH$$

戊-3-烯-1-炔　　　　　　　己-2-烯-4-炔　　　　　　2-羟基戊二酸

如果重键为主体基团，从最靠近双键或三键的一端编号，如例（4）；如果编号有选择时，优先给双键以最小编号，如例（5）。

（7）$$CH_3CO\underset{\overset{|}{CH_3}}{CH}COCH_2CH_2CH_3$$ 　　（8）$$CH_3COCH_2CO\underset{\overset{||}{CH_2}}{C}CH_2CH_3$$ 　　（9）$$CH_3CO\underset{\overset{|}{CH_2CH=CH_2}}{C}COCH_2COOH$$

3-甲基辛-2,4-二酮　　　　　5-甲亚基辛-2,4-二酮　　　　2-烯丙基己-3,5-二酮酸

同时具有羰基和羧基时，选择含主体基团羧基在内的最长碳链为主链，如例（9）。

（10）$$\underset{4}{Br}CH_2\underset{3}{CH_2}\underset{2}{\underset{\overset{|}{CH_2CH_2Cl}}{CH}}\underset{1}{CH_2}OH$$ 　　（11）$$CH_3CHCH\underset{\overset{|}{OH}}{\overset{\overset{\displaystyle CH_2CH_2CH_2Cl}{|}}{C}}H_2CH_2OH$$ 　　（12）$$CH_3\underset{\overset{|}{Br}}{CH}CH=CHCH\underset{\overset{|}{CH_3}}{}CH_3$$

4-溴-2-(2-氯乙基)丁-1-醇　　　　3-(3-氯丙基)戊-1,4-二醇　　　　2-溴-5-甲基己-3-烯

主链有多种选择时，选择英文字母排列在前的前缀取代基的链为主链，如例（10），因溴优先于氯乙基；例（11）需选择含有最多个优先特性基团的链为主链；编号方向有选择时，给取代基首字母排序靠前的以较小编号，如例（12）。

（二）脂环烃及其衍生物的系统命名

1. 脂环烃 通常以环为母体，对母体环编号，由于环没有端基，首先要确定1号碳位置。1号碳位置的确定及其编号方向仍要遵守最低（小）位次组原则。

2. 桥环和螺环

（1）桥环编号原则 从一个桥头碳开始，先编最长桥，经另一桥头碳，再编次长桥，最后编短桥。母体名称——根据总碳数，前缀"双环"，中间[a. b. c]由大到小，表示三桥碳数。再加能表明所有骨架原子总数的碳氢化合物名称。有二级桥时还要用上标标出二级桥的架桥位点。

（2）螺环编号原则 从螺碳原子旁小环开始，先编小环，经螺碳原子，再编大环。母体名称——根据总碳数，前缀"螺"，中间[a. b]由小到大，表示两环碳数。再以表示整个螺环骨架原子总数的烃的名称为后缀。

3. 脂环烃衍生物 既有环又有链时，命名时不论环的大小和链的长短，先选择含有主体基团的环或链作为母体。当含有多个特性基团时，选择主体基团多的环或链为母体。主体基团数目相同时，再比较它们取代程度的大小或所含原子数的多少。

(1)含可作后缀的特性基团直接连在脂环上,则母体名称是特性基团;带支链及—NO_2、—X 等取代基的单环烃按支链为取代基的方式命名。

(2)特性基团连在脂环侧链上,则脂环作取代基,含特性基团的链状化合物为母体。

注意:环烃的命名关键是编号,应当遵循的原则依次为:①特定原则(桥、螺及芳多环);②主体基团优先原则;③最低(小)位次组原则;④按前缀取代基的英文字母排列顺序原则。

例 2 用系统命名法命名下列化合物。

(1) 1,2-二硝基环戊烷

(2) 环戊烷-1,3-二甲酸

(3) 6-甲基环己-2-烯酮

(4) 4-环戊基-2-甲基丁-1-醇

(5) 1,6-二甲基环己-1,3-二烯

(6) 2-甲基螺[4.5]癸-6-烯

例(5),顺时针编号时,位次组为 1、6;逆时针编号则位次组较大,所以取顺时针编号。

(7) 5,6-二甲基二环[2.2.2]辛-2-烯

(8) 顺-4-甲基环己醇

(9) 3-甲基二环[4.4.0]癸-1(6)-烯

例(9)当双键处在 1、2 位,1、6 位以及 1、10 位时,是不同结构的分子,因此要标注双键的具体位置。

(10) 三环[3.3.1.0^{6,8}]壬-2-烯

(11) 9-甲基三环[4.2.2.0^{2,5}]癸-7-烯-3-酮

如有二级桥的桥环分子则用上标标出二级桥的架桥位点,如例(10)和(11)。

(三)芳香烃及其衍生物的系统命名

1. 单环芳烃

(1)以苯为母体,侧链作取代基,编号原则同环烃。

(2)二元烃基取代物,可用"邻"间"对"表示。

(3)三元烃基取代物,可用"连"偏"均"表示。

(4)连不饱和或复杂结构烃基,苯环作取代基。

2. 多环芳烃

(1)联苯芳烃 苯环以单键相连,从单键位开始,分别编号。

(2)多苯连脂烃 苯环由脂肪族碳相连,苯作取代基。

(3)稠环芳烃 苯环通过共用碳相连,具有特定的母体名称和位置编号。

3. 芳烃衍生物

(1)主体基团(主官能团)连在苯环侧链上 则以苯环作为取代基,含主体基团链状化合物为母体。

(2)主体基团直接连在芳环上 则主体基团是母体;有多个不同的特性基团则先确定主体基团,并使其处于最小位置,再依次按最低位次组原则、前缀取代基的英文字母排列顺序原则进行编号。

例3 用系统命名法命名下列化合物。

(1) 1-乙基-4,5-二甲基萘

(2) 苯乙酮

(3) 3-溴-2-乙酰基苯磺酸

(4) 1-溴-2-甲基-4-硝基苯

按取代基英文名首字母排序靠前的先列出，靠后的后列出，如例(4)。

(5) 3,8-二甲基萘-1-磺酸

(6) 萘-1-酚

(7) β-萘乙酮

(四)顺反异构和对映异构的系统命名

1. 顺、反和 Z、E 异构

(1)顺反异构产生的条件　分子中存在刚性结构(如双键或环)，并且双键的同一个碳原子上连有两个不相同取代基。

(2)顺/反异构的命名法　两个相同基团在双键同侧，称为"顺"，异侧称为"反"(仅适用于简单结构)。

(3)Z/E 命名法　先根据"顺序规则"比较基团的优先次序，两个优先基团在双键同侧为 Z，异侧为 E；然后再按照系统命名方法进行命名。顺/反和 Z/E 是两种命名法则，无必然联系。

2. 对映异构 R/S

(1)按次序规则由大到小排列手性碳上的四个基团 a > b > c > d。

(2)透视式判定：将最小基团 d 放在远处，观看 a→b→c 的顺序。顺时针为 R；逆时针为 S。

(3)费歇尔投影式判定：若最小基团在竖键，观看 a→b→c 顺时针 R；逆时针 S。若最小基团在横键，a→b→c 顺时针 S；逆时针 R。

(4)假手性碳的构型以 r、s 表示，它连接的构型不同取代基的优先顺序：R 型 > S 型。

例4 用系统命名法命名下列化合物。

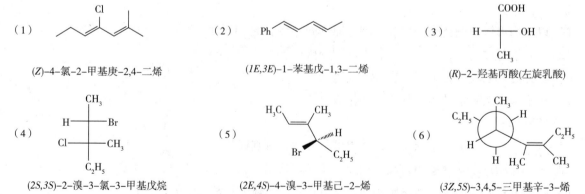

(1) (Z)-4-氯-2-甲基庚-2,4-二烯

(2) (1E,3E)-1-苯基戊-1,3-二烯

(3) (R)-2-羟基丙酸(左旋乳酸)

(4) (2S,3S)-2-溴-3-氯-3-甲基戊烷

(5) (2E,4S)-4-溴-3-甲基己-2-烯

(6) (3Z,5S)-3,4,5-三甲基辛-3-烯

例(5)分子中的双键和手性碳构型需分别判断；例(6)分子中的纽曼式结构，前面的 5 号碳是手性碳，后面的 6 号碳是非手性碳。

例5 用费歇尔投影式表示 2,3,4-三羟基戊二酸的所有对映异构体并标明其构型。

解题思路： 2,3,4-三羟基戊二酸含有 5 个碳原子，分子中 C_3 与两个具有相同取代基的手性碳原子

C_2 和 C_4 相连。

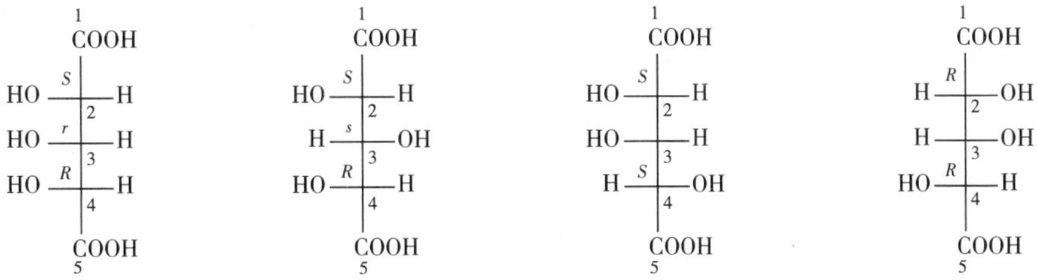

A　$(2S,3r,4R)$　　　B　$(2S,3s,4R)$　　　C　$(2S,4S)$　　　D　$(2R,4R)$

（1）化合物 A 和 B 的 C_2 和 C_4 构型不同时，按手性碳的定义 C_3 应为手性碳，其构型以 r、s 表示。依据顺序规则中 R 型比 S 型优先的规定，化合物 A 中 C_3 为 r-型，B 中 C_3 则为 s-型。但 A 和 B 却是有对称面的非光学活性的内消旋体，它们分子中的 C_3 即所谓的假不对称碳原子。

（2）化合物 C 和 D 的 C_2 和 C_4 具有相同构型，C_3 为非手性碳原子，C 和 D 互为实物和镜像且不能完全重合，C 与 D 是对映体关系。因此，A 和 B 中 C_3 虽与四个不同基团相连，但有两种不同的空间排列方式，有两种不同的内消旋体；C 和 D 互为对映体，是两种不同的化合物。

按要求写出化合物的结构是有机化学中的常见题型，书写结构时应按题目要求，正确表示出双键、手性碳原子等的构型。不同投影式（如费歇尔式、纽曼式等）或立体式间相互转变时，要求分子的构型需保持不变。

例 6　按照要求书写下列化合物的结构。

（1）写出 $(2R,3S)$-2-羟基-3-氯丁二酸的锯架重叠式。

解题思路： 先写出 $(2R,3S)$-2-氯-3-羟基丁二酸的费歇尔投影式。根据费歇尔式横线、竖线空间指向的关系，把横线上的取代基改写成由楔形线连接的指向前方的基团，竖线上的取代基改写成由虚线连接的指向后方的基团。将分子平放即 C_2—C_3 键由原来的竖直方向变为水平方向，原先指向前方的基团朝上，原先指向后方的基团朝下，C_2 和 C_3 分别处于前、后位置，即得锯架重叠式。

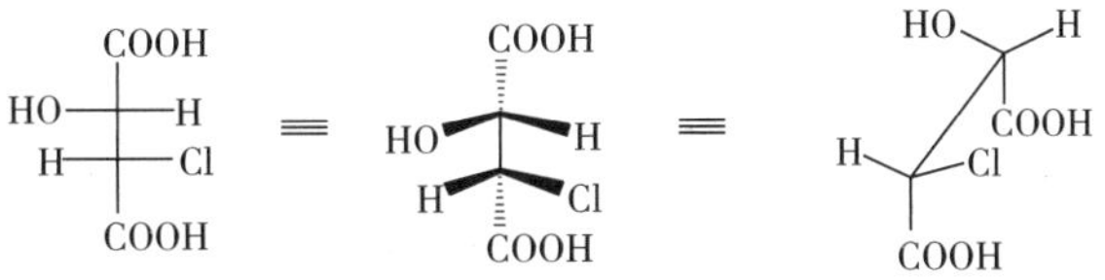

转换过程中，相应手性碳的构型需符合题目要求，不能发生改变。

（2）写出 $(2R,3R)$-2-溴-3-戊醇的纽曼交叉式。

解题思路： 按上题的思路，首先正确写出费歇尔投影式，再转换为锯架重叠式，最后画出纽曼重叠式，接着固定纸平面后方的 C_2，沿 C_2—C_3 键顺时针旋转 60° 后，即得纽曼交叉式。

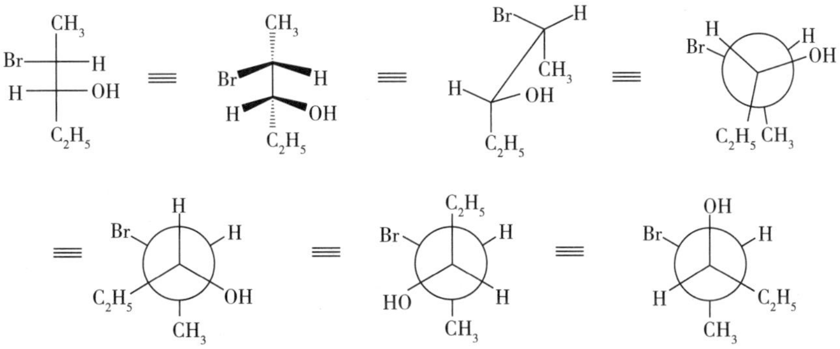

（3）写出 β-D-(+)-吡喃葡萄糖的哈沃斯结构式。

解题思路： 先写出 D-(+)-吡喃葡萄糖的开链式（费歇尔投影式），将费歇尔式向右侧横倒，接着转化为环状半缩醛，由于 1–位醛基受 5–位羟基进攻后，1–位碳原子转变为手性碳（R 型或 S 型），因此得到的半缩醛有两种不同的构型，即得哈沃斯式，原先费歇尔左右的基团，在哈沃斯式中变成上下基团。当半缩醛羟基与决定构型的 C_5—OH 在不同侧时，即 β–型（C_5—OH 由于形成半缩醛后不完整，可由与其构型相同的 C_4—OH 与半缩醛羟基位置关系进行判断）。α–型和 β–型的 D–(+) 吡喃葡萄糖不是对映体，属于端基差向异构体。

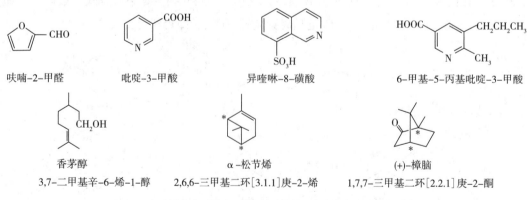

α–D–(+)–葡萄糖哈沃斯式   开链式   β–D–(+)–葡萄糖哈沃斯式

例 7 写出 2–溴–3–氘代丁烷的费歇尔投影式、锯架式、纽曼式及其相互转变结构形式。

（五）杂环化合物和萜类、甾体化合物的系统命名

1. 杂环化合物

（1）使用"音译法"命名 以呋喃、吡咯、噻吩、咪唑、吡唑、噻唑；吡喃、吡啶、嘧啶（尿嘧啶、胞嘧啶和胸腺嘧啶）；喹啉、异喹啉、吲哚；嘌呤（腺嘌呤、鸟嘌呤、咖啡因）等约 20 个特定杂环化合物名称作为命名的基础。

（2）取代杂环化合物的命名 一般从杂原子开始编号，在确保杂原子编号较小的情况下，尽量使取代基的编号较小。

2. 萜类化合物 按开链、单环或桥环的命名原则系统命名，但常用俗名。

3. 甾体化合物 常用的甾体母核名称（甾烷、雌甾烷、雄甾烷、孕甾烷、胆烷、胆甾烷），按甾体母核的编号，确定特性基团及取代基的位置，取代基的构型：（别系）α–构型，A 环/B 环为反式结构；（正系）β–构型，A 环/B 环为顺式结构。实线用 β 表示，虚线用 α 表示。一般常用俗名。

例 8 用系统命名法命名下列化合物。

呋喃–2–甲醛   吡啶–3–甲酸   异喹啉–8–磺酸   6–甲基–5–丙基吡啶–3–甲酸

香茅醇   α–松节烯   (+)–樟脑

3,7–二甲基辛–6–烯–1–醇   2,6,6–三甲基二环[3.1.1]庚–2–烯   1,7,7–三甲基二环[2.2.1]庚–2–酮

*表示桥头碳，同时一般也是手性碳，命名未考虑 R,S 构型

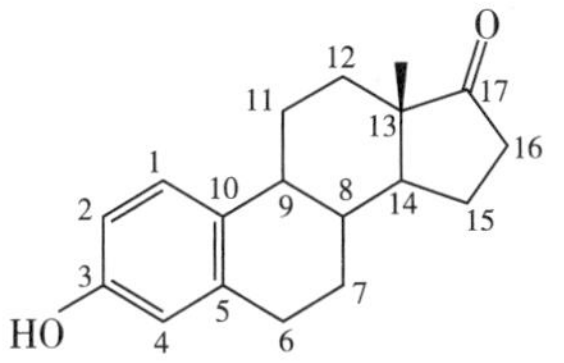

雌酮酚

3β-羟基-1,3,5(10)-雌甾三烯-17-酮

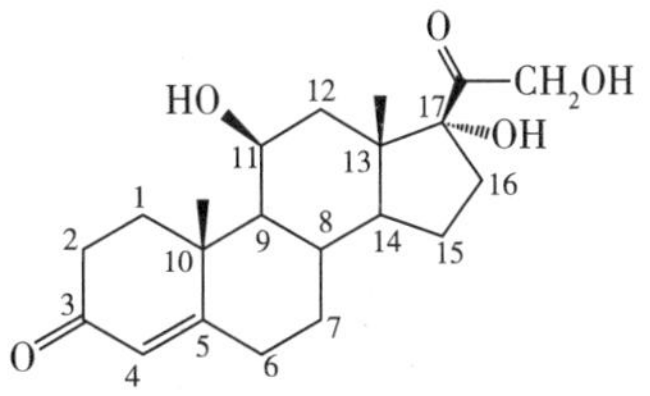

氢化可的松

11β,17α,21-三羟基孕甾-4-烯-3,20-二酮

第二节　有机化合物的鉴别和分离

1. 鉴别题　有机物的鉴别是指通过加入合适的鉴别试剂，依据化学反应产生的不同现象或产生相同现象所需时间的长短不同等定性区分结构不同的有机物。鉴别过程要求操作简便、反应迅速、现象明显，鉴别试剂通常应价廉易得。鉴别过程通常以流程图式表示。

解题的基本思路：①比较各化合物结构，根据其性质差异，选择合适的鉴别试剂；②标明反应现象；③对于现象相同的待鉴别化合物，根据其结构和性质差异，继续选择合适鉴别试剂，直至全部鉴别完毕。

例 1　用简易的化学方法鉴别化合物乙醛、丙醛、丁酮和二乙酮。

解题思路：四个有机物中有两个醛和两个酮，根据醛酮结构的区别，首先加入银氨溶液，醛能够与之发生银镜反应，酮不能反应，可将四种有机物分为两组；再分别加入 I_2/NaOH 溶液，含甲基酮结构单元（$CH_3CO—$）或氧化能生成甲基酮结构单元的醇均可与之发生碘仿反应生成黄色沉淀，从而将乙醛和丙醛、丁酮和二乙酮鉴别出来。

鉴别题的流程图式：

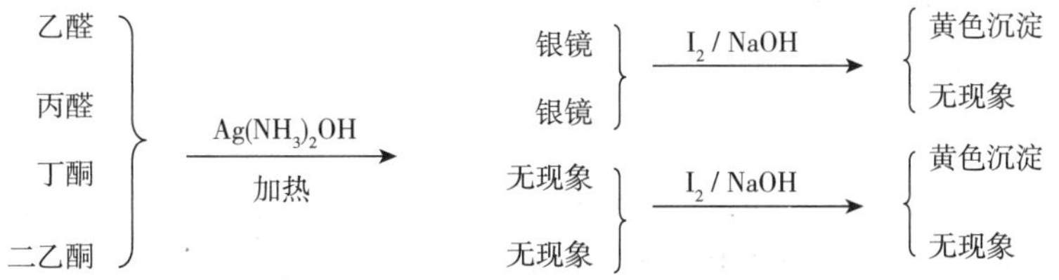

2. 分离题　有机物的分离是指将混合物中的各组分通过一定的物理、化学手段实现各组分各自独立分开。对混合物的分离要做到：原理正确、操作简便、分离试剂用量少，分离后得到各组分的量不减少，纯度合格。

解题的基本思路：①分析各化合物的结构特点，选择分离试剂（一般为可逆反应）；②标明反应现象（一般为沉淀、分层）；③体现分离纯化的过程。

例 2　分离纯化混合物苯甲酸、对甲苯酚和苯甲醚。

解题思路：苯甲酸和对甲苯酚显酸性，且苯甲酸酸性强于碳酸，对甲苯酚酸性则弱于碳酸，而苯甲醚则不显酸性。

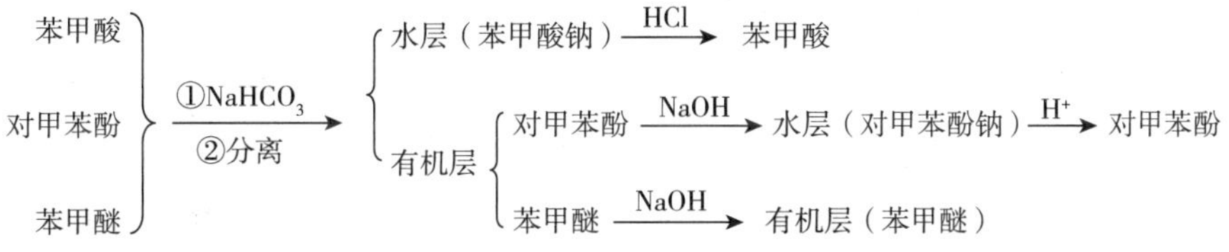

注意：分离题与鉴别题不同，鉴别题是通过加入合适的鉴别试剂后，根据沉淀、变色、产生气体等

明显可观的现象做出判定。分离题依据混合物中各组分物理、化学性质等的不同，使用恰当手段和方法，实现混合物中各组分的单一分离。

第三节　完成有机化学反应

有机化学反应种类较多，根据反应中键的断裂方式可将有机反应分为：自由基型反应、离子型反应和协同反应（分子反应）。根据原料和产物之间的关系进行分类，有机反应可以分成六大类，分别是取代、消除、加成、重排、氧化、还原反应等，某些复杂有机反应过程还可能包括上述几种反应类型。

1. 主要考查的内容　完成反应式包括正确书写反应物、反应产物（有的涉及区域选择性、立体选择性以及重排等内容）及反应条件，通常不必要配平。正确解答该类题型要求学生熟悉和灵活掌握各类反应性质及其相互转变规律，是有机化学中最常见的题型之一。

2. 解题的基本思路

（1）观察、分析反应物或生成物结构，结合反应条件，确定反应类型。

（2）反应物含有多个特性基团（官能团）时，需根据不同特性基团性质或活性差异，判断反应发生的部位。

（3）根据反应物结构，分析反应可能具有的区域选择性，如消除反应中双键的位置、亲电加成反应中亲电试剂与双键碳的结合位置等。

（4）根据反应物结构（如构型、构象等）和反应特点，确定反应的立体选择性，如卤代烃 S_N2 反应中产物构型完全翻转、卤鎓正离子中间体的反式加成等。

（5）根据反应条件和试剂性质，确定反应进行的程度，如醇的选择性氧化、碳碳叁键的部分氧化和彻底氧化等。

例1　完成下列反应，将主要产物填写在括号里。

（1）$CH_2(COOC_2H_5)_2$ $\xrightarrow[\text{②BrCH}_2\text{CH}_2\text{CH}_2\text{Br}]{\text{①2C}_2\text{H}_5\text{ONa}}$ (　　) $\xrightarrow[\text{C}_2\text{H}_5\text{OC}_2\text{H}_5]{\text{LiAlH}_4}$ (　　) $\xrightarrow{\text{SOCl}_2}$ (　　) $\xrightarrow[\text{2C}_2\text{H}_5\text{ONa}]{\text{CH}_2(\text{COOC}_2\text{H}_5)_2}$ (　　) $\xrightarrow[\text{②H}^+,\ \triangle]{\text{①OH}^-,\ \text{H}_2\text{O}}$ (　　)

解题思路：①丙二酸二乙酯在碱性条件下形成双碳负离子与1,3-二溴丙烷发生两次亲核取代反应，生成环丁烷二酯；②四氢铝锂还原酯基生成环丁基取代二醇；③二醇的羟基与氯化亚砜发生亲核取代反应，生成相应的氯代烃；④后者与另一分子丙二酸二乙酯双碳负离子发生两次亲核取代反应得螺二酯；⑤酯基依次发生碱性水解、酸化、受热脱羧后生成终产物螺酸。

答案：

（2）

解题思路：①苯与碘甲烷发生傅-克烷基化反应得甲苯；②甲苯中的甲基为邻对位定位基，发生硝化反应主要得邻硝基甲苯和对硝基甲苯；③分离后得到的对硝基甲苯在还原剂作用下，硝基被还原生成对甲基苯胺；④氨基中氮原子具有亲核性，与醋酸酐发生先加成后消除的反应，在氮原子上引入乙酰基；⑤苯环上的乙酰氨基和甲基均为邻对位定位基，且乙酰氨基致活能力强于甲基，因此第三个取代基进入苯环位置主要由乙酰氨基决定；⑥酰胺氨键在碱性溶液中水解生成芳伯胺，后者与亚硝酸反应生成重氮盐，再在 H_3PO_2 溶液中受热，放出氮气，重氮基被氢原子取代。

答案：

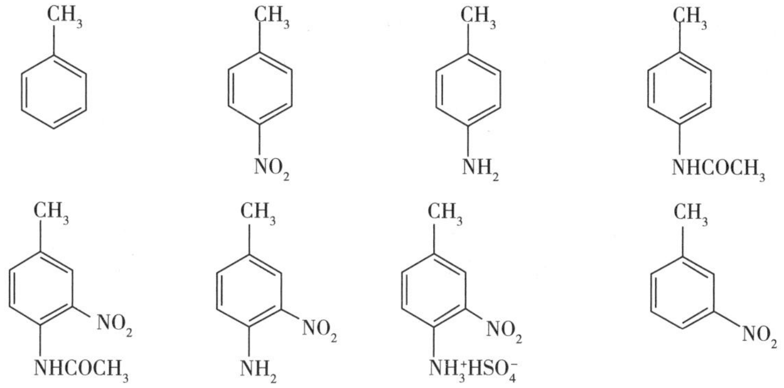

（3）环戊烷甲醇在硫酸催化下得到三个产物，请分析说明其合理性。

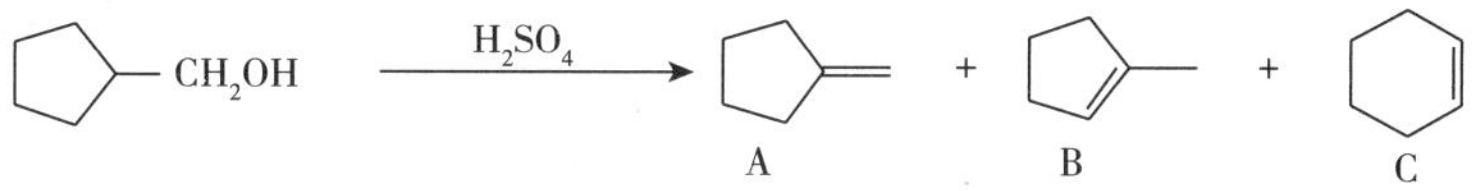

解题思路： ①本题生成三个结构不同的消除产物，其主要考查碳正离子重排，醇在酸性条件下脱水产生碳正离子，由于不同类型的碳正离子稳定性不同，因此生成的碳正离子，倾向于通过重排或扩环，生成相对较稳定的碳正离子，然后再消除 β-H 产生不同的烯烃。②本题中伯醇首先是在硫酸作用下发生质子化，脱水后生成伯碳正离子，直接发生消除得到生成物 A；发生 1,2 位负氢迁移生成叔碳离子，并消除环上氢得到 B；如果发生环碳迁移，则扩环得六元环状仲碳正离子，然后消除 β-H 得到产物 C；很显然 B、C 是主要产物。

答案：

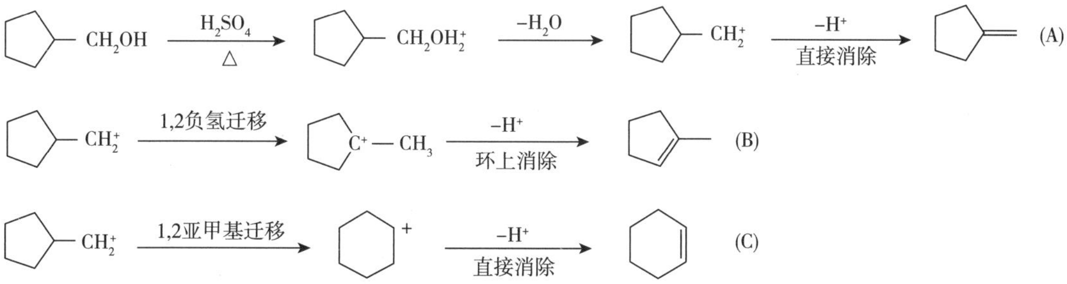

第四节　有机化学反应机理

有机反应机理，也称为有机反应历程。用来描述有机分子从反应物通过化学反应变成产物所经历的全部过程（全部基元反应）。在只有一步基元反应的有机反应中，反应物经过过渡态直接转化为产物；在包含多步基元反应的有机反应中，则历经多个过渡态，并生成多个有机反应中间体。在描述反应机理时，需指出电子流向，用鱼钩箭头表示单电子转移。

反应机理是根据大量实验事实总结后提出的，能解释很多实验结果，并能预测反应的发生，属于有机结构理论的一部分。

1. 主要考查的内容　有机反应机理是有机化学学习的重点和难点内容，研究和了解反应机理可以使有机化合物性质理论化、系统化和简单化。一些重要的反应机理，如自由基取代反应机理、芳烃的亲电取代反应机理、烯烃的亲电加成反应机理、卤代烃的亲核取代和消除反应机理、羰基化合物的亲核加成反应机理、羟醛缩合和 Claisen 酯缩合反应机理等，是基础有机化学中的重要内容，需要熟练掌握。

2. 解题的基本思路 ①正确写出反应物分子的 Lewis 结构式，标明 N、O、S、P 等原子中的孤电子对，分析反应前后有机分子的结构变化；②画出每步反应电子流向，箭头始于带负电荷的原子、孤电子对或成键电子对，而终止于带正电荷的原子、偶极的正端或电负性较大原子；③每个基元反应过程的电荷需平衡，电子需要守恒，有时还需分析带电荷中间体可能存在的共振极限式；④根据稳定性原理和化学反应一般规律，合理判断反应是否会发生重排、反应区域选择性和立体选择性等。

例1 烯烃的亲电加成反应机理。

烯烃的亲电加成反应主要包括烯烃与卤化氢、硫酸、水以及卤素、次卤酸的亲电加成反应，其为亲电加成。反应机理：①分两步进行，亲电试剂(E^+)进攻双键上方或下方 π 电子云，经过渡态生成碳正离子或卤鎓离子中间体，这是决定整个反应速率的一步；②带负电荷亲核部分 Nu^- 与碳正离子结合，或从三元环状卤鎓离子背面进攻（反式加成），经过第二个过渡态生成卤代烃，加成取向通常符合马氏规则。由于反应历经碳正离子中间体，因此烯烃亲电加成反应往往伴有重排产物生成。

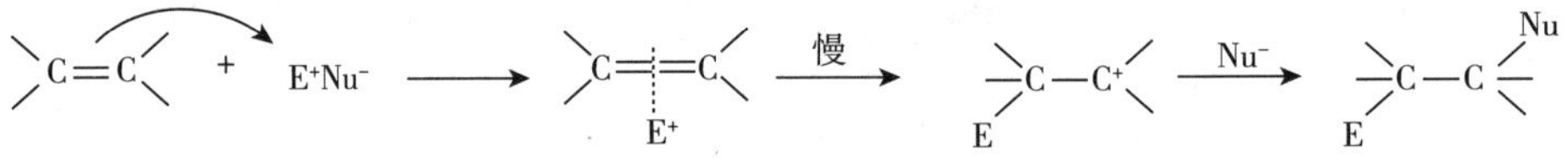

（1）与 HX、H_2SO_4、H_2O 加成生成碳正离子中间体。

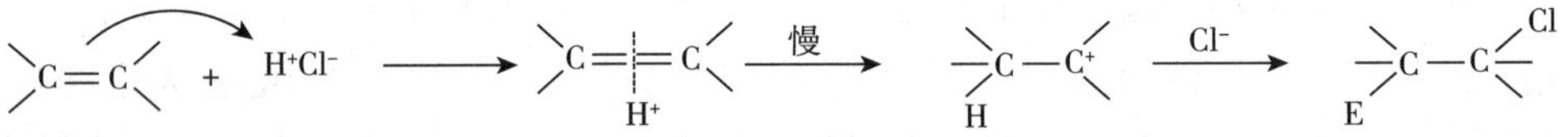

例如：写出 $H_3C-C(CH_3)_2-CH=CH_2 + HCl \longrightarrow$ 反应机理。

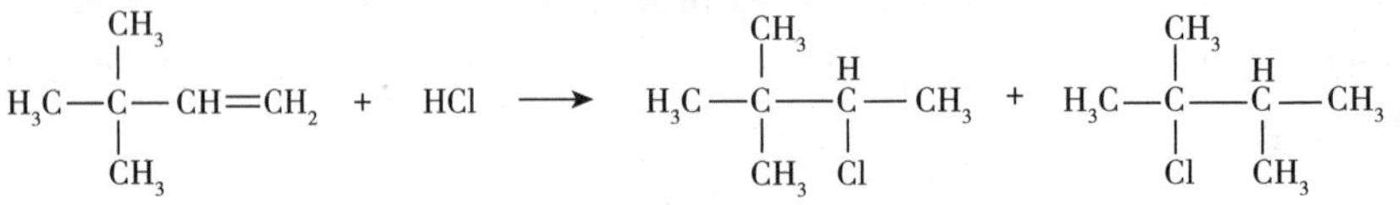

该题考查加成方向、碳正离子稳定性和碳正离子重排现象。

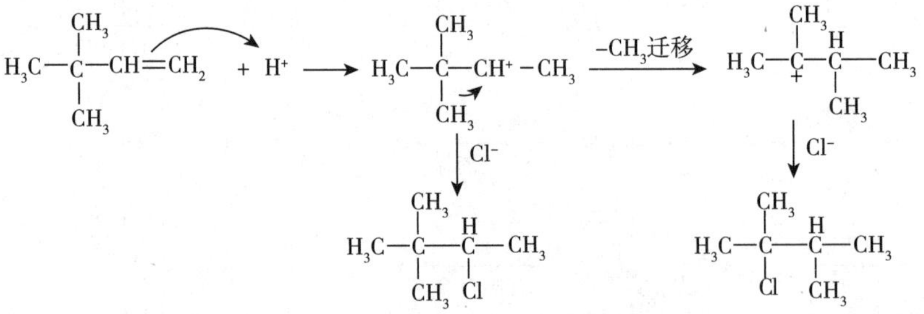

氢质子与双键碳结合生成的仲碳正离子与氯离子结合，即得正常加成产物；若邻位氢带着一对电子转移到仲碳正离子上，则形成更稳定的叔碳正离子，它再与氯离子结合即得重排产物。

（2）与 X_2、HOX 加成产生环鎓碳正离子中间体。

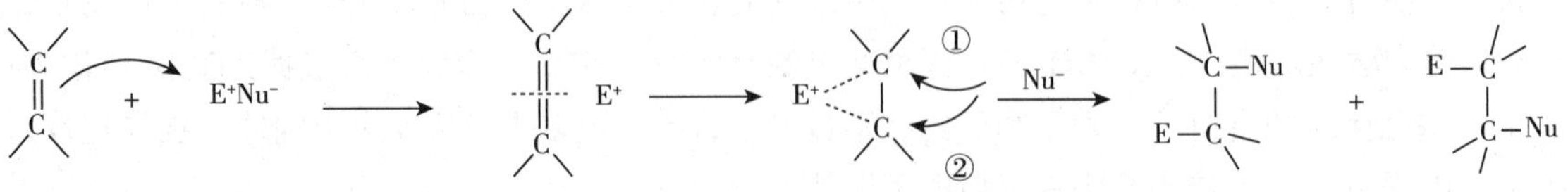

考查产物的立体化学，加成过程为反式加成。

例如：顺丁-2-烯与溴亲电加成得到等量的$(2R,3R)$和$(2S,3S)$的混合物；反丁-2-烯与溴亲电加成得到内消旋体$(2R,3S)$。

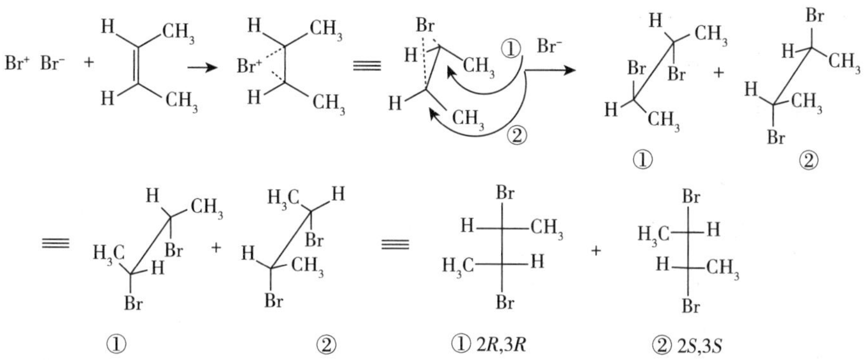

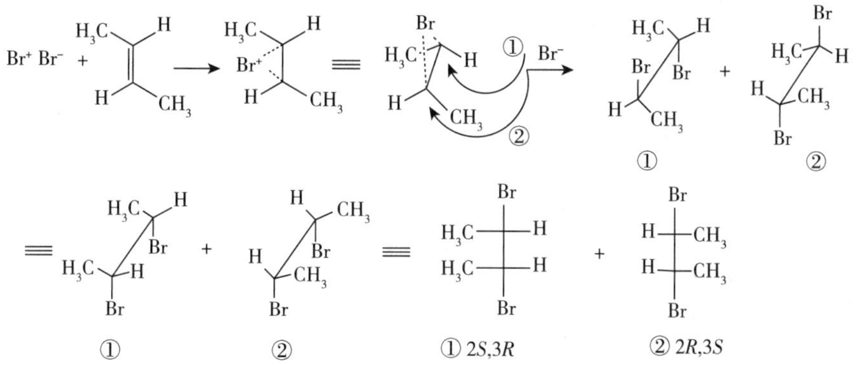

① 2R,3R　　② 2S,3S

① 2S,3R　　② 2R,3S

例2　芳烃的亲电取代反应机理。

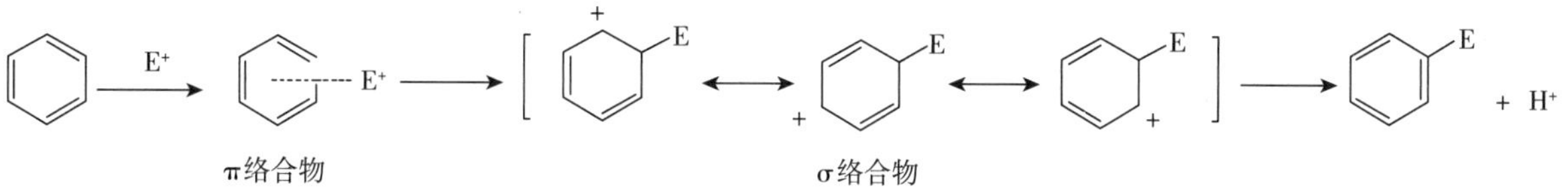

π络合物　　　　　　　σ络合物

E ＝ －X、－NO$_2$、SO$_3$、－R、－COR

例如：苯和液溴在 Fe^{3+} 催化下发生亲电取代得到溴苯，其反应机理如下：

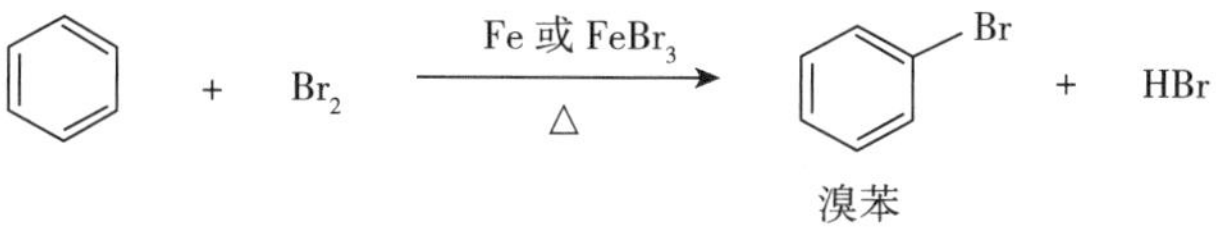

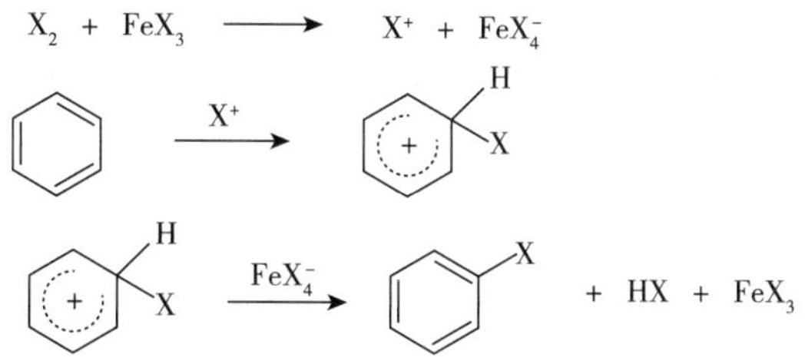

溴苯

$$X_2 + FeX_3 \longrightarrow X^+ + FeX_4^-$$

例3　卤代烃的亲核取代反应机理。

卤代烃的亲核取代反应机理包括 S$_N$1 和 S$_N$2 两种。其中，S$_N$1 反应机理的主要特征：①反应是分步进行，经历两个过渡态；②反应速率只与卤代烃的浓度有关，为单分子反应历程；③有活泼中间体碳正离子生成，可能发生重排反应得到重排产物；④产物可能发生外消旋化。S$_N$2 反应机理的主要特征：①反应一步完成，旧键断裂和新键形成同时进行，没有中间体生成，只有一个过渡态；②反应速率与卤代烃和亲核试剂的浓度有关，为双分子反应历程；③反应过程伴随构型转化（瓦尔登转化）。

例如：(S)-1-溴-1-苯乙烷与稀 NaOH 的水溶液反应生成构型保持(S)-α-苯乙醇(49%)和构型反

转(R)-α-苯乙醇(51%)，反应经历了 S_N1 机理，产生平面结构的碳正离子，OH^- 从平面的正反方向进攻概率几乎相等，生成的两种产物互为对映体，因此随着反应的进行，体系的旋光度从有到无，最终产物得到的是外消旋体的混合物。

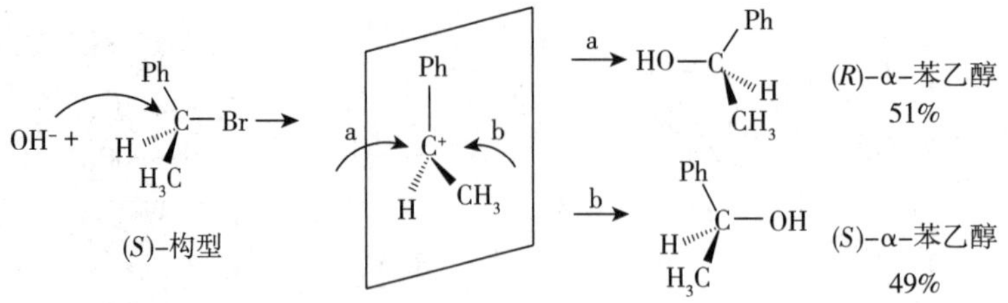

例如：(S)-2-氯辛烷与 NaI 的丙酮溶液反应生成构型反转的(R)-2-碘辛烷，由于碘化钠可溶于丙酮，而氯化钠难溶于丙酮，所以该取代反应能发生。I^- 是强亲核试剂，与(S)-2-氯辛烷倾向于发生 S_N2 反应，历经瓦尔登转化得构型完全翻转的产物。

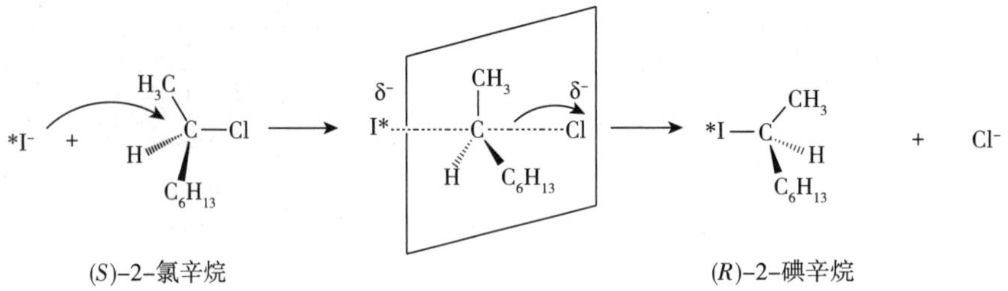

第五节　有机化合物合成（制备）

1. 主要考查的内容　有机合成是指从某些价廉易得的原料出发，经过若干步反应，最后合成出所需的产物。最后产物就是合成目标物，或叫"目标分子"（target molecule，TM）。有机合成需要综合运用各类有机物的性质和合适的反应条件，通过特性基团（官能团）的引入、消除、转换等合成目标分子。是各类有机化学考试的常见题型之一。

2. 解题的基本思路　有机合成（包括药物合成）是最富有挑战性与创新性的工作，解答有机合成题的基本思路：①从目标分子出发，通过逆合成分析和切断，逐步化繁为简，反推路线，并追溯到所需要的原料；②若反推出几条可能的路线，则需综合考虑成本、反应条件、绿色环保等因素，确定最佳合成路线；③从推出的原料出发，确定各步反应进行所需的条件；④注意反应立体选择性控制，以及导向基、保护基等反应控制策略的灵活应用。

为更有效地设计合成路线，需要熟练掌握各类常见有机反应及反应机理、各类有机化合物一般制备方法、有机化合物间相互转变基本规律、立体化学等的相关知识。当一个目标化合物有多条合成路线存在时，评价其优劣通常有以下四个原则：①步骤尽可能少，产率尽可能高；②熟练利用经典反应，开发和拓展文献方法；③选择廉价、易得的原料；④合成过程绿色环保，便于操作。

例1　从甲苯合成间溴甲苯。

（1）**分析**　由于甲苯不能直接在间位引入溴，所以可借助致活基团氨基（邻对位定位基）在氨基邻位（甲基间位）引入溴，但是由于氨基的强致活性，会在其邻对位产生多取代产物，还需要考虑降低氨基的活化作用。因此解题关键是用乙酸酐（或乙酰卤）进行酰化反应以降低氨基的活化作用，避免氨基邻位发生二溴取代，同时由于乙酰氨基的活化能力比甲基强，可以在酰氨基的邻位进行一溴取代，然后经过水解、重氮化和去重氮基最终得到目标分子。

（2）合成路线

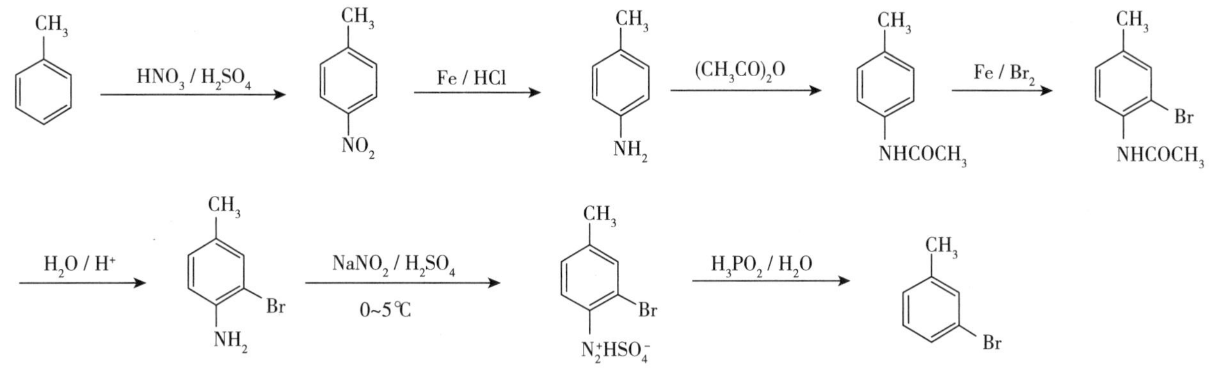

例 2　由丙烯和丁-3-烯-2-酮及无机试剂合成化合物 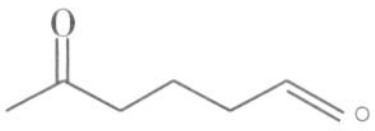。

（1）分析　合成1,5-二特性基团化合物，最常用的方法是麦克尔型加成。按照麦克尔型加成的规律，应在 C_4 和 C_5 间切断，并将 C_3 和 C_4 间单键转换为双键，推出原料之一丁-3-烯-2-酮。C_4 是丁-3-烯-2-酮中羰基的β-位，带正电，能接受带负电荷 C_5 的进攻，进而推出另一原料烯丙基溴化镁。后者可进一步由丙烯溴代后，与金属镁在无水、无氧环境中制得。

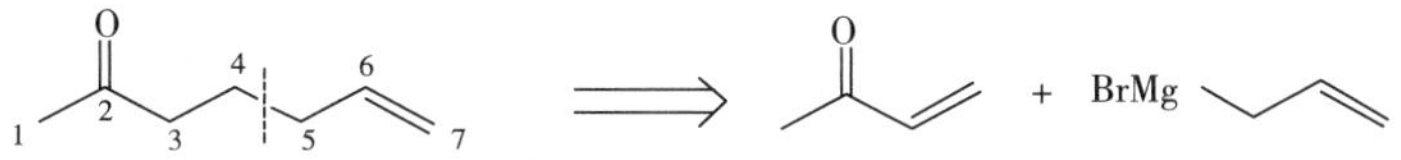

（2）合成路线

$$CH_3CH=CH_2 \xrightarrow{NBS} BrCH_2CH=CH_2$$

$$BrCH_2CH=CH_2 \xrightarrow[C_2H_5OC_2H_5]{Mg} BrMgCH_2CH=CH_2$$

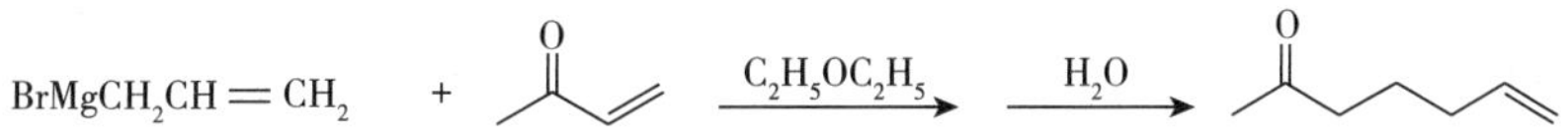

例 3　试用6个碳以下的直链醛酮合成3-甲基己-3-醇，请写出各步反应式。

（1）逆向合成分析　合成目标产物为叔醇，叔醇可由酮和格氏试剂合成。

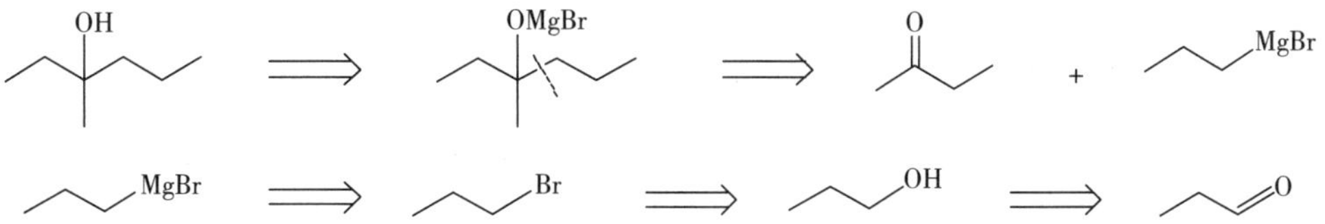

（2）合成路线

第一步，制得格氏试剂丙基溴化镁。

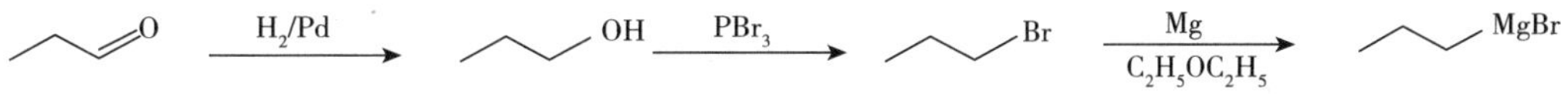

第二步，用丙基溴化镁与丁酮反应制得3-甲基己-3-醇。

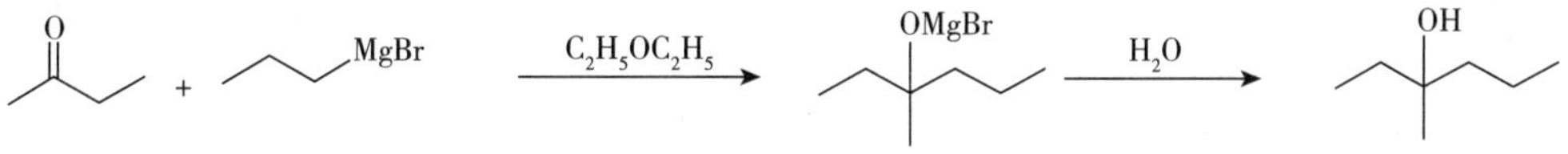

例 4　试用对甲苯酚、环氧乙烷、二乙胺以及其他相关试剂合成麻醉药物丙卡因（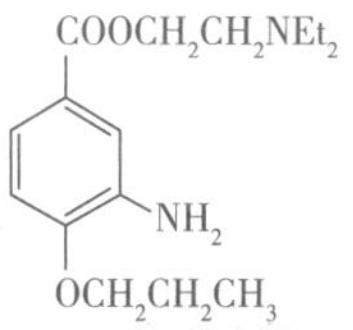）。

（1）逆向合成分析　从各特性基团（官能团）入手，逐步切断，直到原料。合成时注意基团引入顺序。

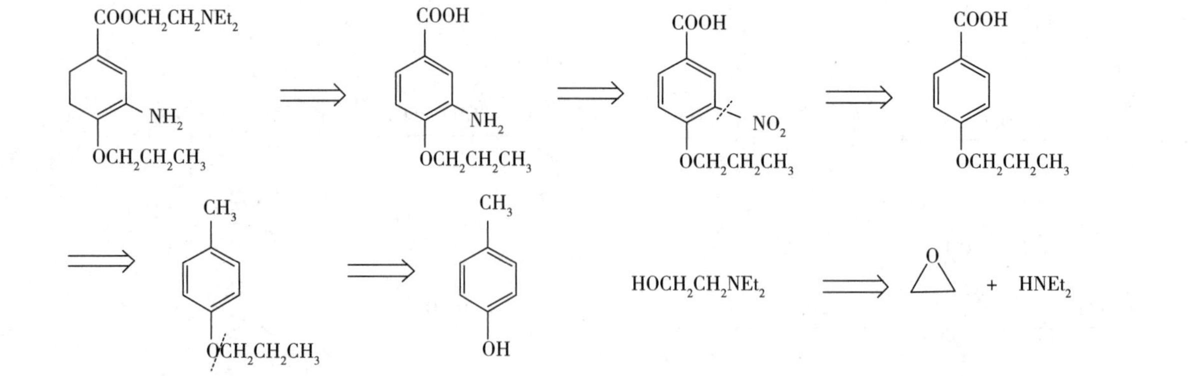

（2）合成

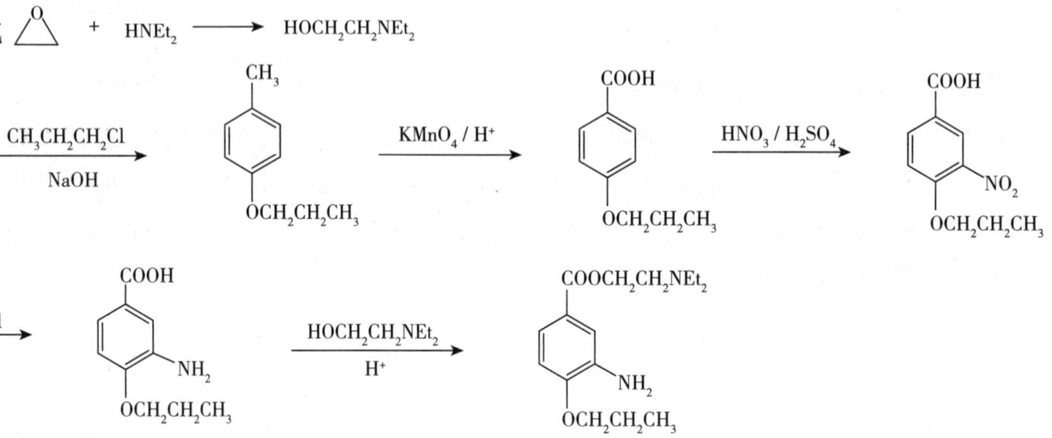

第六节 推导有机化合物结构

1. 主要考查的内容 推导化合物的结构通常是通过给出一定的化学式和一些理化性质、各种波谱等，按照条件推导和写出化合物的结构式及反应式等。相当于将完成反应、合成化合物及鉴别题等综合在一起，考察对基本知识的掌握程度及灵活运用能力。

2. 解题的基本思路 此类题目要求熟练掌握多种同分异构体的可能结构及其性质差异，在熟练掌握基础知识的前提下，审清题意，从中抓住问题的突破口，即抓住特征条件（特殊性质或特征反应），再通过正推法、逆推法、正逆综合法、假设法、知识迁移法等得出结论。

确定化合物结构方法有物理方法和化学方法，物理方法是通过质谱法、光谱分析法等确定特性基团（官能团）及相应的碳架结构。化学方法是通过各类反应性质、立体化学知识等确定特性基团及相应的结构，是很常用的推导手段。在推导过程中，依据分子式可以计算其不饱和度，依据同分异构现象初步判断该化合物属于哪几类化合物。依据特定基团的特征反应，如颜色变化、产生气体或生成沉淀以及降解反应产物可以推出最后的结构。

例1 有 A、B、C 三种烃，分子式均为 C_5H_{10}，它们与 HI 反应时，生成相同的碘代烷（主产物）；室温下都能使溴的 CCl_4 溶液褪色；与高锰酸钾酸性溶液反应时，A 不能使其褪色，B、C 则能使其褪色，C 还同时产生 CO_2 气体。试推测 A、B、C 的构造式。

解题思路：

（1）从分子式 C_5H_{10} 可推测三种烃可能是环烷烃或烯烃。

（2）从"室温下都能使溴的 CCl_4 溶液褪色；与高锰酸钾酸性溶液反应时，A 不能使其褪色，B、C 则能使其褪色"。推测：A 是小环，B、C 是烯烃。（3）从"C 还同时产生 CO_2 气体"，推测 C 是 1 位烯烃，B 不是 1 位烯烃。

（3）从"它们与 HI 反应时，生成相同的碘代烷"，推测 B、C 是双键在不同位置含支链的链烯，A 不是乙基环丙烷，因为有如下反应：

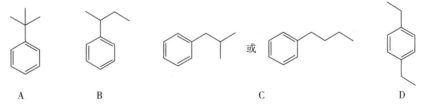

（4）推测 B 为 2-甲基丁-2-烯，有如下反应：

（5）推测 A 为 1,1-二甲基环丙烷，有如下反应：

（6）推测 C 为 2-甲基丁-1-烯，有如下反应：

由上述推断可以得到结论：A 为 1,1-二甲基环丙烷；B 为 2-甲基丁-2-烯；C 为 2-甲基丁-1-烯。

例 2　芳香族化合物 A、B、C、D 分子式都是 $C_{10}H_{14}$。A 不能被氧化为苯甲酸。B、C 可被氧化为苯甲酸、B 有手性，C 无手性。D 可氧化为对苯二甲酸，D 的一取代硝化产物只有一种。试写出 A、B、C、D 可能的构造式。

解题思路：不饱和度是反映有机化合物不饱和程度的量化指标，即缺氢程度，常用 Ω 表示，Ω 值越大，有机物的不饱和度越大，一个双键或一个环均占 1 个不饱和度，苯环的不饱和度为 4。Ω 最小值为 0，如烷烃、饱和卤代烃、饱和醇与醚，对于分子式 C_xH_y，其不饱和度 $\Omega = (2x + 2 - y)/2$（x、y 分别为分子中碳原子和氢原子的个数）。从分子式可以计算不饱和度为 $\Omega = (2 \times 10 + 2 - 14)/2 = 4$，结合后面内容推断有苯环和 4 个碳的烷基，其中 A 为叔丁基苯，叔丁基苯无 α-H，所以不能被氧化；B 有手性，可能存在手性碳，B 含一个苯环和四个碳烷基侧链，故侧链为仲丁基；C 无手性，侧链可能为异丁基或者丁基；D 可氧化为对苯二甲酸，且其硝化产物只有一种，说明结构对称，所以 D 为对二乙基苯。

例 3　芳烃 A 分子式为 $C_{10}H_{14}$，有五种可能的一溴取代物 $C_{10}H_{13}Br$。A 经氧化得酸性化合物 B($C_8H_6O_4$)，B 经硝化只有一种硝化产物 C($C_8H_5O_4NO_2$)。试推出 A、B、C 的构造式并命名。

解题思路：①从 A 分子式为 $C_{10}H_{14}$ 的碳氢比，可知 A 分子含有苯环。②从 A 经氧化得酸性化合物 B($C_8H_6O_4$)，氧原子数增加了 4 个，推测 B 可能为邻位或间位或对位苯二甲酸。由于邻位苯二甲酸易生成酸酐，排除邻位苯二甲酸；又因 B 经硝化只有一种硝化产物，而间位苯二甲酸硝化产物有三种，因此排除间位苯二甲酸；最后推测 B 为 1,4-苯二甲酸，C 为 2-硝基-1,4-苯二甲酸。③A 有五种可能的一溴取代物 $C_{10}H_{13}Br$，推测分子中存在五种 H，所以 A 的结构只能是对异丙基甲苯。

三种取代　　　　　六种取代　　　　　五种取代

由上述推断可以得到结论：A 为对异丙基甲苯；B 为 1,4-苯二甲酸；C 为 2-硝基-1,4-苯二甲酸。

第七节　有机化合物的排序

1. 主要考查的内容　有机化合物和反应活性中间体的稳定性和活性，化学反应速率快慢（亲电、亲核、自由基取代及加成反应；消除反应、氧化反应、还原反应等），有机物酸碱性的强弱以及芳香性等。考查学生对已学基本知识、基本概念的理解和熟练应用能力。

2. 解题的基本思路　这类题是按照要求对给定的化合物进行排序，解析此类题型需要：①仔细分析不同物质结构的异同；②综合考虑电子效应、空间效应等因素对性质的影响。

例 1　比较有机物苯酚、草酸、甲酸、乙酸、苯甲酸的酸性强弱。

解题思路：根据斥电子基团降低酸性，吸电子基团增强酸性的原则。酚的酸性小于羧酸，草酸具有两个羧基，一个羧基相对另一个羧基为较强吸电子基；苯甲酸的苯环（sp² 杂化）与吸电子羧基相连发生 π，π-共轭，苯环起到斥电子作用，苯环电子云向羧基转移；乙酸相当于羧基上连有一个斥电子基甲基，所以酸性从强到弱排列顺序是：

草酸 > 甲酸 > 苯甲酸 > 乙酸 > 苯酚。

例 2　比较吡啶、氨水、胍、N-甲基苯胺、苯胺、哌啶、二苯胺、甲胺的碱性大小。

解题思路：胍是一个有机强碱，碱性（$pK_b = 0.2$）与氢氧化钾相近，因为胍接受一个质子后能形成稳定的胍正离子。哌啶是脂肪仲胺，甲胺为脂肪伯胺，吡啶氮原子上有一对 sp² 杂化轨道孤对电子可以接受质子具有碱性；氨中氮原子的孤对电子位于 sp³ 杂化轨道上；苯胺中氮原子与苯环间存在共轭，降低了氮原子上电子云密度，使苯胺碱性比氨弱；与苯胺相比，N-甲基苯胺中氮原子上多了斥电子的甲基，其碱性比苯胺有所增强；二苯胺中两个苯环与氮原子的共轭效应，使氮的电子云密度降得更低，碱性更弱。所以碱性从大到小的排列顺序如下：

胍 > 哌啶 > 甲胺 > 氨水 > 吡啶 > N-甲基苯胺 > 苯胺 > 二苯胺

例 3　比较氯苯、2,4-二硝基苯、苯酚、甲苯、硝基苯、苯的亲电取代反应活性大小。

解题思路：分析亲电取代活性，即苯环上的电子云密度越高，越易发生亲电取代反应。—OH、—CH₃ 为活化基团，增加苯环电子云密度，且—OH 为强活化基团，—CH₃ 为弱活化基团；—Cl 和—NO₂ 是钝化基团，且—NO₂ 为强钝化基团，多个—NO₂ 钝化能力更强。所以，亲电取代活性从大到小排列顺序如下：

苯酚 > 甲苯 > 苯 > 氯苯 > 硝基苯 > 2,4-二硝基苯

第二篇　各章习题

第一章　绪　论

1. 什么是有机化合物？请举例说明有机化合物与无机化合物的主要区别是什么。

2. 请简要说明有机化合物表示方法中的结构式、结构简式和键线式之间的区别，并画出四氢呋喃分子的结构式、结构简式及键线式。

3. 有机化合物中碳原子的杂化方式有几种？请简要说明。

4. 解释下列名词

（1）键能　　（2）诱导效应　　（3）共轭效应　　（4）σ 键　　（5）π 键　　（6）路易斯酸

5. 请简要说明键的极性、分子的极性和键的极化性之间的区别。

6. 指出下列哪些化合物为极性分子

（1）CCl_4　　　　（2）CH_3CH_2Cl　　　　（3）$\begin{array}{c} H_3C \\ \diagup \\ C=C \\ \diagup \quad \diagdown \\ H \qquad H \end{array}\begin{array}{c} CH_3 \end{array}$　　　　（4）$\begin{array}{c} H \\ \diagup \\ C=C \\ \diagup \quad \diagdown \\ H_3C \qquad H \end{array}\begin{array}{c} CH_3 \end{array}$

（5）CH_3CH_2OH　　　　（6）CH_3OCH_3

7. 指出下列分子中存在哪些类型的共轭效应

（1）$CH_2{=}CH{-}CH{=}CH_2$　　　　　　　　（2）$CH_3{-}CH{=}CH{-}\overset{+}{C}H{-}CH_3$

（3）$CH_2{=}CH{-}CH{=}CH{-}OH$　　　　　　（4）$CH_2{=}CH{-}\overset{\cdot}{C}H{-}CH_3$

（5）$CH_2{=}CH{-}\overset{\displaystyle O}{\overset{\|}{C}}{-}OH$

8. 共价键的断裂方式有几种？通过不同的断裂方式分别产生什么类型的活性中间体？

9. 分子间作用力共有几种？分别是什么？请将它们按照从强到弱的顺序排列。

10. 下列化合物酸性强弱的正确顺序是（　　　　）

（1）$\underset{\underset{Cl}{|}}{CH_3CHCOOH}$　　　　（2）$\underset{\underset{F}{|}}{CH_3CHCOOH}$　　　　（3）$ClCH_2CH_2COOH$

　　A.（1）>（2）>（3）　　　B.（1）>（3）>（2）　　　C.（2）>（1）>（3）

11. 路易斯碱性强弱的正确顺序是（　　　　）

　　A. $NH_3 < N_2H_4 < NH_2OH$　　　　　　B. $NH_3 > N_2H_4 > NH_2OH$

　　C. $NH_3 < NH_2OH < N_2H_4$　　　　　　D. $NH_3 > NH_2OH > N_2H_4$

12. 氢键对化合物的沸点有着重要影响，因此能否说氢键的形成一定会使化合物的沸点升高？请举例说明。

13. NH_2^- 的碱性比 HO^- 的碱性强，其共轭酸分别是 NH_3 和 H_2O，哪个酸性强？为什么？

第二章　烷　烃

1. 指出下列化合物中各碳原子属于哪一类型（伯、仲、叔、季）

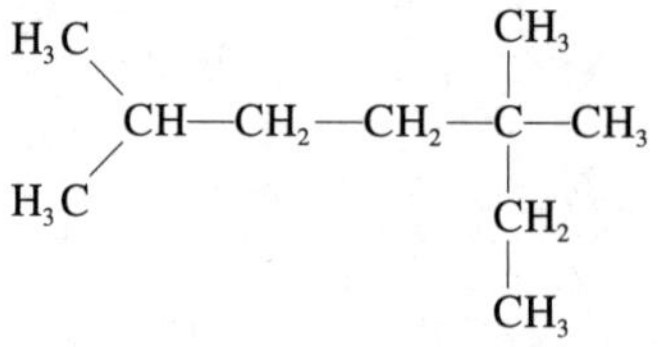

$$H_3C$$
$$CH-CH_2-CH_2-C-CH_3$$
$$H_3C \qquad\qquad CH_3$$
$$CH_2$$
$$CH_3$$

2. 用系统命名法命名下列化合物

（1）$(CH_3)_2CHCH_2CH_3$

（2） 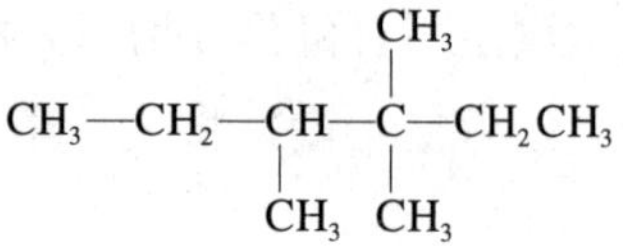
$$CH_3$$
$$CH_3-CH_2-CH-C-CH_2CH_3$$
$$CH_3 \quad CH_3$$

（3）
$$CH_3$$
$$CH_3-CH-CH-CH_3$$
$$CH_3$$

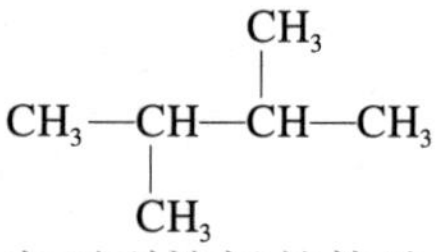

（4）$(CH_3)_3CC(CH_3)_2CHCH_3$
$$CH_2CH_3$$

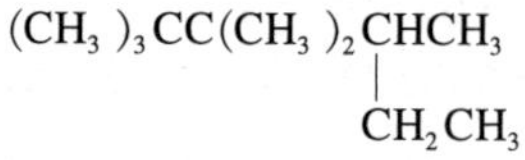

3. 写出下列烷烃的构造式

（1）2,3-二甲基戊烷　　　　（2）3-乙基-2-甲基戊烷

（3）4-乙基-2,3-二甲基己烷　（4）4-异丙基十一烷

（5）2,3,4-三甲基癸烷

4. 找出下列各式中哪些属于同一化合物

（1）$(CH_3)_2CHCH_2CHCH_2CH_3$
$$CH_3$$

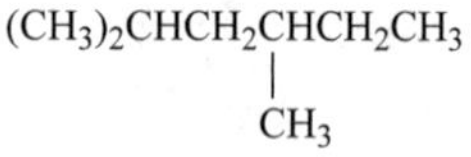

（2）$CH_3CH_2CHCH_2CHCH_3$
$$CH_3 \quad CH_3$$

（3）
$$CH_3$$
$$H_3C-C-CH_2$$
$$CH-CHCH_3$$
$$CH_3$$

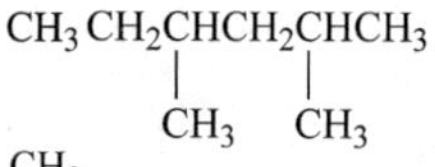

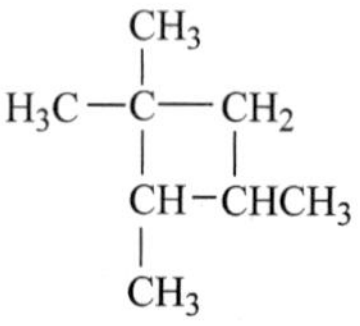

（4）
$$CH_3$$
$$CH-CHCH_3$$
$$CH_2-C-CH_3$$
$$CH_3$$

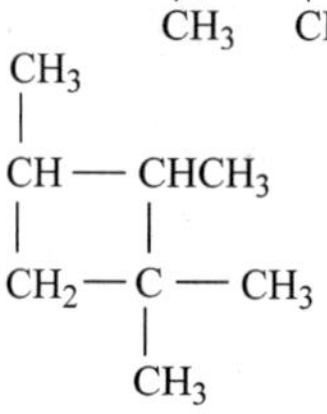

（5） 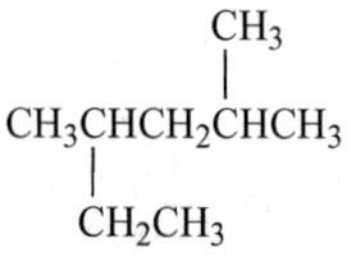
$$CH_3$$
$$CH_3CH_2CH_2CHCH_3$$
$$CH_2CH_3$$

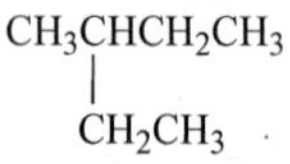

5. 下列各化合物的命名如有错误，请改正

（1）$CH_3CHCH_2CH_3$
$$CH_2CH_3$$
　　　　2-乙基丁烷

（2） 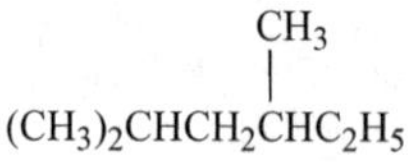
$$CH_3$$
$$(CH_3)_2CHCH_2CHC_2H_5$$
　　　2,4-二甲基己烷

（3）$CH_3(CH_2)_7CHCH_2CH_3$
$$CH_3$$ 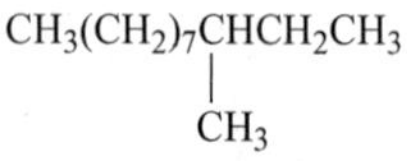
　　　3-甲基十二烷

（4）$CH_3CH_2CH_2C(CH_3)_2(CH_2)_3CH_3$
　　　4-二甲基辛烷

（5）$(CH_3)_3CCH_2CHCH_2CH_3$
$$CH_3$$
　　1,1,1-三甲基-3-甲基戊烷

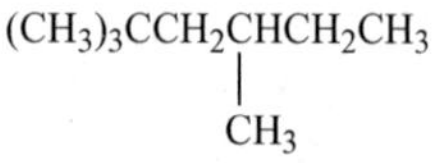

（6）$CH_3CH_2CHC(CH_3)_3$
$$CH_3$$
　　2,2,3-三甲基戊烷

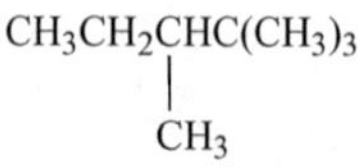

6. 写出下列化合物进行一氯代反应可能得到的全部产物

（1）丙烷　　（2）2-甲基丙烷　　（3）正己烷　　（4）2-甲基己烷

（5）2,2-二甲基丁烷　　（6）2,2,3-三甲基丁烷

7. 将下列自由基按稳定性从大到小的次序排列

（1）$CH_3CHCH_2\dot{C}H_2$
　　　　|
　　　　CH_3

（2）$CH_3\dot{C}CH_2CH_3$
　　　　|
　　　　CH_3

（3）$CH_3CH\dot{C}HCH_3$
　　　|
　　　CH_3

（4）$\dot{C}H_3$

第三章　烯　烃

1. 选择题

（1）下述碳正离子中，最不稳定的是（　　　）

A.　$H_3C-\overset{\overset{CH_3}{|}}{\underset{\underset{CH_3}{|}}{C}}{}^+$
　　　　B.　$H_3C-\overset{\overset{CH_3}{|}}{\underset{+}{CH}}$
　　　　C. $H_3C-\overset{+}{C}H_2$

D.　$H_2C=CH\overset{+}{C}H_2$
　　　　E.　$(C_6H_5)_3\overset{+}{C}$

（2）下列化合物中，无顺反异构的是（　　　）

A. $CH_3CH_2CH=CHCH_3$
　　　　　　　　B. $CH_3CBr=CHCH_2CH_3$

C. $CHCl=CHCl$
　　　　　　　　D. $CH_3CH=CHCH_3$

E. $(CH_3)_2C=CHCH_3$

（3）$CF_3CH=CH_2 + HCl$ 产物主要是（　　　）

A. $CF_3CHClCH_3$
　　　　　　　　B. $CF_3CH_2CH_2Cl$

C. $CF_3CHClCH_3$ 与 $CF_3CH_2CH_2Cl$ 相差不多
　　　　D. 不能反应

E. $CF_3CHClCH_2Cl$

（4）下列化合物中可能有 E,Z 异构体的是（　　　）

A. 2-甲基丁-2-烯
　　　　　　　　B. 2,3-二甲基丁-2-烯

C. 2-甲基丁-1-烯
　　　　　　　　D. 戊-2-烯

E. 丁-1,3-二烯

（5）下列化合物中可能有顺反异构体的是（　　　）

A. $CHCl=CHCl$
　　　B. $CH_2=CCl_2$
　　　C. 戊-1-烯

D. 2-甲基丁-2-烯
　　　E. 环己烯

（6）某烯烃经臭氧化和还原水解后只得 CH_3COCH_3，该烯烃为（　　　）

A. $(CH_3)_2C=CHCH_3$
　　　B. $CH_3CH=CH_2$
　　　C. $H_2C=CH_2$

D. $(CH_3)_2C=CH_2$
　　　E. $(CH_3)_2C=C(CH_3)_2$

（7）$(CH_3)_2C=CH_2 + HCl$ 产物主要是（　　　）

A. $(CH_3)_2CHCH_2Cl$
　　　B. $(CH_3)_2CClCH_3$
　　　C. $CH_3CH_2CH_2CH_2Cl$

D. $CH_3CHClCH_2CH_3$
　　　E. $CH_3CH_2ClCHCH_2Cl$

（8）$CH_3CH=CH_2 + HCl$ 产物主要是（　　　）

A. $CH_3CHClCH_3$
　　　B. $CH_3CH_2CH_2Cl$
　　　C. $CH_3CHClCH_3$ 与 $CH_3CH_2CH_2Cl$ 相差不多

D. 不能反应　　　　　　　　E. $CH_3CHClCH_2Cl$

（9）下列碳正离子中最稳定的是（　　　）

A. 　　　　　　　　B. 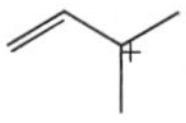　　　　　　　　C.

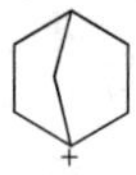

D. 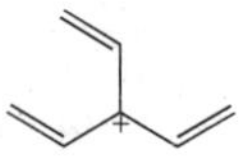　　　　　　　　E.

（10）生物体内花生四烯酸的环氧化酶代谢产物之一 PGB_2 的结构如下，a、b、c 三个 C＝C 构型依次是（　　　）

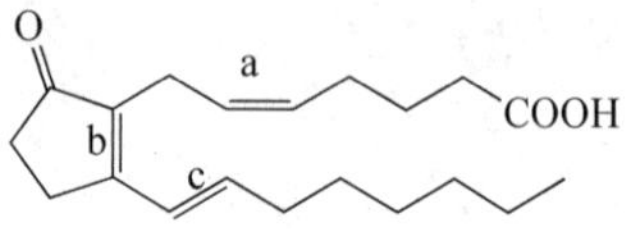

A. *ZEZ*　　　　　　　B. *ZEE*　　　　　　　C. *ZZE*

D. *EEE*　　　　　　　E. *ZZZ*

（11）下列基团中的较优基团是（　　　）

A. 乙烯基　　　　　　B. 烯丙基　　　　　　C. 苯基

D. 叔丁基　　　　　　E. 乙炔基

（12）分子式为 C_4H_8 的烯烃的异构体一共有（　　　）

A. 1 种　　　　　　　B. 2 种　　　　　　　C. 3 种

D. 4 种　　　　　　　E. 5 种

（13）下列化合物中与 Br_2 反应速率最快的是（　　　）

A. $CH_3CH=CHCH_3$　　　　　　　　　　B. $CH_3CH=CHCH_2COOH$

C. $CH_3CH_2CH_2CH_2CH_3$　　　　　　　　D. $CH_3CH=CHCH_2NO_2$

E. $CH_2=CH_2$

（14）下列化合物中存在 p-π 共轭体系的是（　　　）

A. CH_3CH_2Cl　　　　　　　　　　　　B. $CH_2=CH—CH=CHCl$

C. $CH_2=CH—CH_2—Cl$　　　　　　　　D.

E.

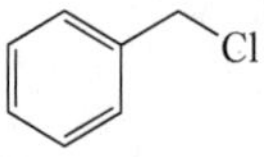

（15）被臭氧氧化后水解得 $(CH_3)_2C=O$ 和 CH_3CHO 的烯烃是（　　　）

A. $CH_3CH=CH_2$　　　　　　　　　　　B. $CH_2=CH_2$

C. $(CH_3)_2CHCH=CH_2$　　　　　　　　D. $(CH_3)_2C=CHCH_3$

E. $CH_2=C(CH_3)CH_2CH_3$

2. 用系统命名法命名下列化合物

（1）

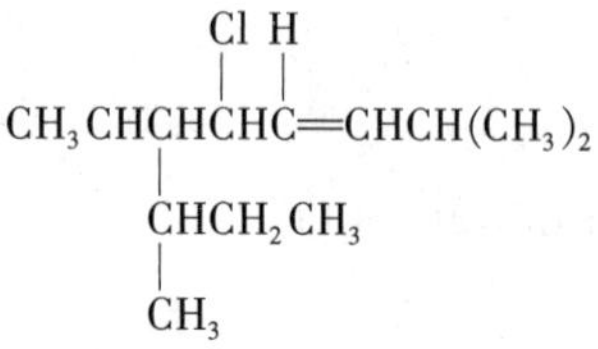

（2）

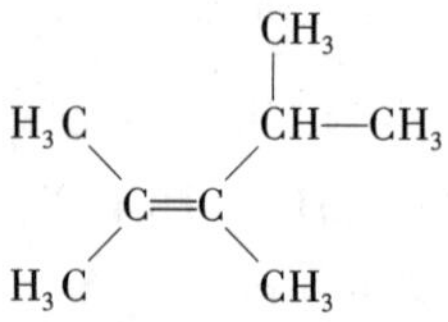

（3）$(CH_3CH_2)_2CHCH_2CH=CHCH_3$

（4）

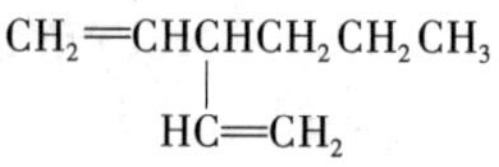

（5）

（6）
$$\underset{H_3C}{\overset{CH_3CH_2}{>}}C=C\underset{CH(CH_3)_2}{\overset{CH(CH_3)_2}{<}}$$

（7） —CH$_2$—CH$_2$—CH$_3$

3. 写出下列化合物的结构式

（1）对称二乙基乙烯

（2）不对称甲基乙基乙烯

（3）（Z）-2-溴己-2-烯

（4）（Z）-2,3-二甲基己-3-烯

（5）（E）-4-乙基-3-甲基庚-3-烯

（6）异丙烯基

4. 完成下列化学反应

（1） $\xrightarrow[\text{CCl}_4]{\text{Br}_2}$

（2） $CH_3CH=CCH_2CH_3 + Cl_2 \xrightarrow{H_2O}$ 　（带 CH$_3$ 支链）

（3） $\xrightarrow[]{+ Cl_2 \; H_2O}$

（4） —CH=CH$_2$ $\xrightarrow{\text{稀冷KMnO}_4}$

（5） （环己烯带 CH$_3$） $\xrightarrow[\text{高温}]{\text{Br}_2}$

（6） $PhCH=CH_2 + HBr \xrightarrow{H_2O_2}$

（7） $CH_2=CH-CH_2-CH_3 \xrightarrow[\text{② Zn/H}_2\text{O}]{\text{① O}_3}$

（8） （环戊基）$=CHCH_3 + HBr \longrightarrow$

（9） $CH_3CH=CHCH_2CH_3 \xrightarrow{\text{Br}_2} \xrightarrow[\text{C}_2\text{H}_5\text{OH}]{\text{KOH}}$

（10） $\xrightarrow{\text{Br}_2} \xrightarrow[\text{C}_2\text{H}_5\text{OH}]{\text{KOH}}$

（11） $CH_3\overset{\overset{\displaystyle CH_3}{|}}{\underset{\underset{\displaystyle CH_3}{|}}{C}}-CH=CH_2 + HI \longrightarrow$

（12） （环戊烯带 CH$_3$） $\xrightarrow[\text{THF}]{\text{B}_2\text{D}_6} \xrightarrow[\text{H}_2\text{O, NaOH}]{\text{H}_2\text{O}_2}$

（13） （环己烯带 CH$_3$） $\xrightarrow[\text{H}_2\text{O}]{\text{Br}_2}$

（14） （双环烯） $\xrightarrow[\text{② Zn, H}_3\text{O}^+]{\text{① O}_3}$

（15） （环带 CH$_3$、Cl、Cl） $\xrightarrow[\text{Pd}]{\text{D}_2}$

5. 某化合物 A，元素分析结果：C 占 85.60%，H 占 14.40%。将 0.5000g 化合物 A，在 0℃ 和 0.1MPa 条件下催化加氢，可以吸收 100ml 氢，A 经臭氧化和还原性水解后得到一种醛。试推测化合物 A 的可能结构。

6. 某多烯烃 A（$C_{10}H_{16}$），在 Pt 催化下加氢得到 2,6-二甲基辛烷，A 经臭氧化还原性水解得到化合物 B（$C_5H_6O_3$）和等物质的量的丙酮（CH_3COCH_3）及二倍物质的量的甲醛（HCHO）。试推测 A、B 的结构，并用反应式表示其反应过程。

7. 将下列碳正离子按稳定性排列成序，并简要说明理由。

（1）$CH_3\overset{+}{C}HCH(CH_3)_2$　　　　　（2）$\overset{+}{C}H_2CH_2CH(CH_3)_2$　　　　　（3）$CH_3CH_2\overset{+}{C}(CH_3)_2$

（4）$H_2C=C-\overset{+}{C}(CH_3)_2$
　　　　　$\quad\quad\quad\quad\quad H$
（5）$H_2C=C-\overset{H}{\underset{+}{C}}-C=CH_2$
　　　　　$\quad\quad\quad H\quad\quad H$

8. 比较下列烯烃在 H_2SO_4 催化下的水合反应速率，并简要说明理由。

（1）$H_2C=CH_2$　　　　　（2）$H_2C=CHCH_3$　　　　　（3）$H_2C=C-CH_3$
　　　　　　　　　　　　　　　　　　　　　　　　　　　　　　$\quad\quad\quad CH_3$

（4）$H_3C-CH=CH-CH_3$　　　　　（5）$H_2C=CH-F$

9. 某烯烃的分子式为 C_7H_{14}，已知该烯烃用酸性高锰酸钾溶液氧化的产物与其臭氧氧化的产物完全相同，试写出该烯烃的结构式。

10. 从烯烃制取氯代烃时为什么要用干燥的气态氯化氢而不用它的水溶液？

11. 一组成分子式为 C_6H_{12} 的烯烃，用 Br_2/CCl_4 溶液处理所得的产物组成为 $C_6H_{12}Br_2$，该二溴化物用 KOH 的醇溶液处理得到一双烯，该双烯被 $KMnO_4$ 氧化得到丙酸 CH_3CH_2COOH 和 CO_2 及乙二酸 HOOC—COOH。写出起始物的结构式及相关反应的方程式。

第四章　炔烃与二烯烃

1. 用系统命名法命名下列化合物

（1）　　　　　　（2）

（3）$(CH_3)_3CC\equiv CCH_2C(CH_3)_3$　　（4）

（5）　　　　　（6）

（7）　　　　　（8）

2. 写出下列化合物的结构式，并用衍生物命名法命名

（1）戊-1-烯-4-炔　　　　　　　　（2）戊-3-烯-1-炔

（3）2,2,5,5-四甲基己-3-炔　　　（4）2,5-二甲基庚-3-炔

3. 写出炔烃 C_6H_{10} 的所有构造异构体，并用系统命名法命名

4. 完成下列化学反应

（1）$CH_3CH_2CH_2C\equiv CH + HBr（过量）\longrightarrow$

（2）$CH_3CH_2C\equiv CCH_2CH_3 + H_2O \xrightarrow{HgSO_4/H_2SO_4}$

（3）$HC\equiv CH + CH_3COOH \xrightarrow[170\sim210℃]{Zn(OAc)_2/活性炭}$

（4）$CH_3CH_2C\equiv CCH_2CH_3 + H_2 \xrightarrow[喹啉]{Pd/BaSO_4}$

（5）$CH_3CH_2CH_2C\equiv CH + [Ag(NH_3)_2]NO_3 \longrightarrow$

（6）$H_2C\equiv CHCH_2C\equiv CH + Br_2 \longrightarrow$

（7）$CH_3C\equiv CCH_2CH_2CH_2C\equiv CCH_3 \xrightarrow{Na/NH_3(l)}$

（8）$CH_3CH_2C\equiv CH \xrightarrow{B_2H_6} \xrightarrow[OH^-]{H_2O_2}$

（9）$CH_3CH_2C\equiv CH \xrightarrow{Na} \xrightarrow{C_2H_5Br}$

（10）$3HC\equiv CH \xrightarrow[\triangle]{Cu_2Cl_2,\ NH_4Cl}$

（11）$CH_3CH_2CH_2C\equiv CCH_3 \xrightarrow[pH\ 7.5]{KMnO_4,\ H_2O}$

（12）⦗ + ⦘ $\xrightarrow{\triangle}$

（13）⦗ + ⦘COOH $\xrightarrow{\triangle}$ $\xrightarrow{H_2/Ni}$

（14）$H_2C\!=\!C\!-\!CH\!=\!CH_2 + HCl \xrightarrow{\triangle}$
　　　　　　|
　　　　　CH_3

（15）$H_2C\!=\!CH\!-\!CH\!=\!CH\!-\!CH\!=\!CH_2 + HCl \xrightarrow{\triangle}$

5. 写出下列化学反应所需的试剂和反应条件

（1）戊-1-炔 $\longrightarrow$ 戊烷

（2）己-3-炔 $\longrightarrow$ （Z）-己-3-烯

（3）丁-1-炔 $\longrightarrow$ 丁醛

（4）戊-2-炔 $\longrightarrow$ （E）-戊-2-烯

（5）丁-1-炔 $\longrightarrow$ 丁酮

（6）乙炔 $\longrightarrow$ 乙烯基乙炔

6. 用化学方法鉴别下列化合物

（1）乙烷、乙烯、乙炔

（2）戊-1-炔、戊-2-炔

（3）戊-1,3-二烯、戊-1,4-二烯

7. 以丙炔为原料合成下列化合物

（1）2,2-二溴丙烷

（2）丙酮

（3）丙醇

（4）乙酸

（5）正己烷

（6）（Z）-己-2-烯和（E）-己-2-烯

8. 下列化合物都能发生 Diels – Alder 反应，请将它们的反应速率按大小排列

（1）丁-1,3-二烯

（2）2-甲基丁-1,3-二烯

（3）2-甲氧基丁-1,3-二烯

（4）2-氯丁-1,3-二烯

9. 用化学方法除去环己烷中少量的乙烯。

10. 简答题

（1）乙炔上的氢很容易被金属钠、银、铜等离子取代，而乙烷和乙烯则无此性质，为什么？

（2）烯烃与 X_2、HX 等亲电试剂的加成反应比炔烃容易，但是炔烃与这类试剂反应时却能停留在烯

烃阶段，生成卤代烯烃，当在更剧烈的条件下才能进一步加成。请解释这是否矛盾。

（3）什么是动力学控制？什么是热力学控制？为什么丁-1,3-二烯和 HBr 加成时，低温以 1,2-加成产物为主，高温以 1,4-加成产物为主？

11. 推导结构

（1）某烃 A 分子式为 C_5H_8，当它加氢后可生成 2-甲基丁烷，与硝酸银的氨溶液作用生成白色沉淀；和硫酸汞的稀硫酸水溶液作用，生成一含氧化合物 B。试推测 A、B 的结构。

（2）化合物 A、B、C 的分子式均为 C_6H_8，A、B、C 都可与硝酸银的氨溶液反应生成白色沉淀；A、B 与 $KMnO_4$ 酸性溶液反应都会生成含有 4 个碳原子的二元酸，C 则得到乙二酸和丙酮；A、B、C 分别发生臭氧化还原水解反应，只有 C 可得到乙醛酸，A、B 则得到四碳醛酸。试推测 A、B、C 的结构。

第五章　脂　环　烃

1. 用系统命名法命名下列化合物

（1）

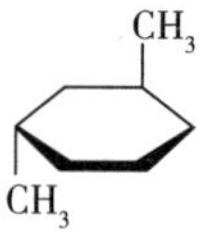

（2）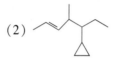

（3）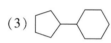

（4）

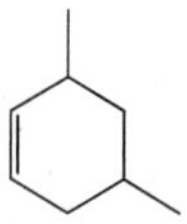

（5）

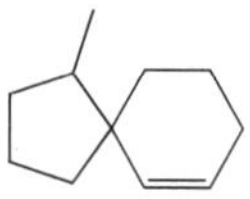

（6）

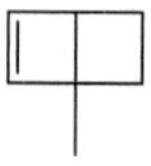

（7）

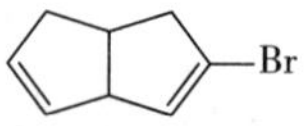

（8）H_3C—⬡—$CH(CH_3)_2$

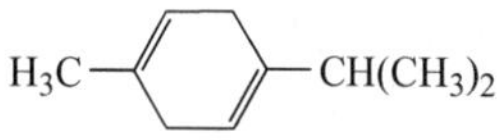

2. 写出下列化合物的结构式

（1）3-甲基环戊烯　　　　　　　（2）1,4,7,7-四甲基二环[2.2.1]庚烷

（3）顺-1,2-二甲基环己烷　　　　（4）反-1-异丙基-4-甲基环己烷（优势构象）

（5）2-乙基环庚三烯　　　　　　（6）5-甲基螺[3.4]辛烷

（7）3-乙基-1-甲基二环[3.2.1]辛烷　（8）反十氢萘

3. 完成下列化学反应

（1）△ 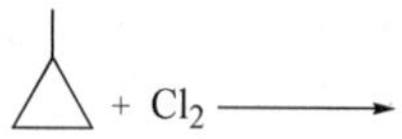 + Cl_2 ⟶

（2）□ $\xrightarrow{Br_2}$ 室温

（3） $\xrightarrow{KMnO_4}$

（4） $\xrightarrow{HCl}$ 室温

（5） + HBr $\xrightarrow{CCl_4}$

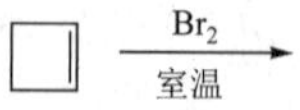

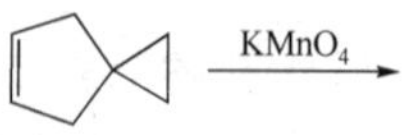

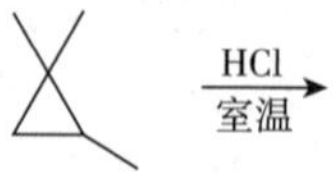

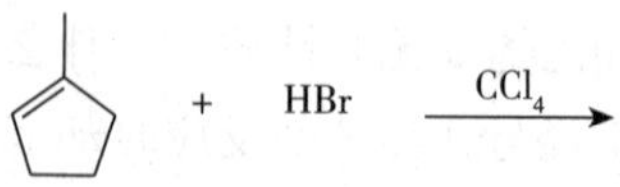

(6) $\xrightarrow[\triangle]{KMnO_4/H}$

(7) + Cl_2 $\xrightarrow{h\nu}$

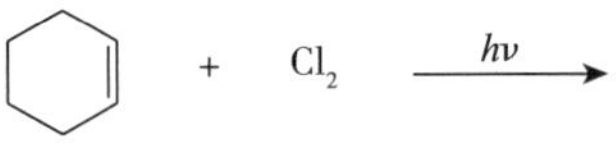

(8) 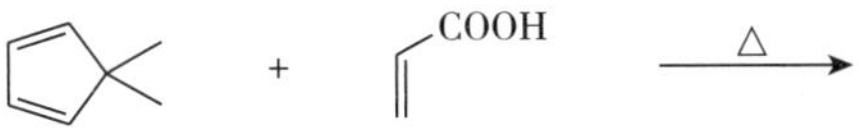 + $\xrightarrow{\triangle}$

4. 写出反-1-异丙基-3-甲基环己烷及顺-1-异丙基-4-甲基环己烷可能的椅式构象，并指出占优势的构象。

5. 用化学方法鉴别下列化合物

（1）乙基环丙烷、环戊烷、环戊烯

（2）环丙烷、丙烯、丙炔

（3）环己烯、环己-1,3-二烯、己-1-炔

6. 结构推导

（1）化合物 A 分子式为 C_4H_8，它能使溴的四氯化碳溶液褪色，但不能使稀的 $KMnO_4$ 溶液褪色。1mol A 和 1mol HBr 反应生成 B，B 也可以从 A 的同分异构体 C 与 HBr 反应得到。化合物 C 能使溴的四氯化碳溶液和稀的 $KMnO_4$ 溶液褪色。试推导出化合物 A、B、C 的结构式，并写出各步反应式。

（2）某烃的分子式为 $C_{10}H_{16}$，能吸收 1mol H_2，分子中不含甲基、乙基和其他烷基。用酸性 $KMnO_4$ 溶液氧化，得到一个对称的二酮，其分子式为 $C_{10}H_{16}O_2$。试推导这个烃的结构式。

（3）化合物 A 分子式为 C_6H_{12}，在室温下不能使稀的 $KMnO_4$ 溶液褪色，与 HBr 反应生成 B，B 的分子式 $C_6H_{13}Br$。A 氢化后得到 3-甲基戊烷。试推测 A 和 B 的结构，并写出相关反应式。

第六章　芳　烃

1. 命名下列化合物或写出化合物的构造式

（1）

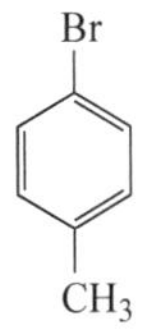

（2）

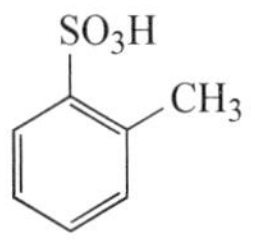

（3）

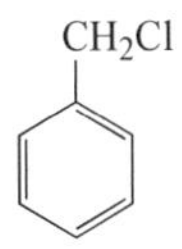

（4）

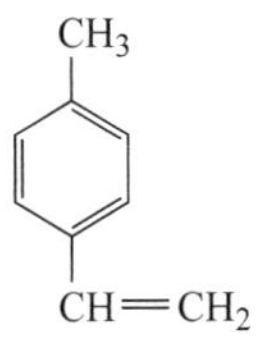

（5）

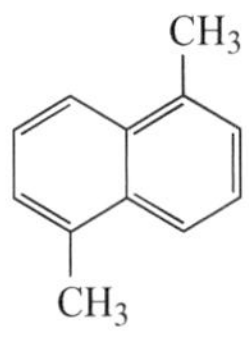

（6）

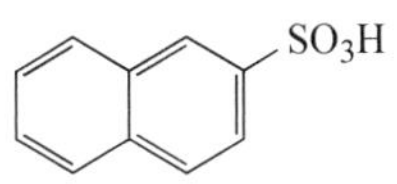

（7）

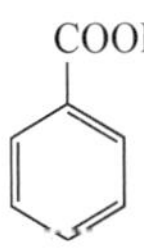

（8）

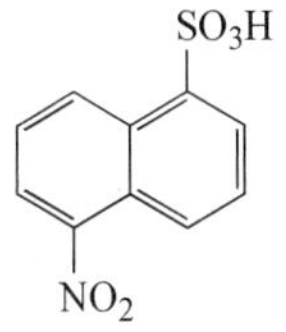

（9）萘–1–酚 　　　　　　　　　　　　　（10）对氨基苯磺酸

（11）5–对溴苯基–4–甲基戊–1–炔 　　　　（12）9–溴菲

2. 完成下列化学反应

（1） 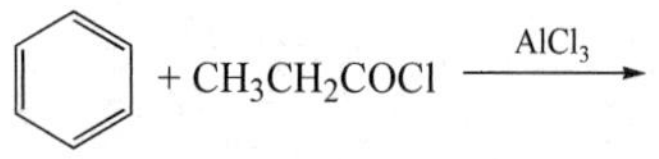 [苯] + CH₃CH₂COCl $\xrightarrow{\text{AlCl}_3}$

（2） [甲苯 CH₃] + Br₂ ——┬— hv →

　　　　　　　　　　　　└— Fe →

（3） [苯基环己烷] + KMnO₄ $\xrightarrow[\triangle]{\text{H}^+}$

（4） [萘] $\xrightarrow[165℃]{\text{浓H}_2\text{SO}_4}$

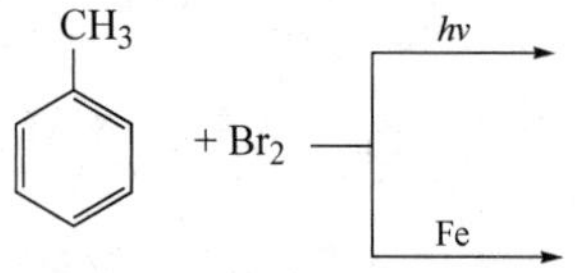

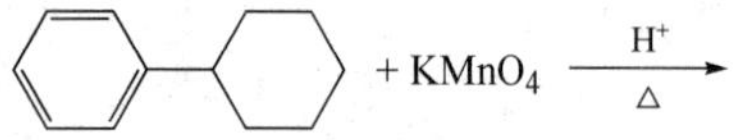

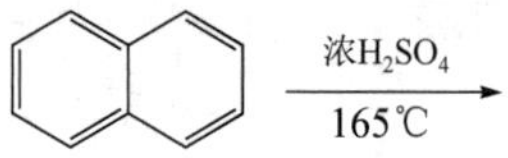

（5） [1-甲基萘 CH₃] $\xrightarrow{\text{混酸}}$

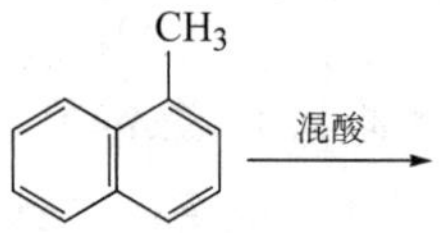

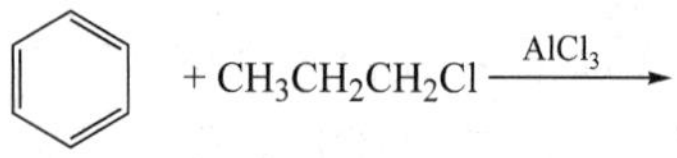

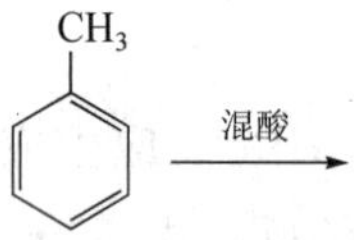

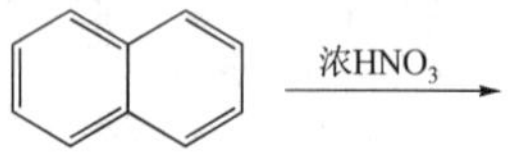

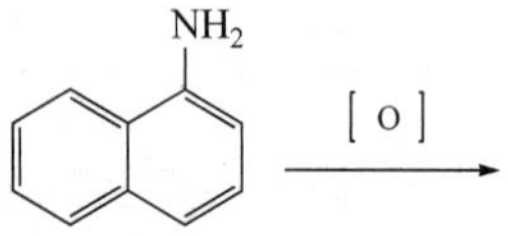

（6） [苯] + CH₃CH₂CH₂Cl $\xrightarrow{\text{AlCl}_3}$

（7） [甲苯 CH₃] $\xrightarrow{\text{混酸}}$

（8） [萘] $\xrightarrow{\text{浓HNO}_3}$

（9） [1-萘胺 NH₂] $\xrightarrow{[\text{o}]}$

（10） [苯] + [3-硝基苯甲酰氯 COCl, NO₂] $\xrightarrow{\text{AlCl}_3}$ $\xrightarrow{\text{混酸}}$

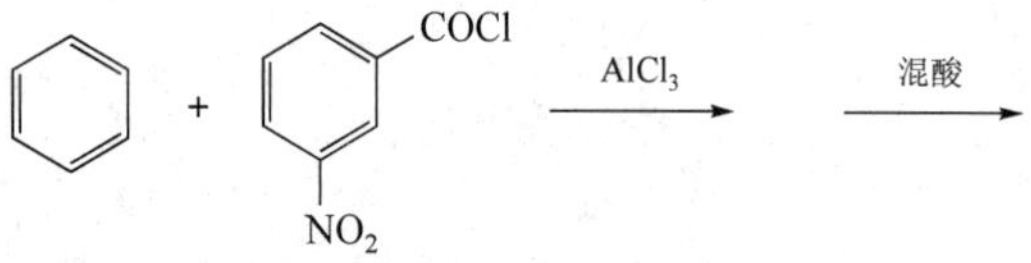

3. 将下列各组化合物按亲电取代反应活性由大到小的顺序排列

（1）A. 苯 　　　　　B. 甲苯 　　　　　C. 氯苯 　　　　　D. 硝基苯

（2）A. 苯甲酸 　　　B. 对苯二甲酸 　　C. 对二甲苯 　　D. 对甲苯甲酸

（3）A. 硝基苯 　　　B. 苯酚 　　　　　C. 对硝基苯酚 　D. 对甲基苯酚

（4）A. [苯] 　　　B. 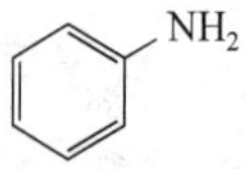 [苯胺 NH₂] 　　　C. 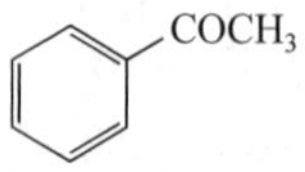 [苯乙酮 COCH₃] 　　　D. 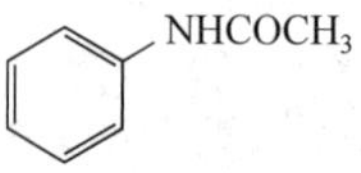 [乙酰苯胺 NHCOCH₃]

4. 判断下列化合物是否有芳香性

（1） 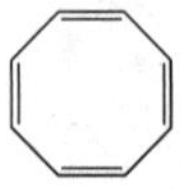 [环辛四烯] 　　（2） [环戊二烯] 　　（3） [环戊二烯负离子]⁻ 　　（4） [环戊二烯正离子]⁺

（5） [二氢萘 H H] 　　　（6） [并环戊二烯] 　　　（7） [薁]

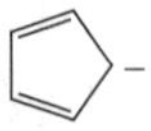

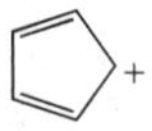

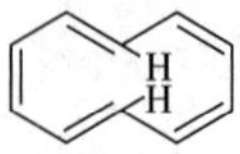

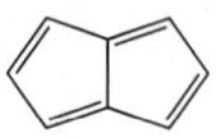

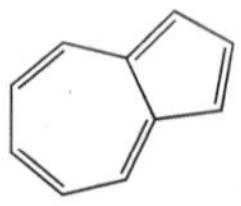

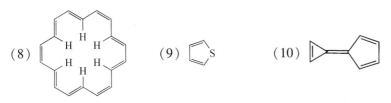

5. 用箭头表示下列化合物进行一硝化的主要产物

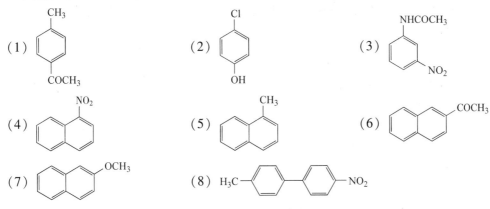

6. 以苯、甲苯及其他试剂为原料，合成下列化合物

（1）～（6）

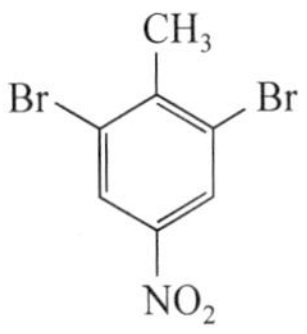

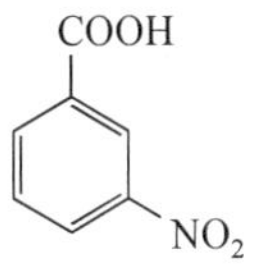

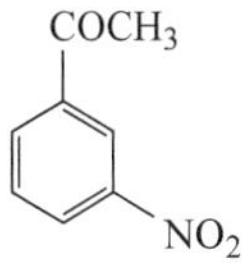

第七章　立体化学基础

1. 举例解释下列名词

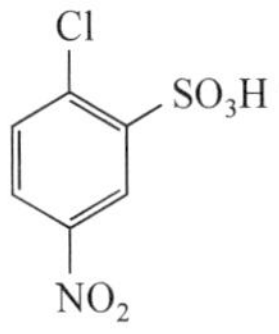

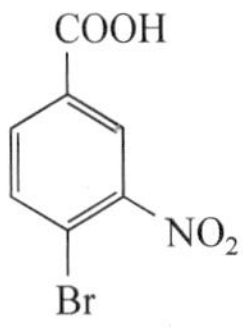

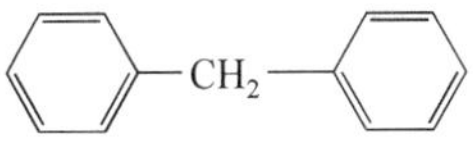

（1）对映体　　　（2）手性分子　　　（3）手性碳原子　　　（4）对称面

（5）外消旋体　　（6）非对映体　　　（7）内消旋体　　　　（8）R 构型

2. 将下列化合物中手性碳原子用星号标出

（1）1-氯-2-甲基戊烷　　（2）2-氯-2-甲基丁烷　　（3）2-氯-4-甲基戊烷

（4）2-溴-1-氯丁烷　　　（5）2-环己基丁烷

3. 画出下列分子的费歇尔投影式

（1）(S)-丁-2-醇　　（2）(2R,3S)-丁-2,3-二醇　　（3）(R)-α-氨基丙酸

4. 下述化合物进行氯代反应后，将其反应产物用分馏法小心分开：①预计可收集到多少馏分；②画出各馏分的立体结构式并以 R/S 标明构型；③指出哪个馏分有旋光性。

（1）$CH_3CH_2CH_2CH_3 + Cl_2 \xrightarrow{\triangle} C_4H_9Cl$

（2）(S)-2-氯戊烷 $+ Cl_2 \xrightarrow{\triangle} C_5H_{10}Cl_2$

5. 以下各组化合物，在下述性质方面表现相同还是不同

（1）(R)-2-氯丁烷与(S)-2-氯丁烷；（2）(2S,3R)-2,3-二氯丁烷与(2S,3S)-2,3-二氯丁烷；

（3）内消旋酒石酸与外消旋酒石酸

A. 熔点或沸点   B. 比旋光度   C. 溶解度

6. 将 1.5g 的旋光物质溶解在乙醇中，配成 50ml 溶液

（1）若溶液在 10cm 长的旋光管中测定其旋光度为 +2.79°，求 20℃时钠光（D 线）下的比旋光度。

（2）若上述溶液在 5cm 长的旋光管中测定，那么测得的旋光度是多少？

（3）若将溶液由 50ml 稀释到 150ml，且在 10cm 长的旋光管中测定，其旋光度又是多少？

7. 标明下列化合物的构型

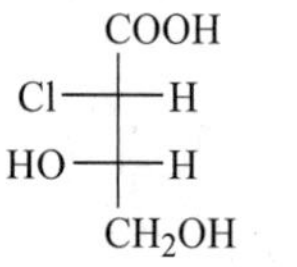

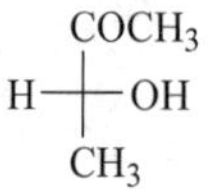

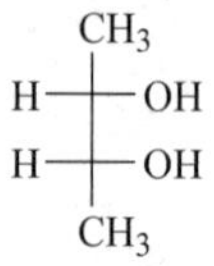

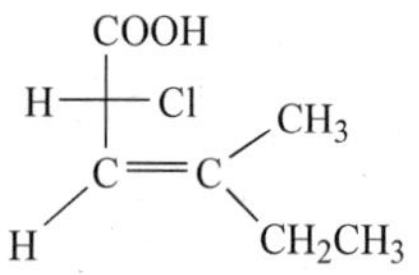

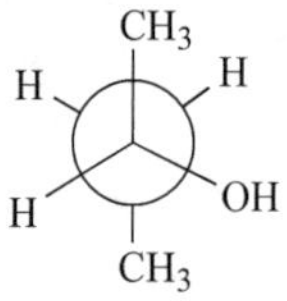

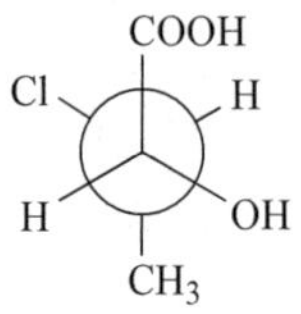

8. 指出下列各组化合物哪些是相同的，哪些是对映体，哪些是非对映体

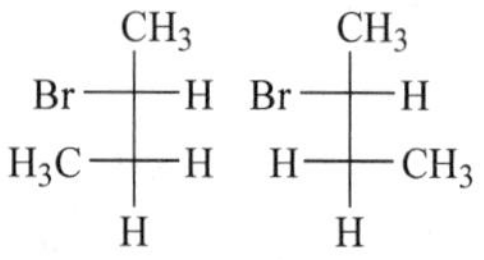

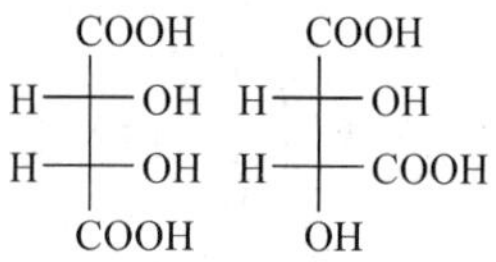

9. 选择题

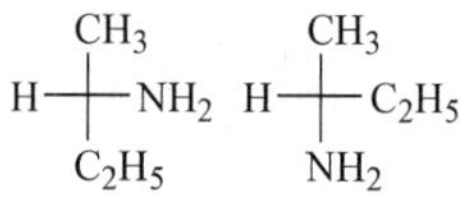

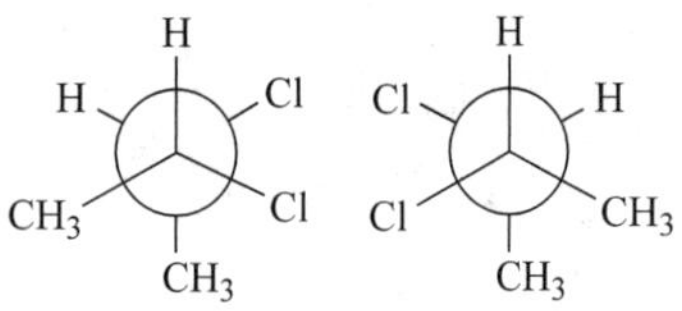

（1）以下有机结构表示式中，不能表现基团立体空间关系的是（   ）

     A. 纽曼式   B. 键线式   C. 费歇尔式   D. 锯架式

（2）以下叙述中正确的是（   ）

     A. 手性碳原子的存在，是分子具有手性的条件

     B. 不含有手性碳原子的分子，必定无手性

     C. 所有手性分子都有非对映异构体

     D. 有手性的分子必定具有旋光度

（3）以下费歇尔式中，手性碳原子为 R 构型的是（   ）

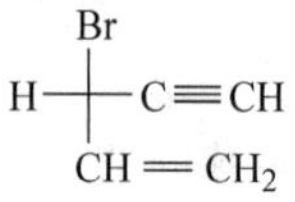

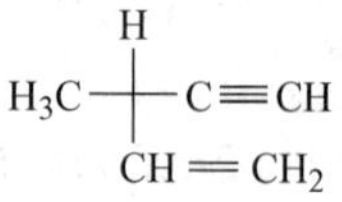

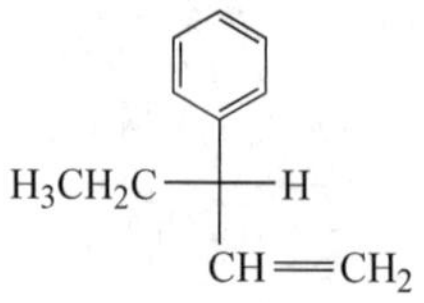

（4）以下对外消旋体和内消旋体描述正确的是（   ）

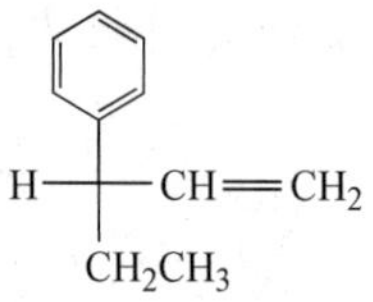

     A. 两者都是光学纯的化合物

     B. 两者都无旋光度

C. 两者都是混合物

D. 两者都可以进一步被拆分

（5）构象异构体与对映异构体的根本区别在于（　　）

A. 构象异构体之间的相互转变不需要断裂共价键，而对映异构体间的相互转变则需要断裂共价键

B. 构象异构体之间的相互转变需要断裂共价键，而对映异构体间的相互转变则不需要断裂共价键

C. 构象异构体都没有光学活性

D. 对映异构体可以通过单键旋转相互重合

（6）下列方法中不可以将对映异构体进行分离的是（　　）

A. 手性柱色谱 　　　　　　　　　B. 手性试剂衍生物法

C. C_{18}反相柱色谱 　　　　　　D. 微生物法

（7）化合物 $\begin{array}{c} \text{COOH} \\ \text{H}-\!\!\!-\text{CH}_2\text{F} \\ \text{H}-\!\!\!-\text{OH} \\ \text{CHO} \end{array}$ 中手性碳原子的构型符号为（　　）

A. $2R,3S$ 　　　　　　　　　　　B. $2R,3R$

C. $2S,3S$ 　　　　　　　　　　　D. $2S,3R$

（8）下列说法中不正确的是（　　）

A. 不断裂与手性碳相连的共价键时，手性碳的构型通常不发生改变

B. 1-氯丁烷发生 2-位碳原子上的氯代反应时，产物为外消旋体

C. （R）-2-氯丁烷发生 3-位碳原子上的氯代反应时，生成一种有旋光度的产物、一种无旋光度的产物

D. 如果反应前后手性碳的构型符号变了，则该手性碳的构型一定发生了变化

10. X 和 Y 的分子式都为 C_7H_{14}，都具有旋光性，催化氢化后都得 $Z(C_7H_{16})$。Z 有旋光性，试推测 X、Y、Z 的结构。

第八章　卤代烃

1. 用系统命名法命名下列化合物

（1）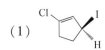　　　　（2）　　　　（3）

（4）　　　　（5）　　　　（6）

2. 写出下列化合物的结构式

（1）1-氯-2-苯基乙烷 　　　（2）四氟乙烯 　　　（3）1-氯-3-乙基苯

（4）乙基溴化镁 　　　　　　（5）（1S,2S）-1-溴-2-甲基环己烷

3. 完成下列化学反应

（1）$CH_3CH_2CH_2CH_2I + CH_3COONa \xrightarrow{C_2H_5OH}$

（2） $\xrightarrow[\triangle]{\text{KOH}}$

（3） $\xrightarrow{\text{KOH}}$

（4） $+\text{NaCN} \longrightarrow$

（5） $\text{CH}_3\text{CH}_2\text{Br} + \text{Mg} \xrightarrow{\text{无水乙醚}}$

（6） $\text{CH}_3\text{CH}_2\text{CH}_2\text{I} + \text{NaNO}_2 \xrightarrow{\text{DMSO}}$

（7） $\xrightarrow{\text{NaOH/H}_2\text{O}}$

4. 预测以下各组反应速率快慢，并说明理由

（1） $(\text{CH}_3)_3\text{CBr} \xrightarrow[\triangle]{\text{H}_2\text{O}} (\text{CH}_3)_3\text{COH} + \text{HBr}$

　　 $(\text{CH}_3)_2\text{CHBr} \xrightarrow[\triangle]{\text{H}_2\text{O}} (\text{CH}_3)_2\text{CHOH} + \text{HBr}$

（2） $\text{CH}_3\text{CH}_2\text{Br} + \text{CN}^- \xrightarrow{\text{DMSO}} \text{CH}_3\text{CH}_2\text{CN} + \text{Br}^-$

　　 $\text{CH}_3\text{CH}_2\text{Br} + \text{CN}^- \xrightarrow{\text{CH}_3\text{OH}} \text{CH}_3\text{CH}_2\text{CN} + \text{Br}^-$

（3） $\text{CH}_3\text{I} + \text{NaOH} \xrightarrow{\text{H}_2\text{O}} \text{CH}_3\text{OH} + \text{I}^-$

　　 $\text{CH}_3\text{I} + \text{CH}_3\text{COO}^- \xrightarrow{\text{H}_2\text{O}} \text{CH}_3\text{COOCH}_3 + \text{I}^-$

（4） $\text{CH}_3\text{COO}^- +$ $\longrightarrow$ $+ \text{Cl}^-$

　　 $\text{CH}_3\text{COO}^- +$ $\longrightarrow$ $+ \text{Cl}^-$

5. 比较下列各组化合物在浓 KOH 醇溶液中脱卤化氢的速率

（1） a. 　　　　　b.

（2） a. $\text{CH}_3\text{CH}_2\text{CH}_2\text{CH}_2\text{Cl}$　　　b. 　　　c.

6. 用化学方法鉴别下列化合物

（1） ，，

（2） 3-溴戊-2-烯、4-溴戊-2-烯、5-溴戊-2-烯

（3） 烯丙基氯、苄基氯

7. 推导结构

　　某化合物 A 分子式为 C_5H_{10}，它和溴无作用，在紫外光照射下与溴作用只得一产物 B（$\text{C}_5\text{H}_9\text{Br}$）。B 与 KOH 的醇溶液作用得到 C（$\text{C}_5\text{H}_8$）。C 经臭氧氧化并在 Zn 存在下水解得到戊二醛。试写出化合物 A、B、C 的结构。

第九章 醇、酚、醚

1. 用系统命名法命名下列化合物

（1） 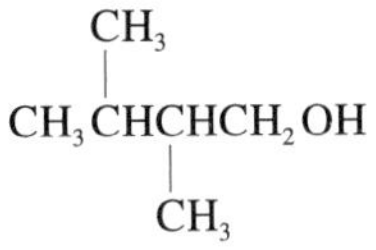 CH_3CHCHCH_2OH（上方 CH_3，下方 CH_3）

（2） 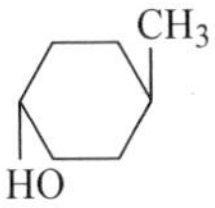 （环己烷，带 CH_3 和 HO）

（3） CH_3OCH_2CH=CHCH_2OH

（4） 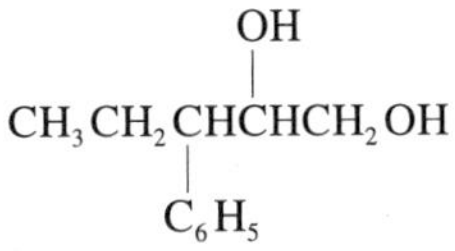 CH_3CH_2CHCHCH_2OH（上方 OH，下方 C_6H_5）

（5） （苯环，带 OH、NO_2、Cl）

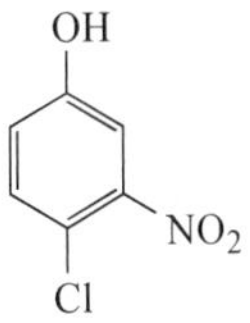

（6） 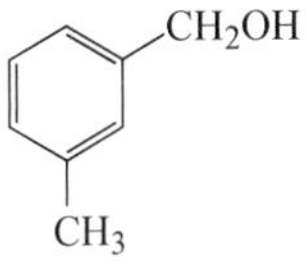 （苯环，带 CH_2OH 和 CH_3）

（7） 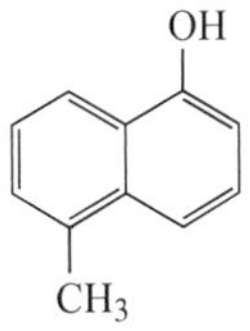 （萘环，带 OH 和 CH_3）

（8） 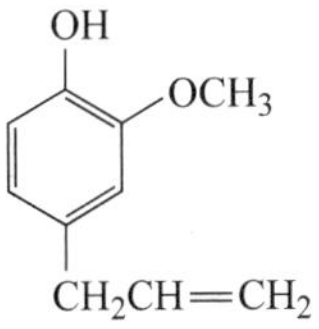 （苯环，带 OH、OCH_3、CH_2CH=CH_2）

（9） 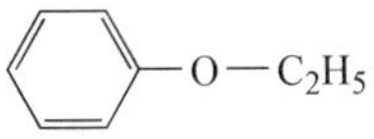 （苯环）—O—C_2H_5

（10） CH_3OCH=CHCH_3

（11） 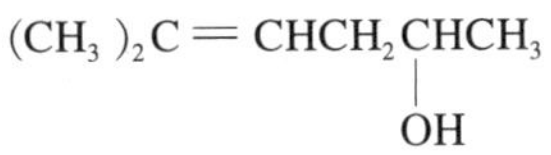 (CH_3)_2C=CHCH_2CHCH_3（下方 OH）

（12） 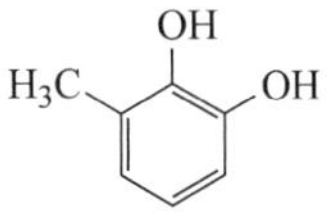 （苯环，带 H_3C、OH、OH）

2. 写出下列化合物的结构式

（1）1-甲基环戊醇

（2）间氯苯酚

（3）萘-2-酚

（4）二苯醚

（5）烯丙醇

（6）1,2-二甲氧基乙烷

（7）均苯三酚

（8）甘油

（9）2-甲基氧杂环丙烷

（10）季戊四醇

3. 完成下列化学反应（写出主要产物）

（1） 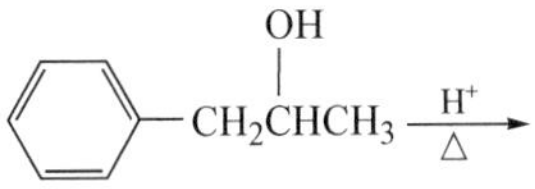 （苯环）—CH_2CHCH_3（上方 OH） $\xrightarrow[\triangle]{H^+}$

（2） HO—C—H（上方 CH_3，下方 C_2H_5） $\xrightarrow[\text{吡啶}]{SOCl_2}$

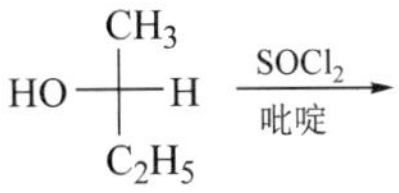

（3） 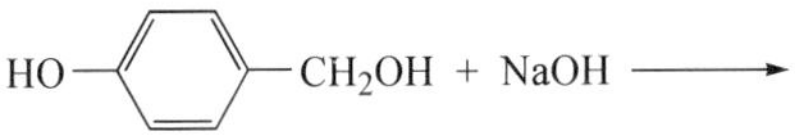 HO—（苯环）—CH_2OH + NaOH $\longrightarrow$

（4） 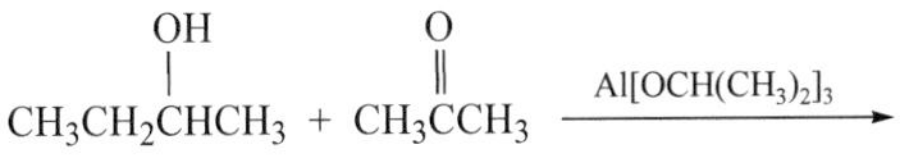 CH_3CH_2CHCH_3（上方 OH） + CH_3CCH_3（上方 O） $\xrightarrow{Al[OCH(CH_3)_2]_3}$

（5） 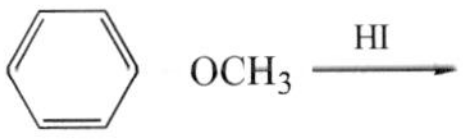 （苯环）—OCH_3 $\xrightarrow{HI}$

$$（6） \underset{\overset{\displaystyle OH}{|} \overset{\displaystyle OH}{|}}{CH_3CH_2CHCHCH_2CH_3} \xrightarrow{HIO_4}$$

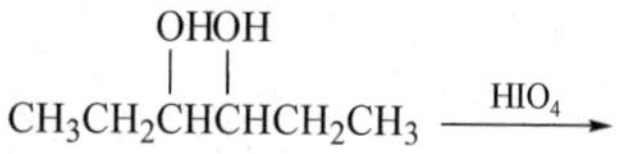

$$（7） CH_3CH_2CH=CH\overset{\overset{\displaystyle OH}{|}}{C}HCH_3 \xrightarrow{活性MnO_2}$$

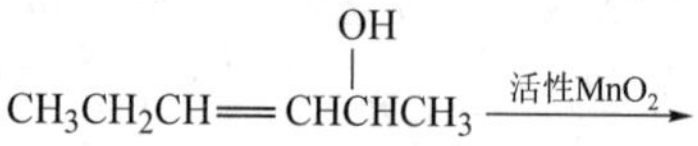

（8） 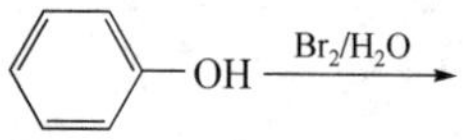 ⬡—OH $\xrightarrow{Br_2/H_2O}$

$$（9） \underset{\overset{\displaystyle CH_3}{|}}{\overset{\overset{\displaystyle CH_3}{|}}{CH_3-C-CHCH_3}} \xrightarrow{HBr}$$
（CH_3 / OH 标注于碳上）

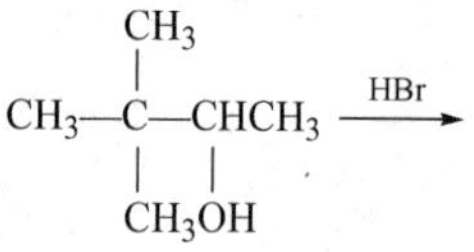

（10） 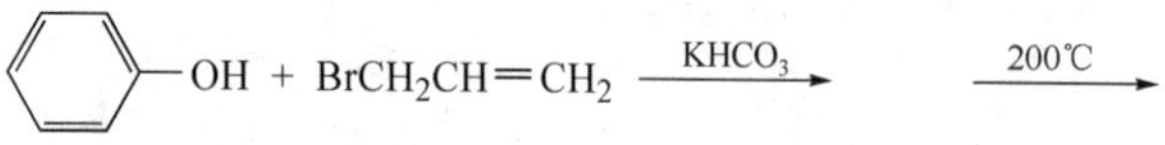 ⬡—OH + $BrCH_2CH=CH_2$ $\xrightarrow{KHCO_3}$ $\xrightarrow{200℃}$

$$（11） (CH_3)_2\overset{\overset{\displaystyle OH}{|}}{C}\overset{\overset{\displaystyle OH}{|}}{C}(CH_3)_2 \xrightarrow{H^+}$$

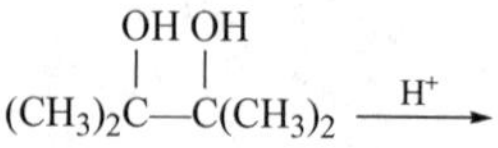

（12） 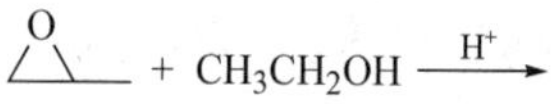 △O（环氧丙烷） + CH_3CH_2OH $\xrightarrow{H^+}$

4. 用化学方法鉴别下列化合物

（1）甲苯、甲苯醚、对甲苯酚、苯甲醇

（2）正丁醇、仲丁醇、叔丁醇

（3）丁-2,3-二醇、正丁醇、乙甲醚、环己烷

（4）苯酚、苯甲醇、苯甲醚

5. 推导结构

（1）某化合物 A（$C_{10}H_{12}O$），加热至 200℃ 时发生异构化，得到化合物 B，分别用稀冷高锰酸钾处理 A 和 B，生成两个邻二醇化合物 C 和 D。D 用 HIO_4 氧化得到乙醛和 E。试写出 A～E 的结构式。

（2）用 $KMnO_4$ 氧化化合物 A（$C_5H_{10}O$）得到化合物 B（C_5H_8O）。A 与无水 $ZnCl_2$ 的浓盐酸溶液作用时，生成化合物 C（C_5H_9Cl）。C 在 KOH 的乙醇溶液中加热得到唯一的产物 D（C_5H_8）。D 再用 $KMnO_4$ 的硫酸溶液氧化，得到一个直链二元羧酸 E。试写出 A～E 的结构式。

（3）某化合物 A（$C_6H_{14}O$），它不与 Na 反应，与 HI 反应生成 B 和 C（$C_5H_{12}O$）。C 用 CrO_3 氧化生成 D。C 与浓硫酸共热生成 E。E 被酸性高锰酸钾溶液氧化可生成乙酸和丙酮。试写出 A～E 的结构式。

6. 合成题

（1）以异丙醇为原料合成 2,3-二甲基丁-2-醇。

（2）以苯和三个碳以下的醇为原料合成 3-苯甲基己-3-醇。

第十章　醛、酮

1. 用系统命名法命名下列化合物

$$（1） \underset{\overset{\displaystyle O}{\|}}{CH_3C}\underset{\overset{\displaystyle CH_3}{|}}{CH_2CH}CH_2CH_3$$

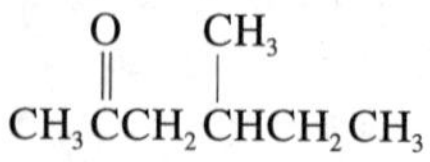

$$（2） CH_3\underset{\overset{\displaystyle CH_3}{|}}{C}=CHCH_2\underset{\overset{\displaystyle OCH_3}{|}}{C}HCH_3$$

（3） （结构式：含酮基 O、甲基、乙基取代及 CHO 的链）

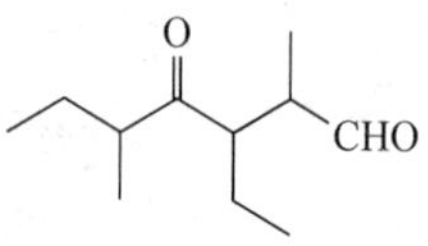

（4） 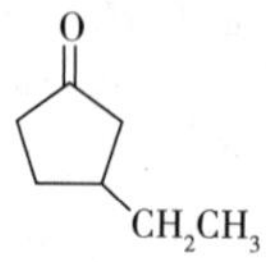 环戊酮衍生物，3 位有 CH_2CH_3 取代

（5）

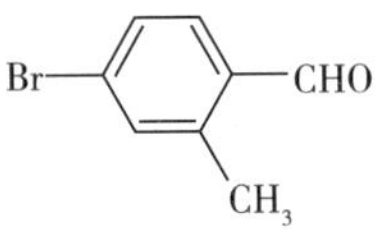

（6）

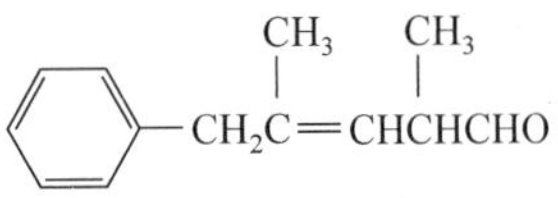

2. 写出下列化合物的结构

（1）（R）-2-羟基丁醛

（2）2,6-二甲基庚-3-酮

（3）2,2-二甲基环己酮

（4）反丁-2-烯醛

3. 完成下列化学反应

（1）

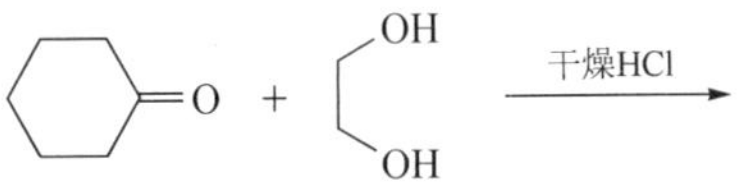

（2）

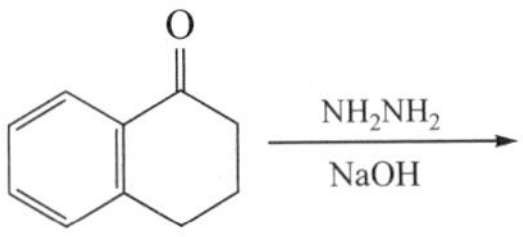

（3）2

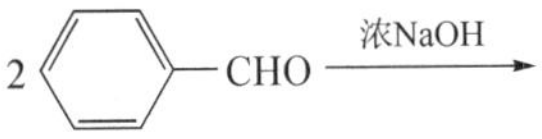

（4）

（5）

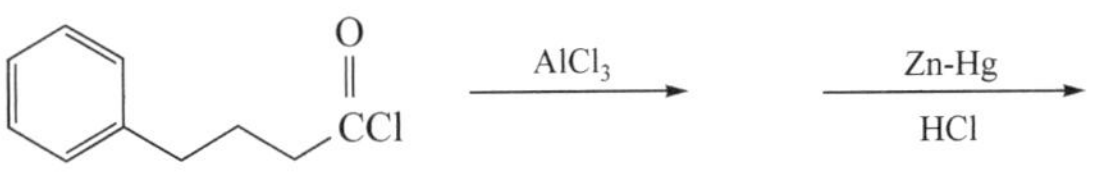

（6）2CH$_3$CH$_2$CHO $\xrightarrow{\text{NaOH}}$ $\xrightarrow{\triangle}$

（7）

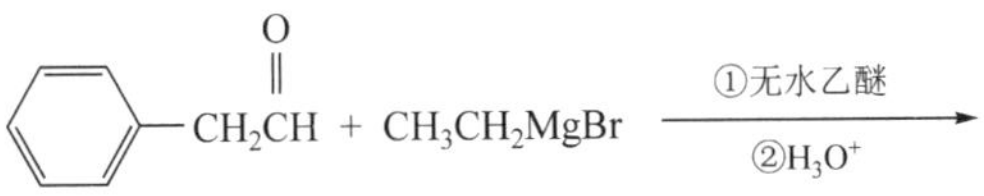

（8）CH$_3$CH$_2$CH$_2$CCH$_3$ $\xrightarrow[\text{NaOH}]{\text{I}_2}$

4. 写出丁醛与下列各试剂反应的产物

（1）H$_2$，Pt

（2）苯肼

（3）NaBH$_4$，氢氧化钠水溶液中

（4）稀氢氧化钠水溶液

（5）稀氢氧化钠水溶液，后加热

（6）饱和亚硫酸氢钠溶液

（7）Br$_2$/CH$_3$COOH

（8）托伦试剂

（9）HOCH$_2$CH$_2$OH，干 HCl

5. 推测下列反应机理

（1）

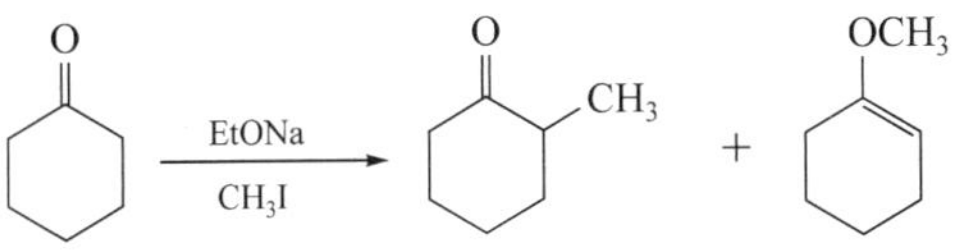

（2）

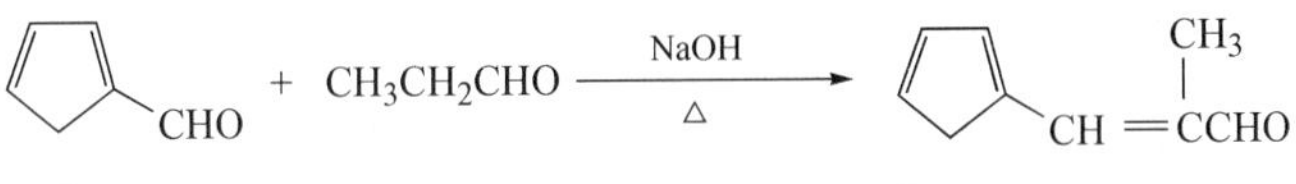

（3）

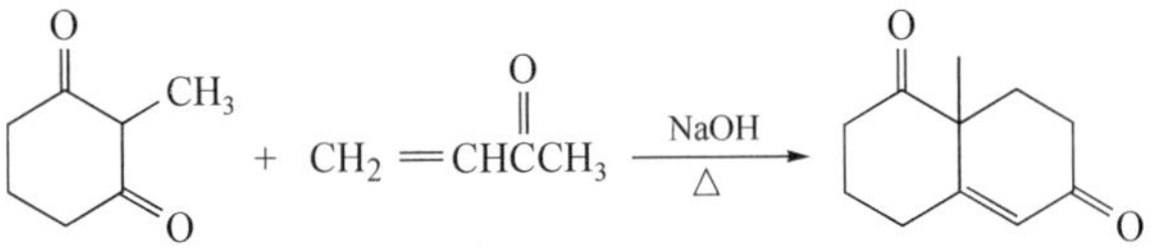

6. 用化学方法鉴别下列化合物

（1）苯甲醛、苯乙酮、戊醛、戊-3-酮

（2）甲醛、乙醛、丙酮、苯甲醛

（3）丁-2-醇、丁-2-酮、苯酚、丙醛

7. 以下列化合物为原料合成指定的化合物

（1）

（2）

8. 推导结构

（1）某含氧化合物 A($C_6H_{10}O_4$)，分子中含手性碳原子，与碳酸氢钠反应放出二氧化碳，与浓氢氧化钠反应得到化合物 B、C，B 有手性，C 没有手性。试写出化合物 A、B、C 的结构式。

（2）一化合物分子式为 C_4H_8O，该化合物能与氨的衍生物发生加成缩合反应，也能发生碘仿反应，但不与金属钠作用，也不与托伦试剂作用。试写出该化合物的结构式。

（3）某化合物 A(C_5H_8O)，A 可使溴水褪色，又可与 2,4-二硝基苯肼作用产生黄色结晶体。若用酸性高锰酸钾氧化则可得到一分子丙酮及另一种具有酸性的化合物 B。B 加热后有二氧化碳产生，并生成化合物 C。C 可产生银镜反应。试推测化合物 A、B、C 的结构式。

（4）某化合物 A($C_5H_{12}O$)，氧化后得化合物 B($C_5H_{10}O$)。B 能与苯肼反应、与碘的碱性溶液共热有黄色碘仿生成。A 与浓硫酸共热得化合物 C(C_5H_{10})，C 在 $KMnO_4/H^+$ 条件下可得到乙酸和丙酮。试推测化合物 A、B、C 的结构式。

（5）某化合物 A($C_9H_{10}O_2$)，能溶于 NaOH 溶液，易与溴水、羟氨反应，不能与托伦试剂反应。A 经 $LiAlH_4$ 还原后得化合物 B($C_9H_{12}O_2$)，A、B 都能发生碘仿反应。A 用 Zn-Hg 在浓盐酸中还原得化合物 C($C_9H_{12}O$)。将 C 与 NaOH 溶液作用，然后与 CH_3I 煮沸，得到化合物 D($C_{10}H_{14}O$)。D 用高锰酸钾溶液氧化后得间甲氧基苯甲酸。试推测化合物 A、B、C、D 的结构式。

9. 简答题

（1）简要说明影响碳氧双键化合物亲核加成反应的因素。

（2）为什么有旋光性的 2-甲基丁醛在碱性条件下的 α-溴代反应产物为外消旋体？

第十一章 羧 酸

1. 用系统命名法命名下列化合物

（1） $\diagup\!\!\diagdown\!\!\diagup\!\!\diagdown$ COOH

（2） $(CH_3)_2CH$—⬡(COOH、COOH)

（3） $\underset{\substack{|\\CH_2COOH}}{\overset{\substack{CH_2COOH\\|}}{H-C-CH_2COOH}}$

（4）

（5） HO—⬡—$CH_2CH_2\underset{\substack{|\\NH_2}}{CHCOOH}$

（6） $\underset{\substack{|\\OH}}{CH_2}(CH_2)_{12}COOH$

2. 写出下列化合物的结构式

（1）(R)-2-苯氧基丁酸

（2）5-甲基双环[3.3.2]癸烷-1-甲酸

（3）环庚烷-1,1-二甲酸

（4）(2S,3R)-2-羟基-3-苯基丁酸

（5）柠檬酸

（6）酒石酸

（7）甘氨酸

（8）乳酸

3. 完成下列化学反应

（1） 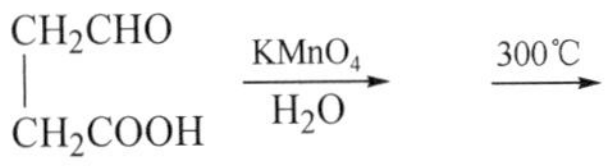
$$\begin{array}{c}CH_2CHO\\ |\\ CH_2COOH\end{array} \xrightarrow[H_2O]{KMnO_4} \xrightarrow{300℃}$$

（2） 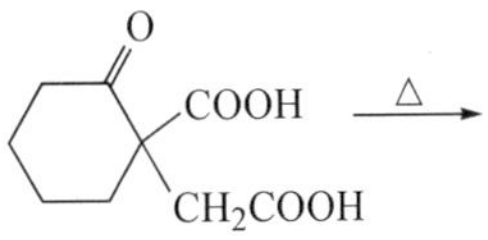 环己酮-COOH、CH₂COOH $\xrightarrow{\triangle}$

（3） 邻羟基苯甲酸 $\xrightarrow{NaHCO_3}$

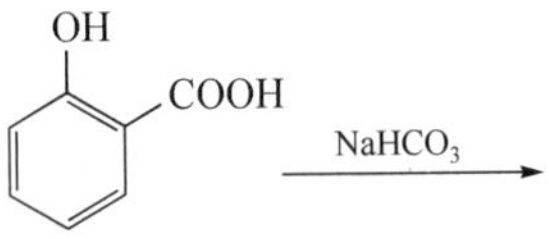

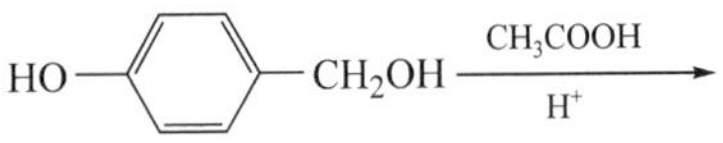

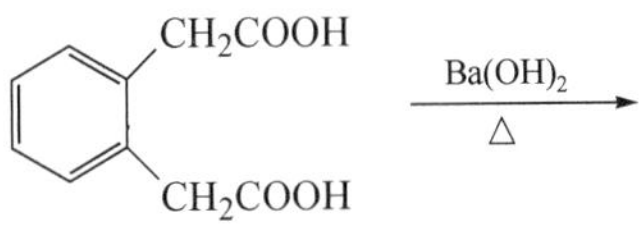

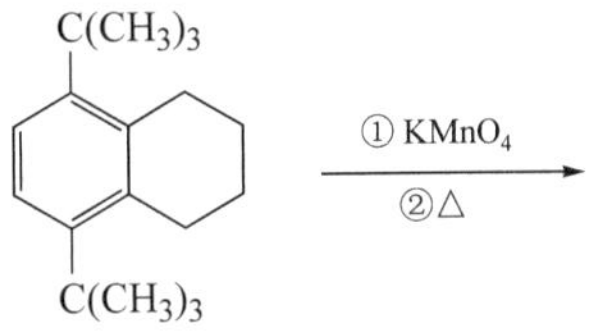

（4） $HO-\!\!\!\!\!\bigcirc\!\!\!\!\!-CH_2OH \xrightarrow[H^+]{CH_3COOH}$

（5） 邻苯二乙酸 $\xrightarrow[\triangle]{Ba(OH)_2}$

（6） 四氢萘二叔丁基 $\xrightarrow[②\triangle]{①KMnO_4}$

（7） 3,4,5-三羟基苯甲酸 $\xrightarrow{\triangle}$

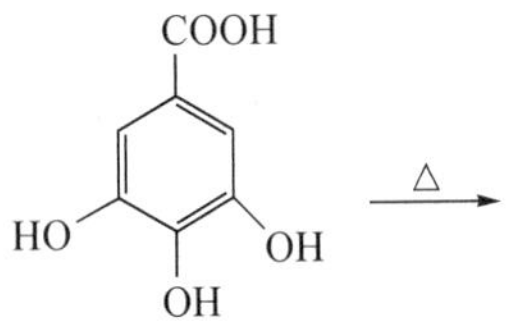

（8） 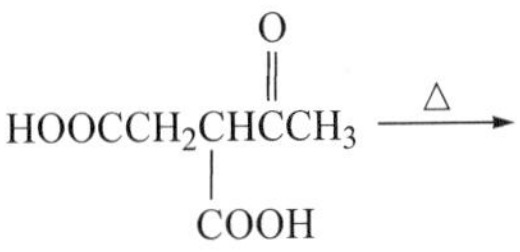 $HOOCCH_2\underset{COOH}{CH}CCH_3$ (C=O) $\xrightarrow{\triangle}$

（9） 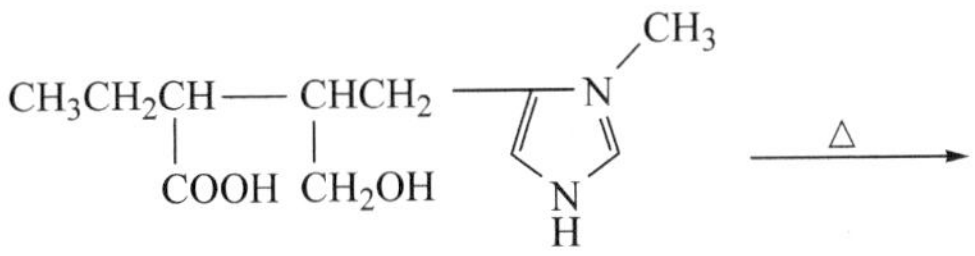
$$CH_3CH_2CH\!-\!CHCH_2\!-\!\text{(N-甲基咪唑)} \xrightarrow{\triangle}$$
下标 COOH 和 CH₂OH

4. 将下列各组化合物按要求进行排序

（1）与苯甲酸酯化的反应活性大小：仲丁醇、乙醇、叔丁醇

（2）与乙醇酯化的反应活性大小：苯甲酸、2,6-二甲基苯甲酸、邻甲基苯甲酸

（3）按酸性强弱排序：乙酸、丙二酸、丁二酸、苯甲酸

（4）按酸性强弱排序：$NCCH_2COOH$　　$(CH_3)_2CHCH_2COOH$　　$CH_2\!=\!CHCH_2COOH$

（5）按酸性强弱排序：间氯苯甲酸、间硝基苯甲酸、间甲氧基苯甲酸、间甲基苯甲酸

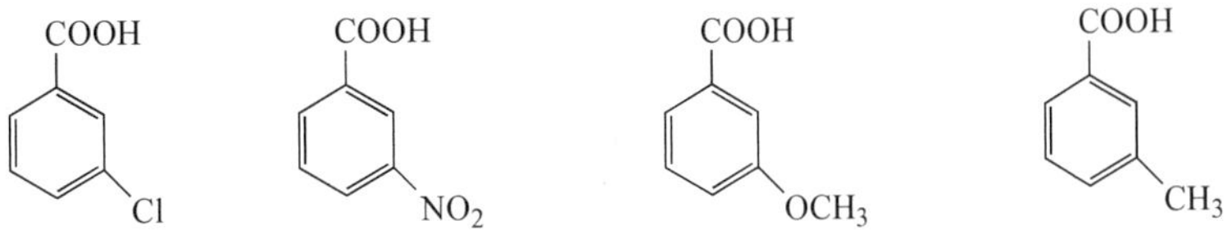

（6）按酸性强弱排序：对甲基苯甲酸、对甲氧基苯甲酸、对三甲铵基苯甲酸、对氯苯甲酸

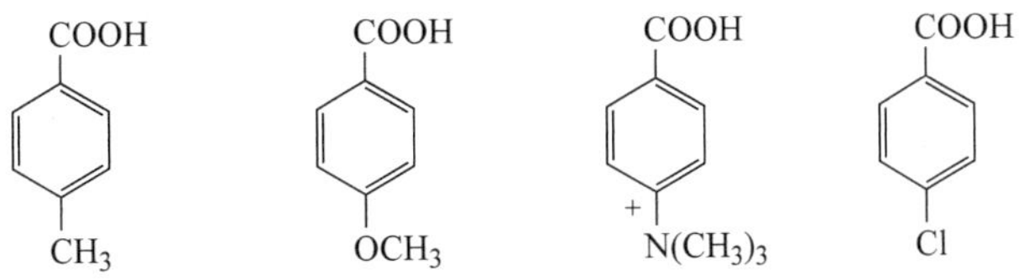

（7）按酸性强弱排序：丁酸、顺丁烯二酸、丁二酸、丁炔二酸、反丁烯二酸

5. 用化学方法鉴别下列化合物

（1）丙酸、甲酸

（2）醋酸、乙醛酸、羟基乙酸

（3）苯甲酸、苯酚、苄醇

（4）乙醇、乙酸、丙二酸、草酸

6. 用合适的方法实现下列转化

（1） $CH_3CH_2CH_2COOH \longrightarrow CH_3CH_2\underset{\underset{COOH}{|}}{CH}COOH$

（2） $CH_3CH_2COOH \longrightarrow CH_3CH_2CH_2COOH$

（3）

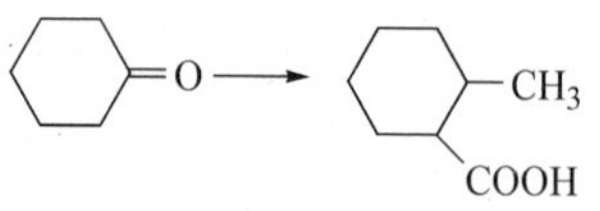

（4）

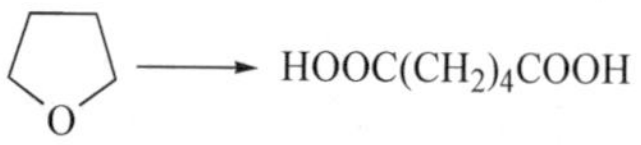

7. 推导结构

（1）从白花蛇草提取出来的一种化合物 $C_9H_8O_3$，能溶于氢氧化钠溶液和碳酸氢钠溶液，与三氯化铁溶液作用呈红色，能使溴的四氯化碳溶液褪色，用高锰酸钾氧化可得对羟基苯甲酸和草酸。试推测其结构式。

（2）化合物 A 能溶于水，但不溶于乙醚，元素分析含 C、H、O、N。A 加热失去一分子水得化合物 B。B 与氢氧化钠的水溶液共热，放出一种有气味的气体，残余物酸化后得一不含氮的酸性物质 C。C 与氢化铝锂反应的产物用浓硫酸处理，得一气体烯烃 D，其分子量为 56。该烯烃经臭氧化再用锌粉还原后，分离得一分子醛和酮。试推测 A、B、C、D 的结构。

（3）某二元酸 A（$C_8H_{14}O_4$），受热时转变成中性化合物 B（$C_7H_{12}O$）。B 用浓 HNO_3 氧化生成二元酸 C（$C_7H_{12}O_4$）。C 受热脱水成酸酐 D（$C_7H_{10}O_3$）。A 用 $LiAlH_4$ 还原得 E（$C_8H_{18}O_2$）。E 能脱水生成 3,4-二甲基己-1,5-二烯。试推测 A、B、C、D、E 的构造式。

第十二章　羧酸衍生物

1. 用系统命名法命名下列化合物

（1）

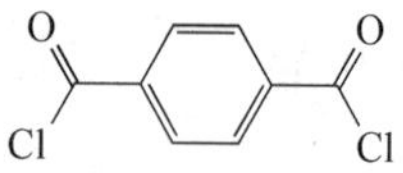

（2）

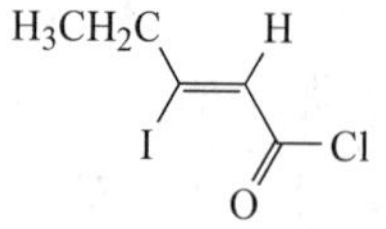

（3）

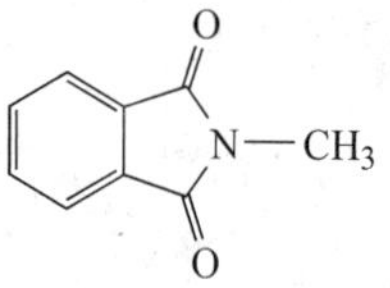

（4）

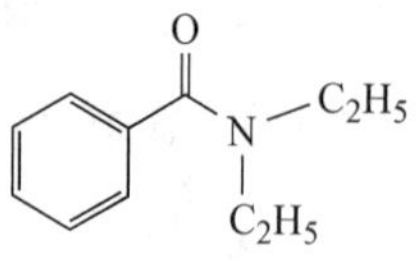

（5）

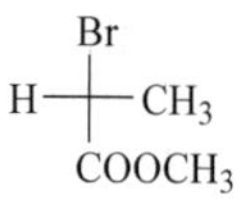

（6）

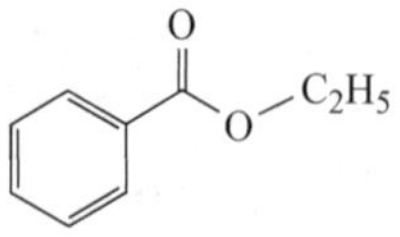

（7） $CH_3\underset{\underset{Cl}{|}}{CH}CH_2\underset{\underset{Br}{|}}{\overset{\overset{CH_3}{|}}{C}}CN$

（8）

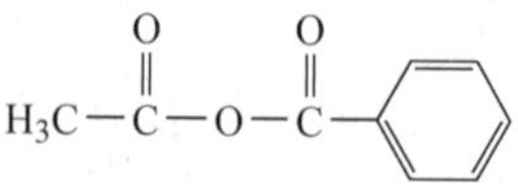

2. 写出下列化合物的结构

（1）邻苯二甲酸酐

（2）苯甲酰氯

（3）DMF

（4）乙酰水杨酸

（5）邻苯二甲酰亚胺

（6）苯甲腈

3. 选择题

（1）下列化合物与乙醇反应，活泼性最大的是（   ）

    A. 乙酸乙酯   B. 乙酰氯   C. 乙酸酐   D. 乙酰胺

（2）下列化合物，水解反应速率最慢的是（   ）

    A. 丁酸乙酯   B. 丁酸甲酯   C. 丁酸丙酯   D. 丁酸叔丁酯

（3）下列酸酐，与氨反应速率最慢的是（   ）

    A. 乙酸酐   B. 丁二酸酐   C. 丁烯二酸酐   D. 邻苯二甲酸酐

（4）下列羧酸衍生物中具有愉快香味的是（   ）

    A. 酸酐   B. 酰氯   C. 酯   D. 酸酐

（5）下列羧酸衍生物与格氏试剂反应能控制生成酮的是（   ）

    A. 酰氯和酸酐   B. 酰氯和酯   C. 酸酐和酯   D. 酰氯和酰胺

（6）$LiAlH_4$ 可以还原酰氯（Ⅰ）、酸酐（Ⅱ）、酯（Ⅲ）、酰胺（Ⅳ）中（   ）羧酸衍生物

    A. Ⅰ   B. Ⅰ，Ⅱ   C. Ⅰ，Ⅱ，Ⅲ   D. 全都可以

4. 完成下列化学反应

（1）

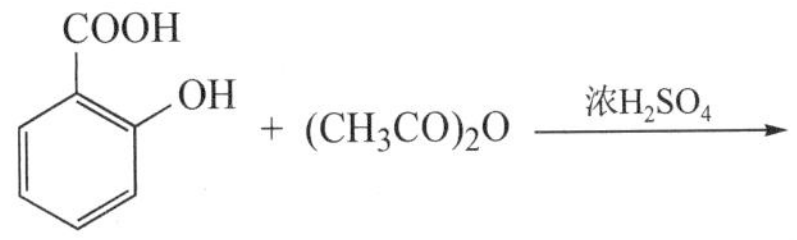

（2）

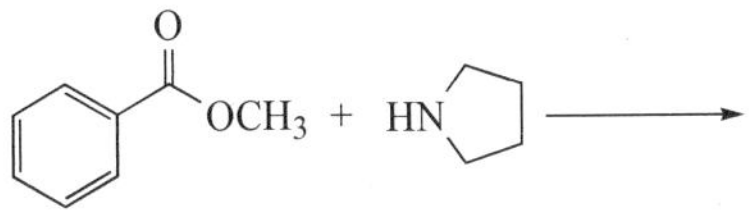

（3）

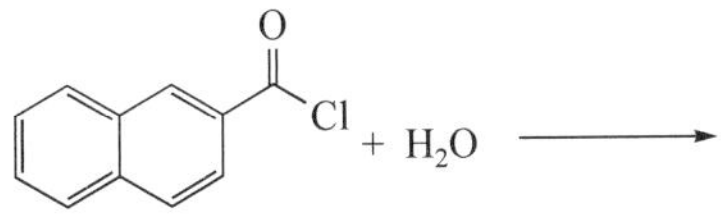

（4）

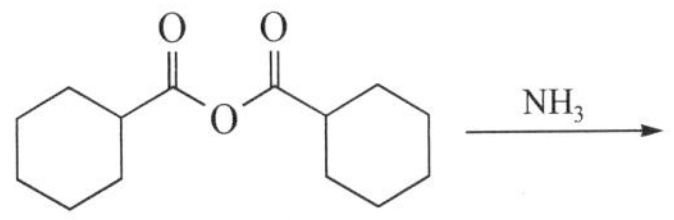

（5）$CH_3CH_2CH_2CN \xrightarrow{LiAlH_4}$

（6）

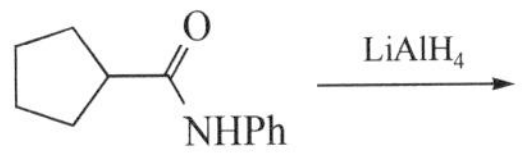

（7）

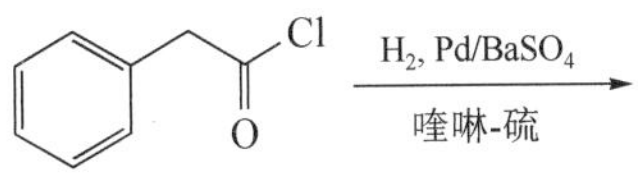

（8）$PhCH=CHCH_2CO_2C_2H_5 \xrightarrow{Na, C_2H_5OH}$

（9）

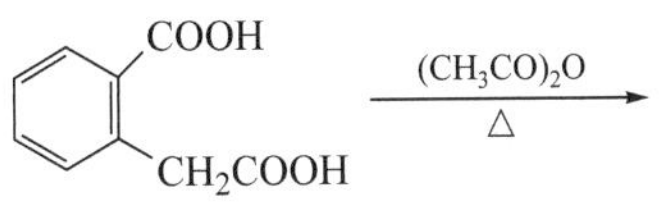

5. 比较下列各组化合物的性质

（1）将下列羧酸衍生物发生亲核取代反应的活性从大到小排序。

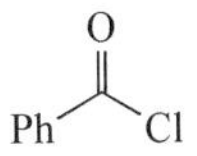

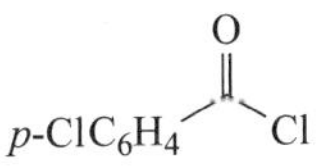

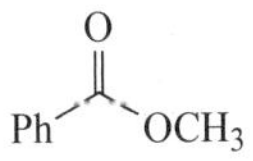

D.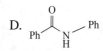

E. （图）

（2）将下列酰氯发生氨解反应的速率从大到小排序。

A. O_2N—〔苯环〕—$\overset{O}{\underset{}{C}}$—Cl

B. CH_3—〔苯环〕—$\overset{O}{\underset{}{C}}$—Cl

C. H_3CO—〔苯环〕—$\overset{O}{\underset{}{C}}$—Cl

D. 〔苯环〕—$\overset{O}{\underset{}{C}}$—Cl

（3）将下列羧酸衍生物的沸点从大到小排序。

    A. 乙酸酐   B. 乙酰胺   C. 乙酰氯   D. 乙酸乙酯

6. 推导结构

（1）分子式为 $C_7H_6O_3$ 的化合物 A，能与 $NaHCO_3$ 溶液作用放出 CO_2，并能使 $FeCl_3$ 溶液显色。A 与乙酐反应生成化合物 $B(C_9H_8O_4)$；A 与甲醇作用生成有香味的化合物 $C(C_8H_8O_3)$。将 C 硝化，得到两种一硝基的产物。试推出 A、B 和 C 的结构式。

（2）有三种化合物 A、B、C 分子式均为 $C_3H_6O_2$，A 能与 $NaHCO_3$ 反应放出 CO_2，B 和 C 用 $NaHCO_3$ 处理无 CO_2 放出。B 与 C 在碱性溶液中加热均可发生水解，B 水解的产物之一能与托伦试剂发生银镜反应，而 C 水解的产物则不能。试推测 A、B、C 的结构式。

第十三章　碳负离子反应及其在合成中的应用

1. 将下列化合物按烯醇式比例由多到少排列

（1） $CH_3\overset{O}{\underset{}{C}}CH_2\overset{O}{\underset{}{C}}CH_3$

（2） $CH_3O\overset{O}{\underset{}{C}}CH_2\overset{O}{\underset{}{C}}CH_3$

（3） $CH_3CH_2CH_2\overset{O}{\underset{}{C}}CH_3$

（4） $CH_3\overset{O}{\underset{}{C}}CH_2COOCH_3$

2. 用化学方法鉴别下列化合物

乙酰乙酸乙酯、丁酸乙酯、己-2-酮、己酸

3. 写出下列反应的主要产物

（1） $CH_3\overset{O}{\underset{}{C}}CH_2COOH \xrightarrow{\triangle}$

（2） 〔苯环〕—CHO + $CH_3COCH_3 \xrightarrow{OH^-,\ H_2O}$

（3） $2CH_3CH_2COOC_2H_5 \xrightarrow[\text{②}H_3O^+]{\text{①}C_2H_5ONa}$

（4） 〔苯环〕—$\overset{O}{\underset{}{C}}OC_2H_5 + CH_3COOC_2H_5 \xrightarrow[\text{②}H_3O^+]{\text{①}NaH}$

（5） $\underset{COOC_2H_5}{\overset{COOC_2H_5}{|}}$ + $2CH_3\overset{O}{\underset{}{C}}OC_2H_5 \xrightarrow[\text{②}H_3O^+]{\text{①}C_2H_5ONa}$

（6） $\underset{O}{\overset{O}{C_2H_5OC}}$—CH₂CH₂CH₂—$\underset{O}{\overset{O}{COC_2H_5}}$ $\xrightarrow[\text{② H}_3\text{O}^+]{\text{① C}_2\text{H}_5\text{ONa}}$

（7） $2CH_3COOC_2H_5$ $\xrightarrow[\text{② H}_3\text{O}^+]{\text{① C}_2\text{H}_5\text{ONa}}$ $\xrightarrow[\text{② CH}_3\text{CH}_2\text{CH}_2\text{Br}]{\text{① C}_2\text{H}_5\text{ONa}}$ $\xrightarrow[\text{② H}_3\text{O}^+/\triangle]{\text{① 稀OH}^-}$

（8） $ClCH_2COONa$ $\xrightarrow[\text{② C}_2\text{H}_5\text{OH/H}_2\text{SO}_4]{\text{① NaCN}}$ $\xrightarrow[\text{② CH}_3\text{I}]{\text{① C}_2\text{H}_5\text{ONa}}$ $\xrightarrow[\text{② H}_3\text{O}^+/\triangle]{\text{① 稀OH}^-}$

（9） ⟨苯环⟩—CH₂CN + C₂H₅Br $\xrightarrow{\text{NaNH}_2}$

（10） ⟨环戊酮⟩—COOC₂H₅ + C₂H₅Br $\xrightarrow{\text{C}_2\text{H}_5\text{ONa}}$ $\xrightarrow[\text{② H}^+/\triangle]{\text{① 稀OH}^-}$

（11） $\underset{Br}{CH_3CHCOOC_2H_5}$ + CH₃COCH₃ $\xrightarrow[\text{②H}_2\text{O/H}^+]{\text{① Zn, Et}_2\text{O}}$

（12） CH₃CH＝CHCHO + Ph₃P＝CHCOOC₂H₅ $\longrightarrow$

4. 请用乙酰乙酸乙酯或丙二酸二乙酯实现下列转化

（1） $\underset{CH_3}{\overset{O}{CH_3CCHCH_2CH＝CH_2}}$ 　　（2） $\underset{}{\overset{CH_3}{CH_3CH_2CH_2CHCOOH}}$

（3） ⟨环戊基⟩—$\overset{O}{C}$—CH₃ 　　（4） ⟨环丙基⟩—COOH

（5） $\overset{OH}{CH_3CHCH_2CH_2CH_2CH_3}$ 　　（6） C₆H₅OCH₂CH₂CH₂CH＝CH₂

5. 以指定原料及不超过三个碳的有机物合成目标化合物

（1） $CH_3—\overset{}{\underset{O}{C}}—CH_2COOC_2H_5$ $\longrightarrow$ $\underset{O}{\overset{CH_3CCH_2CH_2}{\underset{H}{C}}}$＝$\underset{H}{\overset{CH_3}{C}}$

（2） $CH_3—\overset{}{\underset{O}{C}}—CH_2COOC_2H_5$, ⟨对甲氧基苯甲醛 OCH₃...CHO⟩ $\longrightarrow$ ⟨OCH₃... CH₃COCH₂CH₂CHCH₂CCH₃, ＝O⟩

（3） $CH_2(COOC_2H_5)_2$ $\longrightarrow$ $\underset{NH_2}{(CH_3)_2CHCHCOOH}$

（4） ⟨苯甲醛 CHO⟩ $\longrightarrow$ ⟨苯基 CH＝CHCON(CH₃)₂⟩

6. 请写出以下反应的机理

（1） $CH_3\overset{O}{\overset{\|}{C}}—CH_2COO_2H_5$ + $\underset{Br}{CH_2}\underset{}{CH_2}\underset{Br}{CH_2}$ $\xrightarrow[\text{CH}_3\text{CH}_2\text{OH}]{\text{C}_2\text{H}_5\text{ONa}}$ ⟨产物 H₃C 取代二氢吡喃环 COOC₂H₅⟩

（2）

 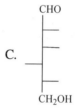

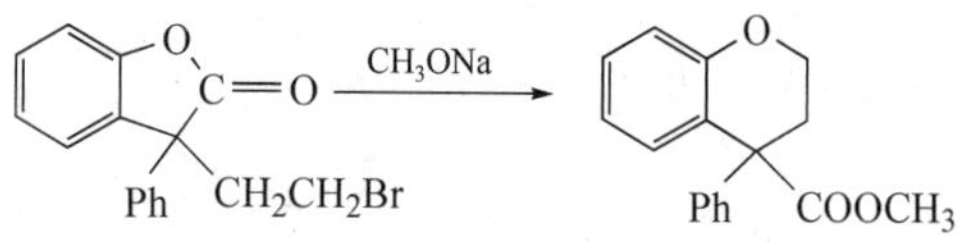

第十四章　糖类化合物

1. 单项选择题

（1）蔗糖是葡萄糖与（　　）构成的糖苷

　　A. β-D-吡喃果糖　　　　　　　　　　　　B. α-D-吡喃果糖

　　C. β-D-呋喃果糖　　　　　　　　　　　　D. α-D-呋喃果糖

（2）纤维素的结构单元是（　　）

　　A. L-葡萄糖　　　　　B. D-葡萄糖　　　　C. 果糖　　　　D. 纤维二糖

（3）下列化合物中属于非还原性糖的是（　　）

　　A. 蔗糖　　　　　　　B. 乳糖　　　　　　C. 纤维二糖　　　D. 麦芽糖

（4）下列化合物中与苯肼作用不能生成糖脎的是（　　）

　　A. 蔗糖　　　　　　　B. 麦芽糖　　　　　C. 乳糖　　　　　D. 纤维二糖

（5）下列化合物与 D-葡萄糖互为对映异构体的是（　　）

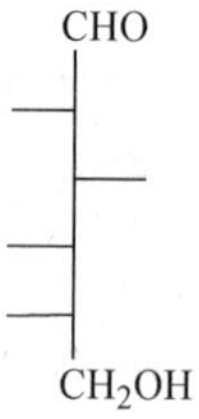

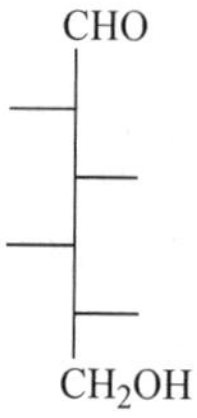

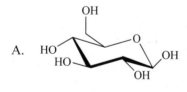

（6）下列化合物中不具有变旋光现象的是（　　）

　　A. 蔗糖　　　　　　　B. 麦芽糖　　　　　C. 乳糖　　　　　D. 纤维二糖

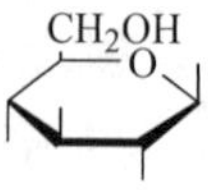

（7）α-D-吡喃糖最稳定的椅式构象是（　　）

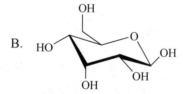

（8）下列化合物中具有变旋光现象的是（　　）

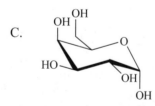 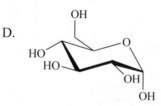

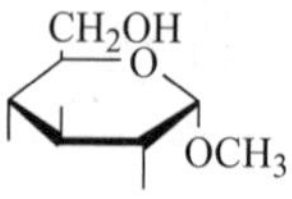

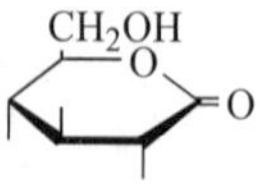

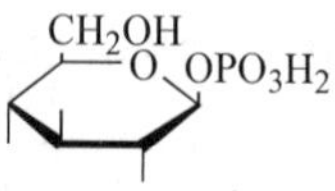

（9）下列单糖与 HNO_3 作用，生成内消旋体糖二酸的是（　　）

 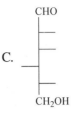

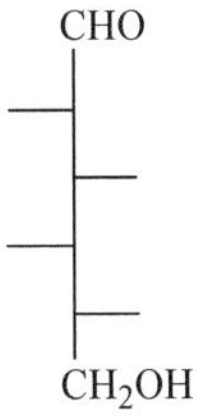

（10）葡萄糖水溶液中，含量最多的是（　　）

A α-D-吡喃葡萄糖　　　　　　　　　　B. β-D-吡喃葡萄糖

C. 开链结构葡萄糖　　　　　　　　　　D. 各占三分之一

（11）鉴别葡萄糖和果糖的常用试剂是（　　）

A. Tollens 试剂　　　　B. Benedict 试剂　　　　C. Br_2/H_2O　　　　D. 苯肼

（12）关于 D-葡萄糖、D-甘露糖和 D-果糖，以下说法正确的是（　　）

A. 它们是差向异构体　　　　　　　　　B. 在水溶液中它们能互相转化

C. 它们都能被溴水氧化　　　　　　　　D. 它们形成的糖脎是相同的

（13）下列糖中属于还原性单糖的是（　　）

A. 麦芽糖　　　　　　B. 纤维二糖　　　　　C. 乳糖　　　　　D. 葡萄糖

（14）下列化合物不能进行银镜反应的是（　　）

A. 蔗糖　　　　　B. 麦芽糖　　　　　C. 乳糖　　　　　D. 果糖

（15）β-D-葡萄糖的结构是（　　）

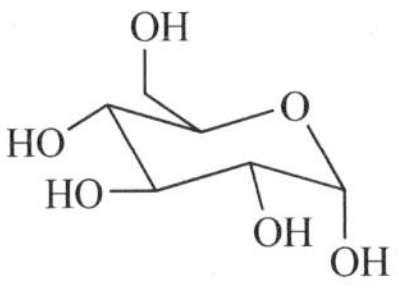

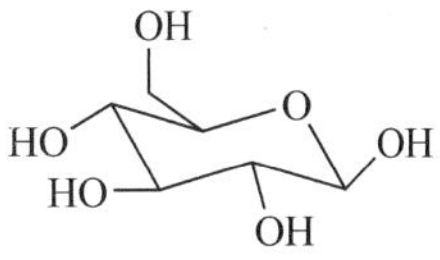

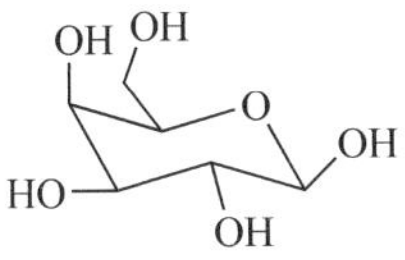

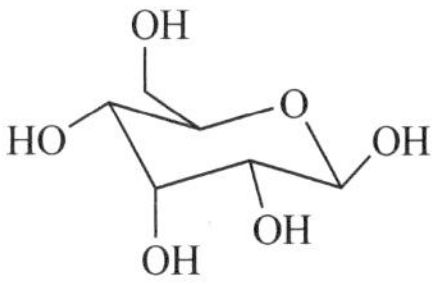

（16）下列化合物不能形成 D-葡萄糖脎的是（　　）

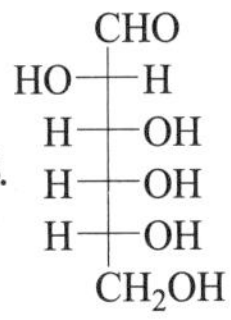

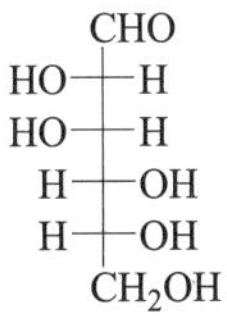

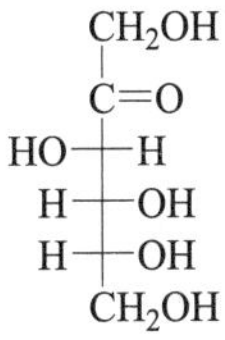

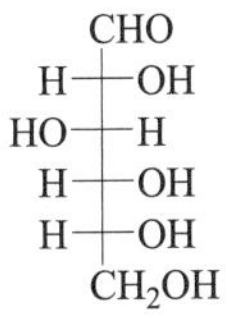

（17）区分还原糖和非还原糖最好的方法是（　　）

A. 银镜反应　　　　　B. 碘仿反应　　　　　C. 成苷反应　　　　D. 莫利许反应

（18）α-D-呋喃果糖的正确结构是（　　）

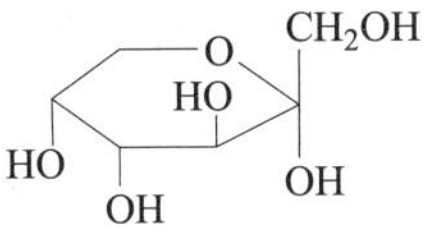

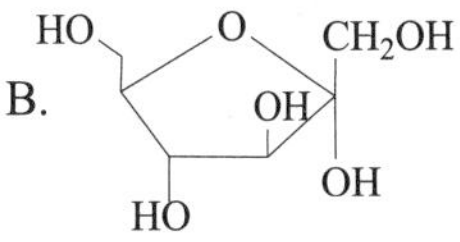

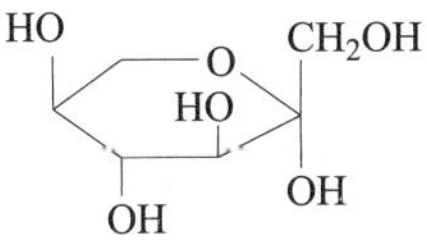

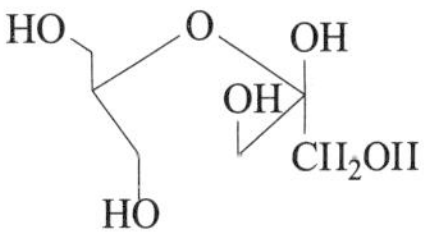

2. 多项选择题

（1）下列化合物中能与 Tollens 试剂反应产生银镜的是（　　　）

A.　　　　　　　　　　　　　　　B.

C.　　　　　　　　　　　　　　　D.

（2）下列化合物具有变旋现象的是（　　　）

A.　　　　　　　　　　　　　　　B.

C.　　　　　　　　　　　　　　　D.

E.　　　　　　　　　　　　　　　F.

（3）关于变旋光现象，以下说法不正确的是（　　　）

  A. 左旋变右旋　　　　　　　　　　B. 右旋变左旋

  C. 没恒定数值　　　　　　　　　　D. 平衡后不再变化

（4）可与葡萄糖生成相同糖脎的是（　　　）

  A. 果糖　　　　　　B. 甘露糖　　　　　　C. 蔗糖　　　　　　D. 半乳糖

（5）以下属于非还原糖的是（　　　）

  A. 蔗糖　　　　　　　　　　　　　B. 纤维二糖

  C. 果糖　　　　　　　　　　　　　D. α-D-吡喃葡萄糖甲苷

（6）与稀硝酸作用后，产物不具有旋光活性的是（　　　）

  A. 乳糖　　　　　　B. 甘露糖　　　　　　C. 核糖　　　　　　D. 半乳糖

（7）关于麦芽糖和纤维二糖，以下说法不正确的是（　　　）

  A. 互为同分异构体　　　　　　　　B. 两者可用相同的酶催化水解

  C. 两者的水解产物都是葡萄糖　　　D. 两者具有相同结构和构成

（8）下列化合物中，没有变旋现象的是（　　　）

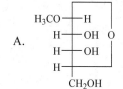　　　　　　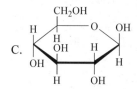

D. ![structure D] 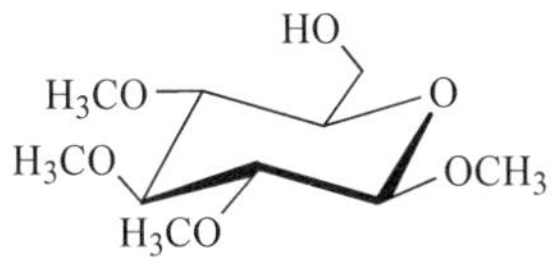　E. 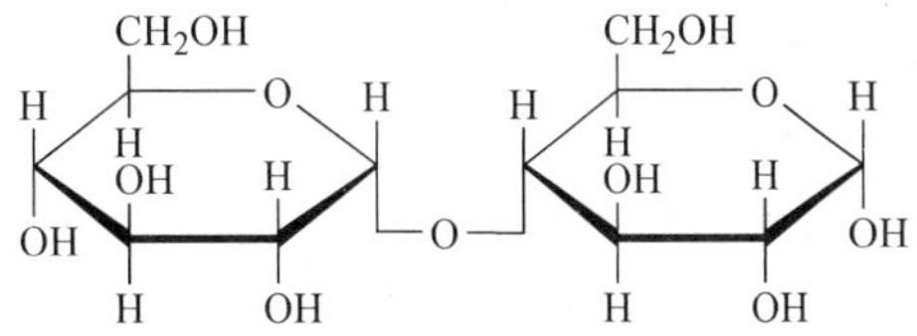 ![structure E]

F. ![structure F]

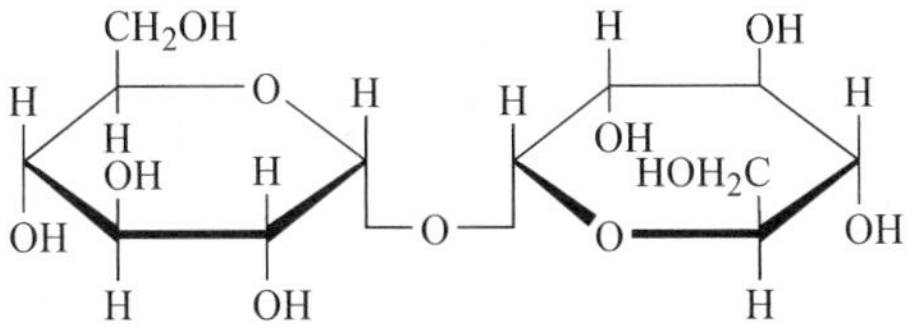

（9）下列具有还原性的是（　　　）

A. D-甘露糖　　　　　　B. D-阿拉伯糖　　　　　C. 甲基-β-D-葡萄糖苷

D. 淀粉　　　　　　　　E. 蔗糖　　　　　　　　F. 纤维素

3. 写出 D-(+)-甘露糖与下列物质的反应产物

（1）羟胺　　　　　　　　　　　　　　（2）苯肼

（3）溴水　　　　　　　　　　　　　　（4）HNO$_3$

（5）HIO$_4$　　　　　　　　　　　　　（6）乙酐

（7）苯甲酰氯、吡啶　　　　　　　　　（8）CH$_3$OH、HCl

（9）CH$_3$OH、HCl，然后(CH$_3$)$_2$SO$_4$、NaOH　　（10）上述反应后再用稀 HCl 处理

（11）（10）反应后再强氧化　　　　　（12）H$_2$、Ni

（13）NaBH$_4$　　　　　　　　　　　　（14）HCN，然后水解

4. 写出下列化合物的 Haworth 透视式及优势构象式

（1）α-D-吡喃葡萄糖　　　　　　　　　（2）β-D-吡喃甘露糖甲苷

（3）α-L-吡喃半乳糖　　　　　　　　　（4）β-D-吡喃果糖

（5）4-O-（β-D-吡喃葡萄糖基）-β-D-吡喃甘露糖

5. 用化学方法区别下列化合物

（1）葡萄糖与果糖　　　　　　　　　　（2）麦芽糖与蔗糖

（3）麦芽糖与淀粉　　　　　　　　　　（4）纤维素与淀粉

（5）甘露糖、蔗糖和淀粉　　　　　　　（6）半乳糖、果糖和甲基葡萄糖苷

6. 确定下列单糖的构型（D、L、α、β）

（1）![structure 6-1]　　　　　　　　　　（2）![structure 6-2]

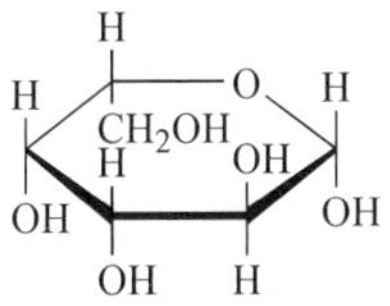

（3）![structure 6-3]　　　　　　　　　　（4）![structure 6-4]

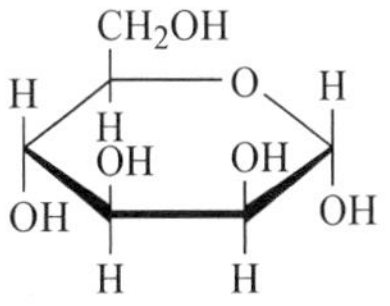

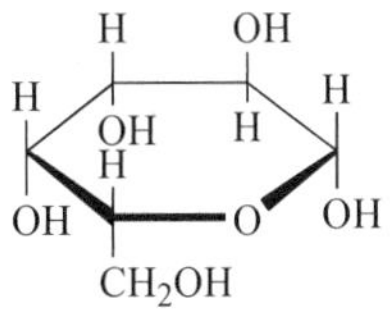

（5）![structure 6-5]　　　　　　　　　　（6）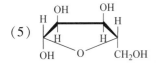

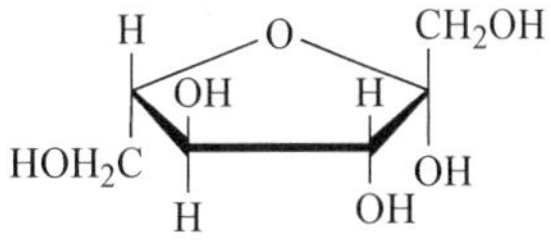

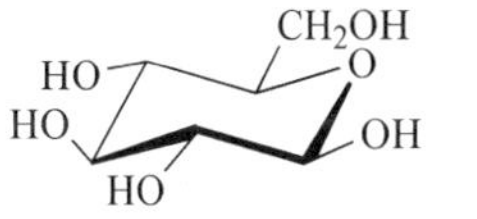

7. 试写出下列各对化合物的构型式，并判断它们属于对映体、非对映体还是差向异构体

（1）D-葡萄糖和 L-葡萄糖的开链式结构

（2）α–D–吡喃葡萄糖和β–D–吡喃葡萄糖

（3）α–麦芽糖和β–麦芽糖

（4）D–葡萄糖和D–半乳糖的开链式结构

8. 如何判断一个糖类化合物是否会发生变旋现象？

9. 推导结构

（1）某糖是一种非还原性二糖，没有变旋现象，不能用溴水氧化成糖酸，用酸水解只生成D–葡萄糖。它可以被α–葡萄糖苷酶水解但不能被β–葡萄糖苷酶水解，试推导此二糖的结构。

（2）A、B、C 都是 D–型己醛糖，催化加氢后，A 和 B 生成同样且具有旋光性的糖醇，但与苯肼作用时，A 和 B 生成的糖脎不同；B 和 C 能生成相同的糖脎，但加氢时 B 和 C 所得的糖醇不同，试写出 A、B、C 的 Fischer 投影式和名称。

（3）柳树皮中存在一种糖苷叫作糖水杨苷，当用苦杏仁酶水解时得 D–葡萄糖和水杨醇（邻羟基苯甲醇）。水杨苷用硫酸二甲酯和氢氧化钠处理得五甲基水杨苷，酸催化水解得 2,3,4,6–四甲基–D–葡萄糖和邻甲氧基甲酚。写出水杨苷的结构式。

第十五章　胺类化合物

1. 写出下列化合物的名称或结构式

（1）$(CH_3)_2NCH_2CH_3$
（2）$CH_3CH_2CHCH_2CH_3$ 带 NH_2
（3）结构式 Br 苯环带 NO_2 和 NH_2

（4）苯环带 $NHCH_2CH_3$
（5）苯环带 $NHCH_2CH_3$ 和 CH_3
（6）苯环 $N=N$ 苯环 OH

（7）对氨基苯磺酰胺
（8）氯化乙基二异丙基甲基铵

（9）乙酰胆碱
（10）氯化苯重氮盐

2. 将下列各组化合物按其碱性强弱排序，并说明理由

（1）$H_3C-\overset{O}{\underset{\|}{C}}-NH_2$　　$CH_3CH_2NH_2$　　NH_3

（2）苯环 NH_2　　$(H_3C)_2HC$ 苯环 NH_2　　O_2N 苯环 NH_2

（3）苯胺　　乙酰苯胺　　邻苯二甲酰亚胺　　氢氧化四甲铵

3. 将下列化合物按沸点高低排序，并说明理由

（1）丙胺　　　　（2）乙基甲基胺　　　　（3）乙基甲基醚　　　　（4）丙醇

4. 写出 p–甲苯胺与下列试剂反应的主要产物

（1）Br_2/H_2O　　　（2）$(CH_3CO)_2O$　　　（3）$NaNO_2/HCl$（$0 \sim 5\,℃$）

（4）$C_6H_5SO_2Cl$　　（5）$C_6H_5N_2{}^+Cl^-$　　（6）稀 H_2SO_4

5. 写出氯化对硝基苯重氮盐与下列试剂反应的主要产物

（1）KI　　　　　（2）H_2O/H^+　　　　（3）$KCN/CuCN$

（4）H_3PO_2　　　（5）$HBr/CuBr$　　　（6）对甲苯酚

6. 完成下列化学反应（写出主要产物）

（1）H_3C—⟨⟩—$NHCH_3$ + HNO_2 $\xrightarrow{H^+}$

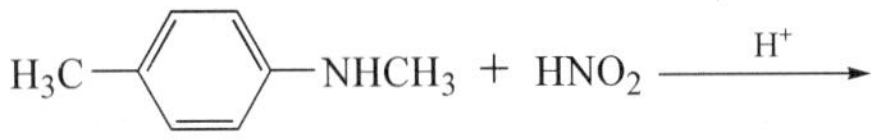

（2）⟨⟩—$N(CH_3)(C_2H_5)$ + HNO_2 ⟶

（3）⟨⟩NH_2 + Br_2 $\xrightarrow{H_2O}$

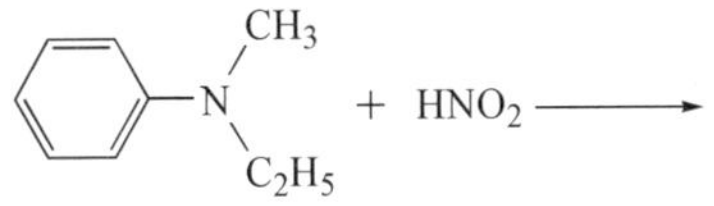

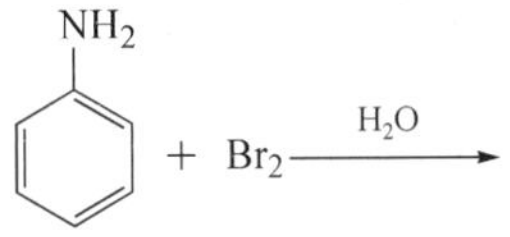

（4）$[⟨⟩—CH_2CH_2—N^+(CH_3)_2—CH_2CH_3]OH^-$ $\xrightarrow{\triangle}$

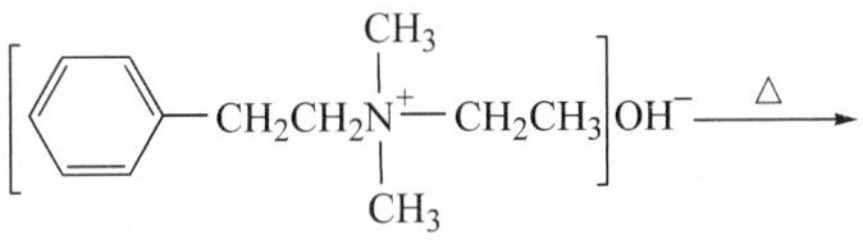

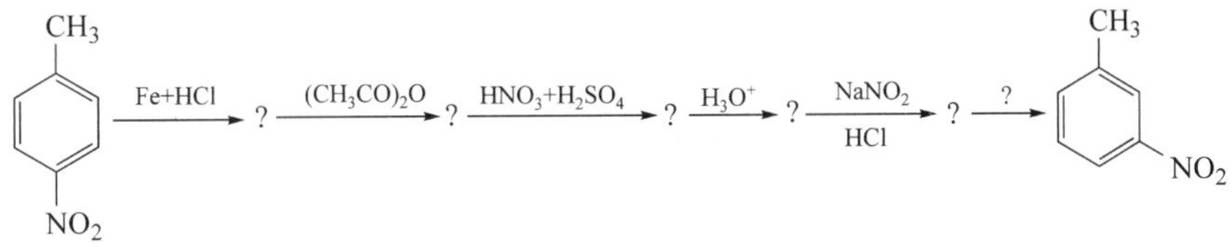

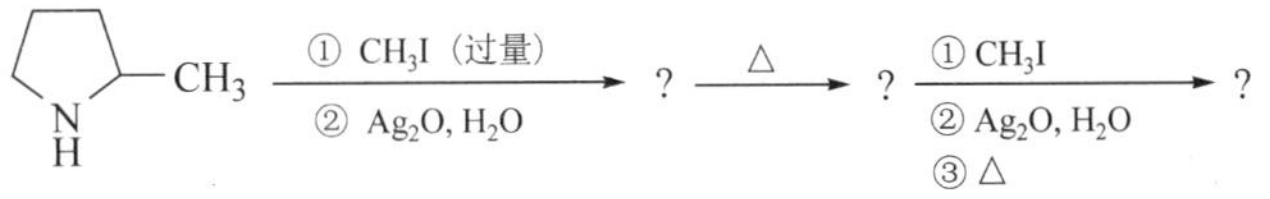

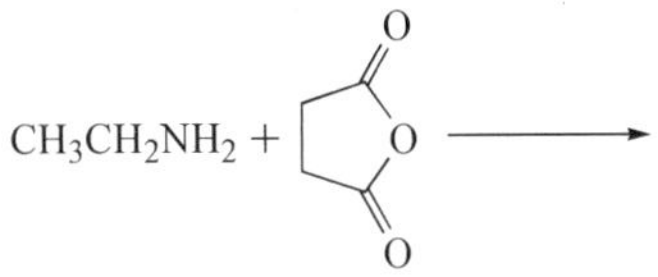

（5）⟨⟩（CH_3，NO_2）$\xrightarrow{Fe+HCl}$? $\xrightarrow{(CH_3CO)_2O}$? $\xrightarrow{HNO_3+H_2SO_4}$? $\xrightarrow{H_3O^+}$? $\xrightarrow[HCl]{NaNO_2}$? $\xrightarrow{?}$ ⟨⟩（CH_3, NO_2）

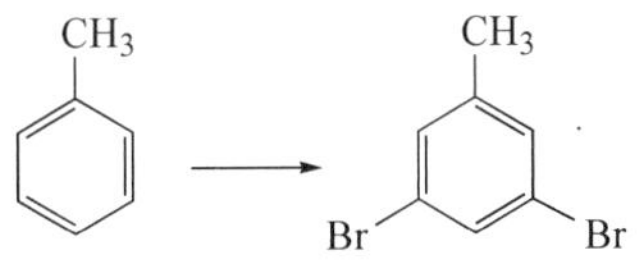

（6）⟨⟩（吡咯烷-2-CH_3，N–H）$\xrightarrow[②\ Ag_2O,\ H_2O]{①\ CH_3I（过量）}$? $\xrightarrow{\triangle}$? $\xrightarrow[②\ Ag_2O,\ H_2O\ ③\triangle]{①\ CH_3I}$?

（7）$CH_3CH_2NH_2$ + 丁二酸酐 ⟶

（8）H_2N—⟨⟩—SO_3H $\xrightarrow[0℃]{NaNO_2/H_2SO_4}$? $\xrightarrow[pH=9]{HO-⟨⟩-⟨⟩-NH_2}$?

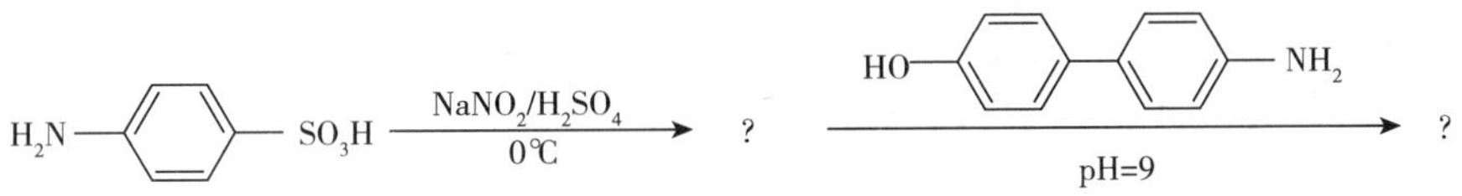

7. 以指定原料合成目标产物

（1）⟨⟩ 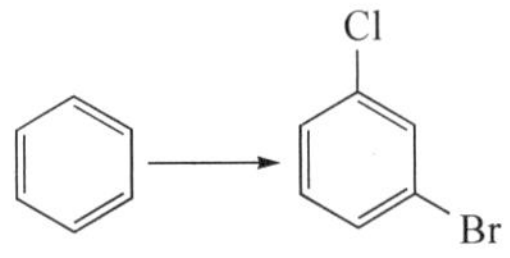 ⟶ ⟨⟩（Cl, Br）

（2）⟨⟩（CH_3）⟶ ⟨⟩（CH_3, Br, Br）

（3）⟨⟩（NO_2）⟶ ⟨⟩（Br, Br, Br）

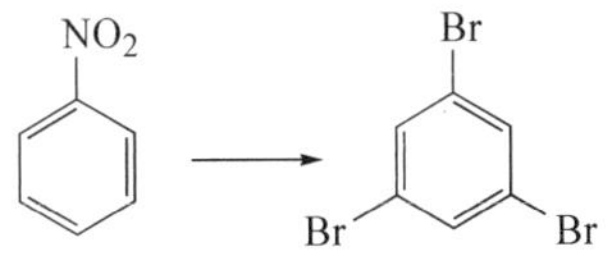

（4）由苯胺、苯酚为原料合成分散黄 RGFL 染料

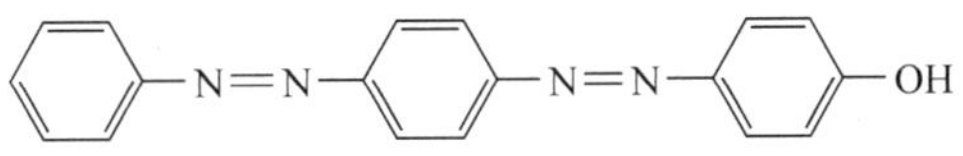

⟨⟩—N=N—⟨⟩—N=N—⟨⟩—OH

8. 用化学方法鉴别下列化合物

（1）苯胺、苄基胺、苄基二甲基胺、苯基二甲基胺

（2）苄基乙基胺、乙酰苯胺、邻甲基苯胺、2-苯基乙胺

9. 推导结构

（1）化合物 A（C_4H_9NO）与过量 CH_3I 反应，再用 AgOH 处理后得到 B（$C_6H_{15}NO_2$）。B 加热后得到 C（$C_6H_{13}NO$）。C 再用 CH_3I 和 AgOH 处理得到化合物 D（$C_7H_{17}NO_2$）。D 加热分解后得到二乙烯基醚和三甲胺。试写出 A、B、C、D 的构造式。

（2）分子式为 $C_{14}H_{12}ClNO$ 的化合物 A，与盐酸回流得到 B（$C_7H_5ClO_2$）和 C（$C_7H_{10}ClN$）。B 在 PCl_3 存在下与氨回流反应得到化合物 D（C_7H_6ClNO）。D 经溴的 NaOH 溶液处理得 E（C_6H_6ClN）。E 与 $NaNO_2/H_2SO_4$ 反应得到对氯苯酚。将 C 用碱处理产物用 HNO_2 作用得到黄色油状物，与苯磺酰氯反应得到的产物不溶于碱。C 与过量 CH_3I 反应得到季铵盐。写出 A ~ E 的结构。

第十六章　杂环化合物

1. 简答题

（1）为什么呋喃能与顺丁烯二酸酐进行双烯合成反应，而噻吩则不能？请解释原因。

（2）为什么呋喃、噻吩和吡咯比苯容易进行亲电取代反应，请解释原因。

（3）吡啶的亲电取代反应活性与硝基苯类似，但是当吡啶用浓混酸硝化时要在 300℃ 高温下才能进行，而硝基苯只需要 100℃，请解释原因。

（4）如何用化学方法除去甲苯中所含有的少量吡啶？

（5）为什么吡啶发生溴代反应时不能使用 $FeBr_3$ 等 Lewis 酸作催化剂？说明其原因。

（6）为什么喹啉氧化反应发生在苯环上（过氧化物氧化除外），还原反应主要发生在吡啶环上？请解释其原因。

（7）为什么吡啶的碱性比六氢吡啶的碱性小得多？

（8）下列反应的产物是 3-吡啶甲酸而无苯甲酸，请解释原因。

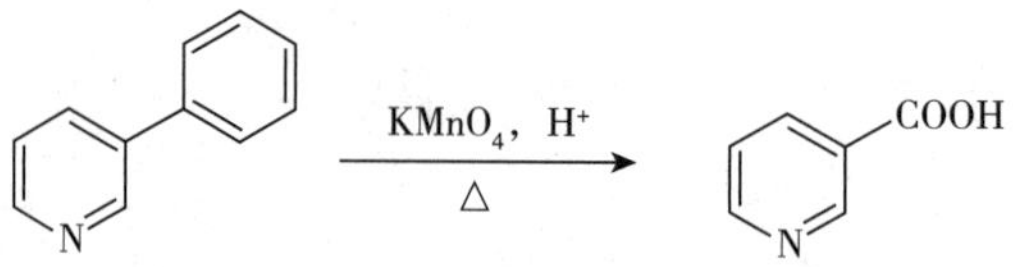

2. 排列顺序题

（1）按照从强到弱的顺序排列下列化合物的碱性。

A. 吡咯　　　　　　B. 吡啶　　　　　　C. 六氢吡啶

D. 苯胺　　　　　　E. 2,5-二甲基吡啶

（2）按照从强到弱的顺序排列下列化合物亲电取代活性。

A. 吡咯　　　　　　B. 2-甲基吡咯　　　C. 2,5-二甲基吡咯

D. 吡啶　　　　　　E. 苯

3. 用系统命名法命名下列化合物

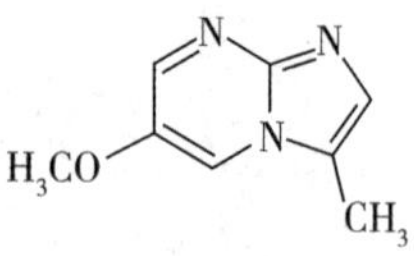

（1） 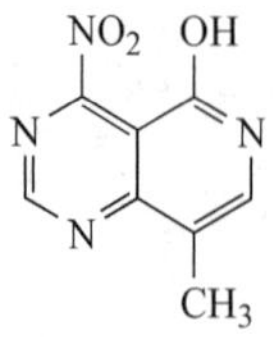　　　　　　　（2） 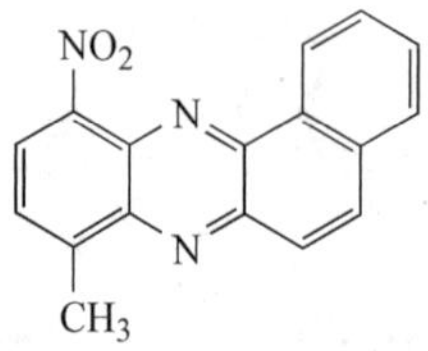　　　　　　　（3） 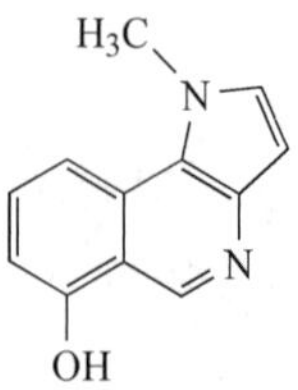　　　　　　　（4）

4. 写出下列化合物的结构

（1）4-溴呋喃-2-甲酸
（2）3-甲基-5-硝基喹啉
（3）2,6-二氨基-9*H*-嘌呤
（4）苯并[*c*]哒嗪
（5）吡唑并[5,4-*d*]嘧啶
（6）5,6-二胺甲基苯并[*d*]噁唑
（7）3-羟基-2-甲基-γ-吡喃酮
（8）5,7-二甲氧基香豆素

5. 用箭头标出下列化合物发生取代时，亲电试剂进攻的位置

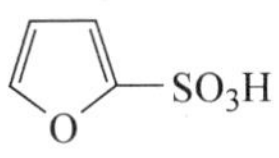

A 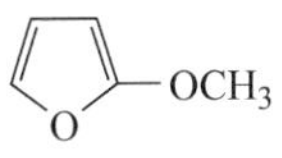　　　　　B 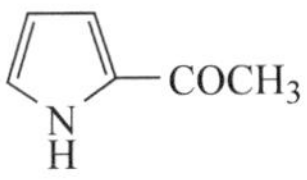　　　　　C 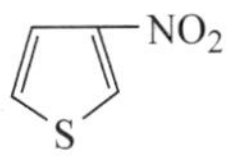　　　　　D 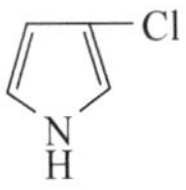　　　　　E

6. 写出下列反应的主要产物

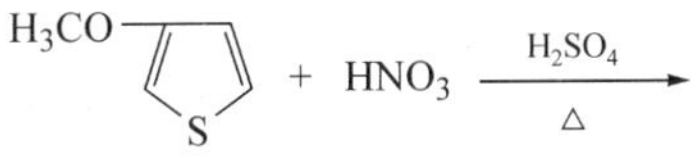

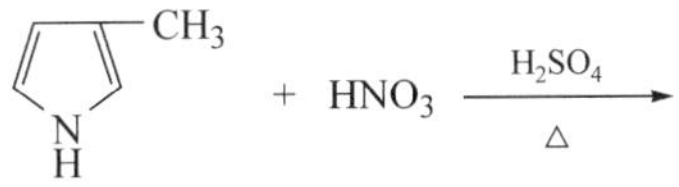

7. 用化学方法鉴别下列化合物

（1）A. 呋喃　　B. 噻吩　　C. 吡咯　　D. 糠醛
（2）A. 吡啶　　B. 2-甲基吡啶　　C. 吡咯　　D. 苯甲醛

8. 合成题

以呋喃为原料合成5-硝基呋喃-2-甲酸。

9. 推导结构

某化合物 A 的分子式为 $C_5H_4O_2$，A 能使 $KMnO_4$ 褪色，能与苯肼反应，但不与酰卤作用。将 A 用浓 NaOH 溶液处理后酸化得到两种产物 B 和 C，B 含有氧能与酰卤作用。C 是一种酸，加热后脱羧转变为 D（C_4H_4O）。D 能使 $KMnO_4$ 褪色，但不能与金属钠和苯肼反应。当 A 与 KCN 一起加热时生成 E（$C_{10}H_8O_4$），E 能与托伦试剂反应，也能成脎，与 HIO_4 作用又转变为 A 和 C。试写出 A、B、C、D 和 E 的结构式。

第十七章　萜类与甾族化合物

1. 用系统命名法命名下列化合物

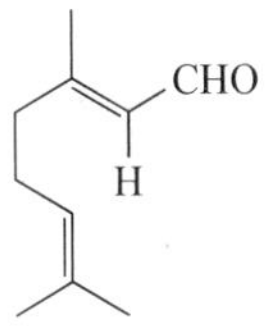

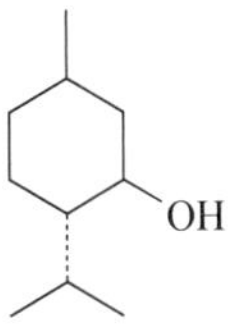

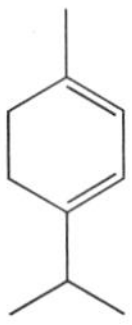

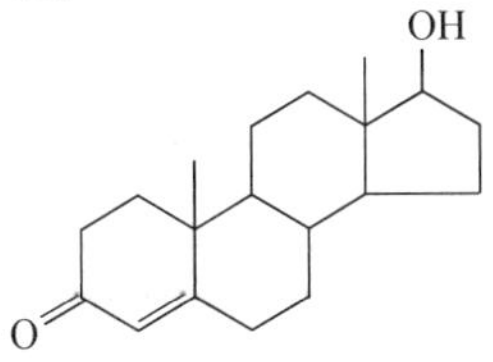

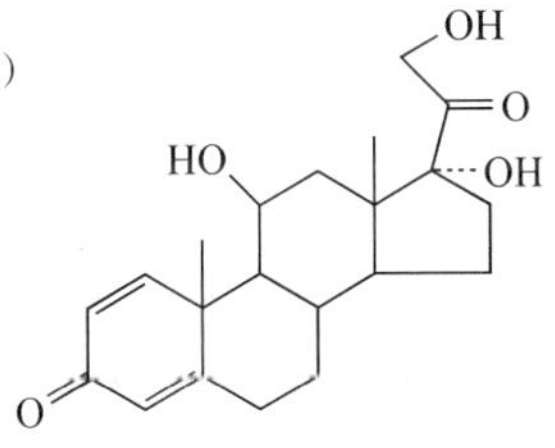

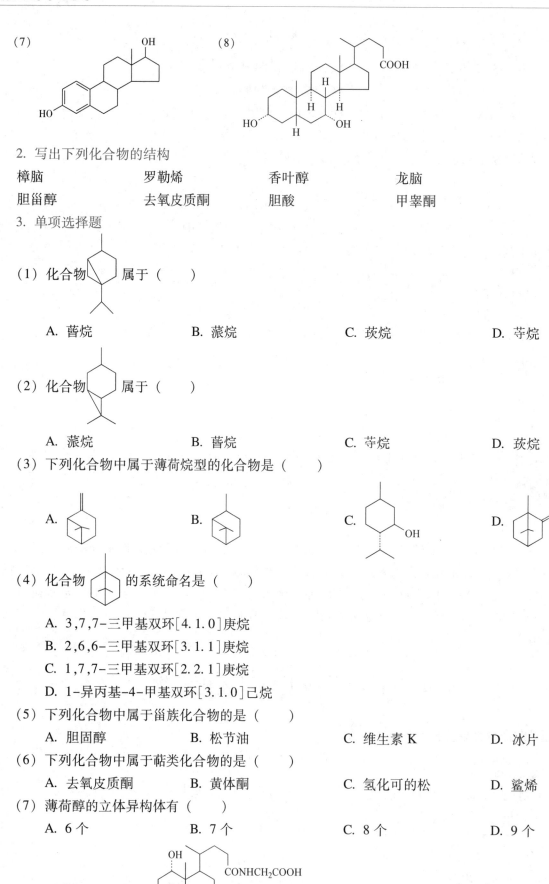

(7)   (8)

2. 写出下列化合物的结构

樟脑　　　　　　罗勒烯　　　　　　香叶醇　　　　　　龙脑

胆甾醇　　　　　去氧皮质酮　　　　胆酸　　　　　　　甲睾酮

3. 单项选择题

(1) 化合物 　　　 属于（　　　）

　　A. 蒈烷　　　　　　B. 蒎烷　　　　　　C. 莰烷　　　　　D. 苧烷

(2) 化合物 　　　 属于（　　　）

　　A. 蒎烷　　　　　　B. 蒈烷　　　　　　C. 苧烷　　　　　D. 莰烷

(3) 下列化合物中属于薄荷烷型的化合物是（　　　）

　　A.　　　　　　B.　　　　　　C.　　　　　　D.

(4) 化合物 　　　 的系统命名是（　　　）

　　A. 3,7,7-三甲基双环[4.1.0]庚烷

　　B. 2,6,6-三甲基双环[3.1.1]庚烷

　　C. 1,7,7-三甲基双环[2.2.1]庚烷

　　D. 1-异丙基-4-甲基双环[3.1.0]己烷

(5) 下列化合物中属于甾族化合物的是（　　　）

　　A. 胆固醇　　　　　B. 松节油　　　　　C. 维生素 K　　　D. 冰片

(6) 下列化合物中属于萜类化合物的是（　　　）

　　A. 去氧皮质酮　　　B. 黄体酮　　　　　C. 氢化可的松　　D. 鲨烯

(7) 薄荷醇的立体异构体有（　　　）

　　A. 6 个　　　　　　B. 7 个　　　　　　C. 8 个　　　　　D. 9 个

(8) 化合物 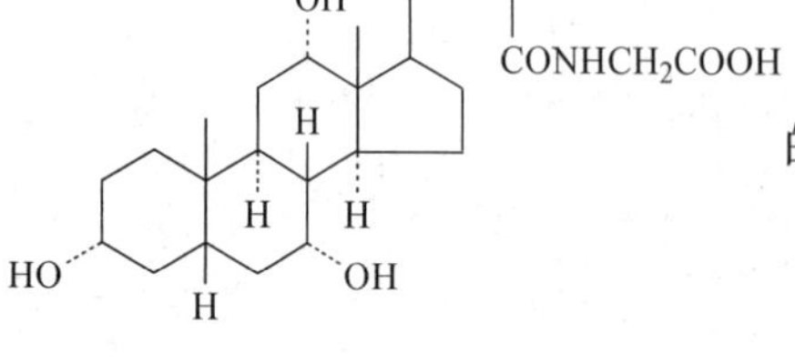 　　　 的名称是（　　　）

A. 甘氨胆酸　　　　B. 牛磺胆酸　　　　C. 两个都对　　　　D. 两个都不对

（9）化合物 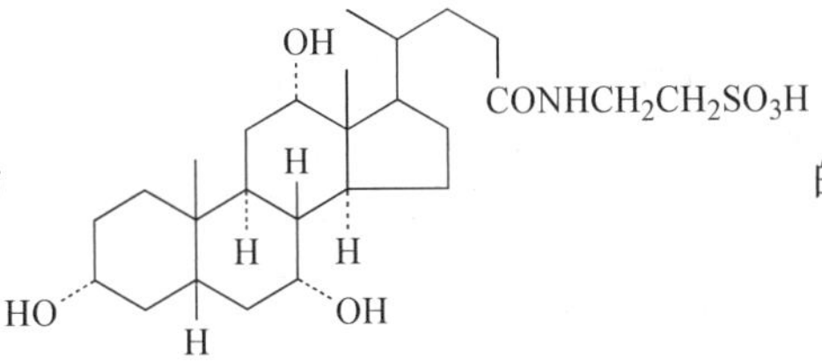 的名称是（　　　）

A. 甘氨胆酸　　　　B. 牛磺胆酸　　　　C. 两个都对　　　　D. 两个都不对

（10）在体内消化脂肪过程中起乳化剂作用的是（　　　）

A. 胆碱　　　　B. 胆酸　　　　C. 胆胺　　　　D. 胆汁酸盐

（11）愈创木奠 属于（　　　）

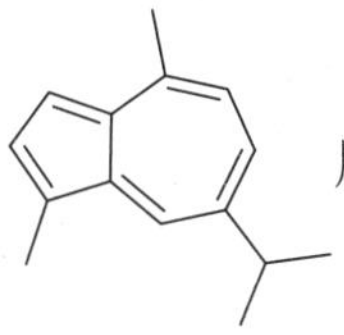

A. 单萜　　　　B. 倍半萜　　　　C. 二萜　　　　D. 三萜

（12）松香酸 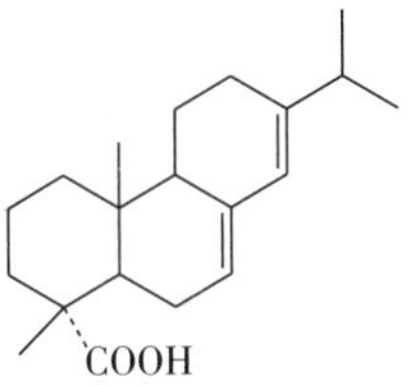 属于（　　　）

A. 单萜　　　　B. 倍半萜　　　　C. 二萜　　　　D. 三萜

（13）视黄醛 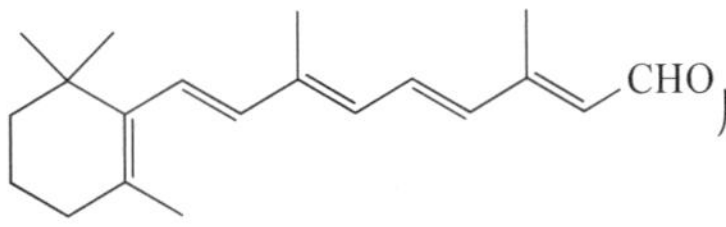 属于（　　　）

A. 单萜　　　　B. 倍半萜　　　　C. 二萜　　　　D. 三萜

（14）下列化合物中属于倍半萜的化合物是（　　　）

A. 樟脑　　　　B. 金合欢醇　　　　C. 维生素 A　　　　D. 甘草次酸

（15）鹅去氧胆酸 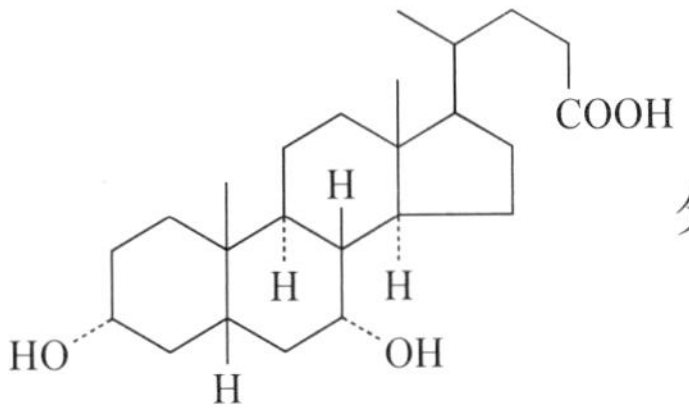 分子中 C-3 和 C-7 的空间构型是（　　　）

A. $C_3\alpha$ $C_7\beta$　　　　B. $C_3\alpha C_7\alpha$　　　　C. $C_3\beta C_7\beta$　　　　D. $C_3\beta C_7\alpha$

（16）化合物 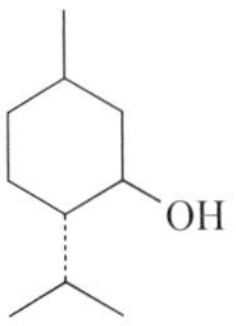 是（　　　）

A. (±)-新薄荷醇　　　　　　　　　B. (±)-新异薄荷醇

C. (±)-薄荷醇　　　　　　　　　　D. (±)-异薄荷醇

（17）松节油属于（　　　）

A. 螺环化合物　　　　　　　　　　B. 桥环化合物

C. 两者皆是　　　　　　　　　　　D. 两者皆不是

4. 什么是萜类化合物？萜类化合物是如何分类的？

5. 划分下列各化合物中的异戊二烯单位，标明它们属于哪一类萜。

(1)

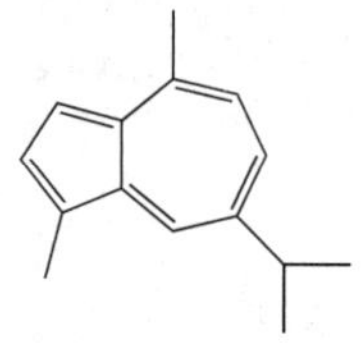

(2) 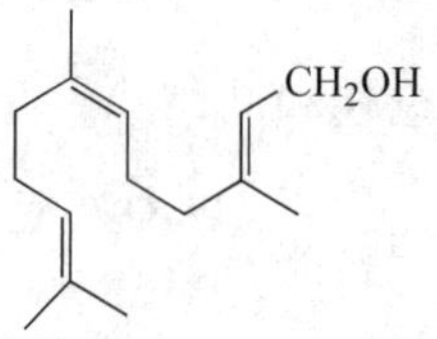 CH₂OH

(3) 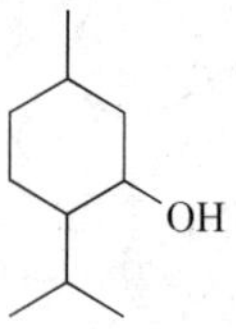 OH

(4) 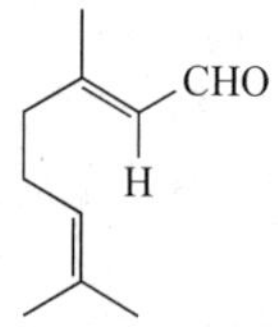 CHO / H

(5) 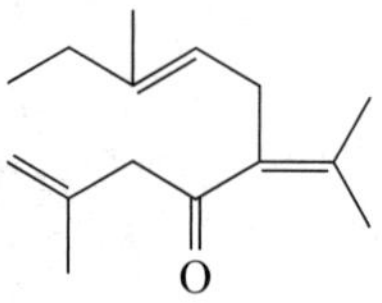 O

(6) 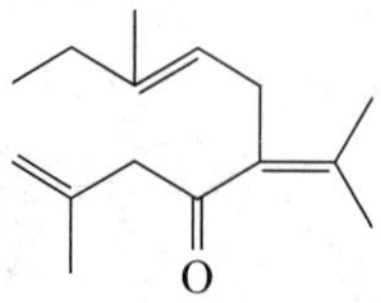 O

(7) 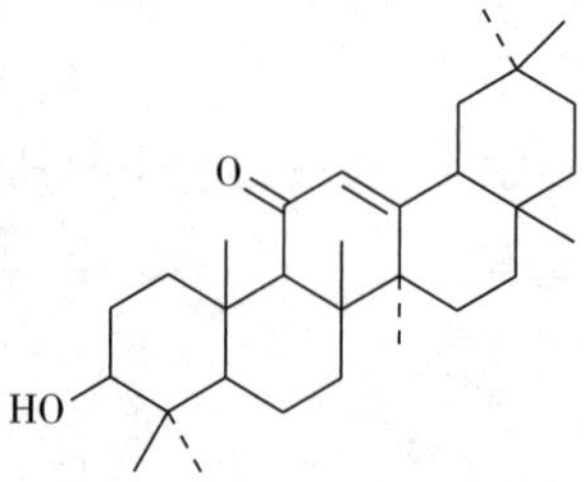 O / HO

(8)

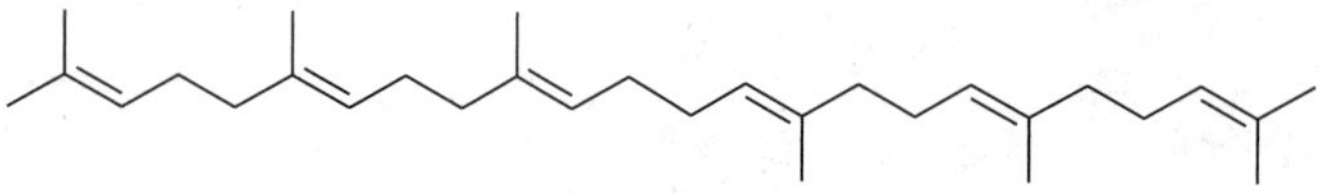

(9)

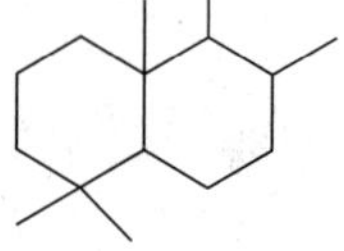

(10)

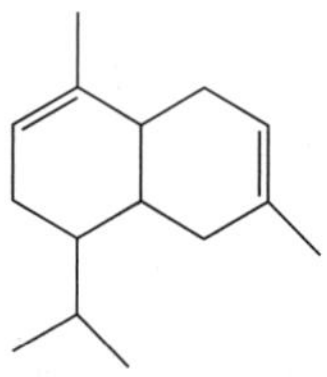

6. 甾族化合物的基本骨架是什么？常见的基本母核有哪些？

7. 自然界存在的甾族化合物主要有哪两种构型？甾体化合物的正系、别系、α-型、β-型表示什么意思？

8. 推导结构

化合物 A 的分子式为 $C_{10}H_{16}O$，分子结构符合异戊二烯规律。A 能使 Br_2/CCl_4 溶液褪色，也能与托伦试剂反应生成银镜。A 的臭氧氧化产物为丙酮、乙二醛和化合物 $B(C_5H_8O_2)$。B 既可与托伦试剂作用，又能发生碘仿反应。推测 A 与 B 的结构及反应式。

第十八章　周环反应

1. 完成下列化学反应

(1) 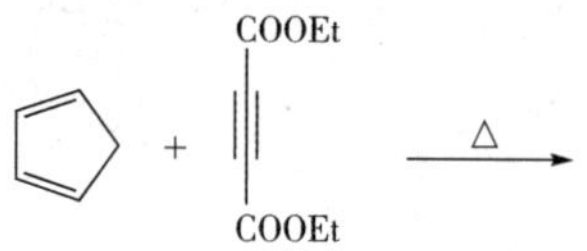 + COOEt / COOEt $\xrightarrow{\Delta}$

(2)  $\xrightarrow{光照}$

(3)  $\xrightarrow{光照}$

(4) 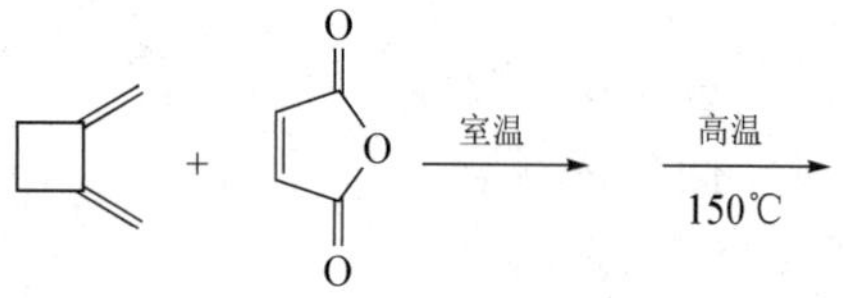 + O/O $\xrightarrow{室温}$ $\xrightarrow[150℃]{高温}$

（5）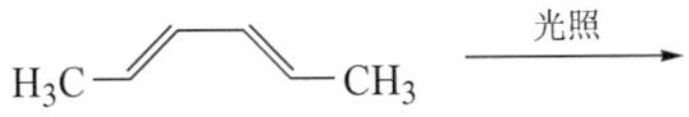
H_3C
CH_3
光照

（6）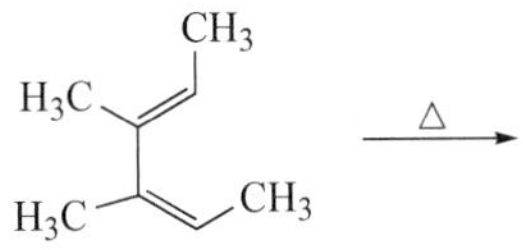
CH_3
H_3C
H_3C
CH_3
△

（7）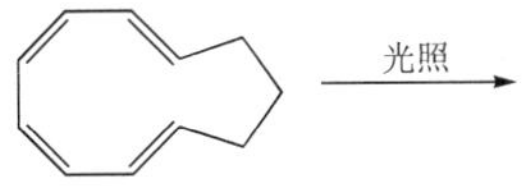
光照

（8）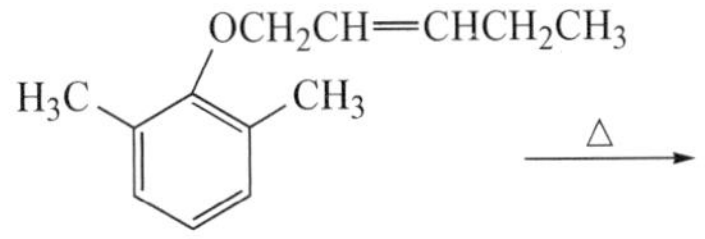
$OCH_2CH=CHCH_2CH_3$
H_3C
CH_3
△

（9）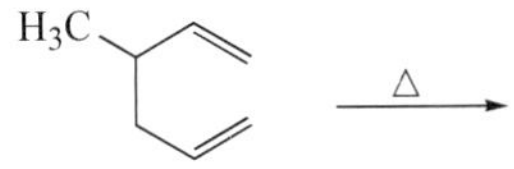
H_3C
△

2. 根据与异戊二烯进行狄尔斯－阿尔德反应的活性顺序将下列化合物由大到小排列，并写出主要反应产物。

（1）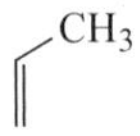
CH_3
（2）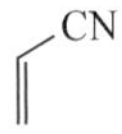
CN
（3）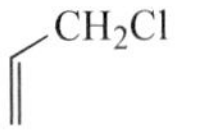
CH_2Cl
（4）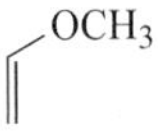
OCH_3

3. 解释下列现象

（1）在 Diels－Alder 反应时，2－叔丁基－丁－1,3－二烯反应速率比丁－1,3－二烯快许多。

（2）在 －78℃时，下面反应（b）的反应速率比（a）快 10^{22} 倍。

（a）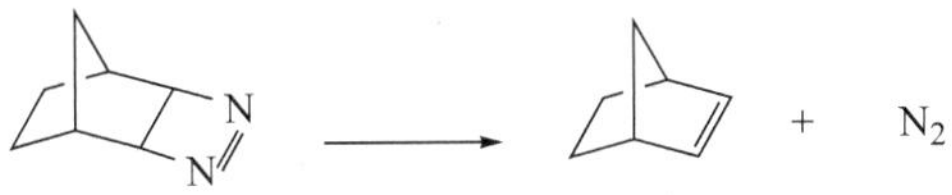
N
N
+
N_2

（b）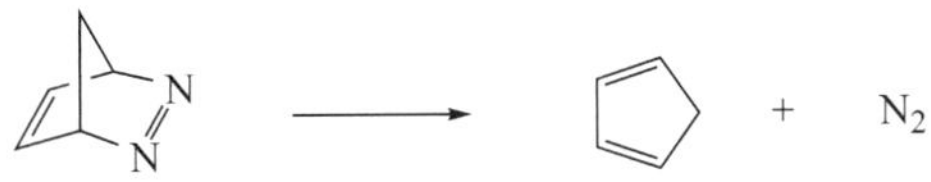
N
N
+
N_2

4. 如何将反－9,10－二氢萘转化为顺－9,10－二氢萘?

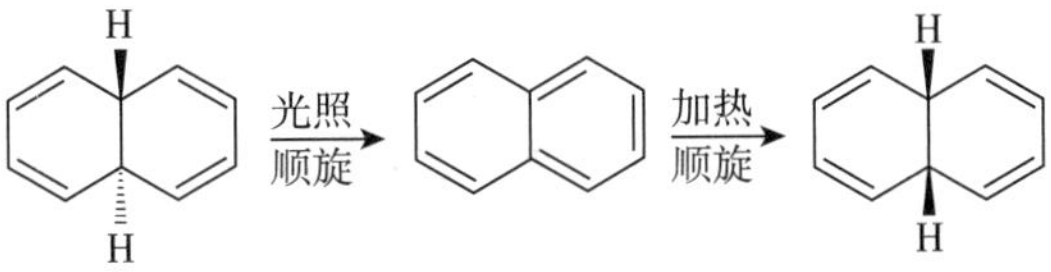
H
H
光照
顺旋
加热
顺旋
H
H

5. 自选原料通过环加成反应合成下列化合物

（1）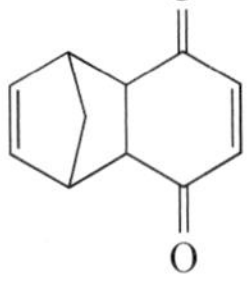
O
O
（2）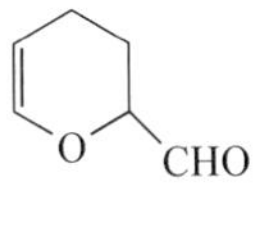
O
CHO

第三篇　本科期末考试试卷

试 卷 一

（由天津中医药大学提供）

一、单项选择题（每题 1 分，共 20 分）

1. 按 2017 年《有机化合物命名》修订版写出 $HC\equiv C-\underset{\underset{CH_3}{|}}{\overset{\overset{H}{|}}{C}}-CH_2CH=CH_2$ 的名称（　　　）

   A. 3-甲基戊-4-烯-2-炔
   B. 3-甲基戊-5-炔-1-烯
   C. 4-甲基戊-5-炔-1-烯
   D. 4-甲基戊-1-烯-5-炔

2. 按 2017 年《有机化合物命名》修订版写出 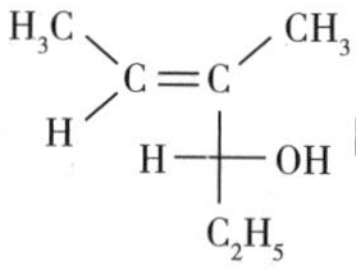 的名称（　　　）

   A. (3R,4E)-4-甲基己-4-烯-3-醇
   B. (3S,4E)-4-甲基己-4-烯-3-醇
   C. (3R,4Z)-4-甲基己-4-烯-3-醇
   D. (3S,4Z)-4-甲基己-4-烯-3-醇

3. 按 2017 年《有机化合物命名》修订版写出 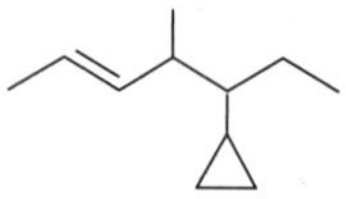 的名称（　　　）

   A. (E)-5-环丙基-4-甲基庚-2-烯
   B. (E)-4-甲基-5-环丙基庚-2-烯
   C. (Z)-5-环丙基-4-甲基庚-2-烯
   D. (Z)-4-甲基-5-环丙基庚-2-烯

4. 按 2017 年《有机化合物命名》修订写出 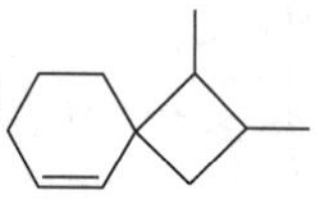 的名称（　　　）

   A. 1,2-二甲基螺[5.3]壬-5-烯
   B. 1,2-二甲基螺[3.5]壬-5-烯
   C. 7,8-二甲基螺[5.3]壬-1-烯
   D. 7,8-二甲基螺[3.5]壬-1-烯

5. 按 2017 年《有机化合物命名》修订版写出 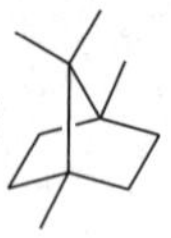 的名称（　　　）

   A. 1,4,7,7-四甲基二环[1.2.2]庚烷
   B. 1,4,7,7-四甲基二环[2.2.1]庚烷
   C. 1,1,2,5-四甲基三环[1.2.2]庚烷
   D. 1,1,2,5-四甲基二环[2.2.1]庚烷

6. 下列化合物中酸性最强的是（　　　）

   A. $H_3C-\overset{\overset{O}{||}}{C}-COOH$
   B. $H_3C-\underset{\underset{H}{|}}{\overset{\overset{OH}{|}}{C}}-COOH$
   C. $H_3C-\overset{\overset{O}{||}}{C}-CH_2COOH$
   D. H_3C-CH_2COOH

7. 下列化合物中碱性最强的是 （　　　）

A. （对甲基苯胺）

B. （对硝基苯胺）

C. （对甲氧基苯胺）

D. （对氯苯胺）

8. 构成蔗糖的苷键是 （　　　）

    A. α-1,2—糖苷键

    C. α-1,4—糖苷键

    B. β-1,2—糖苷键

    D. β-1,4—糖苷键

9. 下列羧酸衍生物醇解反应活性最高的是 （　　　）

    A. CH_3CONH_2

    C. $CH_3COOC_2H_5$

    B. CH_3COCl

    D. $(CH_3CO)_2O$

10. 下列化合物能与饱和 $NaHSO_3$ 发生反应的是 （　　　）

    D. $CH_3CH_2CH_2CH_2OH$

11. 下列离子中最不稳定的自由基是 （　　　）

    A. $H_3C-\overset{CH_3}{\underset{CH_3}{C}}\cdot$

    B. $H_3C-\overset{CH_3}{\underset{\cdot}{CH}}$

    C. $\overset{\cdot}{C}(C_6H_5)_3$

    D. $H_3C-\overset{\cdot}{C}H_2$

12. 下列化合物中不具芳香性的是 （　　　）

    A.

    B.

    C.

    D.

13. Br_2/CCl_4 在室温下可鉴别 （　　　）

    A. 环己烷和环戊烷

    C. 环丙烷和环己烯

    B. 环丙烷和环己烷

    D. 环己烷和己烷

14. 下列烯烃与硫酸加成反应速率最快的是 （　　　）

    A. 氯乙烯

    B. 丙烯

    C. 2-甲基丙烯

    D. 乙烯

15. 下列试剂中，可用来区别伯、仲、叔醇的是 （　　　）

    A. 托伦试剂

    B. 琼斯试剂

    C. 卢卡斯试剂

    D. 氢化铝锂

16. 化合物 $H-\overset{CH_3}{\underset{C_2H_5}{C}}-NH_2$ 和 $H-\overset{CH_3}{\underset{NH_2}{C}}-C_2H_5$ 的相互关系是 （　　　）

    A. 对映异构体

    B. 非对映异构体

    C. 差向异构体

    D. 相同化合物

17. 烯烃和 HBr 的加成反应是通过 （　　　） 中间体进行的

    A. 自由基

    B. 碳正离子

    C. 碳负离子

    D. 协同反应

18. 下列化合物中属于非极性分子的是 （　　　）

    A. 三氯化铁

    B. 四氯化碳

    C. 氨

    D. 水

19. 下列化合物中属于非还原性糖的是 （　　　）

    A. 乳糖

    B. 蔗糖

    C. 麦芽糖

    D. 果糖

20. 下列化合物中沸点最低的是 （　　　）

    A. 正己醇

    B. 正己烷

    C. 正己酸

    D. 1-溴己烷

二、完成下列反应方程式（每题 2 分，共 16 分）

1. 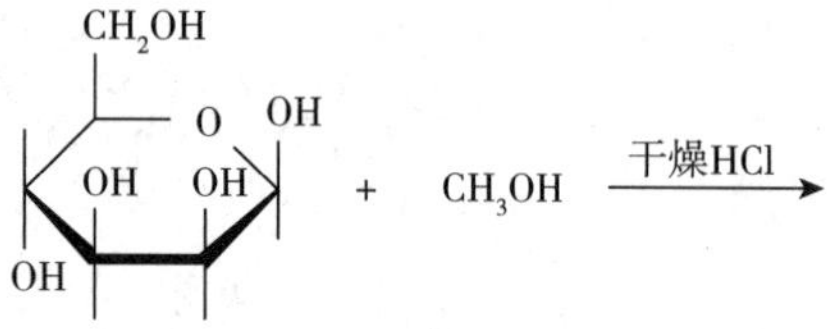
　　+　CH_3OH $\xrightarrow{\text{干燥 HCl}}$

2. C_6H_5CHO + $2CH_3CH_2OH$ $\xrightarrow{H^+}$

3. 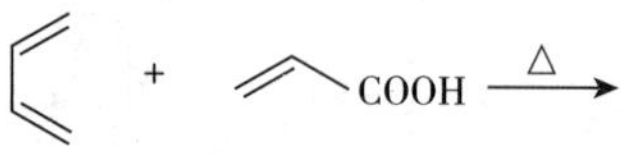
+
$COOH$ $\xrightarrow{\triangle}$

4. $CH_3CH = CH_2$ $\xrightarrow[\text{②}H_2O_2,\ -OH]{\text{①}B_2H_6}$

5. CH_3CH_2COCl + CH_3CH_2OH $\longrightarrow$

6. 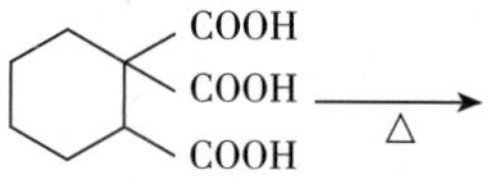
$\xrightarrow{\triangle}$

7. 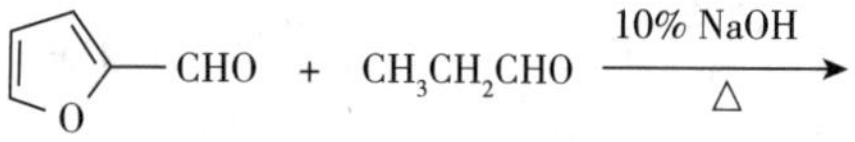
CHO + CH_3CH_2CHO $\xrightarrow[\triangle]{10\% \text{ NaOH}}$

8. 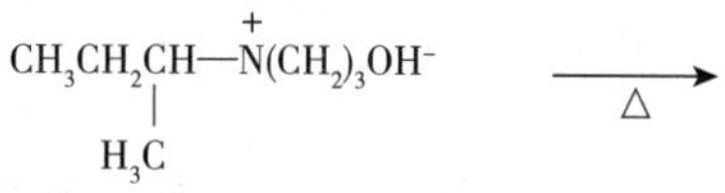 $CH_3CH_2\overset{+}{\underset{\underset{H_3C}{|}}{CH}}-N(CH_3)_3OH^-$ $\xrightarrow{\triangle}$

三、写出下列产物的立体构型（每题 3 分，共 15 分）

1. 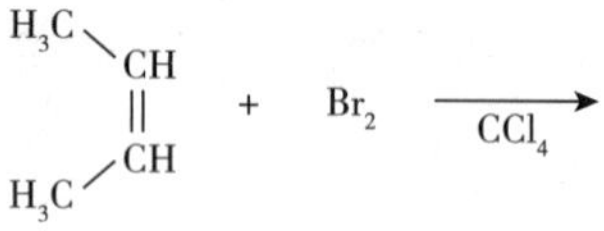
+ Br_2 $\xrightarrow{CCl_4}$

2. $CH_3CH_2C \equiv CCH_2CH_3$ $\xrightarrow[\text{液氨}]{Na}$

3. 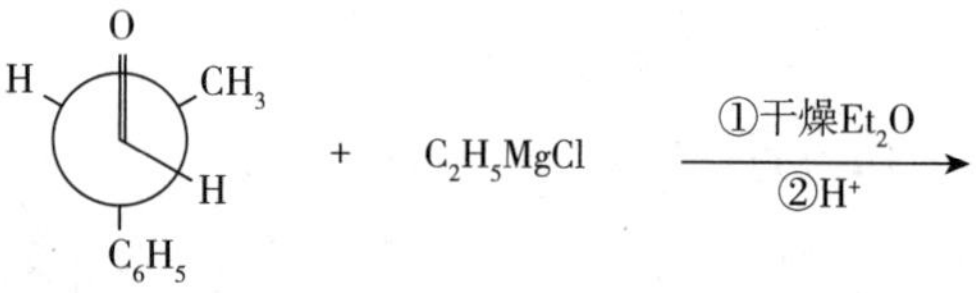
+ C_2H_5MgCl $\xrightarrow[\text{②}H^+]{\text{①干燥 Et}_2O}$

4. 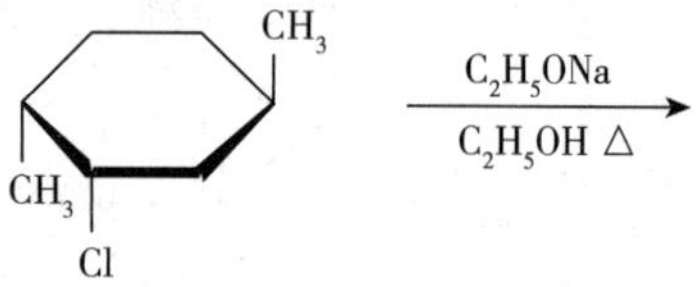
$\xrightarrow[C_2H_5OH \triangle]{C_2H_5ONa}$

5. 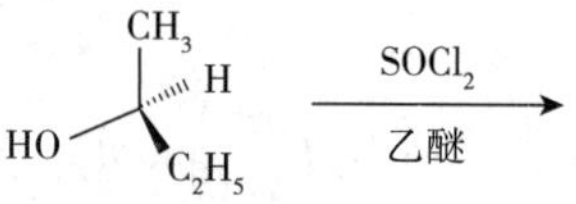
$\xrightarrow[\text{乙醚}]{SOCl_2}$

四、简答题（每题 6 分，共 24 分）

1. 在药物合成路线的设计中，减少副产物，从而获得更多的目标产物是主要思考的问题之一，而合成中主要产物的控制，既可以通过动力学也可以通过热力学的方法，请以丁-1,3-二烯与 HBr 的加成为例，说明这两种控制方法。

2. 用化学方法鉴别下列化合物

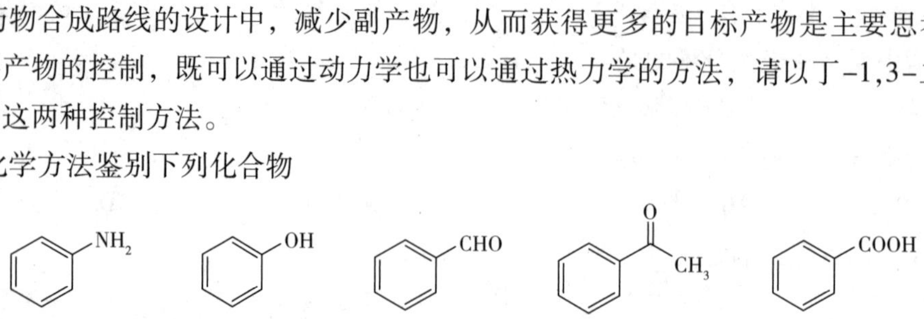

3. 写出反应产物

$$H_3CHC=CH_2 \xrightarrow{\text{HBr, } H_2O_2} A \xrightarrow{\text{Mg, Et}_2O} B \xrightarrow{CH_3COCH_3} C \xrightarrow{H_2O} D \xrightarrow[\triangle]{\text{con.} H_2SO_4} E \xrightarrow{\text{Pd/H}_2} F$$

4. 写出以下反应的机理

$$\text{(furyl)—CHO} + CH_3CH_2CHO \xrightarrow[\triangle]{\text{10\% NaOH}}$$

五、合成题（每题 5 分，共 15 分）

1. 用乙酰乙酸乙酯或丙二酸二乙酯合成 $\overset{\text{OH}}{\underset{\text{COOH}}{\diagdown\diagup\diagdown\diagup}}$ 。

2. 由乙炔、一个 C 原子的有机试剂和无机原料合成反戊-2-烯。

3. 由苯、一个 C 原子的有机试剂和无机原料合成 $\overset{CH_2CH_3}{\underset{SO_3H}{\text{（芳环，}NO_2\text{）}}}$ 。

六、推导结构（10 分）

化合物 A (C_4H_8O) 能还原 Tollens 试剂，用稀碱小心处理转化为二聚体 B。B 很易失水生成 C $(C_8H_{14}O)$，C 经酸性高锰酸钾强烈氧化生成等摩尔的二氧化碳和两种酸 D 和 E，其中 D 也可由 A 直接氧化得到。试推测 A 至 E 的可能结构并写出相关反应方程式。

试 卷 二

（由安徽中医药大学提供）

一、用系统命名法命名下列化合物或根据名称写出结构式（每题 2 分，共 16 分）

1. 对甲基苄胺

2. 乙酰水杨酸

3.

4. $H_3C\overset{H}{\underset{Cl}{C}}=C\overset{\ \ \ H}{\underset{C}{\diagup}}=C\overset{CH_3}{\underset{H}{\diagdown}}$

5. $CH_3\overset{CH_3}{\underset{|}{CH}}CH_2CH_2COCl$

6. （萘，CH₃，SO₃H 取代）

7. $\underset{\text{HN}}{\diagup}\overset{CH_3}{\diagdown}$（2-甲基吡咯）

8. （γ-丁内酯，H₃C 取代）

二、单项选择题（每题 1 分，共 15 分）

1. 下列化合物中具有芳香性的是（　　　）

A. （环庚三烯酮-OH）　　B. （环辛四烯）　　C. （萘）　　D. （并环戊二烯）

2. 下列属于 S_N2 反应特征的是 （　　　）

    A. 叔卤代烃的反应速率大于仲卤代烃　　　　B. 反应中有活性中间体生成

    C. 反应速率取决于试剂的亲核性　　　　　　D. 亲核试剂浓度增加反应速率不变

3. 下列化合物发生亲电取代反应活性最高的是 （　　　）

    A.　　　　　　　　B.　　　　　　　　C.　　　　　　　　D.

4. 下列化合物中既能进行亲电取代反应的，又能进行亲核取代反应的是 （　　　）

    A.　　　　　　　B.　CH≡CCH₂CN　　　C.　　　　　　　D.

5. 环己烷的若干种构象中，能量最高的构象是 （　　　）

    A. 半椅式　　　　　B. 船式　　　　　C. 扭船式　　　　　D. 椅式

6. 下列化合物遇硝酸银的乙醇溶液最快析出沉淀的是 （　　　）

    A.　　　　　　　B.　　　　　　　C.　　　　　　　D.

7. 鉴别环己基甲醛和苯甲醛可以使用的试剂是 （　　　）

    A. Tollens 试剂　　　B. 浓 H_2SO_4　　　C. 三氯化铁溶液　　　D. Fehling 试剂

8. 符合下列名称的化合物既存在顺反异构体又存在对映异构体的是 （　　　）

    A. 甲基环丙烷　　　　　　　　　　B. 1,2-二甲基环丙烷

    C. 1,1-二甲基环丙烷　　　　　　　D. 丁-2-烯

9. 下列化合物不能发生自身羟醛缩合反应的是 （　　　）

    A. 丙醛　　　　　　B. 丁醛　　　　　C. 糠醛　　　　　D. 苯乙醛

10. 能将烯丙醇氧化成丙烯醛的最理想试剂是 （　　　）

    A. $K_2Cr_2O_7/H^+$　　　　　　　　B. 活性 MnO_2

    C. 过氧乙酸　　　　　　　　　　　D. 冷而稀中性 $KMnO_4$

11.　　　　　实现该转化最好的路线是 （　　　）

    A. 先溴化，再硝化，最后磺化　　　　　B. 先溴化，再磺化，最后硝化

    C. 先硝化，再磺化，最后溴化　　　　　D. 先磺化，再硝化，最后溴化

12. 下列化合物中无旋光性的是 （　　　）

    A.　　　　　　　B.　　　　　　　C.　　　　　　　D.

13. 保护醛基适宜选用 （　　　）

    A. 羟醛缩合反应　　　B. Witting 反应　　　C. 缩醛反应　　　D. 安息香缩合反应

14. α-D-吡喃葡萄糖和 β-D-吡喃葡萄糖之间的关系是 （　　　）

    A. 差向异构体　　　B. 构象异构体　　　C. 对映异构体　　　D. 互变异构体

15. 下列反应中不是通过连续协同过程完成的是 （　　　）

    A. 烯丙基芳醚受热发生 Claisen 重排

B. 二烯体与亲二烯体在加热条件下发生 D-A 反应

C. 溴甲烷在 0.5M 氢氧化钠溶液中发生水解反应

D. 邻二醇在酸性条件下发生 Pinacol 重排

三、完成下列反应方程式（每题 2 分，共 24 分）

1. CH_3O—⟨benzene⟩—CH_2OH $\xrightarrow[CH_2Cl_2]{CrO_3/吡啶}$ $\xrightarrow[HCHO]{浓NaOH}$

2. Cl—⟨benzene⟩—CH_2Cl $\xrightarrow[\triangle]{NaOH/H_2O}$

3. ⟨succinic anhydride⟩ + NH_3 $\longrightarrow$

4. ⟨1-methylcyclohexene⟩ $\xrightarrow{BH_3}$ $\xrightarrow[OH^-]{H_2O_2}$

5. $CH_3\overset{O}{\overset{||}{C}}CH_2COOH$ $\xrightarrow[THF \triangle]{LiAlH_4}$ $\xrightarrow{H_3O^+}$

6. ⟨2-oxocyclopentanecarboxylate⟩$COOC_2H_5$ $\xrightarrow{10\%NaOH}$ $\xrightarrow[\triangle]{H^+}$

7. ⟨cyclohexyl⟩$\overset{OH}{\underset{}{C}}$$CH_3$ $\xrightarrow[NaOH]{I_2}$

8. O_2N—⟨benzene⟩—CHO + $(CH_3CO)_2O$ $\xrightarrow[\triangle]{AcOK}$

9. ⟨1,3-cyclohexanedione⟩ + CH_2=CH—CN $\xrightarrow{EtONa}$

10. ⟨phenyl⟩OCH_2CH=$CHCH_3$ $\xrightarrow{\triangle}$

11. ⟨3-methylpyrrolidine⟩ $\xrightarrow[过量]{CH_3I}$ $\xrightarrow{AgOH}$ $\xrightarrow{\triangle}$

12. ⟨benzene with $\overset{O}{\overset{||}{C}}$—$OCH_3$ and $\overset{}{\underset{O}{\overset{||}{C}}}$—$CH_3$⟩ $\xrightarrow[②H^+]{①KOH}$

四、简答题（每题 6 分，共 24 分）

1. 按要求对题目中的数字进行合理排序

（1）毒扁豆碱存在于豆科植物毒扁豆的种子中，能特异性地解除抗胆碱能神经药物可能引起的中枢神经毒性。毒扁豆碱的结构如下所示：

请将其结构中氮原子（已标注数字）碱性按由强至弱的顺序进行排列（写序号）。

(2)

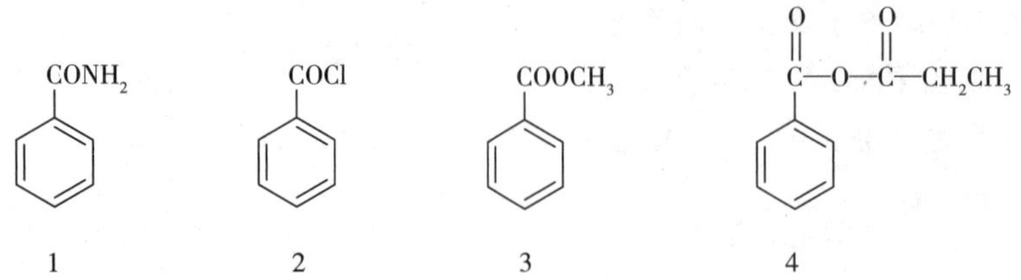

将上述化合物按照水解反应速率由快至慢的顺序进行排列（写序号）。

2. 茴香脑存在于八角茴香中，可用作升白细胞药。茴香脑分子式为 $C_{10}H_{12}O$，可使 Br_2/CCl_4 溶液褪色，但不能与金属钠反应放出氢气。茴香脑与 1mol HI 反应后，产物之一能与 $FeCl_3$ 溶液发生显色反应。茴香脑经酸性 $KMnO_4$ 氧化后，有乙酸生成。茴香脑与浓硝酸和浓硫酸发生硝化反应，只能得一种硝化产物。试写出茴香脑的结构式。

3. 青霉素的结构如下：

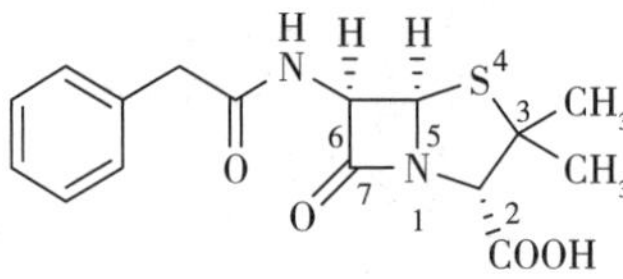

回答下列问题：

（1）青霉素分子中共有几个手性碳？请标出每个手性碳的构型。

（2）青霉素分子中有几个酰胺键？结合其结构解释为什么青霉素在临床上不是口服给药，而是注射给药？

4. 写出以下反应的机理

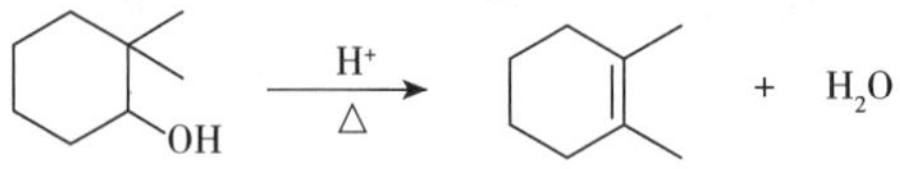

五、合成题（每题 7 分，共 21 分）

1. 以乙烯为唯一的有机原料合成丁-2-醇。

2. 以苯为主要原料合成 3,5-二溴甲苯。

3. 以丙二酸二乙酯为原料合成环戊烷甲酸。

试 卷 三

（由成都中医药大学提供）

一、单项选择题（每题 1 分，共 40 分）

1. 下列属于乙基的英文缩写是（   ）

    A. Me   B. Et   C. Pr   D. Bu

2. 下列结构中不存在 p-π 共轭体系是（   ）

    A. $CH_2=CH-Cl$ B. $CH_2=CH-CH_2^+$

    C. $CH_2=CH-CH=CH_2$ D. $CH_2=CH-CH_2^-$

3. 在下列条件下，能发生甲烷氯代反应的是（   ）

    A. 甲烷与氯气在室温下混合   B. 氯气用光照射，再迅速与甲烷混合

    C. 甲烷用光照射，再在黑暗中与氯气混合   D. 甲烷与氯气均在黑暗中混合

4. 下列化合物中，具有不同构象的有（　　　）

① CH_3CH_3　② CH_4　③ $CHCl_3$　④ CH_2ClCH_2Cl

    A. ①②　　　　　　　　B. ①③　　　　　　　　C. ①④　　　　　　　　D. ③④

5. 下列碳正离子的稳定性次序为（　　　）

    (1) $(CH_3)_2CHCH_2^+$　　(2) $(CH_3)_3C^+$　　(3) $CF_3CF_2CH_2^+$　　(4) $CH_3CH_2CH^+CH_3$

    A. (2) < (1) < (3) < (4)　　　　　　　　B. (2) > (4) > (1) > (3)

    C. (1) > (3) > (2) > (4)　　　　　　　　D. (4) > (1) > (3) > (2)

6. 内消旋体是指（　　　）

    A. 旋光度为负的分子　　　　　　　　　　B. 旋光度为正的分子

    C. 含有手性原子且分子中有对称面的分子　　D. 手性分子与其镜像的等量混合物

7. 关于双键的几何构型，下列说法正确的是（　　　）

    A. E 就是反　　　　　　　　　　　　　　B. Z 就是顺

    C. ZE 与顺反存在必然联系　　　　　　　D. ZE 与顺反毫不相干

8. 下列烷烃的卤代反应速率最慢的是（　　　）

    A. F_2　　　　　　　B. Cl_2　　　　　　　C. Br_2　　　　　　　D. I_2

9. 根据诱导效应，酸性最弱的是（　　　）

    A. α-氯代丁酸　　　B. β-氯代丁酸　　　C. γ-氯代丁酸　　　D. 丁酸

10. 取代基效应分为（　　　）

    A. 电子效应和空间效应　　　　　　　　　B. 共轭效应和诱导效应

    C. 超共轭效应和诱导效应　　　　　　　　D. 电子效应和场效应

11. 能使炔烃发生反应生成反式烯烃的是（　　　）

    A. Na + 液氨　　　B. Pd　　　C. Ni　　　D. Pd + $BaSO_4$ + 吡啶

12. 炔烃在铂催化下与氢发生加成反应，该反应属于（　　　）

    A. 离子反应　　　B. 自由基反应　　　C. 协同反应　　　D. 多步反应

13. 关于 S_N1 反应，下列说法正确的是（　　　）

    A. 动力学是二级反应　　　　　　　　　　B. 产物发生消旋化

    C. 产物构型部分发生转化　　　　　　　　D. 无重排产物

14. 烯烃氢化热的大小可用于判断烯烃的（　　　）

    A. 稳定性　　　B. 亲电反应活性　　　C. 加氢反应活性　　　D. 加成反应活性

15. 反丁-2-烯的熔点高于顺丁-2-烯，主要原因是（　　　）

    A. 反式的偶极矩小于顺式　　　　　　　　B. 反式的对称性高于顺式

    C. 反式的位阻小于顺式　　　　　　　　　D. 反式的极化度大于顺式

16. 烯烃发生 α-取代反应的条件是（　　　）

    A. 气相、高温或自由基引发剂　　　　　　B. 液相、高温或自由基引发剂

    C. 气相、低温　　　　　　　　　　　　　D. 液相、低温

17. 炔烃与 HCl 加成的催化剂是（　　　）

    A. 浓硫酸　　　B. 稀硫酸　　　C. 氧化铝　　　D. 氯化汞

18. 下列酸性最弱的是（　　　）

    A. 丁-1-炔　　　B. 丁-2-炔　　　C. 丁烷　　　D. 丁-2-烯

19. 苯环上已有Ⅰ类和Ⅱ类取代基，新进入的取代基决定于（　　　）

A. 取代基的体积大小　　　　　　　　　　B. Ⅱ类取代基

C. Ⅰ类和Ⅱ类取代基　　　　　　　　　　D. Ⅰ类取代基

20. 对于 S_N1 反应，影响反应速率的主要因素是（　　　　）

A. 空间位阻　　　　　　　　　　　　　　B. 亲核试剂的亲核性

C. 碳原子的带正电荷的数量　　　　　　　D. 正碳离子的稳定性

21. 对于热力学和动力学控制产物来说，升高温度（　　　　）

A. 对二者一样有利　　　　　　　　　　　B. 对二者均不利

C. 对热力学控制产物更有利　　　　　　　D. 对动力学控制产物更有利

22. 下列亲电加成反应速率最慢的是（　　　　）

A. 1-己烯　　　　　　　　　　　　　　　B. 2-己烯

C. 2-甲基戊-2-烯　　　　　　　　　　　D. 2,3-二甲基丁-2-烯

23. 下列不属于共轭效应引起的结果的是（　　　　）

A. 键长平均化　　　　　　　　　　　　　B. π电子离域

C. 电子云密度平均化　　　　　　　　　　D. 分子能量上升

24. 傅-克烷基化反应中会有重排产物，说明碳正离子重排速率（　　　　）

A. 快于对苯环的进攻速率　　　　　　　　B. 慢于对苯环的进攻速率

C. 与对苯环的进攻速率相当　　　　　　　D. 与对苯环的进攻速率无关

25. 下列基团属于Ⅱ类取代基是（　　　　）

A. 氨基　　　　　　B. 甲氧基　　　　　　C. 乙酰基　　　　　　D. 氯

26. 氯乙烯难发生亲核取代反应是因为（　　　　）

A. p,π-共轭效应碳氯键的键能增加　　　　B. p,π-共轭效应碳氯键的键能降低

C. 氯的-Ⅰ效应使氯的活性降低　　　　　D. 氯的+C效应使双键的电负性降低

27. 下列化合物中，能进行傅-克烷基化反应的是（　　　　）

A. 　　B. 　　C. 　　D.

28. 下列化合物与硝酸银醇溶液反应最慢的是（　　　　）

A. 氯甲烷　　　　　　　　　　　　　　　B. 2-氯丙烷

C. 2-甲基-2-氯丙烷　　　　　　　　　　D. 苄氯

29. S_N2 反应速率最慢的是（　　　　）

A. CH_3Cl　　　B. CH_3CH_2Cl　　　C. $(CH_3)_2CHCl$　　　D. $(CH_3)_3CCl$

30. 对于单分子的消除和亲核取代反应，可使取代产物增多的反应条件是（　　　　）

A. 升高温度，增加溶剂极性　　　　　　　B. 降低温度，增加溶剂极性

C. 升高温度，减小溶剂极性　　　　　　　D. 降低温度，减小溶剂极性

31. 醇与硫酸发生脱水反应，其产物的构型（　　　　）

A. 以反式为主　　　　　　　　　　　　　B. 以顺式为主

C. 反式和顺式各一半　　　　　　　　　　D. 反式和顺式产物的比例与醇有关

32. 离去能力最弱的是（　　　　）

A. I^-　　　　B. Br^-　　　　C. Cl^-　　　　D. F^-

33. 下列亲核性最弱的是（　　　　）

A. HS^-　　　　　　B. HO^-　　　　　C. CH_3COO^-　　　　D. RO^-

34. 下列能被四乙酸铅氧化的是（　　）

A. 丙酮　　　　　　B. 1-羟基丙酮　　　　C. 丙三醇　　　　D. 2-丙醇

35. Clemmenson 还原法将羰基还原为（　　）

A. 醇　　　　　　　B. 羧酸　　　　　　　C. 亚甲基　　　　D. 醚

36. 亲核加成反应速率最慢的是（　　）

A. HCHO　　　　　B. C_6H_5CHO　　　　C. CH_3COCH_3　　　D. $CH_3COC_6H_5$

37. 用作甲氧基测定的试剂是（　　）

A. 氢碘酸和硝酸银　　　　　　　　　B. 氢溴酸和硝酸银

C. 氢碘酸和硝酸铅　　　　　　　　　D. 氢溴酸和硝酸铅

38. 氯代甲烷与碘化钠在丙酮中的反应属于（　　）

A. S_N1　　　　　B. S_N2　　　　　　C. E1　　　　　　D. E2

39. 属于休克尔（Hückel）规则内容的是（　　）

A. 非环状 π 键　　　　　　　　　　　B. 共不共平面都可

C. $(4n+2)$ 个电子　　　　　　　　　D. $(4n+2)$ 个 π 电子

40. 不对称烯烃与溴化氢在过氧化物存在的条件下加成，存在过氧化物效应，反应（　　）

A. 得到马氏加成产物，亲电加成机理

B. 得到反马氏加成产物，亲电加成机理

C. 得到马氏加成产物，自由基加成机理

D. 得到反马氏加成产物，自由基加成机理

二、判断题（每题 1 分，共 10 分）

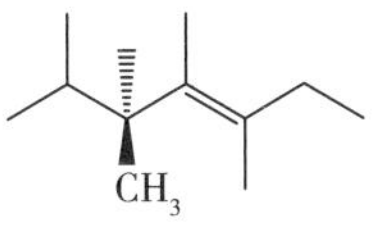

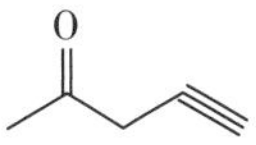

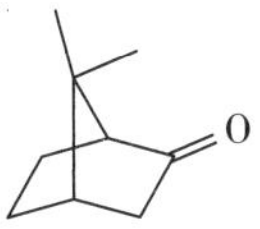

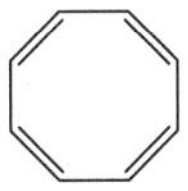

1. 化合物 1 中手性碳的构型为 S。（　　）

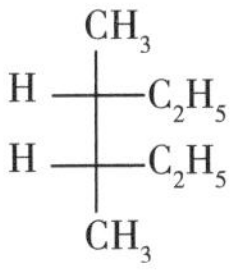

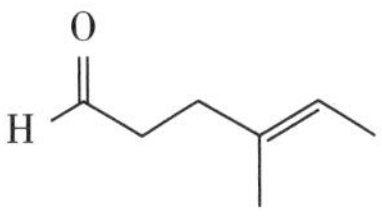

2. 化合物 1 中双键的构型为顺式。（　　）

3. 化合物 1 中双键的构型为 Z 式。（　　）

4. 化合物 2 是一个手性分子。（　　）

5. 化合物 2 中含有手性碳。（　　）

6. 化合物 3 中有 3 种不同杂化类型的碳原子。（　　）

7. 化合物 4 是一个二环化合物。（　　）

8. 化合物 4 只含有一个手性碳原子。（　　）

9. 化合物 5 具有芳香性。（　　）

10. 化合物 6 命名时从靠近双键的一侧开始编号。（　　）

三、完成下列反应方程式（每题 2 分，共 40 分）

1. （异丁烯结构式） $\xrightarrow{\text{HCl}}$

2. （环戊烯结构式） $\xrightarrow[\text{0℃}]{\text{Br}_2}$

3. $CH_3O-CH_2-C\equiv CH$ $\xrightarrow{\text{B}_2\text{H}_6}$ $\xrightarrow{\text{H}_2\text{O}_2,\ \text{OH}^-}$

4. （2,3-二甲基-2-丁烯结构式） $\xrightarrow{\text{O}_3}$ $\xrightarrow{\text{H}_2\text{O, Zn}}$

5. （正丙基苯结构式） $\xrightarrow{\text{光照}}$

6. （1-丁炔结构式） $\xrightarrow{\text{NaNH}_2}$

7. （甲基环丙烷结构式） $\xrightarrow{\text{Br}_2}$

8. （苯乙酰胺 CH₂CONH₂ 取代苯结构式） $\xrightarrow[\text{AlCl}_3]{(CH_3)_3CHCH_2Cl}$

9. （1,3-环己二烯结构式） $\xrightarrow[\text{Fe}]{\text{Br}_2}$

10. （环戊二烯结构式） $+$ （乙烯结构式） $\xrightarrow{\triangle}$

11. （甲苯结构式） $\xrightarrow{\text{H}^+,\ \text{KMnO}_4}$

12. （对溴苄基溴结构式） $\xrightarrow[\text{EtOH}]{\text{NaCN}}$

13. （苯乙酮结构式） $\xrightarrow[\text{HCl}]{\text{Zn-Hg}}$

14. （苯甲醛结构式） $\xrightarrow{\text{LiAlH}_4}$

15. （环己酮结构式） $\xrightarrow[\text{②H}^+]{\text{①CH}_3\text{CH}_2\text{MgBr}}$

16. （环戊酮结构式） $+$ $HS-CH_2CH_2-SH$ $\xrightarrow{\text{干燥HCl}}$

17. （5-苯基-4-戊烯-2-溴结构式） $\xrightarrow[\triangle]{\text{C}_2\text{H}_5\text{ONa}}$

18. （间甲醇苯结构式 —OH） $\xrightarrow[\triangle]{\text{MnO}_2}$

19. 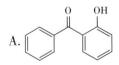 $\xrightarrow{\text{H}^+,\ \text{KMnO}_4}$

20. （苯甲醛）CHO ＋ CH$_3$CHO $\xrightarrow{\text{OH}^-}$

四、推导结构（10分）

请写出化合物 A 至 E 的结构式（每个结构式2分）

（环己烷甲醚衍生物）$\xrightarrow[\triangle]{\text{HI}}$ C$_7$H$_{14}$O ＋ CH$_3$I
            A

$\Big\downarrow{\text{H}_2\text{SO}_4\ \triangle}$

C$_7$H$_{13}$Br $\xleftarrow[\text{ROOR}]{\text{HBr}}$ C$_7$H$_{12}$ $\xrightarrow[\text{②Zn, H}_2\text{O}]{\text{①O}_3}$ C$_7$H$_{12}$O$_2$ $\xrightarrow[\text{②H}^+]{\text{①Tollens}}$ C$_7$H$_{12}$O$_3$
 E   B   C   D

试卷四

（由福建中医药大学提供）

一、单项选择题（每题2分，共60分）

1. Methyl 代表基团是（　　　）

 A. 甲基   B. 丙基   C. 羟基   D. 苯基

2. CH$_3$CH$_2$CHCH$_2$COOH 属于（　　　）
     |
     OH

 A. α-羟基酸   B. β-羟基酸   C. δ-羟基酸   D. γ-羟基酸

3. （顺式环戊烷-1,3-二羧酸结构式）的正确名称是（　　　）

 A. 顺环戊基-1,3-二羧酸   B. 反环戊基-1,3-二羧酸

 C. 顺-1,3-二羧基环戊烷   D. 反-1,3-二羧基环戊烷

4. 三氯乙酸的酸性大于乙酸的主要原因是（　　　）

 A. 共轭效应   B. 诱导效应   C. 场效应   D. 空间效应

5. 2-羟基苯乙酮的结构式是（　　　）

 A. （二苯甲酮邻羟基） B. （邻羟基苯甲醛） C. （苯甲醛） D. （邻羟基苯乙酮）

6. 下列化合物中烯醇含量最高的是（　　　）

 A. （2,4-戊二酮） B. （3-氧代丁醛） C. （乙酰乙酸甲酯） D. （1-苯基-1,3-丁二酮 Ph）

7. 黄鸣龙是我国著名的有机化学家，他的主要贡献是（　　　）

    A. 提出了价键理论　 B. 完成了青霉素的合成

    C. 改进了用肼还原羰基的反应　 D. 在抗疟疾方面做了大量工作

8. 下列化合物与溴水反应，立即产生沉淀的是（　　　）

    A. （NHCOH$_3$ 苯环）　 B. （NH$_2$ 苯环）　 C. （CH$_3$ 苯环）　 D. （Cl 苯环）

9. 蛋白质水解的最终产物是（　　　）

    A. α-氨基酸　 B. β-氨基酸　 C. 核酸　 D. 多肽

10. 下列物质中碱性最强的是（　　　）

    A. 吡咯　 B. 吡啶　 C. 氨　 D. 苯胺

11. $NH_2—\overset{\displaystyle O}{\overset{\|}{C}}—NH_2$ 是（　　　）

    A. 尿素　 B. 碳酰氯　 C. 胍　 D. 光气

12. 下列物质中，既能使得高锰酸钾溶液褪色，又能使得溴水褪色，还能与 NaOH 发生反应的物质是（　　　）

    A. CH_6H_5COOH　 B. $H_2=CHCH_2COOH$　 C. $C_6H_5CH_3$　 D. CH_3COOCH_3

13. β-D-吡喃葡萄糖的优势构象是（　　　）

A. 　 B.

C. 　 D.

14. 是青蒿素的结构式，它属于（　　　）

    A. 单萜　 B. 倍半萜　 C. 双萜　 D. 三萜

15. 组成为 $C_6H_{12}O_6$ 的 D-醛糖开链结构的立体异构体数为（　　　）

    A. 6　 B. 8　 C. 16　 D. 32

16. 下列化合物中有芳香性的是（　　　）

    A. 四氢呋喃　 B. 6H-吡啶　 C. 喹啉　 D. 吡喃

17. $CH_3\overset{\displaystyle O}{\overset{\|}{C}}CH_2\overset{\displaystyle O}{\overset{\|}{C}}OC_2H_5$ 与 $CH_3\overset{\displaystyle OH}{\overset{|}{C}}=CH\overset{\displaystyle O}{\overset{\|}{C}}OC_2H_5$ 属于（　　　）

    A. 碳链异构　 B. 位置异构　 C. 官能团异构　 D. 互变异构

18. 下列化合物中水解速率最快的是（　　　）

    A. CH_3COCl　　　　　　B. $CH_3COOC_2H_5$　　　　　C. $(CH_3CO)_2O$　　　　　D. $CH_3\overset{O}{\underset{\|}{C}}NH_2$

19. 下列化合物中酸性最强的是（　　　）

    A. 　　　　　　　　B. 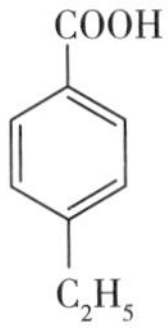　　　　　　　　C. 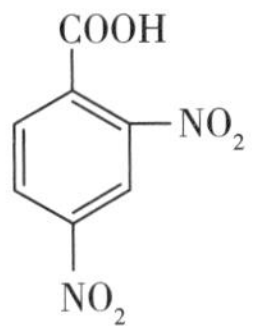　　　　　　　　D.

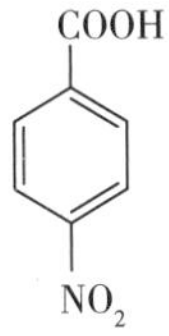

20. 下列化合物中最容易发生亲电取代反应的是（　　　）

    A. 苯甲酸　　　　　　B. 甲苯　　　　　　C. 乙酰苯胺　　　　　D. 对甲基苯胺

21. 能与亚硝酸反应并放出氮气的是（　　　）

    A. 芳伯胺　　　　　　B. 芳仲胺　　　　　　C. 芳叔胺　　　　　D. 脂肪叔胺

22. 下列化合物中与 $AgNO_3$/醇溶液反应活性最大的为（　　　）

    A. 氯苯　　　　　　B. 氯乙烷　　　　　　C. 氯乙烯　　　　　D. 烯丙基氯

23. 有些醛类化合物可被一些弱氧化剂氧化，Tollens 试剂的组成是（　　　）

    A. $Cu(OH)_2 \cdot$ 酒石酸钾　　　　　　　　B. $CrO_3 \cdot$ 吡啶

    C. $Ag(NH_3)_2^+ \cdot OH^-$　　　　　　　　D. 新鲜 MnO_2

24. 下列化合物中能与 $NaHSO_3$ 起加成反应的是（　　　）

    A. 乙醇　　　　　　B. 丙酮　　　　　　C. 戊-3-酮　　　　　D. 苯酚

25. 化合物 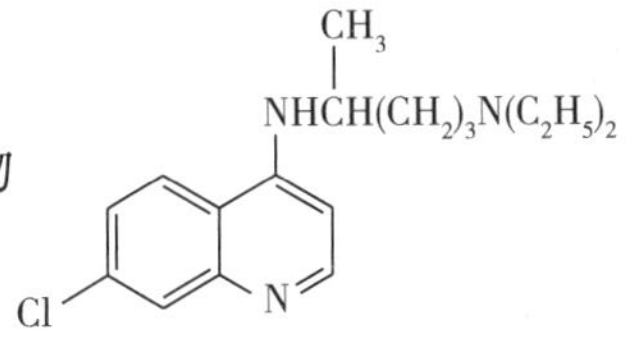 的母体是（　　　）

    A. 嘧啶环　　　　　　B. 喹啉环　　　　　　C. 吲哚环　　　　　D. 嘌呤环

26. 化合物 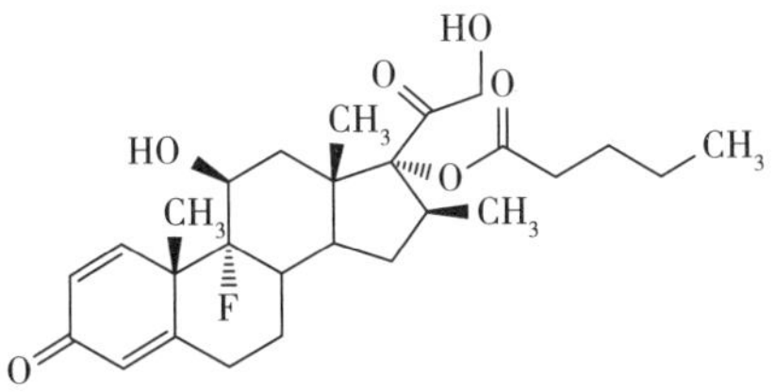 属于（　　　）

    A. 内酯化合物　　　　B. 杂环化合物　　　　C. 甾族化合物　　　　D. 萜类化合物

27. 下列有关糖的说法正确的是（　　　）

    A. 葡萄糖和果糖具有相同的脎

    B. 葡萄糖是还原型糖，而蔗糖和果糖是非还原型糖

    C. 葡萄糖和果糖都是单糖，蔗糖和麦芽糖都是多糖

    D. D-型糖一定是右旋体，L-型糖一定是左旋体

28. 化合物 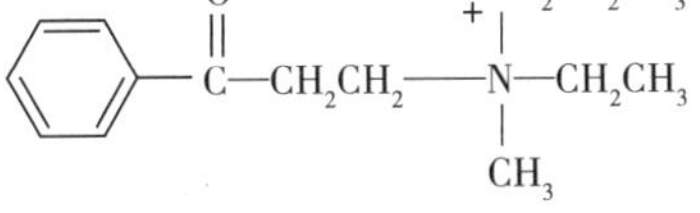 受热后的主要产物是（　　　）

    A. 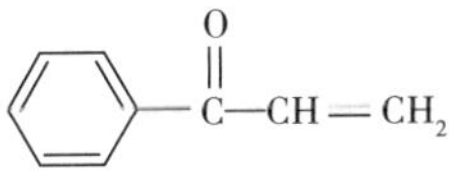 　　　　　　　　B. $H_2C=CHCH_3$

C. $H_2C = CH_2$ D. $N(CH_3)_3$

29. 下列说法正确的是（   ）

     A. $FeCl_3$ 水溶液只能用来鉴别酚类化合物

     B. 苯胺和苯酚与溴水反应都有白色沉淀产生

     C. 高锰酸钾可用来鉴别甲苯和乙苯

     D. 银氨溶液可鉴别乙炔和丙炔

30. 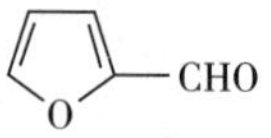 （结构）—CHO 正确名称是（   ）

     A. β-呋喃甲醛   B. 苯甲醛   C. 柠檬醛   D. 糠醛

二、完成下列反应方程式，并写出反应类型（每题 3 分，共 24 分）

1. 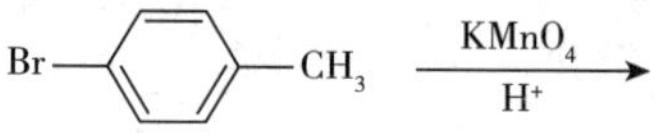 $\xrightarrow[H^+]{KMnO_4}$

2. 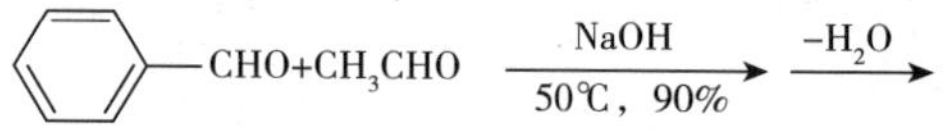 —CHO + CH$_3$CHO $\xrightarrow[50℃，90\%]{NaOH}$ $\xrightarrow{-H_2O}$

3. + H_2O $\xrightarrow[100℃]{KOH}$

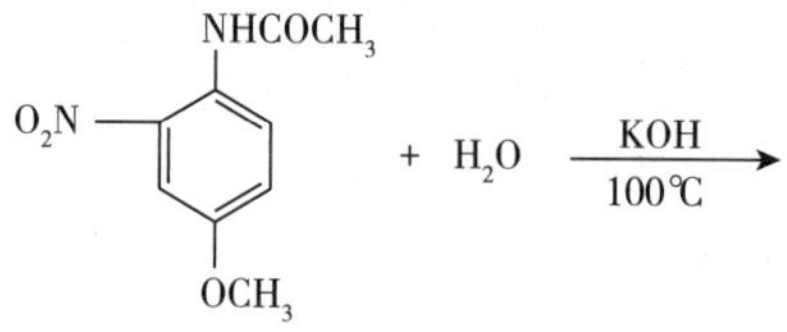

4. 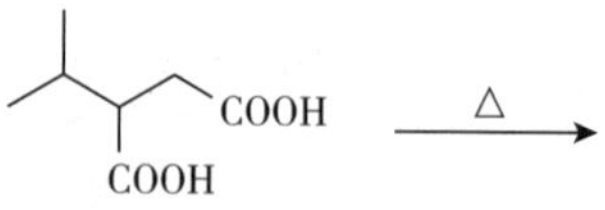 $\xrightarrow{\triangle}$

5. 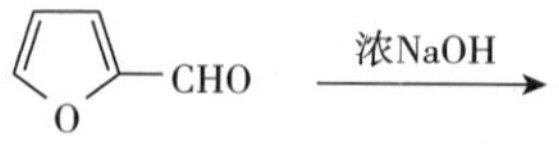 —CHO $\xrightarrow{浓NaOH}$

6. 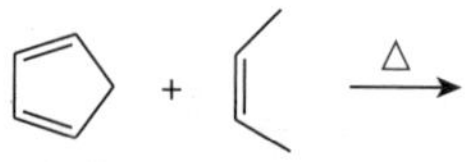 + $\xrightarrow{\triangle}$

7.  + $CH_3CH_2CH_2Cl$ $\xrightarrow{AlCl_3}$

8. 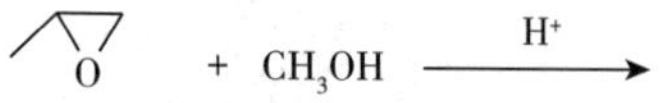 + CH_3OH $\xrightarrow{H^+}$

三、合成题（每题 4 分，共 8 分）

1. 由  合成 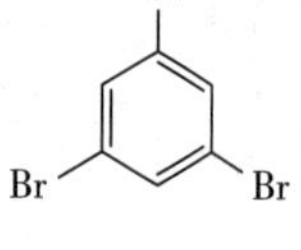 （所有无机试剂，三个碳以下有机试剂任选）。

2. 由苯和丙二酸二乙酯合成 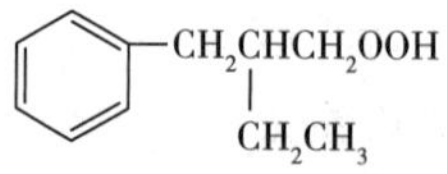 （所有无机试剂，三个碳以下有机试剂任选）。

四、推导结构（每题 4 分，共 8 分）

1. 化合物 C_8H_8O 与 Tollens 试剂无反应，但与苯肼生成相应的苯腙，也能发生碘仿反应，经 Clemmensen 还原得乙苯，写出此化合物的结构式及可能的反应式。

2. 某化合物 A 分子式为 $C_8H_{14}O$，可使溴水很快褪色，也可与饱和亚硫酸氢钠反应。A 氧化后得一分子丙酮和化合物 B，B 具有酸性，能与碘的氢氧化钠溶液反应生成碘仿和一分子丁二酸。试推测 A 和 B 的结构式，写出可能的反应式。

试 卷 五

（由甘肃中医药大学提供）

一、用系统命名法命名下列化合物或根据名称写出结构式（有立体异构时必须标明构型）（每题 1 分，共 10 分）

1. H₃CHC—C=CH₂CH₃（含 H、CH₃、CH₃ 取代基）

2. 间氯苯磺酸结构（SO_3H，苯环，Cl）

3. 环己烷（含 CH_3 和 $CH(CH_3)_2$）（最稳定构象）

4. 苯基丙酸酯结构（苯氧基与丙酰基）

5. CH_2OH / H—Br / CH_3（费歇尔投影）

6. $CH_3CH=CHCHCHO$（含 CH_3 支链）

7. $H-C(=O)-N(CH_3)_2$

8. $[C_6H_5-CH_2-N^+(CH_3)_3]OH^-$

9. β-D-(+)-吡喃葡萄糖

10. 1-萘胺（NH_2 取代的萘环）

二、单项选择题（每题 2 分，共 30 分）

1. 下列化合物能使溴水褪色，但不能使酸性 $KMnO_4$ 溶液褪色的是（　　）

　　A. 环戊烷　　　B. $CH≡CHCH_2CH_2CH_3$　　　C. 环己烯　　　D. 环丙烷

2. 下列碳正离子最稳定的是（　　）

　　A.　　　　　　B.　　　　　　C.　　　　　　D.

3. 卤代烷和 NaOH 在水与乙醇混合物中进行反应，下列现象属于 S_N2 历程的是（　　）

　　A. 产物构型完全转化　　　　　　　　B. 有重排产物生成
　　C. 生成外消旋体　　　　　　　　　　D. 叔卤代烷速率大于仲卤代烷

4. 常温常压下，下列化合物中最不稳定的是（　　）

　　A. 甲苯　　　　　B. 环己烷　　　　　C. 邻苯二酚　　　　　D. 苯甲酸

5. 下列化合物按碱性强弱排序正确的是（　　）

　　①$C_6H_5NH_2$　②$(CH_3)_4N^+OH^-$　③CH_3CONH_2　④　⑤CH_3NH_2

　　A. ②⑤③④①　　　B. ②⑤①③④　　　C. ⑤③②①④　　　D. ③①④②⑤

6. 下列化合物中能与 RMgX 作用，再水解，可在碳链中增加两个碳原子的是（　　）

　　A. CH_3CH_2OH　　B. CH_3CH_2Br　　C. CH_3COOH　　D.

7. 青蒿酸是从中药青蒿中提取出的酸性物质，其结构如下：

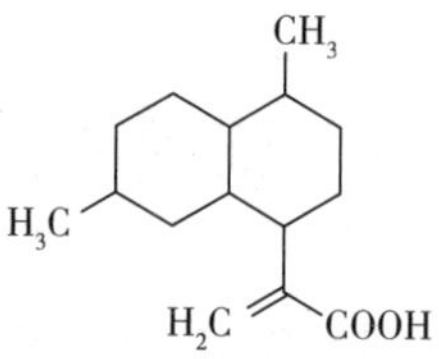

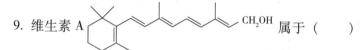

该分子中的手性碳原子数目为（　　）

A. 2 个　　B. 3 个　　C. 4 个　　D. 5 个

8. 山梨酸($CH_3CH = CH—CH = CH—COOH$)是一种常用的食品防腐剂。下列关于山梨酸性质的叙述中，不正确的是（　　）

A. 可与 HCl 发生取代反应　　B. 能使溴水褪色

C. 可聚合生成高分子化合物　　D. 可以与 $NaHCO_3$ 溶液反应

9. 维生素 A 属于（　　）

A. 单萜类化合物　　B. 二萜类化合物

C. 三萜类化合物　　D. 四萜类化合物

10. 从中草药茵陈蒿中可提取出一种利胆有效成分——对羟基苯乙酮，其结构式为： ，推测该物质不具有的化学性质是（　　）

A. 能跟 $NaHCO_3$ 反应　　B. 能跟 KOH 反应

C. 能与 $FeCl_3$ 溶液显色　　D. 能发生碘仿反应

11. 甾族化合物的基本骨架是（　　）

A. 磷脂酸　　B. 环戊烷并多氢菲　　C. 异戊二烯　　D. 甘油磷脂

12. 下列化合物中，不会发生变旋现象的是（　　）

A. 葡萄糖酸　　B. 麦芽糖　　C. 果糖　　D. 乳糖

13. 下列化合物中无芳香性的是（　　）

A. 　　B. 　　C. 　　D.

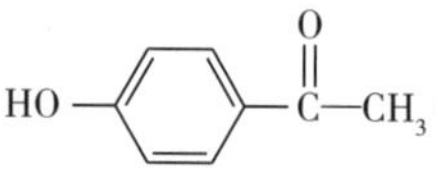

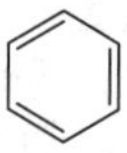

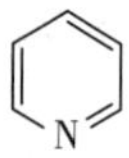

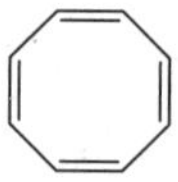

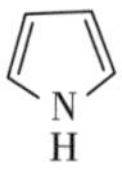

14. 将下列化合物按亲电取代反应活性强弱排序，正确的是（　　）

① 　② 　③ 　④ 　⑤

A. ①②③④⑤　　B. ③②④①⑤　　C. ⑤③④②①　　D. ③②④⑤①

15. 下列化合物水解反应活性最大的是（　）

A. 乙酸酐　　B. 乙酰胺　　C. 乙酸乙酯　　D. 乙酰氯

三、完成下列反应方程式（每题 2 分，共 20 分）

1. $\xrightarrow{1/2B_2H_6}$ (　　　) $\xrightarrow{H_2O_2/OH^-}$ (　　　)

2. $\xrightarrow{AgNO_3/C_2H_5OH}$ (　　　)

3. + CH_3CH_2MgBr $\xrightarrow{H_3O^+}$ (　　　)

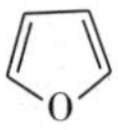

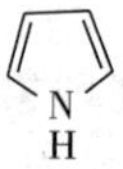

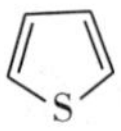

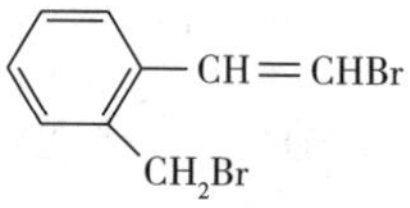

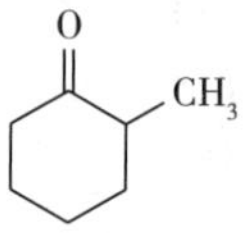

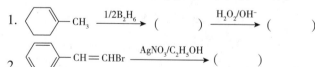

4. $\xrightarrow[\text{NaOH}]{\text{CH}_3\text{CH}_2\text{CH}_2\text{Br}}$ (　　　) $\xrightarrow{\text{H}_2\text{O}/\text{OH}^-}$ (　　　)

5. + $\underset{\underset{\text{CH}_3}{|}}{\text{CH}_3\text{CH}}-\text{CH}_2\text{Cl}$ $\xrightarrow{\text{AlCl}_3}$ (　　　) $\xrightarrow{\text{KMnO}_4/\text{H}^+}$ (　　　)

6. (　　　) $\xrightarrow{\triangle}$

7. $\xrightarrow[\triangle]{\text{OH}^-}$ (　　　) $\xrightarrow[\triangle]{\text{H}^+}$ (　　　)

8. + $\text{CH}_3\text{CH}_2\text{CHO}$ $\xrightarrow[\text{②}\triangle,\ \text{H}_2\text{O}]{\text{①OH}^-}$ (　　　)

9. $\xrightarrow[\text{②Ag}_2\text{O}/\text{H}_2\text{O}]{\text{①CH}_3\text{I}}$ (　　　) $\xrightarrow{\triangle}$ (　　　)

10. + $\text{CH}_2(\text{CO}_2\text{C}_2\text{H}_5)_2$ $\xrightarrow[\text{C}_2\text{H}_5\text{OH}]{\text{C}_2\text{H}_5\text{ONa}}$ (　　　) $\xrightarrow[\substack{\text{②H}_3\text{O}^+ \\ \text{③}\triangle}]{\text{①OH}^-}$ (　　　)

四、鉴别下列各组化合物（每题 5 分，共 15 分）

1.

2. 戊醛，戊-2-酮，环戊酮，戊-2-醇，戊-3-醇

3.

五、简答题（每题 5 分，共 15 分）

1. 将下列化合物按沸点高低排序，并解释原因：正丁醇、正戊烷、丙酸、乙醚。

2. 环戊基甲醇在硫酸催化下得到三个产物，请用反应机理做出合理解释。

3. 指出下列各因素对 S_N1 和 S_N2 速率的影响，并予以解释。

（1）将底物 RX（X 为离去基团）或亲核试剂 Nu 的浓度加倍；

（2）使用 $\text{H}_2\text{O}-\text{C}_2\text{H}_5\text{OH}$ 混合物或用丙酮作溶剂；

（3）使用强的亲核试剂。

六、推导结构（10 分）

茴香脑 A（$C_{10}H_{12}O$）是茴香油的主要成分，具有很强的抗氧化和抗菌作用。A 可使 Br_2/CCl_4 溶液褪色，经 $KMnO_4/H^+$ 氧化后生成的产物之一为 CH_3COOH；A 与混酸反应只得一种硝化产物；A 不能与金

属钠反应放出 H_2，但可与 1mol HI 反应生成产物 $B(C_9H_{10}O)$ 和 C。B 能使 $FeCl_3$ 溶液显色。C 与 $AgNO_3$ 的醇溶液反应生成黄色沉淀。试推测 A、B、C 的结构式，并写出相关反应。

试 卷 六

（由广西中医药大学提供）

一、单项选择题（每题 1 分，共 15 分）

1. 下列体系中既存在 p-π 共轭又有 σ-p 超共轭的是（　　）

A. $CH_3CH_2\overset{+}{C}HCH_3$

B. $CH_2{=}CH{-}Cl$

C. 苯基-$\overset{+}{C}HCH_3$

D. H_3C-苯环$-CH{=}CH_2$

2. 下列化合物中，含有伯、仲、叔、季碳原子的是（　　）

A. B. C. D.

3. 下列化合物中，存在顺反异构的是（　　）

A. $(CH_3)_2C{=}CHCH_3$

B. $CH_3CH{=}CHCH_3$

C. $(CH_3)_2C{=}CH_2$

D. $(CH_3)_2C{=}C(CH_3)$

4. 下列化合物结构中，属于共轭二烯烃的是（　　）

A. 庚-2,5-二烯　　　B. 戊-1,4-二烯　　　C. 丁-1,3-二烯　　　D. 己-1,4-二烯

5. 反-1-异丙基-4-甲基环己烷的优势构象为（　　）

A. H_3C 环己烷 $CH(CH_3)_2$

B. H_3C 环己烷 $CH(CH_3)_2$

C. $(H_3C)_2HC$ 环己烷 CH_3

D. CH_3 环己烷 $CH(CH_3)_2$

6. 下列化合物中，进行亲电反应时活性最大的是（　　）

A. 甲苯　　　　　B. 苯甲醚　　　　　C. 氯苯　　　　　D. 硝基苯

7. 下列物质中存在内消旋体的是（　　）

A. 2-氯丁二酸　　　B. 2,3-二氯丁二酸　　　C. 2,3-二氯丁酸　　　D. 2-二氯丁酸

8. 下列化合物与硝酸银乙醇溶液反应的速率快慢排列次序正确的是（　　）

a. 苄溴　　　b. 叔丁基氯　　　c. 异丙基氯　　　d. 伯卤代烃

A. abcd　　　　　B. bacd　　　　　C. cbad　　　　　D. dcba

9. 下列负离子碱性最强的是（　　）

A. CH_3CH_2ONa　　　B. $(CH_3)_2CHONa$　　　C. $PhONa$　　　D. $(CH_3)_3CONa$

10. 下列化合物发生亲核加成的反应速率顺序是（　　）

a. 环己酮　　b. 苯乙酮　　c. 乙醛　　d. 苯甲醛　　e. 三氯乙醛

A. ebcad　　　　　B. ecdab　　　　　C. edbac　　　　　D. abdce

11. 比较乙二酸（a）、丙二酸（b）、苯甲酸（c）、乙酸（d）、丙酸（e）的酸性强弱次序（　　）

A. e＞b＞c＞a＞d　　　B. e＞d＞b＞a＞c　　　C. a＞b＞c＞d＞e　　　D. a＞b＞d＞c＞e

12. 下列化合物中，水解反应速率最慢的是 （　　　）

    A. 丁酸乙酯　　　　　　B. 丁酸叔丁酯　　　　　C. 丁酸丙酯　　　　　D. 丁酸甲酯

13. 下列化合物中，不具有变旋光现象的是 （　　　）

    A. 蔗糖　　　　　　　　B. 麦芽糖　　　　　　　C. 乳糖　　　　　　　D. 纤维二糖

14. 下列化合物的碱性由强到弱次序正确的是 （　　　）

    a. 甲胺　　　b. 二甲胺　　　c. 吡啶　　　d. 苯胺　　　e. 二苯胺

    A. ebcad　　　　　　　B. cdabe　　　　　　　C. abdce　　　　　　　D. bacde

15. 吡咯和呋喃发生磺化反应所用的试剂是 （　　　）

    A. 吡啶三氧化硫　　　　B. 浓盐酸　　　　　　　C. 浓硝酸　　　　　　D. 浓硫酸

二、多项选择题（每题 2 分，共 20 分）

1. 下列化合物中具有芳香性的有 （　　　）

    A.　　　　　　　　　　B.　　　　　　　　　　C.

    D.　　　　　　　　　　E.

2. 下列费歇尔投影式中，手性碳的构型符号为 S - 型的是 （　　　）

    A.　　　　　　　　　　B.　　　　　　　　　　C.　　　　　　　　　　D.

3. 下列现象中属于 S_N2 反应机理的是 （　　　）

    A. 产物构型完全转化

    B. 非极性溶剂有利于反应

    C. 反应一步完成

    D. 亲核试剂浓度增加，反应加速

    E. 反应速率与亲核试剂浓度无关

4. 与新制 $Cu(OH)_2$ 反应，产生蓝色絮状物的是 （　　　）

    A. 丙-1,2-二醇　　　　B. 丙-1,3-二醇　　　　C. 丁-2,3-二醇

    D. 丁-1,3-二醇　　　　E. 甘油

5. 下列物质中能与 NaOI（$NaOH + I_2$）反应的有 （　　　）

    A. 丁-2-酮　　　　　　B. 戊-3-酮　　　　　　C. 乙醇

    D. 丁-2-醇　　　　　　E. 苯乙酮

6. 下列化合物中属于羟基脂肪酸的是 （　　　）

    A. 乳酸　　　　　　　　B. 苹果酸　　　　　　　C. 酒石酸

    D. 柠檬酸　　　　　　　E. 肉桂酸

7. 下列药物中属于酯类化合物的是 （　　　）

    A. 喜树碱　　　　　　　B. 普鲁卡因　　　　　　C. 阿司匹林

    D. 阿莫西林　　　　　　E. 青霉素

8. 下列化合物中属于还原性二糖的是 （　　　）

    A. 半乳糖　　　　　　　B. 蔗糖　　　　　　　　C. 麦芽糖

    D. 纤维二糖　　　　　　E. 乳糖

9. 下列含有嘌呤环的化合物是 （　　　）

    A. 腺嘌呤　　　　　B. 鸟嘌呤　　　　　C. 咖啡因

    D. 可可碱　　　　　E. 尿酸

10. 下列化合物中属于单环单萜类化合物的是（　　　　）

    A. 薄荷脑　　　　　B. α-松节烯　　　　C. 薄荷醇

    D. 苧烯　　　　　　E. 柠檬醛

三、完成下列反应方程式（每题2分，共20分）

1. $CH_3CH=CH_2 \xrightarrow{B_2H_6} (\quad\quad) \xrightarrow[NaOH]{H_2O_2} (\quad\quad)$

2. $\xrightarrow[1,4加成]{Br_2} (\quad\quad) \xrightarrow{Cl_2} (\quad\quad)$

3. $\xrightarrow{HBr} (\quad\quad) \xrightarrow[\triangle]{C_2H_5OH/KOH} (\quad\quad)$

4. $\xrightarrow[AlCl_3/CS_2]{CH_3COCl} (\quad\quad) \xrightarrow{NaBH_4}{H_2O} (\quad\quad)$

5. $\xrightarrow[\triangle]{C_2H_5OH/KOH} (\quad\quad) \xrightarrow{Br_2} (\quad\quad)$

6. $CH_2=CHCH_2OH \xrightarrow{ZnCl_2, HCl} (\quad\quad) \xrightarrow{Br_2, H_2O} (\quad\quad)$

7. $HCHO + BrMgCH_2CH_3 \xrightarrow{Et_2O} (\quad\quad) \xrightarrow{H_3O^+} (\quad\quad)$

8. $\xrightarrow[\triangle]{(CH_3CO)_2O} (\quad\quad) \xrightarrow{\triangle} (\quad\quad)$

9. $CH_3-$$-NO_2 \xrightarrow{Fe,HCl} (\quad\quad) \xrightarrow{Br_2/H_2O} (\quad\quad)$

10. $(\quad\quad) \xleftarrow[H_2SO_4]{HNO_3}$ $\xrightarrow[\triangle]{NaNH_2} (\quad\quad)$

四、用系统命名法命名下列化合物或根据名称写出结构式（每题1分，共15分）

1.

2.

3.

4. 反-1-异丙基-4-甲基环己烷（写出优势构象）

5.

6.

7.

8.

9.

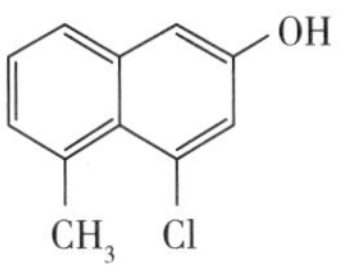

10.

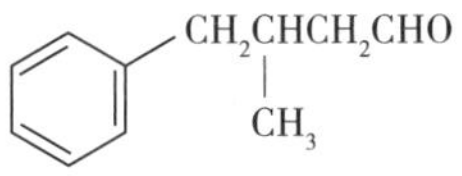

11.

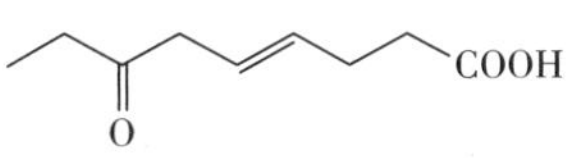

12.

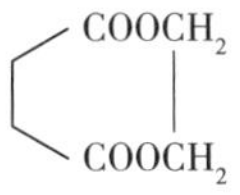

13.

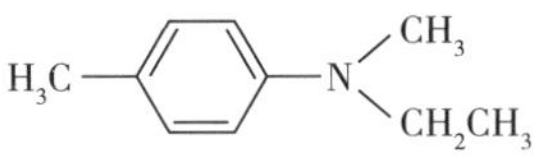

14.

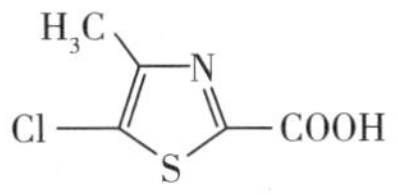

15. D-半乳糖的开链式

五、鉴别下列各组化合物（每题2.5分，共10分）

1. （1）乙胺　（2）苯酚　（3）甲酸　　　（4）甲醛

2. （1）苯胺　（2）甲胺　（3）N-甲基苯胺　（4）N,N-二甲基苯胺

3. （1）核糖　（2）果糖　（3）蔗糖　　　（4）淀粉

4. （1）呋喃　（2）吡咯　（3）噻吩　　　（4）丙醛

六、合成题（每题4分，共12分）

1. 以乙酰乙酸乙酯及其他试剂为原料合成己-2,5-二酮。

2. 以丙二酸二乙酯及其他试剂为原料合成己二酸。

3. 以苯胺及其他试剂为原料合成1-硝基-3,5-二溴苯。

七、推导结构（每题4分，共8分）

1. 某化合物 A(C_5H_8O)可使溴水褪色，可与2,4-二硝基苯肼作用产生黄色结晶体。若用酸性高锰酸钾氧化则可得到一分子丙酮及另一种具有酸性的化合物 B。B 加热后有 CO_2 气体产生，并生成化合物 C，C 可产生银镜反应。试推出化合物 A、B、C 的名称和结构式。

2. 某二元酸 A($C_5H_8O_4$)加热后生成 B($C_5H_6O_3$)，B 水解又得到 A，A 用 $LiAlH_4$ 还原得 C ($C_5H_{12}O_2$)。C 经氯代生成 $C_5H_{12}Cl_2$ 后与 NaCN 反应得到 D。D 水解得到二元酸 E($C_7H_{12}O_4$)。E 在碱性条件下受热时转变成中性化合物 F($C_6H_{10}O$)。F 用 Zn 和浓盐酸还原得 G(C_6H_{12})。试推导 A、B、C、D、E、F、G 的名称和结构式。

试卷七

（由广州中医药大学提供）

一、用系统命名法命名下列化合物或根据名称写出结构式（每题2分，共10分）

1. 反-1-甲基-2-乙基环己烷（优势椅式构象）

2.

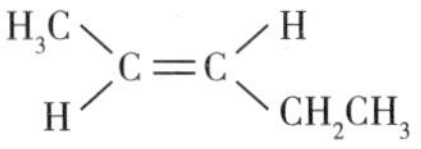

3. D-丙氨酸（费歇尔投影式）

4.

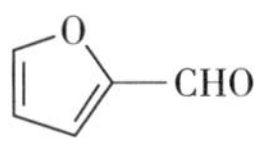

5. α-D-(+)-吡喃葡萄糖（Haworth 式）

二、单项选择题（每题2分，共40分）

1. 在光照条件下，2,2-二甲基丁烷发生氯代反应，可能的一氯代产物有（　　　）

A. 2 种   B. 3 种   C. 4 种   D. 5 种

2. 以下反应中，可以得到正丙醇的是（　　　）

A. $H_3C-\overset{\underset{|}{H}}{C}=CH_2 \xrightarrow[H_2O]{Cl_2}$ B. $H_3C-\overset{\underset{|}{H}}{C}=CH_2 \xrightarrow{H_2O}$

C. $H_3C-\overset{\underset{|}{H}}{C}=CH_2 \xrightarrow[H_2O_2,\ OH^-]{B_2H_6}$ D. $H_3C-\overset{\underset{|}{H}}{C}=CH_2 \xrightarrow[H_2O]{H_2SO_4}$

3. 丙炔与水在硫酸/硫酸汞条件下加成，产物是（　　　）

A. $H_3C-\overset{\overset{OH}{|}}{C}=CH_2$ B. $H_3C-\overset{\overset{H}{|}}{C}=CHOH$ C. $H_3C-\overset{\overset{O}{\|}}{C}-CH_3$ D. $CH_3CH_2CH_2OH$

4. 以下化合物最稳定的构象是（　　　）

A.   B.

C.   D.

5. 下列卤代烃在稀碱作用下水解，反应速率最快的是（　　　）

A.   B.   C.   D.

6. 发生硝化反应，硝基最有可能进入的位置是（　　　）

A. 4 号   B. 5 号或 8 号   C. 2 号或 4 号   D. 2 号

7. 下列化合物为内消旋体的是（　　　）

A.   B.   C.   D.

8. 下列化合物中，没有芳香性的是（　　　）

A.   B.   C.   D.

9. 化合物 $CH_2CHCH_2OCH_3$（下标 OH OH）用 HIO_4 处理，产物是（　　　）

A. $HCHO + CH_3OCH_2CHO$ B. $3HCHO$

C. $2HCHO + HCOOH$ D. $CHOCHO + CH_3CHO$

10. 可用来鉴别醛类化合物，而不能用来鉴别酮类化合物的试剂是（　　　）

A. $I_2/NaOH$ B. 托伦试剂   C. 2,4-二硝基苯肼   D. $NaHSO_3$ 溶液

11. 中药枳实中可以提取得到辛费林，其结构如下：

有关辛费林的叙述不正确的是（　　　）

A. 辛费林在理论上讲存在两个对映异构体

B. 辛费林在空气中，甚至遇弱氧化剂即可被氧化

C. 辛费林可与三氯化铁溶液发生显色反应

D. 辛费林难溶于氢氧化钠溶液

12. 下列化合物中最容易发生亲核取代反应的是（　　）

A. $CH_3COOC_2H_5$　　B. CH_3CH_2COCl　　C. $CH_3CH_2CONH_2$　　D. CH_3COOH

13. 下列试剂中无法将 RCOOH 转化到 RCOCl 的是（　　）

A. PCl_5　　　　B. $SOCl_2$　　　　C. 无水 $AlCl_3$　　　　D. PCl_3

14. 某氨基酸溶于 pH = 7 的纯水中，所得溶液 pH = 4。要使此氨基酸溶液达到等电点，可采取的措施是（　　）

A. 加 HCl　　　　B. 加 NaCl　　　　C. 加 NaOH　　　　D. 加 H_2O

15. 下列化合物中不能发生碘仿反应的是（　　）

A. 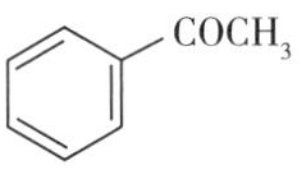 　　B. 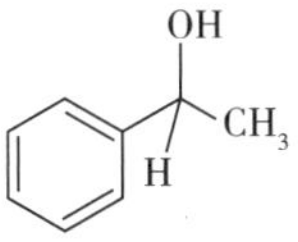　　C. 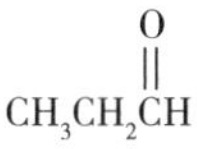 $CH_3CH_2\overset{O}{\overset{\|}{C}}H$　　D. 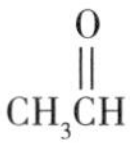 $CH_3\overset{O}{\overset{\|}{C}}H$

16. 能鉴别一级胺、二级胺和三级胺的试剂是（　　）

A. 对甲苯磺酰氯　　B. 茚三酮　　C. 溴水　　D. $NaHSO_3$

17. 两个单糖与过量的苯肼作用后，得到相同的脎，其中一个投影式为下左图，则另一个的单糖的投影式为（　　）

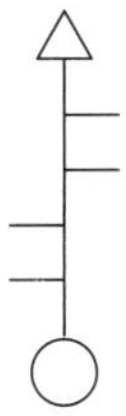

A. 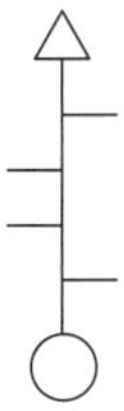　　B. 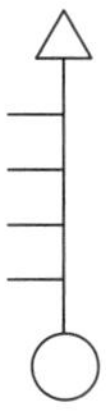　　C. 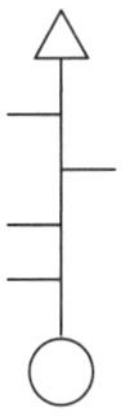　　D.

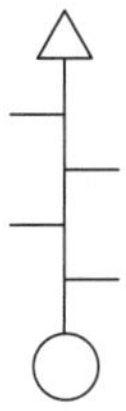

18. 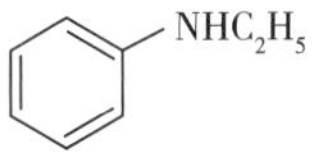 与氯化重氮苯发生偶联反应，则反应最优先发生在（　　）

A. 2 号位　　　　B. 3 号位　　　　C. 4 号位　　　　D. 5 号位

19. 下列化合物中不能溶于氢氧化钠水溶液的是（　　）

A. 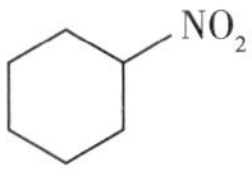　　B. 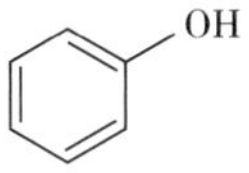　　C. 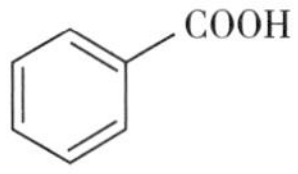　　D.

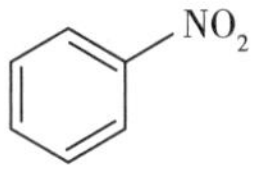

20. 尼可刹米（可拉明）为中枢兴奋药，用于中枢性呼吸和循环衰竭，其结构式如下：

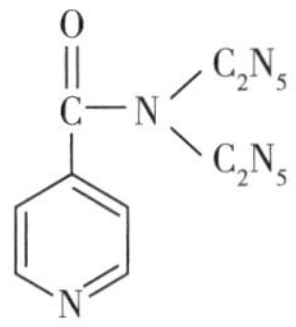

尼可刹米分子中所含的杂环的名称是（　　）

A. 吡啶　　　　B. 吡喃　　　　C. 吡咯　　　　D. 嘧啶

三、性质比较题（每题 4 分，共 16 分）

1. 将下列化合物的亲电取代反应活性由强至弱排列（　　）

A.  　　B. 　　C. 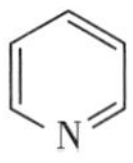　　D.

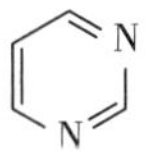

2. 将下列化合物按酸性由强至弱排列（　　　）

    A. 对硝基苯甲酸　　　　B. 苄醇　　　　　　　C. 对硝基苯酚　　　　D. 苯酚

3. 将下列化合物亲核加成反应活性由强至弱排列（　　　）

    A. 甲醛　　　　　　　　B. 乙醛　　　　　　　C. 丙酮　　　　　　　D. 苯乙酮

4. 下列化合物与卢卡斯（Lucas）试剂反应，反应活性由强至弱排列（　　　）

    A. 环己醇　　　　　　　　　　　　　　　　B. 己-1-醇

    C. 3-甲基-己-3-醇　　　　　　　　　　　　D. 苯甲醇

四、鉴别下列各组化合物（每题 4 分，共 8 分）

1. α-氨基丙酸、苯胺、苯甲酸、N,N-二甲基苯胺

2. α-D-吡喃葡萄糖、果糖、淀粉、β-D-甲基吡喃葡萄糖苷

五、完成下列反应方程式（每空 1 分，共 12 分）

1. $CH_3C \equiv CH + NaNH_2 \xrightarrow{NH_3(l)}$ (　　　) $\xrightarrow{CH_3CH_2Cl}$ (　　　)

2. $H_3C-\underset{H}{C}=CH_2 \xrightarrow{HCl}$ (　　　) $\xrightarrow[\triangle]{KOH/H_2O}$ (　　　)

3. （甲苯）$+ Br_2 \xrightarrow{Fe}$ (　　　) + (　　　)

4. （丙酮）$\xrightarrow[(C_2H_5)_2O]{C_2H_5MgCl} \xrightarrow{HCl}$ (　　　)

5. $CH_3CH_2COOH + CH_3CH_2CH_2OH \xrightarrow{H_2SO_4}$ (　　　)

6. （苯甲醛）$\xrightarrow{NaOH}$ (　　　) + (　　　)

7. （硝基苯）$\xrightarrow{Fe/HCl}$ (　　　) $\xrightarrow{NaNO_2/HCl} \xrightarrow{CuCN}$ (　　　)

六、推导结构（每题 4 分，共 8 分）

1. 化合物 A(C_5H_8) 与金属钠作用后，再与 1-溴丙烷作用，生成化合物 B(C_8H_{14})。B 被高锰酸钾氧化得到化合物 C 和 D，两者分子式均为 $C_4H_8O_2$，且 C 和 D 互为异构体。A 在 $HgSO_4$ 的存在下与稀硫酸作用得到 3-甲基-丁-2-酮。试推测 A、B、C、D 的结构式。

2. 毒芹碱是从毒芹中分离出的一种毒性极强的生物碱，可发生如下反应

毒芹碱($C_8H_{17}N$) $\xrightarrow[AgOH,\triangle]{2CH_3I}$ A $\xrightarrow[AgOH]{CH_3I}$ B $\xrightarrow{\triangle}$ C $\xrightarrow[Zn, H_2O]{O_3}$ $HCHO + OHCCH_2CHO + CH_3CH_2CH_2CHO$

试推测中间体 A、B、C 及毒芹碱的结构式（写出毒芹碱及 A、B、C 结构式各得 1 分）。

七、合成题（每题 3 分，共 6 分）

1. 由丙二酸二乙酯作为基本原料合成正丁酸。

2. 试以对硝基甲苯为原料合成局麻药苯佐卡因——对氨基苯甲酸乙酯，其分子结构如下：

试 卷 八

（由贵州中医药大学提供）

一、用系统命名法命名下列化合物（每题 1 分，共 10 分）

1. $CH_3CH_2CH_2CHCH_2CHCH_2CH_3$
（上方支链 CH_3，下方支链 CH_2CH_3）

2. $CH_3CHCH_2 \overset{H}{\underset{}{C}}=\overset{CH_3}{\underset{}{C}}CH_2CH_3$（支链 CH_3）

3. $CH_3CH_2CH_2CHC \equiv CH$（支链 $CH_2CH_2CH_3$）

4. 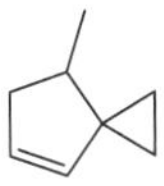 （螺环结构，带甲基）

5. 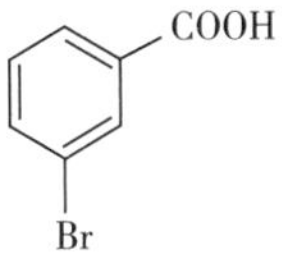 （苯环，COOH 与 Br 间位取代）

6. $CH_3CHCH_2CH_2CHCH=CH_2$（支链 Br、CH_3）

7. $CH_3CH_2CHCH_2CH_2CHCH_2CH_3$（上方 OH，下方 $CH_2CH_2CH_3$）

8. $CH_3CHCH_2CHCH_2CHCH_2CCH_2CH_3$（支链 CH_3、CH_3、CH_3、CH_2CH_3、O）

9. $CH_3CHCH_2CH_2NH_2$（支链 NH_2）

10. $CH_3CHCOCH_3$（上方支链 CH_3，下方 O）

二、完成下列反应方程式（每空 1 分，共 10 分）

1. $CH_3CH=CH_2 + HClO \longrightarrow ($ $)$

2. $CH_3CH_2C \equiv CCH_2CH_3 \xrightarrow[\text{液氮}]{Na} ($ $)$

3. 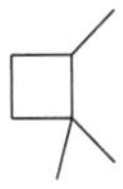 （环丁烷衍生物） $+ HBr \longrightarrow ($ $)$

4. $CH_3\overset{CH_3}{\underset{Cl}{C}}CH_2CH_3 \xrightarrow[\triangle]{NaOH/C_2H_5OH} ($ $)$

5. $H_2C=\overset{}{\underset{CH_3}{C}}CH_2CH_3 \xrightarrow{\text{稀冷}KMnO_4} ($ $)$

6. 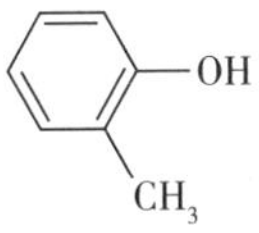 （邻甲苯酚）$-OH$（带 CH_3）$ + (CH_3)_3CBr \xrightarrow[\triangle]{H_3PO_4} ($ $)$

7. 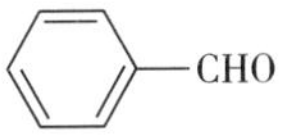 （苯环）$-CHO + HCHO \xrightarrow[\triangle]{\text{浓}NaOH} ($ $) + ($ $)$

8. $CH_3\overset{O}{\overset{\|}{C}}CH_3 + NH_2NH_2 \longrightarrow ($ $)$

9. $H_2C=CHCH_2COOH \xrightarrow[H^+, H_2O]{LiAlH_4} ($ $)$

三、单项选择题（每题 2 分，共 30 分）

1. 下列化合物中只有 σ 键的化合物是（   ）

  A. CH_3CH_2CHO B. $CH_3CH=CH_2$ C. CH_3CH_2OH

  D. $Ar-OH$ E. 以上皆非

2. 下列化合物极性最大的是（　　　）

    A. CCl_4　　　　　　　　B. CH_4　　　　　　　C. $CH_2\!=\!CH_2$

    D. CH_3Cl　　　　　　　E. 以上分子皆为非极性分子

3. 下列化合物沸点最低的是（　　　）

    A. 正庚烷　　　　　　　B. 己烷　　　　　　　C. 2,2,3,3-四甲基丁烷

    D. 3-甲基庚烷　　　　E. 2,3-二甲基戊烷

4. 下列正丁烷的构象中，最不稳定的是（　　　）

    A. 邻位交叉式　　　　B. 全重叠式　　　　C. 对位交叉式

    D. 部分重叠式　　　　E. 对位重叠式

5. 下列化合物中无顺反异构的是（　　　）

    A. $CH_3CH_2CH\!=\!CHCH_3$　　　　　　B. $CH_3CBr\!=\!CHCH_2CH_3$

    C. $ClCH\!=\!CHCl$　　　　　　　　　　D. $CH_3CH\!=\!CHCH_3$

    E. $(CH_3)_2C\!=\!CHCH_3$

6. 烯烃与卤化氢加成，卤化氢的活性次序为（　　　）

    A. $HI > HBr > HCl$　　　B. $HCl > HBr > HI$　　　C. $HBr > HCl > HI$

    D. $HCl > HI > HBr$　　　E. $HBr > HI > HCl$

7. 环己烷的所有构象中最稳定的是（　　　）

    A. 船式　　　　　　　B. 扭船式　　　　　C. 椅式

    D. 顺式　　　　　　　E. 反式

8. 下列炔烃中不能与银氨溶液生成沉淀的是（　　　）

    A. 丁-1-炔　　　　　B. 丙炔　　　　　　C. 丁-2-炔

    D. 乙炔　　　　　　E. 以上都不能

9. 叔丁基溴与水反应生成叔丁醇的机理是（　　　）

    A. S_N1　　　　　　　B. S_N2　　　　　　C. E1

    D. E2　　　　　　　E. 自由基取代

10. 对于 S_N1 来说，α-C 杂化形式变化正确的是（　　　）

    A. $sp^3 \to sp^2 \to sp^1$　　B. $sp^2 \to sp^1 \to sp^3$　　C. $sp^1 \to sp^2 \to sp^3$

    D. $sp^3 \to sp^2 \to sp^3$　　E. 无变化

11. 下列化合物与金属钠反应活性最大的是（　　　）

    A. CH_3OH　　　　　B. $(CH_3)_2CHOH$　　　C. $(CH_3)_3COH$

    D. CH_3CH_2OH　　　E. 活泼性一样

12. 下列化合物中，能发生康尼扎罗（Cannizzaro）反应的是（　　　）

    A. 乙醛　　　　　　　B. 丙醛　　　　　　C. 丁醛

    D. 苯甲醛　　　　　　E. 丙烯醛

13. 在芳香烃的亲电取代反应中属于邻对位定位基的基团是（　　　）

    A. —NO_2　　　　　　B. —COOH　　　　　C. —OH

    D. —CHO　　　　　　E. —CN

14. 下列碳正离子最稳定的是（　　　）

    A. $(CH_3)_3C^+$　　　　　B. $(CH_3)_2CH^+$　　　　C. $CH_3CH_2CH_2^+$

D. (图) E. CH_3^+

15. 下列化合物中碱性最强的是（　　　）

A. (图) B. (图) C. (图)

D. (图) E. (图)

四、判断题（每题1分，共15分）

1. 根据 Lewis 酸碱理论，碱是电子接受体，酸是电子给予体。（　　）

2. π键是p轨道侧面重叠形成，且能够沿键轴方向自由旋转。（　　）

3. 顺式烯烃一定为 Z-构型。（　　）

4. 烯烃 α-H 的反应属于自由基取代反应。（　　）

5. 炔烃比烯烃更容易发生亲电加成反应。（　　）

6. 多取代环己烷，a 键上连接的取代基越多越稳定，为优势构象。（　　）

7. 邻对位定位基都是活化基，间位定位基都是钝化基。（　　）

8. 碘仿反应可用于鉴别甲醇和乙醇。（　　）

9. 末端炔烃的沸点高于叁键位于碳链中间的异构体。（　　）

10. 共轭二烯烃的内能低，较稳定，所以与 Br_2 发生加成反应时比丁烯难。（　　）

11. 醛酮与 HCN 反应是亲电加成反应。（　　）

12. 伯醇的酯化速率比仲醇快。（　　）

13. 兴斯堡反应可用于伯、仲、叔胺的鉴别。（　　）

14. 乙醇与乙醚互为官能团异构。（　　）

15. S_N1 反应速率与底物和亲核试剂的浓度有关，反应一步完成。（　　）

五、鉴别下列各组化合物（第1小题4分，第2、3小题各3分，共10分）

1. 苯甲醛、戊醛、苯乙酮、戊-3-酮

2. 苯酚、苯胺、苯甲酸

3. 环丙烷、丁-2-炔、丁-1-炔

六、合成题（第1小题6分，第2小题9分，共15分）

1. 由苯和必要试剂合成 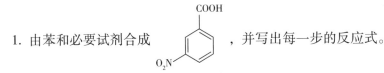，并写出每一步的反应式。

2. 由苯和必要试剂合成 (图)，并写出每一步的反应式。

七、推导结构（第1题4分，第2题6分，共10分）

1. 某化合物 A 分子式为 $C_8H_{14}O$，A 可使溴的四氯化碳溶液褪色，可与苯肼反应生成苯腙，但不能与 Fehling 试剂反应。A 氧化后可生成一分子丙酮和另一化合物 B。B 具有酸性，与 $(I_2 + NaOH)$ 反应生成一分子碘仿和一分子丁二酸。请写出 A 和 B 的结构。

2. 某化合物(C_4H_8)有 A、B、C 三种异构体，它们在酸性高锰酸钾溶液中氧化时，化合物 A 生成一分子丙酸和一分子二氧化碳，B 生成两分子乙酸，C 生成丙酮和二氧化碳，试写出 A、B、C 可能的结构式。

试 卷 九

（河南中医药大学提供）

一、单项选择题（每题 1 分，共 30 分）

1. 丙烯分子中存在的电性效应是（　　）
    A. σ-p 共轭效应　　　　B. π-π 共轭效应　　　　C. p-π 共轭效应　　　　D. σ-π 共轭效应
2. 下列物质中不能被酸性高锰酸钾氧化为苯甲酸的是（　　）
    A. 正丙苯　　　　B. 乙苯　　　　C. 正丁基苯　　　　D. 叔丁基苯
3. 下列不属于多糖的是（　　）
    A. 纤维素　　　　B. 葡萄糖　　　　C. 糖原　　　　D. 淀粉
4. 下列试剂中能与辛-1-炔反应生成白色沉淀的是（　　）
    A. 乙醇钠　　　　B. $[Ag(NH_3)_2]^+NO_3^-$　　　　C. 溴化氢　　　　D. 乙酸
5. 炔烃的催化氢化可在 Lindlar 催化剂作用下生成（　　）
    A. 反式烯烃　　　　B. 顺式烯烃　　　　C. 异构化烯烃　　　　D. 烷烃
6. 水杨酸的结构为（　　）

    A. COOH / O-C(=O)-CH₃　　　B. COOH / OH　　　C. COOCH₃ / OH　　　D. COOH / OCH₃

7. 下列碳正离子最稳定的是（　　）
    A. $(CH_3)_3C^+$　　　　B. $H_3CH_2C^+$　　　　C. H_3C^+　　　　D. $CH_3C^+HCH_3$
8. 下列构型属于 R-构型的是（　　）

    A. H_3C—C(Br)(SH)—H　　　B. H_3C—C(H)(CH₂CH₃)—COOH　　　C. H_3C—C(Br)(H)—D　　　D. H_3C—C(Cl)(D)—Br

9. 构象异构属于（　　）
    A. 立体异构　　　　B. 碳链异构　　　　C. 构造异构　　　　D. 对映异构
10. 1-丁炔与 HCl 加成的反应机理是（　　）
    A. 亲核加成反应　　　　B. 亲电加成反应　　　　C. 自由基加成反应　　　　D. 协同反应
11. 既能发生银镜反应，又能发生碘仿反应的是（　　）
    A. 乙醛　　　　B. 苯甲醛　　　　C. 甲醛　　　　D. 2-丁酮
12. 下列化合物能发生碘仿反应的是（　　）
    A. $CH_3CH_2COCH_3$　　　B. $(CH_3CH_2)_2C=O$　　　C. 苯甲醛　　　　D. $CH_3CH_2CH_2OH$
13. 下列化合物进行硝化反应速率最大的是（　　）
    A. 甲苯　　　　B. 硝基苯　　　　C. 苯　　　　D. 氯苯
14. 已炔与过量溴化氢发生亲电加成得到的主要产物是（　　）
    A. 1,2-二溴已烷　　　B. 1,1-二溴已烷　　　C. 1,3-二溴已烷　　　D. 2,2-二溴已烷

15. 用于区分丁-1-醇和丁-2-醇的最适合的试剂为（　　　）

    A. Br/CCl_4　　　　　　　B. 银氨溶液　　　　　C. Lucas 试剂　　　　D. Fehling 试剂

16. 下列物质发生亲电加成反应速率最快的是（　　　）

    A. $CH_2\!=\!CHCH_3$　　　　　　　　　　　B. $CH_3CH\!=\!CHCH_3$

    C. $CH_3CH\!=\!C(CH_3)_2$　　　　　　　　D. $(CH_3)_2C\!=\!C(CH_3)_2$

17. 下列氯代烃中属于乙烯型卤代烃的是（　　　）

    A. $CH_2\!=\!CHCH_2Cl$　　B. 　　C. $CH_2\!=\!CHCH_2CH_2Cl$　　D.

18. 下列化合物不能与氯化铁水溶液显色的是（　　　）

    A. 苯酚　　　　　　　B. 水杨酸　　　　　C. 阿司匹林　　　　D. 乙酰乙酸乙酯

19. 判断化合物是否具有芳香性的规则是（　　　）

    A. 札依采夫规则　　　B. 马氏规则　　　　C. 洪特规则　　　　D. 休克尔规则

20. 下列试剂不能发生碘仿反应的是（　　　）

    A. 异丙醇　　　　　　B. 丁-1-酮　　　　　C. 乙醛　　　　　　D. 戊-3-酮

21. 顺-1-甲基-3-叔丁基环己烷的优势构象是（　　　）

    A. 　　B. 　　C. 　　D.

22. 下列化合物或离子中具有芳香性的是（　　　）

    A. 　　B. 　　C. 　　D.

23. 下列化合物中最易与溴发生开环反应的是（　　　）

    A. 环丙烷　　　　　　B. 环丁烷　　　　　C. 环戊烷　　　　　D. 环己烷

24. 下列化合物中含有手性碳的是（　　　）

    A. 3-氯丙酸　　　　　B. 2,2-二甲基丙醇　　C. 2-甲基丙醛　　　D. 2-丁醇

25. 下列化合物中酸性最大的是（　　　）

    A. $ClCH_2COOH$　　　B. FCH_2COOH　　　C. CH_3COOH　　　D. ICH_2COOH

26. 下列化合物中不能使高锰酸钾溶液褪色的是（　　　）

    A. 丁醛　　　　　　　B. 丁烯　　　　　　C. 丁烷　　　　　　D. 丁炔

27. 卤代烃和 NaOH 在水与乙醇混合物中进行反应，下列现象属于 S_N2 历程的是（　　　）

    A. 产物的构型完全转化　　　　　　　　B. 有重排产物

    C. 生成外消旋产物　　　　　　　　　　D. 叔卤烷速率大于伯卤烷

28. 下列卤代烃按 S_N2 反应机理进行反应，反应速率最快的是（　　　）

    A. 　　B. 　　C. 　　D.

29. 下列关于卤代烃反应的描述，错误的是（　　　）

    A. 卤代烃与金属镁反应生成的格氏试剂非常活泼，应现制现用，不能长期存储

    B. 卤代烃发生消除反应时，如果有两种消除取向，应该优先生成稳定的烯烃

    C. 硼氢化钠和氢化锂铝都可以还原卤代烃为烷烃

    D. 卤代烃在碱性条件下与亲核试剂反应，试剂的亲核性越强越有利于消除反应，亲核性越弱越
      有利于取代反应

30. 不能被斐林试剂氧化的是（　　　）

  A. 甲醛   B. 苯甲醛   C. 乙醛   D. 果糖

二、判断题（每题1分，共20分）

1. 葡萄糖可以和银氨溶液反应生成银镜。（　　　）

2. 如果一个化合物有一个对映体，它必然是手性的。（　　　）

3. 具有 R –构型的手性化合物不一定为右旋性。（　　　）

4. 在硫酸汞催化下，不对称炔烃与水加成遵守札伊采夫规则。（　　　）

5. 甲酸钠负离子中，两个 C—O 键的键长相等。（　　　）

6. 丙烯与水加成的主要产物是丙–2–醇。（　　　）

7. 乙酸和醇在碱性条件下能失去一分子水形成酸酐。（　　　）

8. 炔烃都可以与银氨溶液反应。（　　　）

9. 非极性分子一定不含有极性键。（　　　）

10. 己炔在过氧化物存在下与等物质的量溴化氢加成主要得到 1 – 溴己烯。（　　　）

11. 卤代烃的 S_N2 反应速率与卤代烃和亲核试剂的浓度都有关。（　　　）

12. 长期存放的醚类化合物会有少量过氧化物生成，用前应除去。（　　　）

13. 不对称烯烃和卤化氢发生加成反应时，氢主要加在含氢较多的双键碳上。（　　　）

14. 某些非对映异构体可以是物体与镜像的关系。（　　　）

15. 手性碳原子是指直接和四个不相同的原子或基团相连的碳原子。（　　　）

16. E –构型烯烃一定为反式烯烃。（　　　）

17. 酰氯与醇反应是亲核加成 – 消去机理。（　　　）

18. 具有手性碳的化合物不一定具有旋光性。（　　　）

19. 庚二酸与氢氧化钡共热，既失水又脱羧生成环酮。（　　　）

20. 路易斯酸能够放出氢离子。（　　　）

三、用系统命名法命名下列化合物或根据名称写出结构式（每题2分，共10分）

1.   2.   3.

4. 苄基醇   5. 对硝基苯酚

四、完成下列反应方程式（每题2分，共10分）

1.   + $\xrightarrow{\text{无水HCl}}$

2.   + $\xrightarrow{\text{无水AlCl}_3}$

3.   + HBr $\longrightarrow$

4. $\xrightarrow{\text{KMnO}_4/\text{H}^+}$

5. $\xrightarrow[hv]{\text{Br}_2}$

五、鉴别下列各组化合物（每题 5 分，共 20 分）

1. 丙酮、苯乙酮、戊-3-酮、苯甲醛

2.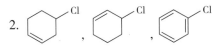

3. 苯酚、苯甲醇、苯甲醛、苯甲酸

4. 戊烷、戊-1-炔、戊-1-烯

六、推导结构（5 分）

化合物 A 的组成为 C_7H_8O，不溶于 NaOH 水溶液，但与浓 HI 反应生成 B 和 C。B 能与 $FeCl_3$ 发生显色反应，C 能与 $AgNO_3$ 的乙醇溶液作用生成沉淀。试推测化合物 A、B、C 可能的结构式，并写出有关反应方程式。

七、合成题（5 分）

以甲苯为主要原料，其他试剂任选，合成 2,6-二溴苯甲酸。

试 卷 十

（由湖南中医药大学提供）

一、填空题（每题 1 分，共 10 分）

1. 烯烃 $C{=\!=}C$ 双键上所连烷基愈多，分子内能愈低，亲电加成反应速率越（　　　　　）。

2. 烷基连在 π 键上时以（　　　　　）电子效应为主。

3. $CH_2{=\!=}CH{-\!-}CH_2{-\!-}$ 称为（　　　　　）基。

4. 有机化合物分子各原子间主要以（　　　　　）键相连。

5. 苯的亲电取代反应中（　　　　　）反应属于可逆反应。

6. 7-溴环庚三烯属于（　　　　　）化合物。（离子或共价）

7. 萜类化合物的基本骨架是（　　　　　）。

8. 甾体化合物的母核是（　　　　　）。

9. D-葡萄糖和 D-半乳糖（　　　　　）位差向异构体。

10. 萜类化合物分子中碳的数目一般是（　　　　　）的倍数。

二、单项选择题（每题 1 分，共 15 分）

1. 下列化合物属于 R-构型的是（　　　）

A. $\underset{CH_2Cl}{\overset{C_2H_5}{H_3C{-}\!\!\!-\!\!\!-OH}}$　　　B. $\underset{CH_3}{\overset{COOH}{C_2H_5{-}\!\!\!-\!\!\!-Br}}$　　　C. $\diagup\!\!\!\diagdown$　　　D. （结构图）

2. 根据基团次序规则，下列基团中最优基团是（　　　）

A. $-CH_2CH_3$　　　B. $-CH_2CH_2Cl$　　　C. $-CH{=\!=}CH_2$　　　D. $-CH(CH_3)_2$

3. 下列化合物中不能与丁烯二酸酐共热发生双烯加成反应的有（　　　）

A. （蒽结构图）　　　B. 异戊二烯　　　C. （环结构图）　　　D. 环戊二烯

4. 下列反应中从反应的立体化学来看不属于顺式加成反应的是（　　　）

A. 烯烃与 Br_2/CCl_4 反应　　　　　　B. 烯烃的硼氢化氧化反应

C. 烯烃与冷稀高锰酸钾反应　　　　　D. 烯烃的催化加氢还原反应

5. 下列化合物中不存在共轭体系的是（　　）

A. 丁-1,3-二烯　　B. 氯乙烯　　C. 环戊二烯　　D. 丙二烯

6. 下列化合物中属于四萜的是（　　）

A. 薄荷醇　　B. β-胡萝卜素　　C. 月桂烯　　D. 甘草次酸

7. 下列化合物中不能使 $KMnO_4$ 溶液褪色的有（　　）

A. 丙烯　　B. 乙炔　　C. 环己烯　　D. 环己烷

8. 吡啶的亲电取代反应发生在（　　）

A. α-位　　B. γ-位　　C. β-位　　D. 氮原子上

9. 当 pH > pI 时，氨基酸在水溶液中的主要存在形式是（　　）

A. 正离子　　B. 负离子　　C. 偶极离子　　D. 络合离子

10. 下列物质中碱性最弱的是（　　）

A. 吡啶　　B. $(CH_3)_4N^+OH^-$　　C. NH_3　　D. Et_2NH

11. 下列化合物中不属于羧酸衍生物的是（　　）

A. 鱼腥草素　　B. 阿司匹林　　C. 香豆素　　D. 油脂

12. 下列基团中属于间位定位基的是（　　）

A. —OH　　B. $—CH_2CH_3$　　C. $—CCl_3$　　D. —Cl

13. 分子中既有 SP^3 杂化，又有 SP^2 杂化的碳原子化合物是（　　）

A. 丙烯　　B. 丙炔　　C. 乙烯　　D. 丙烷

14. 甲苯和 NBS 反应的历程是（　　）

A. 自由基取代　　B. 亲电取代　　C. 自由基加成　　D. 亲核取代

15. 下列化合物中酸性最强的是（　　）

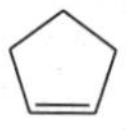

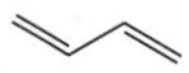

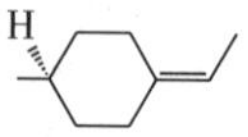

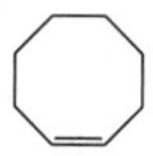

A. 氨气　　B. 乙烷　　C. 乙炔　　D. 水

三、多项选择题（每题 2 分，共 20 分）

1. 下列化合物具有顺反异构的有（　　）

A. 　　B. 　　C.

D. 　　E.

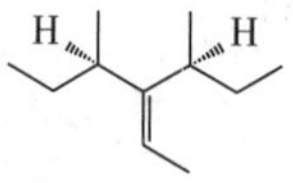

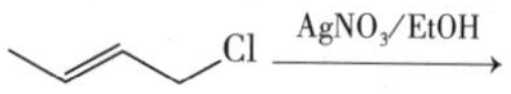

2. 下列化合物中能发生银镜反应的是（　　）

A. 糠醛　　B. 甲酸乙酯　　C. 甲醛

D. 蔗糖　　E. 果糖

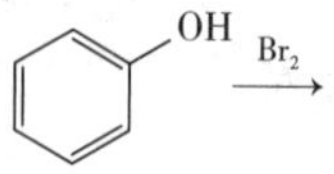

3. 下列反应中能产生白色沉淀的有（　　）

A.

B. $CH_3COOCH_2CH_3 \xrightarrow[(2)\ FeCl_3]{(1)\ NH_2OH}$

C. $HC \equiv CH \xrightarrow{Ag(NH_3)_2}$

D.

E. $\underset{OH}{CH_2}\underset{OH}{CH}\underset{OH}{CH_2} \xrightarrow[AgNO_3]{HIO_4}$

4. 亲电取代反应活性大于苯的化合物有（　　）

A. 硝基苯　　B. 吡啶　　C. 吡咯

D. 吲哚　　　　　　　　E. 苯酚

5. 下列化合物中可以发生碘仿反应的是（　　　）

　　A. 正丁醛　　　　　　　B. 苯乙酮　　　　　　　C. 乙酰乙酸乙酯

　　D. 2-丁醇　　　　　　　E. 丙酮酸

6. 能与 $PhN_2^+Cl^-$ 发生偶联反应的化合物有（　　　）

A.

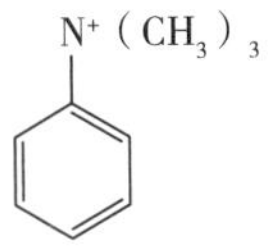

B.

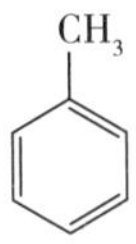

C.

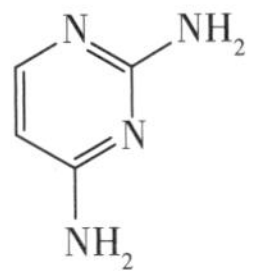

D.

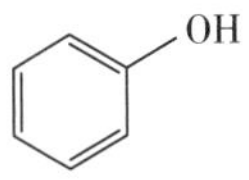

E.

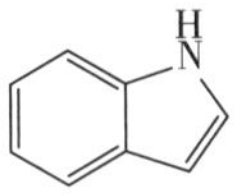

7. 下列负离子的碱性从强到弱的正确次序为（　　　）

　　A. PhO^-　　　　　　　B. $(CH_3)_3CO^-$　　　　　C. OH^-

　　D. CH_3O^-　　　　　　E. CH_3COO^-

8. 下列化合物酸性从强到弱的正确次序为（　　　）

　　A. 环戊二烯　　　　　　B. 对硝基苯酚　　　　　　C. 乙醇

　　D. 乙硫醇　　　　　　　E. 丙炔

9. 下列试剂可与烯键作用的有（　　　）

　　A. CH_3CO_3H　　　　　B. O_3　　　　　　　　　C. EtMgBr

　　D. $NaBH_4$　　　　　　E. Br_2/H_2O

10. 下列化合物中受热释放出 CO_2 的是（　　　）

　　A. 丙二酸　　　　　　　B. β-丁酮酸　　　　　　　C. 己二酸

　　D. β-羟基丁酸　　　　　E. 丁二酸

四、用系统命名法命名下列化合物或根据名称写出结构式（每题2分，共12分）

1.

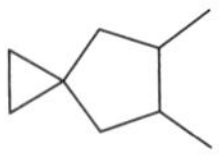

2.

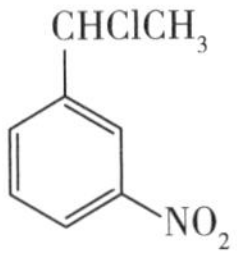

3.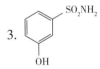

4.

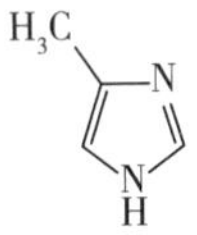

5. α-L-半乳糖

6. β-乙基-γ-丁内酯

五、完成下列反应方程式（有立体异构时必须标明构型）（每题2分，共20分）

1.

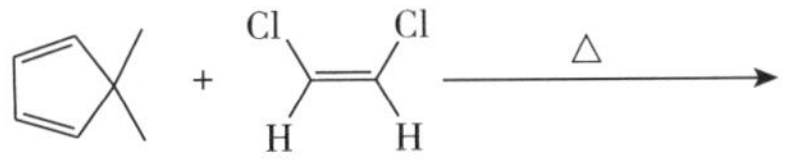

2.

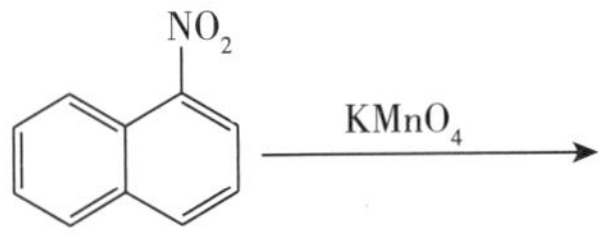

3.

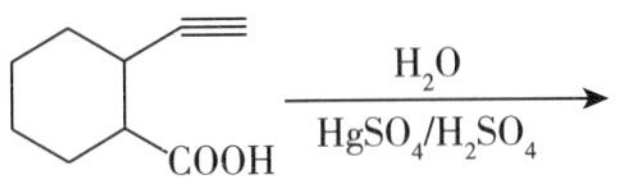

4.

5.

$$\text{(COOEt / COONHEt)} \xrightarrow{\text{LiALH}_4}$$

6.

$$\xrightarrow[\triangle]{\text{H}_2\text{SO}_4}$$

7.

$$\xrightarrow{\text{LiAlH}_4} \xrightarrow[\text{HCl}]{\text{NaNO}_2}$$

8.

$$\xrightarrow[\text{H}_2\text{SO}_4,\ \triangle]{\text{KMnO}_4}$$

9.

$$+ \quad \xrightarrow{\triangle}$$

10.

$$\xrightarrow[hv]{\text{Cl}_2} \xrightarrow[\text{EtOH}]{\text{NaOH}}$$

六、鉴别下列各组化合物（每题 4 分，共 8 分）

1. 甲基环丙烷、环己烯、丁-1-炔、甲苯、环己烷

2. α-羟基苯乙酸、邻 - 羟基苯甲酸、对乙酰基苯甲酸

七、合成题（每题 4 分，共 8 分）

1. 由萘合成癸-1-6 -二酮。

2. 以丙二酸二乙酯为原料合成

—COOH。

八、推导结构（7 分）

杂环化合物 $A(C_8H_{15}N)$ 与 HNO_2 反应生成不稳定的亚硝酸盐，A 用 CH_3I 彻底甲基化，消耗 1 摩尔 CH_3I，生成的季铵盐与 Ag_2O 作用后再加热分解生成 $B(C_9H_{17}N)$。C 在第二次彻底甲基化反应中也消耗 1 摩尔 CH_3I，生成的季铵盐与 Ag_2O 作用后再加热分解，生成一分子三甲胺和一分子 $C(C_7H_{10})$，C 用 $KMnO_4/H_2SO_4$ 氧化生成一分子草酸和一分子甲基丁二酸。试推测 A、B、C、的结构式。

试 卷 十 一

（由江西中医药大学提供）

一、单项选择题（每题 1 分，共 20 分）

1. 下列描述中不属于有机化合物特点的是（   ）

     A. 熔点较高   B. 沸点较低   C. 反应较慢   D. 副反应较多

2. 某烷烃发生氯代反应只生成三种沸点不同的一氯代烷，此烷烃是（   ）

     A. $(CH_3)_2CHCH_2CH_2CH_3$ B. $(CH_3CH_2)_2CHCH_3$

     C. $(CH_3)_2CHCH(CH_3)_2$ D. $(CH_3)_3CCH_2CH_3$

3. 下列化合物中属于反式构型，同时又是 Z - 构型的是（   ）

A.   B.   C.   D.

4. 下列试剂可用于鉴别 $CH_3CH_2C{\equiv}CH$ 与 $CH_3CH{=}CHCH_3$ 的是（   ）

A. 硝酸银的氨溶液　　　　　　　　　　　B. Br_2 的 CCl_4 溶液

C. 三氯化铁溶液　　　　　　　　　　　　D. 酸性 $KMnO_4$ 溶液

5. 下列化合物中在常温下不能使溴水褪色的是（　　　）

A. ⬡　　　　　　B. ⬠　　　　　　C. ▷—CH_3　　　　　D. $CH{\equiv}CCH_2CH_3$

6. 下列化合物中与溴水反应立即生成沉淀的是（　　　）

A. 苯磺酸　　　　　　B. 苯酚　　　　　　C. 甲苯　　　　　　D. 硝基苯

7. 下列化合物及中间体中不具有芳香性的是（　　　）

A. ⬡N　　　　　　B. ⬡⁺　　　　　　C. ⬠⁻　　　　　　D. ⬡⬡

8. 下列化合物中与 $AgNO_3$ 醇溶液反应最快析出沉淀的是（　　　）

A. ⬡—Cl　　　　B. ⬡—Cl　　　　C. ⬡—Cl　　　　D. ⬡—Cl

9. 下列描述中属于 S_N2 反应特征的是（　　　）

A. 产物的构型完全转化　　　　　　　　　B. 反应速率与碱的浓度无关

C. 两步反应　　　　　　　　　　　　　　D. 反应过程生成中间体碳正离子

10. 下列试剂中可用于区别 6 个碳以下伯、仲、叔醇的是（　　　）

A. 高锰酸钾　　　　B. 斐林试剂　　　　C. 卢卡斯试剂　　　　D. 溴水

11. 久置的酚类化合物常有颜色的原因是发生了（　　　）

A. 氧化反应　　　　B. 还原反应　　　　C. 取代反应　　　　D. 分解反应

12. 烯丙基苯基醚在 200℃ 时受热生成邻烯丙基苯酚的反应是（　　　）

A. 傅瑞斯（K. Fries）重排　　　　　　　　B. 瑞穆尔–梯门（Reimer – Timann）反应

C. 克莱森（Claisen）重排　　　　　　　　D. 柯尔柏–施密特（Kolbe – Schmitt）反应

13. 丙醛与乙二醇在干燥 HCl 存在下反应生成的产物是（　　　）

A. 缩醛　　　　　　B. 醚　　　　　　C. 酮　　　　　　D. 酸

14. 下列化合物中可以与 Fehling 试剂反应的是（　　　）

A. 乙醇　　　　　　B. 丙酮　　　　　　C. 苯甲醛　　　　　　D. 乙醛

15. 下列化合物中能发生康尼扎罗（Cannizzaro）反应的是（　　　）

A. 苯甲醛　　　　　　B. 乙醛　　　　　　C. 2–甲基丁醛　　　　　　D. 苯乙酮

16. 下列化合物中能发生银镜反应的是（　　　）

A. 甲酸　　　　　　B. 乙酸　　　　　　C. 丙酮　　　　　　D. 乙酸乙酯

17. 下列羧酸衍生物中水解反应活性最强的是（　　　）

A. CH_3COCl　　　　B. $(CH_3CO)_2O$　　　　C. $CH_3COOC_2H_5$　　　　D. CH_3CONH_2

18. 下列试剂中可用于鉴别葡萄糖和果糖的是（　　　）

A. Benedict 试剂　　　B. Br_2/H_2O　　　C. Fehling 试剂　　　D. Tollens 试剂

19. 下列 Fischer 投影式中与乳酸

$$\begin{array}{c} COOH \\ H{-\!\!\!-}OH \\ CH_3 \end{array}$$

构型不相同的是（　　　）

A. $\begin{array}{c} CH_3 \\ HO{-\!\!\!-}H \\ COOH \end{array}$　　　B. $\begin{array}{c} CH_3 \\ HOOC{-\!\!\!-}OH \\ H \end{array}$　　　C. $\begin{array}{c} OH \\ H{-\!\!\!-}COOH \\ CH_3 \end{array}$　　　D. $\begin{array}{c} COOH \\ HO{-\!\!\!-}CH_3 \\ H \end{array}$

20. *cis* –1–叔丁基–4–甲基环己烷的优势构象是（　　　）

A. CH$_3$ —⬡— C(CH$_3$)$_3$

B. CH$_3$ —⬡— C(CH$_3$)$_3$

C. ⬡— C(CH$_3$)$_3$ (CH$_3$)

D. ⬡— C(CH$_3$)$_3$ (CH$_3$)

二、用系统命名法命名下列化合物或根据名称写出结构式（每题 2 分，共 20 分）

1.
$$CH_3CH_2CHCH_2CH_2CH_2CH_3$$
（CH$_2$CH$_2$CH$_3$ 上接，CH$_3$、CH$_2$CH$_3$ 下接）

2. CH$_3$CH$_2$CH$_2$C=CH$_2$
   （CH$_2$CH$_3$ 下接）

3. H—C(CH$_2$CH$_3$)(OH)(C$_6$H$_5$)

4.
$$CH_3-\overset{O}{\overset{\|}{C}}-CH_2CH_2CH_2COOH$$

5.
（萘环，4 位 CH$_3$，1 位 NO$_2$）

6.
（苯环—N(CH$_3$)(C$_2$H$_5$)）

7. （E）-3-溴戊-2-烯

8. 7,7-二甲基双环[2.2.1]庚-2-烯

9. 邻苯二甲酸单乙酯

10. 喹啉-8-酚

三、完成下列反应方程式（每题 2 分，共 20 分）

1.
$$CH_3CH_2\overset{CH_3}{\overset{|}{C}}=CH_2 \xrightarrow{HBr}$$

2. CH$_3$C≡CCH$_3$ + H$_2$ $\xrightarrow[\text{喹啉}]{\text{Pd-CaCO}_3}$

3. ⬡ $\xrightarrow[\text{AlCl}_3]{\text{CH}_3\text{COCl}}$

4.
（苯环，3 位 Cl，1 位 CH$_2$CH$_2$Cl）$\xrightarrow[\text{H}_2\text{O}]{\text{NaOH}}$

5.
$$CH_3\overset{CH_3}{\overset{|}{CH}}CH\overset{OH}{\overset{|}{CH}}CH_3 \xrightarrow[\triangle]{\text{浓H}_2\text{SO}_4}$$

6. CH$_3$CH$_2$CHO $\xrightarrow{HCN}$

7. 2CH$_3$CHO $\xrightarrow{\text{NaOH/H}_2\text{O}}$

8.
（环己烯，1 位 COOH）$\xrightarrow[\text{②H}_2\text{O}]{\text{①LiAlH}_4/\text{Et}_2\text{O}}$

9.
（苯环—CH$_2$—C(=O)—NH$_2$）$\xrightarrow{\text{I}_2/\text{NaOH}}$

10.
（苯环—CH$_2$CH$_2$N$^+$(CH$_3$)(CH$_3$)CH$_2$CH$_2$OH$^-$）$\xrightarrow{\triangle}$

四、性质比较题（每题 4 分，共 8 分）

1. 将下列化合物酸性由强至弱排序

A.　　　B.　　　C.　　　D.

2. 将下列化合物碱性由强至弱排序

A. $(CH_3)_4N^+OH^-$　　　B. ⬡—NH_2　　　C. NH_3　　　D. $(CH_3)_2NH$

五、鉴别下列各组化合物（每题 4 分，共 8 分）

1. 丁烷、甲基环丙烷、丁-1-烯、丁-1-炔（用流程图表示）

2. 乙醛、丙醛、戊-3-酮、环己酮（用流程图表示）

六、推导结构（每题 4 分，共 8 分）

1. 分子式为 C_6H_{12} 的三种化合物 A、B、C 均可以使 $KMnO_4$ 酸性溶液褪色，将 A、B、C 催化氢化都可转化为 3-甲基戊烷。A 具有顺反异构体，而 B 和 C 不存在顺反异构，A、B 与 HBr 反应主要得到同一化合物 D。试写出 A、B、C、D 的结构式。

2. 某化合物 A($C_6H_{14}O$)，A 氧化后得一产物 B($C_6H_{12}O$)。B 可与亚硫酸氢钠作用，并发生碘仿反应。A 经浓硫酸脱水得一烯烃 C，C 被氧化可得丁酮。试写出 A、B、C 的结构式。

七、合成题（每题 8 分，共 16 分）

1. 以丙二酸二乙酯为主要原料合成 ⬠—COOH。

2. 以苯为主要原料合成

　　　　　　　　　（结构式：3,5-二溴甲苯）。

试 卷 十 二

（由南京中医药大学提供）

一、单项选择题（每题 1 分，共 20 分）

1. 下列化合物中，不能发生 Friedel–Crafts 酰基化反应的是（　　　）

　　A. 苯　　　　B. 呋喃　　　　C. 吡咯　　　　D. 硝基苯

2. 下列化合物中，有顺反异构的是（　　　）

　　A. 丁-2-烯　　　　　　　　　　B. 2,3-二甲基丁-2-烯

　　C. 2-甲基丙烯　　　　　　　　D. 甲基环己烷

3. 可使卤代烷在分子内引入双键的反应是（　　　）

　　A. 取代反应　　　B. 消除反应　　　C. 与镁反应　　　D. 与锂反应

4. 下列化合物中，存在分子内氢键的是（　　　）

　　A. ⬡—OH　　　B. 邻硝基苯酚 ⬡(NO_2)(OH)　　　C. HO—⬡—NO_2　　　D. 邻硝基甲苯 ⬡(NO_2)(CH_3)

5. 下列化合物中，不与 H_3C—⟨benzene⟩—SO_2Cl 发生反应的是（　　　）

    A. $CH_3CH_2CH_2NH_2$　　　　B. $CH_3NHCH_2CH_3$　　　　C. $(CH_3)_3N$　　　　D. $C_6H_5NH_2$

6. 下列糖类化合物中，不能被 Fehling 试剂氧化的是（　　　）

    A. 葡萄糖　　　　　　　　B. 果糖　　　　　　　　C. 乳糖　　　　　　　　D. 蔗糖

7. 天冬氨酸（pI = 2.77）溶于水后，在电场中（　　　）

    A. 向正极移动　　　　　　B. 向负极移动　　　　　　C. 不移动　　　　　　　D. 易水解

8. 由苯－烯丙基醚加热生成邻烯丙基苯酚的反应称为（　　　）

    A. Fries 重排　　　　　　B. Claisen 重排　　　　　C. Beckmann 重排　　　　D. Hofmann 重排

9. 下列属于亲电取代反应的是（　　　）

    A. 醇与氢卤酸反应　　　　B. 卤代烃水解　　　　　　C. 苯的卤代　　　　　　D. 醚键的断裂

10. D-葡萄糖和 D-果糖互为（　　　）

    A. 对映异构体　　　　　　B. 位置异构体　　　　　　C. 官能团异构体　　　　D. 碳链异构体

11. 下列化合物中，不具有芳香性的是（　　　）

    A. ⟨furan⟩　　　　　　B. ⟨2H-pyran⟩　　　　C. ⟨pyridine⟩　　　　D. ⟨indole⟩

12. 下列化合物中，不与氢氰酸发生加成生成 α-羟基腈的是（　　　）

    A. 丁醛　　　　　　　　　B. 丁酮　　　　　　　　C. 环戊酮　　　　　　　D. 戊-3-酮

13. 下列化合物中，最易脱羧的是（　　　）

    A. ⟨2-hydroxycyclohexanecarboxylic acid⟩　　　B. ⟨4-oxocyclohexanecarboxylic acid⟩　　　C. ⟨2-oxocyclohexanecarboxylic acid⟩　　　D. ⟨cyclohexanecarboxylic acid⟩

14. 按 S_N2 历程反应，活性最大的化合物是（　　　）

    A. CH_3Br　　　　　　　B. $(CH_3)_2CHBr$　　　　C. $(CH_3)_3CBr$　　　　D. CH_3CH_2Br

15. 下列化合物中，没有旋光性的是（　　　）

    A. ⟨Fischer projection⟩　　　B. ⟨Fischer projection⟩　　　C. ⟨Fischer projection⟩　　　D. ⟨Fischer projection⟩

16. 下列化合物中，卤代反应活性最强的是（　　　）

    A. ⟨chlorobenzene⟩　　　B. ⟨anisole⟩　　　C. ⟨acetophenone⟩　　　D. ⟨nitrobenzene⟩

17. 下列化合物中，最不易被氧化的是（　　　）

    A. 乙醇　　　　　　　　　B. 乙醛　　　　　　　　C. 乙酸　　　　　　　　D. 甲酸

18. 有机物 ⟨tetraphenylethylene⟩ 非常稳定，因为其结构是（　　　）

    A. π-π 共轭体系　　　　　B. p-p 共轭体系　　　　　C. σ-π 共轭体系　　　　D. p-π 共轭体系

19. 下列化合物中，属于萜体化合物的是（　　　）

    A. ⟨retinol structure⟩　　　B. ⟨camphor structure⟩

C.

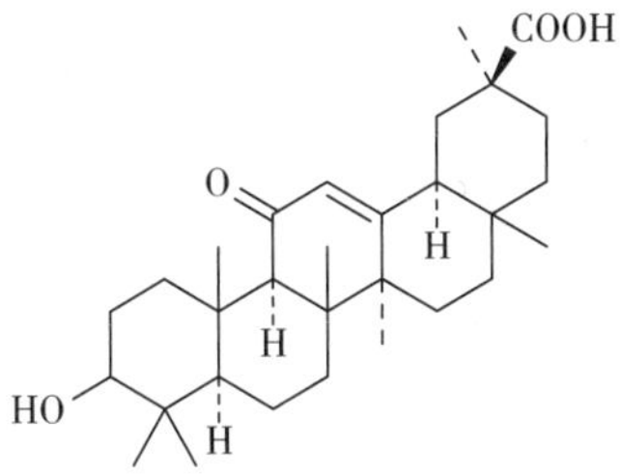

D.

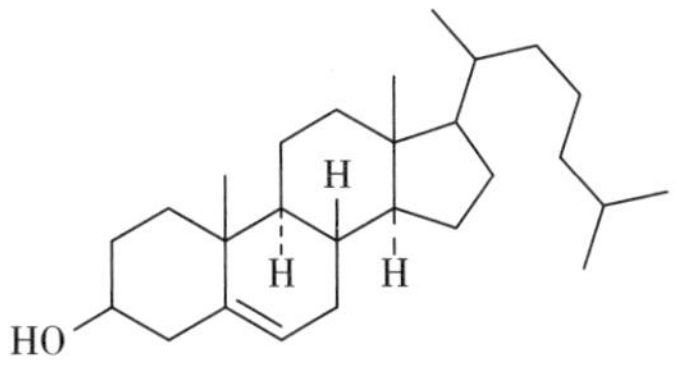

20. 下列化合物中，不能发生碘仿反应的是（　　　）

A.

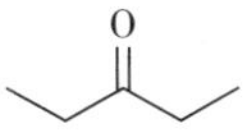

B.

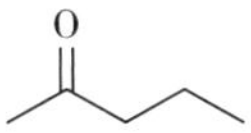

C.

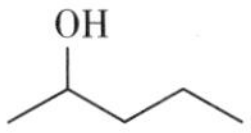

D.

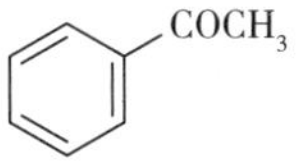

二、用系统命名法命名下列化合物或根据名称写出结构式（每题2分，共20分）

1. 1-异丙基-4-甲基环己烷（优势构象）

2. β-D-吡喃甘露糖（Haworth 式）

3. 糠醛

4. DMF

5.

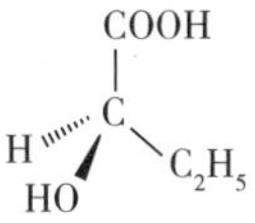

6.

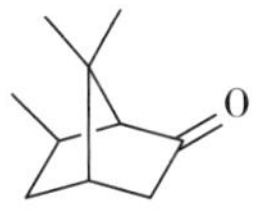

7.

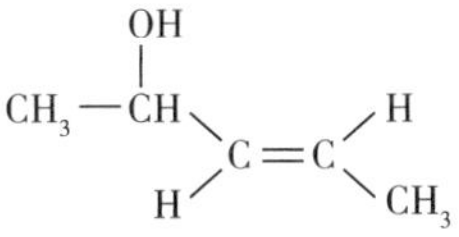

8.

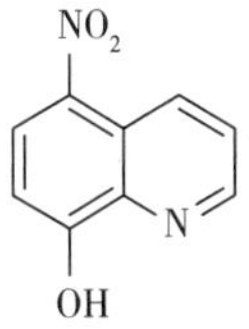

9.

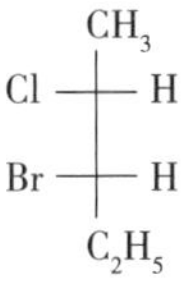

10.

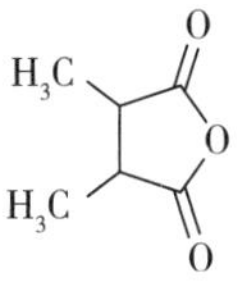

三、完成下列反应方程式（每题2分，共20分）

1. $CH_3 (CH_2)_2 C \equiv C (CH_2)_3 COOH \xrightarrow[Pd/BaSO_4/喹啉]{H_2}$

2.  苯 + $CH_3CH_2CH_2Cl \xrightarrow[\triangle]{AlCl_3}$

3. $C_6H_5-CH_2CH_2\overset{CH_3}{\underset{CH_3}{N^+}}CH_2CH_2OH^- \xrightarrow{\triangle}$

4. $\xrightarrow{OH^-}$

5. 邻甲基苯乙酮 + 间甲基苯甲醛 $\xrightarrow[\triangle]{10\%NaOH}$

6. 呋喃 + 乙炔二甲酸二乙酯 $\xrightarrow{\triangle}$

7. $CH_3COCH_2COOH \xrightarrow[②H_3O^+]{①LiAlH_4}$

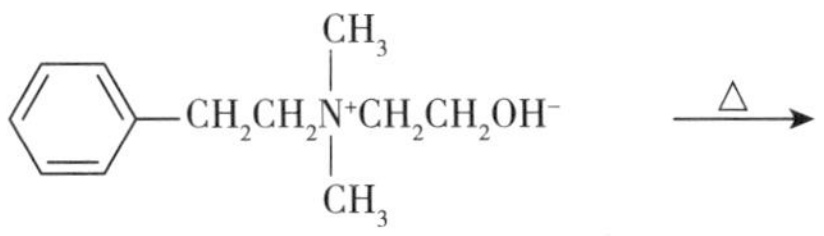

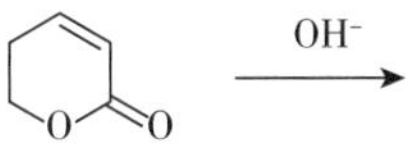

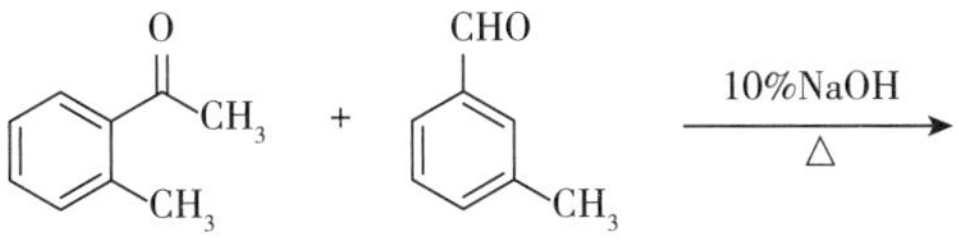

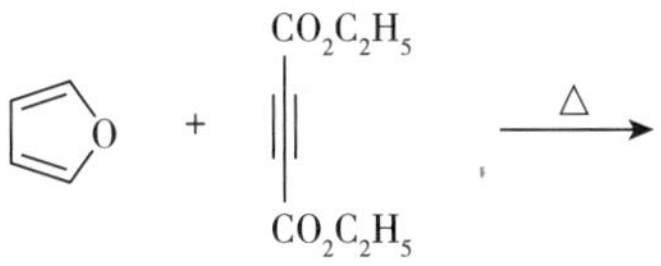

8. 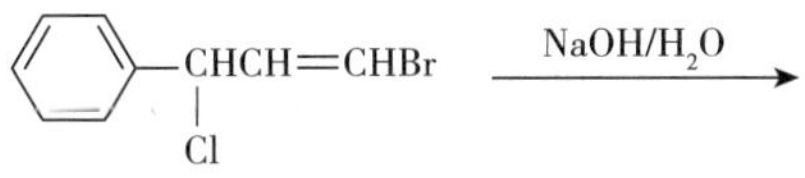 $C_6H_5-\underset{Cl}{CH}CH=CHBr \xrightarrow{NaOH/H_2O}$

9. 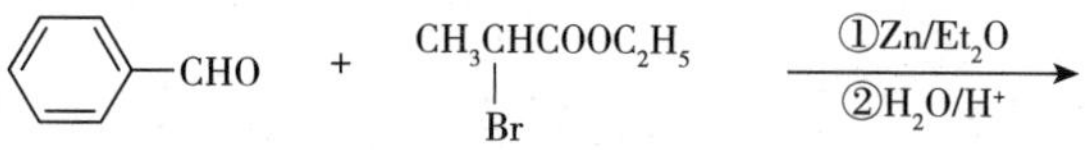 —CHO + CH₃CHCOOC₂H₅ (with Br) →①Zn/Et₂O ②H₂O/H⁺

10. 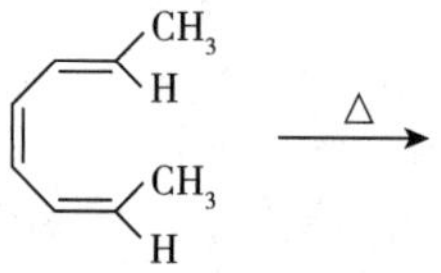 →Δ

四、性质比较题（每题 4 分，共 8 分）

1. 将化合物 ①、②、③、④、⑤ 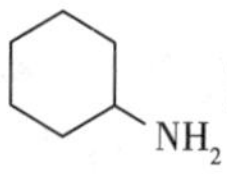 的碱性由大到小排序。

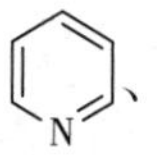

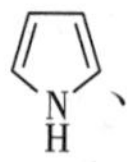

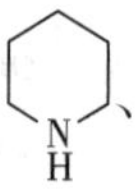

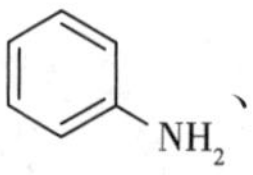

2. 将化合物 ①、②、③、④、⑤ 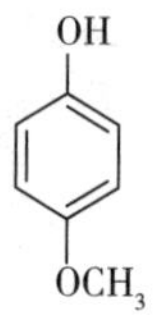 的酸性由大到小排序。

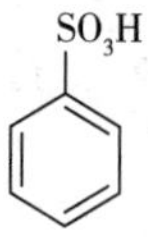

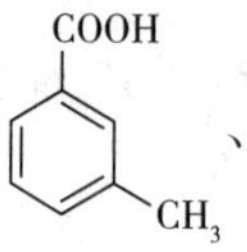

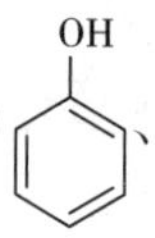

五、鉴别下列化合物（4 分）

正戊醇、戊-3-醇、2-甲基丁-2-醇、丁-3-烯-2 醇

六、推导结构（10 分）

某化合物 A(C₆H₁₂O) 能与苯肼反应，但不能发生银镜反应；在铂的催化下进行加氢，得到一种醇 B (C₆H₁₄O)；B 与硫酸作用脱水得 C(C₆H₁₂)；C 发生臭氧化、还原水解反应，得到两个产物 D 和 E；D 能发生银镜反应，但不发生碘仿反应；E 能发生碘仿反应，但不发生银镜反应。试推测 A、B、C、D、E 的结构。

七、写出下列反应的可能历程（6 分）

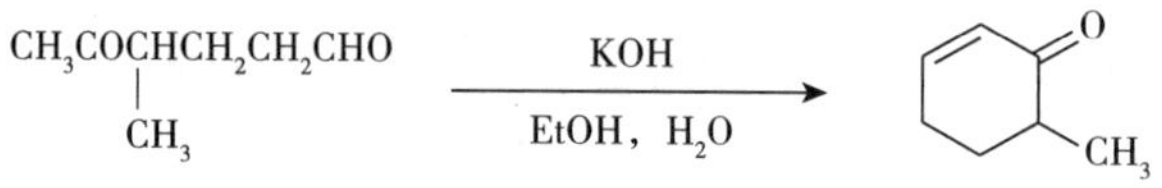

CH₃COCHCH₂CH₂CHO (with CH₃) →KOH / EtOH, H₂O

八、合成题（每题 6 分，共 12 分）

1. 以丙醇为主要原料合成己-3-酮。
2. 以苯为主要原料合成邻苯二胺。

试 卷 十 三

（由陕西中医药大学提供）

一、用系统命名法命名下列化合物或根据名称写出结构式（每题 1.5 分，共 21 分）

1. (CH₃CH₂)₄C

2.

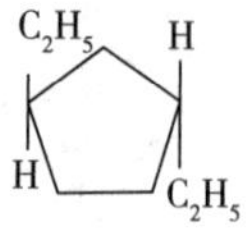

3.

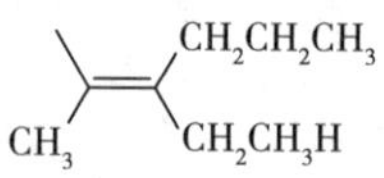

4.

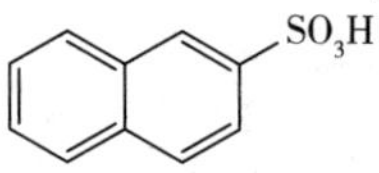

5.

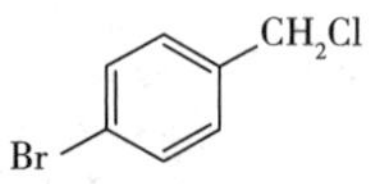

6.

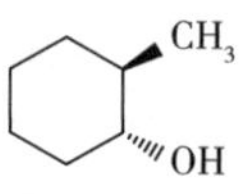

7.  OH——OCH₃

8. 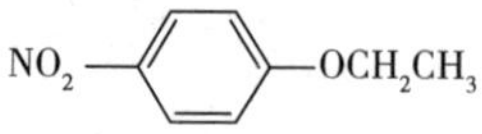 NO₂——OCH₂CH₃

9. 四氢呋喃

10. (CH₃)₂CHCH₂CH₂COCH₂CH₃

11. (CH₂)₂=CHCH₂CHO

12.

13.

14.

二、单项选择题（每题 1 分，共 25 分）

1. 下列化合物中的原子存在 sp^2 的杂化类型的是（　　　）

　　A. $CH_3(CH_2)_7CH_3$ 　　　　B. $HC\equiv CH$ 　　　　C. $CH_3CH_2OCH_3$ 　　　　D. $H_2C=CH_2$

2. 下列化合物中稳定性最高的是（　　　）

　　A. 　　　　B. 　　　　C. 　　　　D. $H_3C-CH=CH_2$

3. 下列氯代烯烃与 $AgNO_3$/醇溶液反应活性最大的是（　　　）

　　A. $CH_3CH_2CH=CHCl$ 　　　　　　　　B. $CH_3CH_2CCl=CH_2$

　　C. $CH_3CHClCH=CH_2$ 　　　　　　　　D. $CH_2ClCH_2CH=CH_2$

4. 光照条件下烯丙位氢的卤代反应属于（　　　）

　　A. 自由基取代 　　　　B. 自由基加成 　　　　C. 亲电取代 　　　　D. 亲核取代

5. 下列化合物中酸性最强的是（　　　）

　　A. 水 　　　　B. 乙醇 　　　　C. 苯酚 　　　　D. 乙炔

6. 下列化合物发生 S_N2 反应，速率最快的是（　　　）

　　A. 1–溴丁烷 　　　　　　　　　　　　B. 2,2–二甲基–1–溴丁烷

　　C. 2–甲基–1–溴丁烷 　　　　　　　　D. 3–甲基–2–溴丁烷

7. 化合物 ① C_6H_5Cl、② $C_6H_5CH_3$、③ $C_6H_5CF_3$ 按亲电反应活性由大到小的顺序排列为（　　　）

　　A. ③ > ② > ① 　　　B. ③ > ① > ② 　　　C. ② > ③ > ① 　　　D. ② > ① > ③

8. 下列化合物中不属于手性分子的是（　　　）

　　A. 　　　　B. 　　　　C. 　　　　D.

9. 在 　　　　中，手性碳原子的构型为（　　　）

　　A. $(2R,3R)$ 　　　B. $(2R,3S)$ 　　　C. $(2S,3S)$ 　　　D. $(2S,3R)$

10. 下列化合物中有芳香性的是（　　　）

　　A. 　　　　B. 　　　　C. 　　　　D.

11. 卤代烷与 NaOH 在水溶液中反应，下列属于 S_N1 历程的是（　　　）

　　A. 有重排产物 　　　　　　　　　B. 产物的绝对构型发生完全转化

　　C. 反应历程只有一步 　　　　　　D. 增加碱的浓度，反应速率加快

12. 在羧酸衍生物中，最容易水解的化合物是（　　　）

　　A. 乙酸酐 　　　　B. 乙酰氯 　　　　C. 乙酰胺 　　　　D. 乙酸乙酯

13. 乙酰乙酸乙酯能与羟胺生成沉淀，也能与 $FeCl_3$ 溶液显色，是由于其结构存在着（　　　）

　　A. 构象异构体 　　　B. 构型异构体 　　　C. 对映异构体 　　　D. 互变异构体

14. 油脂的碘值是一个重要参数，可以表示油脂的（　　）

    A. 酸败程度　　　　　　B. 平均相对分子量　　　C. 不饱和程度　　　　D. 水解活泼性

15. 下列有机化合物中酸性最强的是（　　）

    A. FCH_2COOH　　　　B. $ClCH_2COOH$　　　　C. $BrCH_2COOH$　　　D. ICH_2COOH

16. 下列化合物中碱性最弱的是（　　）

    A. 氨水　　　　　　　　B. 三乙胺　　　　　　　C. 苯胺　　　　　　　D. 乙酰胺

17. 丙氨酸的结构式为 $CH_3\underset{NH_2}{CHCOOH}$，其 pI 为 6.0，在 pH 为 4.0 的缓冲溶液中，主要存在形式是（　　）

    A. $CH_3\underset{NH_2}{CHCOO^-}$　　B. $CH_3\underset{NH_3^+}{CHCOO^-}$　　C. $CH_3\underset{NH_3^+}{CHCOOH}$　　D. $CH_3\underset{NH_2}{CHCOOH}$

18. 下列化合物中没有芳香性的是（　　）

    A.  　　　　B.  　　　　C.  　　　　D.

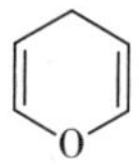

19. 下列化合物中，能够形成分子内氢键的是（　　）

    A. 对羟基苯甲酸　　　　B. 间羟基苯甲酸　　　　C. 邻羟基苯甲酸　　　D. 对硝基苯甲酸

20. 下列化合物中能与碘显蓝紫色的是（　　）

    A. 淀粉　　　　　　　　B. 纤维素　　　　　　　C. 蔗糖　　　　　　　D. 环糊精

21. 存在于中药薄荷里的薄荷醇 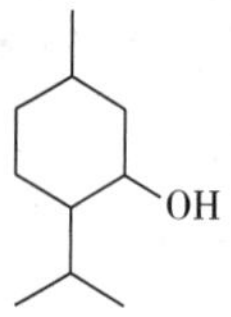 ，从结构上看属于（　　）

    A. 半萜　　　　　　　　B. 单萜　　　　　　　　C. 倍半萜　　　　　　D. 二萜

22. 下列化合物中亲电取代反应活性最弱的是（　　）

    A. 呋喃　　　　　　　　B. 苯　　　　　　　　　C. 吡咯　　　　　　　D. 吡啶

23. 下列化合物中酸性最强的是（　　）

    A. 乙酸　　　　　　　　B. 水　　　　　　　　　C. 苯酚　　　　　　　D. 氯乙酸

24. 麦角酰二乙胺 LSD 是一种致幻剂（毒品的一种），结构式如下：

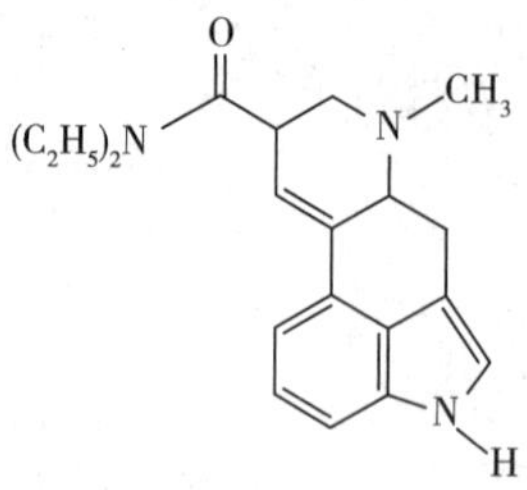

    在麦角酰二乙胺分子中不含有的结构是（　　）

    A. 伯胺　　　　　　　　B. 仲胺　　　　　　　　C. 叔胺　　　　　　　D. 酰胺

25. 吴茱萸碱来源于芸香科植物吴茱萸的果实，结构式如下：

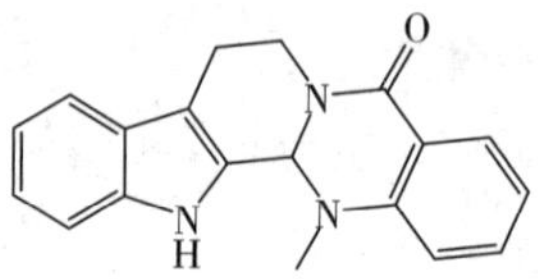

在吴茱萸碱分子中，含有的杂环是（　　　）

    A. 吡喃　　　　　　　　B. 吲哚　　　　　　　　C. 嘌呤　　　　　　　　D. 吡啶

三、完成下列反应方程式（每题 3 分，共 24 分）

1. $CH_3CH_2CH_2COOH \xrightarrow[Cl_2]{P} ($　　　　$) \xrightarrow{H_2O, OH^-} ($　　　　$) \xrightarrow{加热} ($　　　　$)$

2.  —$NH_2 \xrightarrow[HCl]{HNO_2} ($　　　　$) \xrightarrow[CuCN]{KCN} ($　　　　$)$

3. 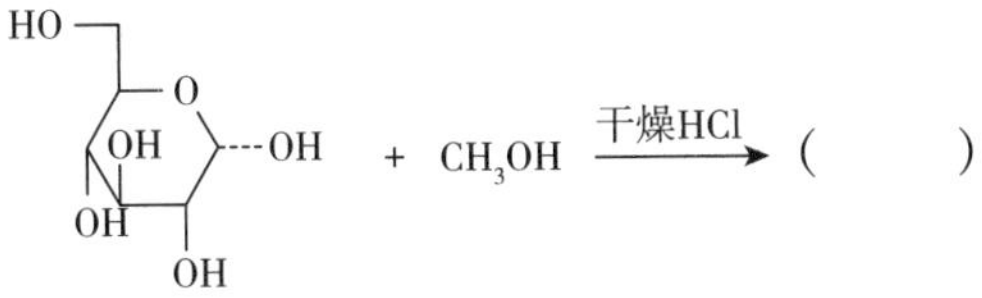 $+ CH_3OH \xrightarrow{干燥HCl} ($　　　　$)$

4. 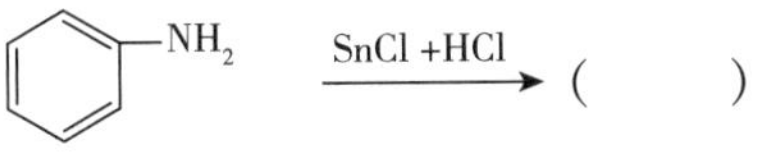 $NH_2 \xrightarrow{SnCl +HCl} ($　　　　$)$

5. 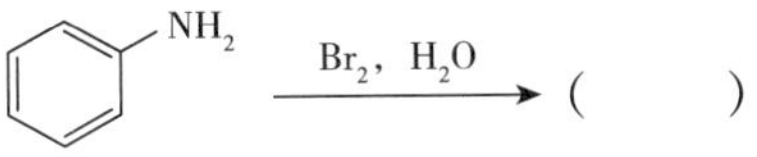 $NH_2 \xrightarrow{Br_2, H_2O} ($　　　　$)$

6. 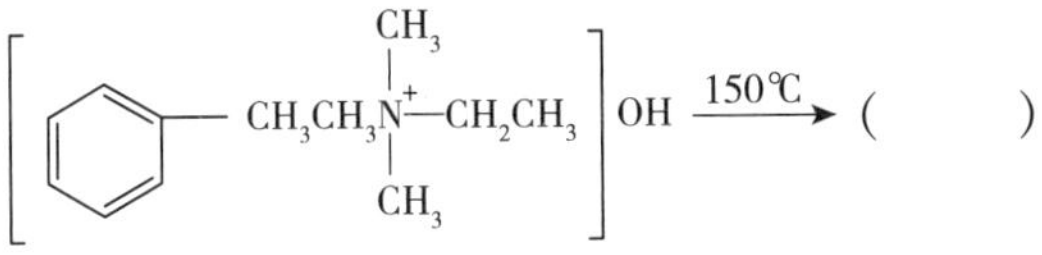 $\xrightarrow{150℃} ($　　　　$)$

7.  $COOH + SOCl_2 \xrightarrow{\triangle} ($　　　　$)$

8. $2CH_3COOHC_2H_5 \xrightarrow[②H_3O^+]{①C_2H_5ONa} ($　　　　$)$

四、鉴别下列各组化合物（每题 5 分，共 15 分）

1.（1）葡萄糖、果糖、半乳糖

    （2）蔗糖和麦芽糖

    （3）淀粉和纤维素

2. 苯酚、苯胺、苯甲酸

3. 苯胺、N,N-二甲基苯胺、N-甲基苯胺

五、推导结构（每题 7.5 分，共 15 分）

1. 某化合物分子式为 C_9H_{12}，能被高锰酸钾氧化得到化合物 B（分子式为 $C_8H_6O_4$）。将 A 进行硝化，只得到两种一硝基产物。试推测 A 和 B 的结构式。

2. 化合物 A 的分子式为 C_7H_9N，有碱性，A 的盐酸盐与亚硝酸作用生成 $C_7H_7N_2Cl$（B），B 加热后能放出氮气而生成对甲苯酚。在弱碱性溶液中，B 与苯酚作用生成具有颜色的化合物 C（$C_{13}H_{12}ON_2$）。试写出 A、B、C 的结构式。

第四篇　硕士研究生入学考试试卷

试 卷 一

（由天津中医药大学提供）

一、单项选择题（每题2分，共60分）

1. 下列氧负离子中碱性最强的是（　　　）

A. CH_3O^-　　　　　　B. $CH_3CH_2O^-$　　　　　C. $(CH_3)_3CO^-$　　　　　D. $(CH_3)_2CHO^-$

2. 下列卤代烃进行 S_N1 反应时的速率，最快的是（　　　）

A. $CH_3CH_2CH_2CH_2Cl$　　　　　　　　　B. $(CH_3)_2CClCH_3$

C. $CH_3CH_2CHClCH_3$　　　　　　　　　　D. CH_3Cl

3. 下列化合物中进行卤化反应活性最小的是（　　　）

A. 甲苯　　　　　　B. 苯酚　　　　　C. 硝基苯　　　　　D. 间二甲苯

4. 下列化合物中碱性最弱的是（　　　）

A. 甲酰胺　　　　　　B. 甲胺　　　　　C. 尿素　　　　　D. 邻苯二甲酰亚胺

5. 下列化合物中与卢卡斯试剂反应最慢的是（　　　）

A. 正丁醇　　　　　　　　　　　　　　　B. 丁-2-醇

C. 2-甲基丁-2-醇　　　　　　　　　　　　D. 正丙醇

6. 下列化合物中不能发生 Friedel-Crafts 酰基化反应的是（　　　）

A. 苯　　　　　　B. 呋喃　　　　　C. 吡咯　　　　　D. 硝基苯

7. 下列化合物中水解反应速率最快的是（　　　）

A. $H_3C-\overset{\overset{O}{\|}}{C}-Cl$　　　B. $H_3C-\overset{\overset{O}{\|}}{C}-NHCH_3$　　　C. $H_3C-\overset{\overset{O}{\|}}{C}-O-\overset{\overset{O}{\|}}{C}-CH_3$　　　D. $H_3C-\overset{\overset{O}{\|}}{C}-OC_2H_5$

8. 下列结构中与化合物 $\overset{CH_3}{\underset{CH_2CH_3}{H-\!\!\!-\!\!\!-Br}}$ 互为对映体的是（　　　）

A. $\overset{C_2H_5}{\underset{CH_3}{H-\!\!\!-\!\!\!-Br}}$　　　B. $H_3C-\overset{Br}{\underset{H}{\overset{|}{C}}}-C_2H_5$　　　C. (纽曼投影式)　　　D. (锯架式)

9. 丙炔与水在硫酸汞的催化作用下生成的主要产物是（　　　）

A. CH_3CH_2CHO　　　B. CH_3COCH_3　　　C. $CH_3-\underset{OH}{\overset{|}{CH}}-CH_2OH$　　　D. $CH_3-\underset{OH}{\overset{|}{CH}}-CHO$

10. 下列化合物中能与氯化铜氨溶液作用产生砖红色沉淀的是（　　　）

A. $CH_3CH=CHCH_3$　　　　　　　　　　B. $CH_3CH_2C\equiv CH$

C. 苯基$-CH=CH_2$　　　　　　　　　　　D. $CH_3CH=CH(CH_2)_4CH=CH_2$

11. 欲分离、纯化芳香族伯、仲、叔胺可用（　　　）

    A. 苯磺酰氯   B. 亚硝酸

    C. 硝酸   D. 盐酸

12. 下列卤化物在浓 KOH 醇溶液中脱卤化氢的反应速率最快的是（　　　）

    A. 1-溴戊烷   B. 2-溴戊烷

    C. 3-溴戊烷   D. 2-溴-2-甲基丁烷

13. 下列化合物中不能与 $AgNO_3/EtOH$ 发生反应的是（　　　）

    A. $CH_3(CH_2)_3CH=CHBr$ B. $CH_3CH_2CH_2\underset{Br}{CH}CH=CH_2$ C. $CH_3CH_2\underset{Br}{CH}CH_2CH=CH_2$ D. $CH_3\underset{CH_3}{CH}Br$

14. 氯苄氨解生成苄胺属于（　　　）

    A. 亲电加成   B. 亲电取代

    C. 亲核取代   D. 亲核加成

15. 果糖的半缩醛羟基是（　　　）

    A. C_1OH B. C_2OH

    C. C_3OH D. C_4OH

16. 下列化合物中酸性最强的是（　　　）

    A. $CH_3CH_2CHBrCO_2H$ B. $CH_3CHBrCH_2CO_2H$

    C. $CH_3CH_2CH_2CO_2H$ D. $CH_3CH_2CH_2CH_2OH$

17. 下列化合物中存在构型稳定的对映异构体的是（　　　）

    A. $CH_3NHCH_2CH_2Cl$ B. $(CH_3)_2N^+(CH_2CH_2Cl)Cl^-$

    C. ⬡N—CH₃   D. 苯基-$CH_2\underset{NH_2}{CH}CH_3$

18. 下列化合物中能发生 Diels – Alder 反应的是（　　　）

    A. $\underset{CH_2COOH}{CH_2COOH}$ B. （顺丁烯二酸酐结构）   C. $\underset{H_2C—COCH_3}{H_2C—COCH_3}$ D. $CH_3\underset{O}{C}CH_2CH_2COOH$

19. 下列负离子的亲核性最大的是（　　　）

    A. $C_6H_5O^-$ B. OH^- C. $C_2H_5O^-$ D. $(CH_3)_3CO^-$

20. 下列化合物中不能发生银镜反应的是（　　　）

    A. 甲酸   B. 乙酸   C. 葡萄糖   D. 果糖

21. 下列物质中能发生碘仿反应的是（　　　）

    A. 苯乙酮   B. 己-3-酮   C. 正丙醇   D. 叔丁醇

22. 下列分子中不属于手性分子的是（　　　）

    A.（联苯结构，Br、Br、Cl、Cl 取代）   B. $\underset{CH_3}{\overset{CH_3}{\underset{}{}}}$（费歇尔投影式 H—Cl、H—H）   C.（丙二烯结构 CH_3、H、CH_3、H）   D. ⬡N—CH_3

23. 水、正戊烷、新戊烷的沸点从高到低的排序为（　　　）

    A. 水＞正戊烷＞新戊烷   B. 水＞新戊烷＞正戊烷

C. 新戊烷 > 正戊烷 > 水   D. 正戊烷 > 新戊烷 > 水

24. 结构式为 C_6H_{12} 经臭氧氧化并水解后生成丁–2–酮及乙醛的化合物是（　　）

    A. 3–甲基戊–1–烯   B. 3,4–二甲基己–3–烯

    C. 3–甲基己–3–烯   D. 3–甲基戊–2–烯

25. 下列离子中最稳定的碳正离子是（　　）

A. $H_3C-\overset{\underset{|}{CH_3}}{\underset{|}{\underset{CH_3}{C}}}-CH_2-\overset{+}{CH_2}$ B. $H_3C-\overset{\underset{|}{CH_3\ CH_3}}{C}\cdot-\overset{}{CH}-CH_3$ C. $H_3C-\overset{\underset{|}{CH_3}}{\underset{|}{\underset{CH_3}{C}}}-CH_2-CH_3$ D. $H_2C=CH-\overset{+}{CH}-CH_3$

26. 苯胺与重氮盐发生偶合反应的条件一般是（　　）

    A. 强碱   B. 强酸   C. 弱酸   D. 弱碱

27. 下列化合物中能溶于 HI 的是（　　）

    A. ⬡—OCH_3 B. ⬡—OH   C. CH_3I D. CH_3CH_3

28. 下列化合物中最易与 HBr 加成的是（　　）

    A. △   B. □   C. ⬠   D. ⬡

29. 下列化合物中能发生歧化反应的是（　　）

    A. 苯乙酮   B. 丙酸   C. 苯甲醛   D. 异丙醇

30. 下列化合物中不与氢氰酸发生加成生成 α–羟基腈的是（　　）

    A. 丁醛   B. 丁酮   C. 环戊酮   D. 戊–3–酮

二、用简便实用的方法提纯下列化合物（每题 2 分，6 分）

1. 乙醚中含有少量的水。

2. 正溴丁烷中含有少量的正丁醇和正丁醚。

3. 乙酸乙酯中含有少量的乙醇和乙酸。

三、写出下列反应的反应机理（6 分）

四、合成题（每题 6 分，共 18 分）

1. 以 $CH_3CH=CH_2$ 为主要原料合成 $\overset{H_3C}{\underset{H}{}}C=C\overset{CH_2CH_2CH_3}{\underset{H}{}}$。

2. 以 ⬠—Br 为主要原料合成：

3. 以三乙或丙二酸二乙酯为主要原料合成 2–羟基丁酸。

五、推导结构（10 分）

化合物 A($C_9H_{10}O_2$) 能溶于氢氧化钠水溶液，可以和羟胺加成，但不能和托伦试剂反应，A 经 $NaBH_4$ 还原生成 B($C_9H_{12}O_2$)。A 与 B 均能发生碘仿反应，A 用 Zn–Hg/浓 HCl 还原生成 C($C_9H_{12}O$)，C 与 NaOH 溶液反应后，再与碘甲烷反应得 D($C_{10}H_{14}O$)。用高锰酸钾氧化 D 生成对甲氧基苯甲酸。试推测 A～D 的结构式，并写出相关反应式。

试 卷 二

（由安徽中医药大学提供）

一、用系统命名法命名下列化合物或根据名称写出结构式（有立体异构时必须标明构型）（每题 2 分，共 16 分）

1. （萘-Br 结构式）

2. (Z)-苯甲醛肟

3. （环己烯 H_3C Cl 结构式）

4. （H—C($COCH_3$)(CH_3)—苯基 结构式）

5. （吡啶-SO_3H 结构式）

6. （苯基-C≡C-CH₃ 结构式）

7. 丙二酸单酰氯

8. β-D-(+)-吡喃葡萄糖

二、写出下列反应的主产物（每题 3 分，共 21 分）

1. （苯基-CH_2-C(=O)-NH_2） + Br_2 $\xrightarrow{NaOH\,/\,H_2O}$

2. （甲基环己烷 CH_3） + Br_2 $\xrightarrow{光照}$

3. （CH_3C(=O)-O-C(=O)CH_3） + （水杨酸 OH COOH） $\xrightarrow[\triangle]{H^+}$

4. $CH_3CH{=}CH{-}O{-}CH_2{-}CH{=}CH_2$ $\xrightarrow{\triangle}$

5. $CH_3CH_2CH_2$C(=O)—Cl + H_2 $\xrightarrow{Pd/BaSO_4}$

6. （邻甲基苯甲酰胺 CH_3 CONH₂） $\xrightarrow[②H_3O^+]{①LiAlH_4}$

7. （CH_3O、CH_3O 取代环己酮 =O） $\xrightarrow[(HOCH_2CH_2)_2O\,/\,\triangle]{NH_2NH_2/KOH/H_2O}$

三、简答题（第 1 小题 8 分，第 2~4 每小题 4 分，共 20 分）

1. 贝诺酯（苯乐安）的制备方法如下：

A. 在 100ml 三颈瓶中加入水杨酸（18g）、氯化亚砜（14g）和吡啶（0.1ml），三颈瓶的三个口分别装上搅拌器、温度计和带干燥管及气体吸收装置的冷凝器。开动搅拌，缓慢加热升温至 80℃，有大量的气体从冷凝管上端逸出，维持此状态 30 分钟。停止反应，改换成减压蒸馏装置进行蒸馏，然后加入 10ml 丙酮，摇匀备用。

B. 在 250ml 三颈瓶中加入对乙酰氨基苯酚（17.2g）、水（170ml），冰水浴冷却，搅拌下缓慢加入 20% 氢氧化钠溶液（33ml），浑浊的溶液基本变得澄明，维持此温度，加快搅拌速度，将 A 步骤制得的备用液加入此三颈瓶中，继续搅拌 1.5 小时，停止搅拌，静置 10 分钟，减压抽滤，水洗沉淀 3 次，粗品用 95% 乙醇重结晶，得成品。请回答以下问题：

（1）写出以上 A、B 两步的化学反应方程式。

（2）A 步骤中逸出的气体是什么？减压蒸馏馏出的主要是什么？

（3）请简述重结晶时选择合适的溶剂需要满足哪些条件。

2. 写出符合名称1,2-二甲基环丁烷的所有异构体结构并命名。

3. 将下列化合物发生亲核加成反应的活性按由强到弱的次序进行排列（只写序号）。

（1）CH_3COCH_3　　　（2）$PhCOCH_3$　　　（3）$ClCH_2CHO$　　　（4）CF_3CHO　　　（5）CH_3CHO

4. 用具体的化学反应方程式表示安息香缩合反应。

四、单项选择题（每题2分，共20分）

1. 下列说法中正确的是（　　　）

    A. 吡咯分子中氮原子未杂化 p 轨道提供一个单电子参与形成离域大 π 键

    B. 所有酯在强碱条件下都能够发生分子间的酯缩合反应

    C. π 电子数满足 $4n+2$ 的链状共轭烯烃，加热时以顺旋方式成环

    D. 相同条件下苯比呋喃和吡咯均更稳定

2. 通过酯缩合反应可以制备的化合物是（　　　）

    A. β-酮酸酯　　　　　　　　　　　　　　　B. β-羟基酸酯

    C. β-二羰基化合物　　　　　　　　　　　　D. 1,4-二羰基化合物

3. 下列化合物在碱性溶液中水解反应速率最快的是（　　　）

A. $H-\overset{\overset{\displaystyle H}{|}}{\underset{\underset{\displaystyle H}{|}}{C}}-COOCH_2CH_3$　　　B. $Cl-\overset{\overset{\displaystyle H}{|}}{\underset{\underset{\displaystyle H}{|}}{C}}-COOCH_2CH_3$　　　C. $Cl-\overset{\overset{\displaystyle H}{|}}{\underset{\underset{\displaystyle Cl}{|}}{C}}-COOCH_2CH_3$　　　D. $Cl-\overset{\overset{\displaystyle Cl}{|}}{\underset{\underset{\displaystyle Cl}{|}}{C}}-COOCH_2CH_3$

4. 以下反应能实现的是（　　　）

    A. 乙醇钠催化乙酰乙酸乙酯与叔丁基溴反应，在其结构中引入叔丁基

    B. 三氯化铝催化硝基苯与碘甲烷反应，制备间硝基甲苯

    C. 2,4-二硝基氯苯在稀碱溶液中煮沸，生成2,4-二硝基苯酚

    D. N-甲基丙酰胺在 Br_2/NaOH 体系中发生霍夫曼降解，生成甲乙胺

5. 能将 （环己二醇结构, 带 OH OH） 氧化成己二醛的是（　　　）

    A. HIO_3　　　　　　　　　　　　　　　　B. $(CH_3COO)_4Pb$

    C. CrO_3　　　　　　　　　　　　　　　　D. 新制 MnO_2

6. 下列化合物中酸性最强的是（　　　）

7. 下列化合物中不可能存在顺反异构的是（　　　）

    A. 偶氮类化合物　　　　　　　　　　　　　B. 烯烃

    C. 脂环烃　　　　　　　　　　　　　　　　D. 符合 C_nH_{2n-6} 通式的苯的衍生物

8. 青蒿酸是从青蒿中提取出的酸性物质， （青蒿酸结构式） 分子中的手性碳原子数为（　　　）

    A. 2　　　　　　　　B. 3　　　　　　　　C. 4　　　　　　　　D. 5

9. 下列结构具有芳香性的是（　　　）

A.  　　　　B. 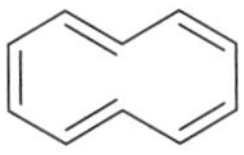 　　　C.  　　　D.

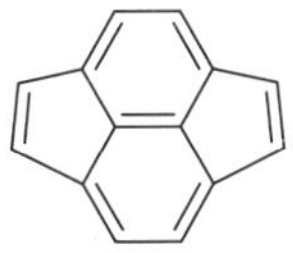

10. 下列属于卤代烃 S_N2 型反应特征的是（　　　）

A. 反应过程中有碳正离子中间体生成

B. 高极性质子性溶剂，更有利于反应的进行

C. 产物构型发生外消旋化

D. 反应连续而不分步骤，以协同方式生成产物

五、推导结构（6分）

莨菪碱是一种生物碱，存在于中药洋金花及其他的茄科植物中，具有很强的生理活性，是临床常用的抗胆碱药。将莨菪碱用氢氧化钠溶液处理后，生成 $C_6H_5CH(CH_2OH)COOH$ 和一种无光学活性的醇 $(C_8H_{15}NO)$，该醇失水后即生成 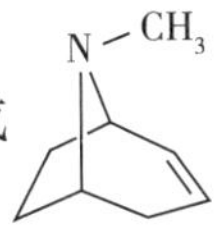 。试写出莨菪碱结构式。

六、合成题（两个碳以下的有机物和无机试剂任选）（第1小题8分，第2小题9分，共17分）

1. 以环己酮为原料合成 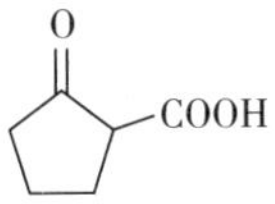 。

2. 以环己烯为原料制备  。

试 卷 三

（由北京中医药大学提供）

一、单项选择题（每题2分，共40分）

1. 在芳香烃的亲电取代反应中属于邻对位定位基的基团是（　　　）

A. —OCOCH₃　　　　B. —COOH　　　　C. —CN　　　　D. —CCl₃

2. 下列化合物中没有芳香性的是（　　　）

A. 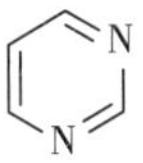 [吡嗪结构]　　　　B. 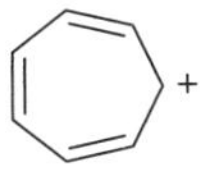 [七元环正离子]　　　　C.  [五元环负离子]　　　　D. 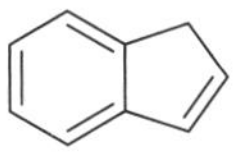 [茚结构]

3. 下列化合物中最易脱羧的是（　　　）

A. CH_3COCH_2COOH　　　B. $CH_3COCOOH$　　　C. CH_3COOH　　　D. CH_3CH_2COOH

4. 下列化合物中酸性最强的是（　　　）

A. $CH_3COCH_2COOC_2H_5$　　B. CH_3CH_2OH　　　C. CH_3CHO　　　D. CH_3COCH_3

5. 下列化合物中碱性最强的是（　　　）

A. 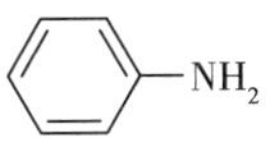 [苯胺结构]　　　　B. 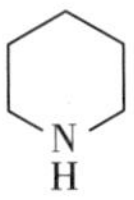 [哌啶结构]　　　　C.  [喹啶结构]　　　　D. 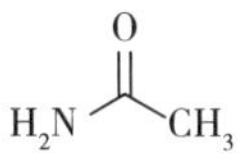 [乙酰胺结构]

6. 下列化合物与 D-葡萄糖互为对映体的是（　　　）

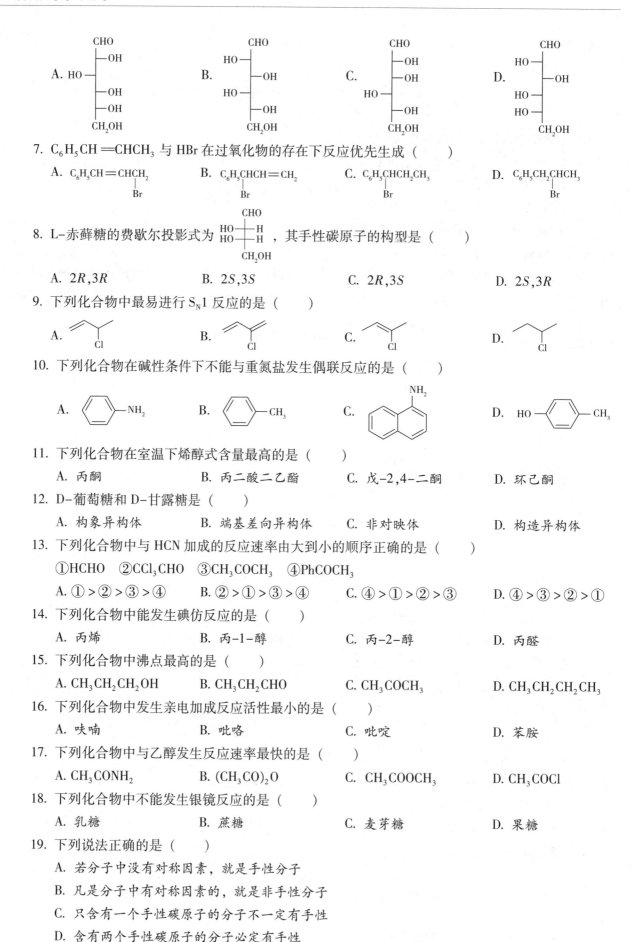

A. HO—上—OH（CHO/OH/OH/OH/CH₂OH）
B. （CHO/HO/OH/HO/OH/CH₂OH）
C. （CHO/OH/OH/HO/OH/CH₂OH）
D. （CHO/HO/OH/HO/OH/CH₂OH）

7. $C_6H_5CH{=}CHCH_3$ 与 HBr 在过氧化物的存在下反应优先生成 （   ）

    A. $C_6H_5CH{=}CHCH_2$（Br）

    B. $C_6H_5CHCH{=}CH_2$（Br）

    C. $C_6H_5CHCH_2CH_3$（Br）

    D. $C_6H_5CH_2CHCH_3$（Br）

8. L–赤藓糖的费歇尔投影式为 （CHO/HO—H/HO—H/CH₂OH），其手性碳原子的构型是 （   ）

    A. $2R,3R$ B. $2S,3S$ C. $2R,3S$ D. $2S,3R$

9. 下列化合物中最易进行 S_N1 反应的是 （   ）

    A.   B.   C.   D.

10. 下列化合物在碱性条件下不能与重氮盐发生偶联反应的是 （   ）

    A.   B.   C.   D.

11. 下列化合物在室温下烯醇式含量最高的是 （   ）

    A. 丙酮   B. 丙二酸二乙酯   C. 戊–2,4–二酮   D. 环己酮

12. D–葡萄糖和 D–甘露糖是 （   ）

    A. 构象异构体   B. 端基差向异构体   C. 非对映体   D. 构造异构体

13. 下列化合物中与 HCN 加成的反应速率由大到小的顺序正确的是 （   ）

    ①HCHO   ②CCl₃CHO   ③CH₃COCH₃   ④PhCOCH₃

    A. ①＞②＞③＞④   B. ②＞①＞③＞④   C. ④＞①＞②＞③   D. ④＞③＞②＞①

14. 下列化合物中能发生碘仿反应的是 （   ）

    A. 丙烯   B. 丙–1–醇   C. 丙–2–醇   D. 丙醛

15. 下列化合物中沸点最高的是 （   ）

    A. $CH_3CH_2CH_2OH$ B. CH_3CH_2CHO C. CH_3COCH_3 D. $CH_3CH_2CH_2CH_3$

16. 下列化合物中发生亲电加成反应活性最小的是 （   ）

    A. 呋喃   B. 吡咯   C. 吡啶   D. 苯胺

17. 下列化合物中与乙醇发生反应速率最快的是 （   ）

    A. CH_3CONH_2 B. $(CH_3CO)_2O$ C. CH_3COOCH_3 D. CH_3COCl

18. 下列化合物中不能发生银镜反应的是 （   ）

    A. 乳糖   B. 蔗糖   C. 麦芽糖   D. 果糖

19. 下列说法正确的是 （   ）

    A. 若分子中没有对称因素，就是手性分子

    B. 凡是分子中有对称因素的，就是非手性分子

    C. 只含有一个手性碳原子的分子不一定有手性

    D. 含有两个手性碳原子的分子必定有手性

20. 下列关于 S_N2 历程特征的正确描述是（　　　）

    A. 有重排产物生成   B. 增加溶剂的极性反应速率明显加快

    C. 产物的构型完全转化   D. 仲卤代烷的反应速率小于叔卤代烷

二、用系统命名法命名下列化合物或根据名称写出结构式（每题 2 分，共 10 分）

1.

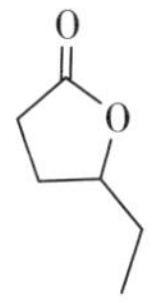

2.

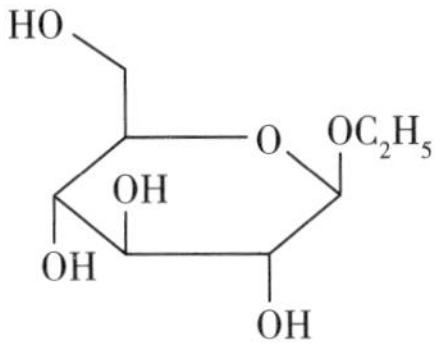

3.

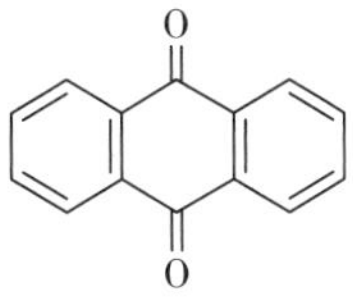

4. *N*-溴丁二酰亚胺

5. 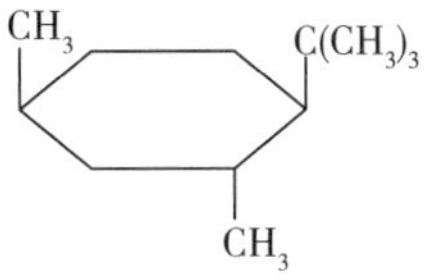 （优势构象）

三、写出下列反应的主产物（每题 2 分，共 20 分）

1.

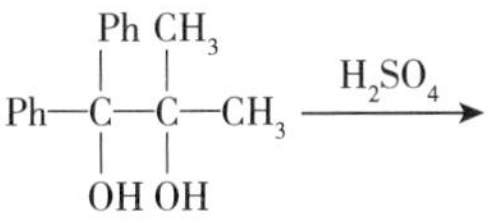

2.

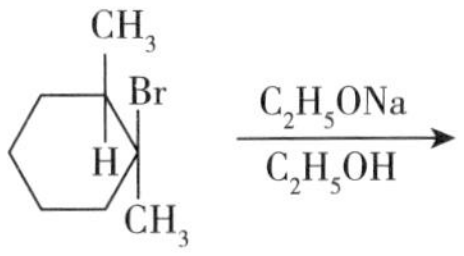

3.

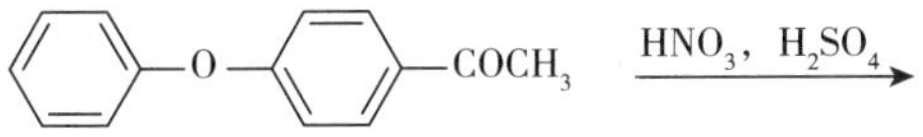

4.

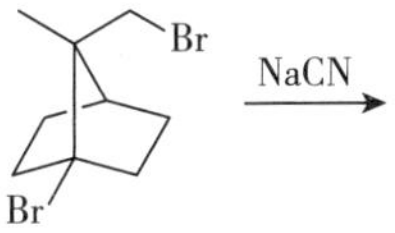

5.

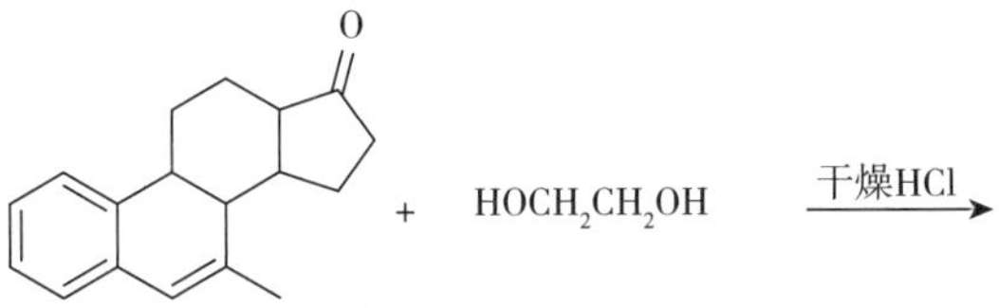

6.

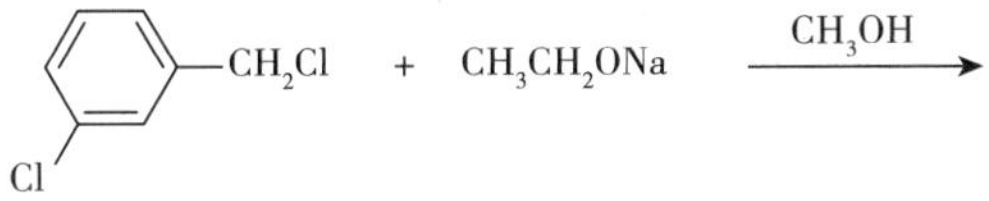

7.

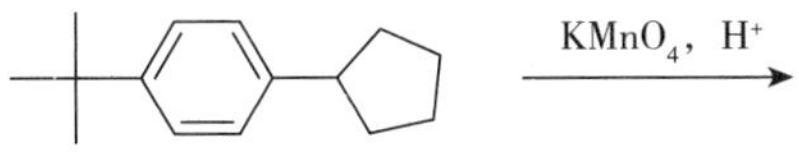

8.

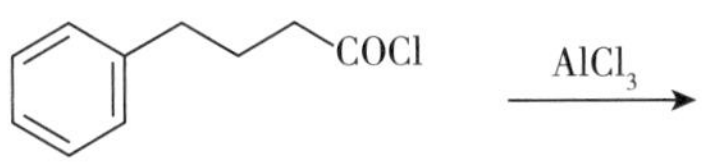

9.

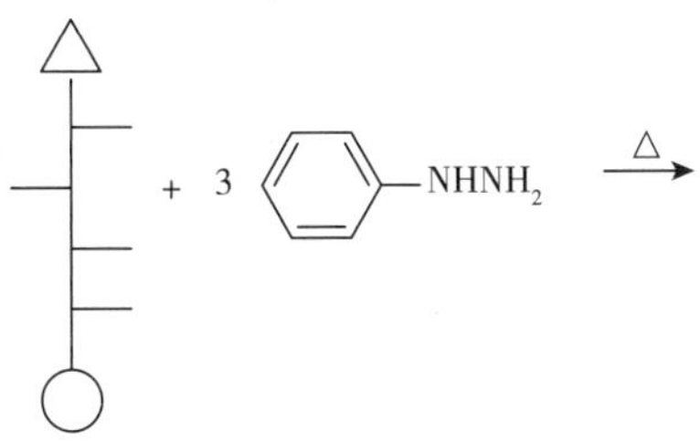

10.

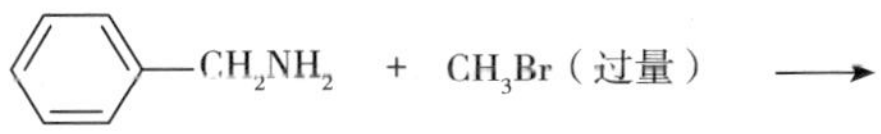

四、合成题（由指定原料、三个碳以下的有机物及必要的无机试剂合成）（每题6分，共18分）

1. 由丙二酸二乙酯合成己二酸。

2. 由乙醛合成 。

3. 由苯合成 。

五、写出下列反应的反应机理（每题6分，共12分）

1. $HCHO + CH_3CHO \xrightarrow[H_2O]{OH^-} CH_2 = CHCHO$

2. $CH_3COOH + C_2H_5OH \xrightarrow[\triangle]{H_2SO_4} CH_3COOC_2H_5 + H_2O$

试 卷 四

（由成都中医药大学提供）

一、单项选择题（每题1.5分，共60分）

1. 下列碳正离子中最稳定的是（　　　）
   A. $CH_3CH^+CH_2CH_3$　　　B. $(CH_3)_2C^+CH_2CH_3$　　　C. $(CH_3)_2C^+CH_3$　　　D. $^+CH_2—CH=CH_2$

2. 下列化合物酸性最强的是（　　　）

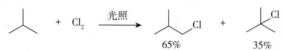

3. 下列反应中不属于协同反应范畴的是（　　　）
   A. 烯烃与氢在钯催化下的反应　　　　　　B. 烯烃的硼氢化反应
   C. 烯烃与次卤酸加成的反应　　　　　　　D. 丁二烯与顺丁烯二酸酐的反应

4. 关于顺式丁-2-烯和反式丁-2-烯的熔沸点，下列说法正确的是（　　　）
   A. 顺式丁-2-烯比反式丁-2-烯的熔点高　　　B. 顺式丁-2-烯比反式丁-2-烯的沸点高
   C. 顺式丁-2-烯比反式丁-2-烯的沸点低　　　D. 无法判定

5. 氯与异丁烷的反应结果如下，下列说法正确的是（　　　）

$$\text{异丁烷} + Cl_2 \xrightarrow{\text{光照}} \quad 65\% \quad + \quad 35\%$$

   A. 一级氢比三级快了约2倍　　　　　　　B. 一级氢比三级快了约4倍
   C. 一级氢比三级慢了约2倍　　　　　　　D. 一级氢比三级慢了约4倍

6. 与烯烃的加成反应，存在过氧化效应的是（　　　）
   A. 氟化氢　　　　　B. 氯化氢　　　　　C. 溴化氢　　　　　D. 碘化氢

7. 下列化合物中有光活性物质的是（　　　）
   A.　　　　　　B.　　　　　　C.　　　　　　D.

8. 对于热力学和动力学控制产物来说，（ ）
   A. 升高温度对二者一样有利
   B. 升高温度对二者均不利
   C. 升高温度对热力学控制产物更有利
   D. 升高温度对动力学控制产物更有利

9. 不能被高锰酸钾氧化的是（ ）
   A. 乙烯
   B. 丁二烯
   C. 丁-2-炔
   D. 环丙烷

10. 内消旋体是指（ ）
    A. 旋光度为负的分子
    B. 旋光度为正的分子
    C. 含有手性原子且分子中有对称面的分子
    D. 手性分子与其镜像的等量混合物

11. 假手性碳原子是指（ ）
    A. 含对称面的碳
    B. 含四个互不相同基团
    C. 含四个互不相同基团且其中有两个取代基是一对对映基团的碳原子
    D. 取代一个基团后可以变为手性碳的碳

12. 傅氏酰基化反应不发生重排，说明（ ）
    A. 酰基碳正离子比烷基碳正离子稳定
    B. 烷基碳正离子比酰基碳正离子稳定
    C. 酰基碳正离子与烷基碳正离子一样稳定
    D. 酰基碳正离子与烷基碳正离子稳定性不能比较

13. 下列属于强烈致活 I 类定位基的是（ ）
    A. 氨基
    B. 乙酰氨基
    C. 苯基
    D. 溴

14. 下列化合物进行一元溴化反应相对速率最快的是（ ）
    A. 对二甲苯
    B. 对苯二甲酸
    C. 对甲基苯甲酸
    D. 氯苯

15. 芳香性最强的是（ ）
    A. 萘
    B. 蒽
    C. 菲
    D. 苯

16. 下列化合物中不具有芳香性的是（ ）

    A.
    B.
    C.
    D.

17. S_N1 反应速率最快的是（ ）
    A. CH_3Cl
    B. CH_3CH_2Cl
    C. $(CH_3)_2CHCl$
    D. $(CH_3)_3CCl$

18. 卤代烷的 S_N2 反应的决速步骤是（ ）
    A. 亲核试剂对卤代烷的进攻
    B. 卤代烷的离解
    C. 碳正离子与亲核试剂的反应
    D. 卤素负离子的离去

19. 离去能力最强的是（ ）
    A. I^-
    B. Br^-
    C. Cl^-
    D. F^-

20. 亲核能力最强的是（ ）
    A. I^-
    B. Br^-
    C. Cl^-
    D. F^-

21. 介于 E1 和 E2 之间的反应是（ ）
    A. 热力学控制的，遵循 Sayzaff 规则
    B. 动力学控制的，遵循 Sayzaff 规则
    C. 热力学控制的，遵循 Hofmann 规则
    D. 动力学控制的，遵循 Hofmann 规则

22. 关于卤代烷取代反应与消除反应的竞争，下列说法正确的是（　　　）

    A. 高温和低极性溶剂有利于消除反应　　　　B. 高温和低极性溶剂有利于取代反应

    C. 高温和高极性溶剂有利于消除反应　　　　D. 高温和高极性溶剂有利于取代反应

23. HBr 与叔丁醇的反应属于（　　　）

    A. S_N1　　　　　　　B. S_N2　　　　　　　C. E1　　　　　　　D. E2

24. 下列化合物中能被高碘酸氧化的是（　　　）

    A. 丙酮　　　　　　B. 1-羟基丙酮　　　　C. 丙-1,3-二醇　　　D. 丙-2-醇

25. 下列化合物中酸性最强的是（　　　）

    A. 乙醇　　　　　　B. 乙硫醇　　　　　　C. 水　　　　　　　D. 乙醚

26. 下列化合物中亲核性最强的是（　　　）

    A. $C_6H_5O^-$　　　　B. $C_2H_5O^-$　　　　C. $C_6H_5S^-$　　　　D. $C_2H_5S^-$

27. 醛酮亲核加成反应酸催化的本质是（　　　）

    A. 增加羰基的正电性　　　　　　　　　　　B. 改变反应的历程

    C. 增加亲核试剂的浓度或亲核性　　　　　　D. 增加溶剂的极性

28. 下列化合物中亲核加成反应速率最快的是（　　　）

    A. HCHO　　　　　B. C_6H_5CHO　　　C. CH_3COCH_3　　D. $CH_3COC_6H_5$

29. 下列化合物中不能与饱和亚硫酸氢钠生成沉淀的是（　　　）

    A. 环戊酮　　　　　B. 苯乙酮　　　　　　C. 环己酮　　　　　D. 苯甲醛

30. 醛酮与下列试剂反应速率最快的是（　　　）

    A. 格氏试剂　　　　B. 醇　　　　　　　　C. 苯肼　　　　　　D. NaCN

31. 关于醛酮酸碱催化烯醇化，下列说法正确的是（　　　）

    A. 酸碱催化均是动力学控制的

    B. 酸碱催化均是热力学控制的

    C. 酸催化是热力学控制的，碱催化是动力学控制的

    D. 酸催化是动力学控制的，碱催化是热力学控制的

32. 下列化合物中烯醇式含量最高的是（　　　）

    A. 乙醛　　　　　　B. 丙酮　　　　　　　C. 乙酰乙酸乙酯　　D. 戊-2,4-二酮

33. 下列化合物中不能发生碘仿反应的是（　　　）

    A. 苯乙酮　　　　　B. 1-苯基丙-2-酮　　C. 1-苯基丙-1-酮　　D. 乙醇

34. 水溶液中碱性最强的是（　　　）

    A. 甲胺　　　　　　B. 二甲胺　　　　　　C. 三甲胺　　　　　D. 苯胺

35. 常用于鉴别苯胺的试剂是（　　　）

    A. 氯水　　　　　　B. 溴水　　　　　　　C. 碘/四氯化碳　　　D. 硝酸

36. 季铵碱的 Hoffmann 热消除反应的机理是（　　　）

    A. E1

    C. E1cb　　　　　　　　　　　　　　　　　D. 介于 E1cb 与 E2 之间

    B. E2

37. 不能将芳香族重氮盐的重氮基用氢取代的是（　　　）

    A. 次磷酸　　　　　B. 乙醇　　　　　　　C. HCHO/NaOH　　D. 甲醇

38. 重氮盐与苯胺的偶联介质是（　　　）

    A. 强酸性　　　　　B. 强碱性　　　　　　C. 弱酸性　　　　　D. 弱碱性

39. 下列化合物中酸性最强的是（　　）

A. 硝基甲烷　　B. 硝基乙烷　　C. 硝基异丙烷　　D. 硝基苯

40. Seliwanoff 试剂是（　　）

A. 浓硫酸与间苯二酚，用于鉴别醛糖和酮糖

B. 浓硫酸与萘-1-酚，用于鉴别醛糖和酮糖

C. 浓盐酸与间苯二酚，用于鉴别醛糖和酮糖

D. 浓盐酸与萘-1-酚，用于鉴别醛糖和酮糖

二、多项选择题（每题 2 分，共 20 分）

1. 下列说法正确的是（　　）

A. 不含手性碳原子的分子，一定不是手性分子

B. 具有多个手性碳原子的分子，不一定是手性分子

C. 含一个手性碳原子的分子，一定是手性分子

D. 手性分子一定具有旋光性

E. 分子中无对称因素，则该分子为手性分子

2. 下列化合物中具有芳香性的是（　　）

A. 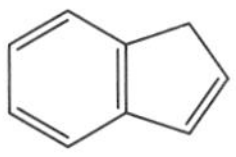　　B. 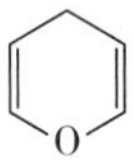　　C. 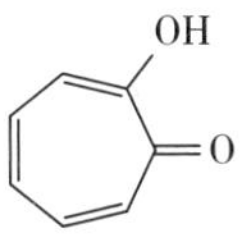

D. 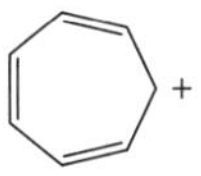　　E. 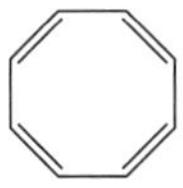

3. 下列化合物中能与水混溶的是（　　）

A. 四氢呋喃　　B. 二甲基亚砜　　C. 吡啶

D. 乙酸乙酯　　E. 丙酮

4. 下列说法不正确的是（　　）

$\overset{+}{C}H_3$　　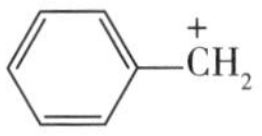　　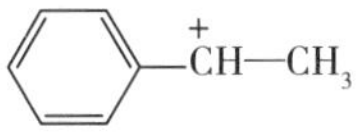　　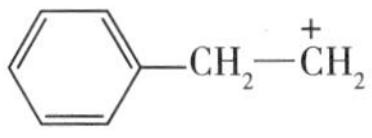　　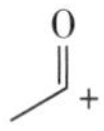

①　　②　　③　　④　　⑤

A. 最稳定的碳正离子是②　　B. 最不稳定的碳正离子是⑤

C. ③比②要稳定　　D. ④比⑤要稳定

E. ④比①要稳定

5. 下列化合物中能发生 Diels－Alder 反应的是（　　）

A. 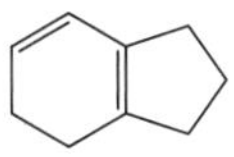　　B. 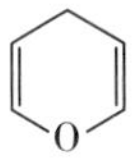　　C. 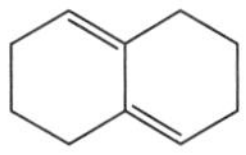

D. 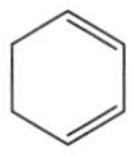　　E. 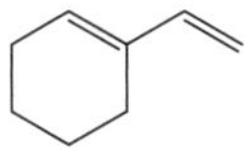

6. 下列化合物中能形成分子内氢键的是（　　）

A. 对硝基苯酚　　B. 正丙醚　　C. 氯化正丙烷

D. 邻硝基苯酚　　E. 水杨酸

7. 下列说法正确的是（　　）

A. Lucas 试剂是浓 $HCl+HgCl_2$　　B. Clemensson 还原试剂是 Zn-Hg＋浓 HCl

C. Clemensson 还原可以还原酯　　　　　　　D. 黄鸣龙反应在碱性介质中进行

E. Beckmann 重排产物是腈

8. 下列反应能生成沉淀的是（　　　）

A. 丙炔与银氨溶液　　　　　　　　　　　　B. 苯乙醛与银氨溶液

C. 苯乙醛与 I_2+NaOH 溶液　　　　　　　　D. 苯乙醛与饱和的 $NaHSO_3$ 溶液

E. 苯甲醇与 I_2+NaOH 溶液

9. 下列因素能影响醛酮亲核加成反应的有（　　　）

A. 亲核试剂的浓度　　　B. 羰基的正电性　　　C. 醛酮的稳定性

D. 空间位阻　　　E. 反应的溶剂类型

10. 下列说法正确的是（　　　）

A. 环糊精是由葡萄糖单元通过形成 β-1,4-糖苷键缩合而成的寡聚环状物

B. 蔗糖含有苷羟基

C. 吡咯亲电取代反应的活性比苯高

D. 吡啶亲电取代反应的活性比苯低

E. 吡咯的碱性比吡啶强

三、简答题（每题 10 分，共 20 分）

1. 写出 A 至 E 产物的结构

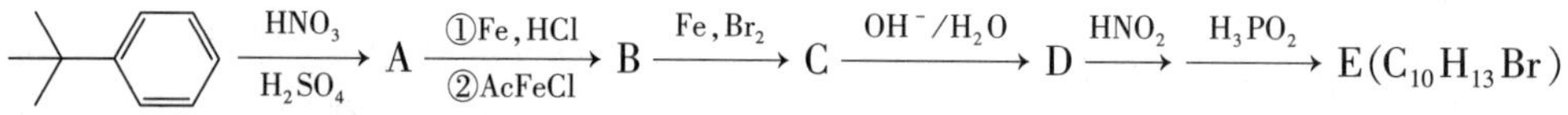

2. 写出 A 至 E 产物的结构

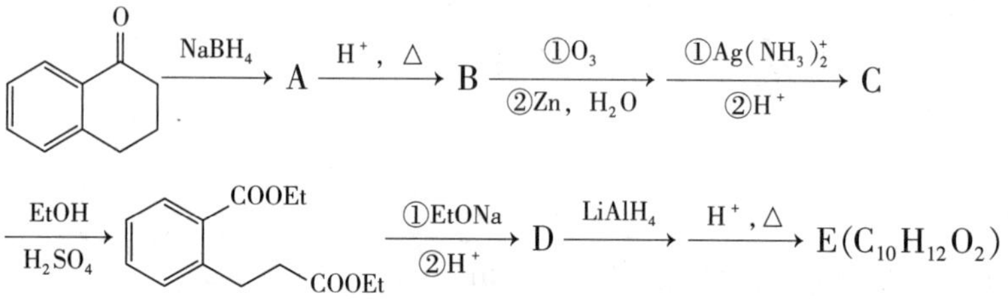

试 卷 五

（由甘肃中医药大学提供）

一、用系统命名法命名下列化合物（每题 1 分，共 10 分）

1.

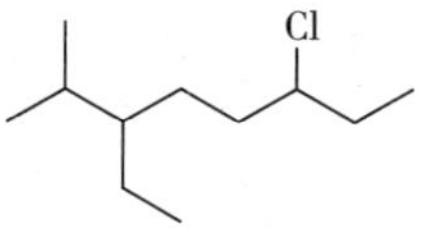

2.

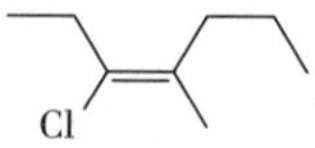

3.

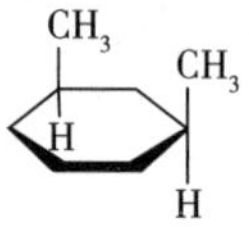

4.

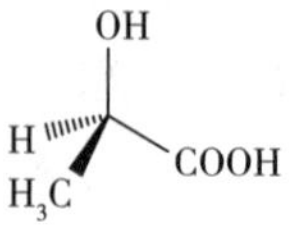

5.

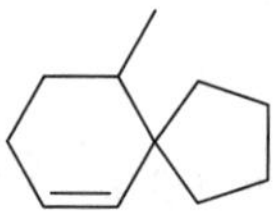

6.

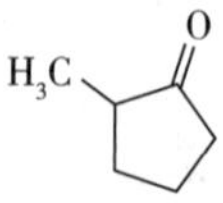

7. 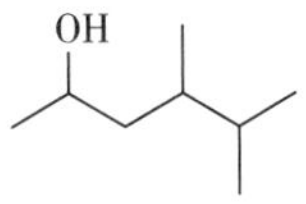 (结构图：2-甲基-4-甲基戊-2-醇类型，带OH)

8. 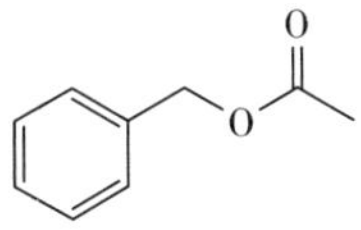 (结构图：苯甲醇乙酸酯)

9. 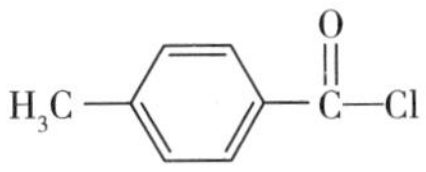 H₃C—苯环—C(=O)—Cl

10. 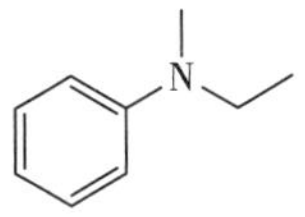 (结构图：N-甲基-N-乙基苯胺)

二、单项选择题（每题1分，共20分）

1. 下列化合物中，含有伯、仲、叔、季碳原子的是（　　　）

    A. 2,3,4-三甲基戊烷　　　　　　　　B. 2,2,3-三甲基戊烷

    C. 3,3-二甲基戊烷　　　　　　　　　D. 2,2,3-三甲基丁烷

2. 鉴别环丙烷和丙烯可用的试剂为（　　　）

    A. 溴水　　　　　　B. 氢气　　　　　　C. $KMnO_4/H^+$　　　　D. HBr

3. 1,2-二溴乙烷的优势构象为（　　　）

    A. 邻位交叉式　　　　　　　　　　　B. 对位交叉式

    C. 部分重叠式　　　　　　　　　　　D. 全重叠式

4. 某烯烃经臭氧氧化和还原水解后产物只有丙酮，该烯烃为（　　　）

    A. $(CH_3)_2C=CHCH_3$　　　　　　　B. $CH_3CH=CH_2$

    C. $(CH_3)_2C=C(CH_3)_2$　　　　　　D. $(CH_3)_2C=CH_2$

5. 下列碳正离子中结构最稳定的是（　　　）

  A. 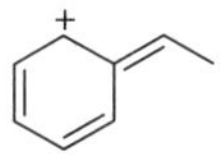　　　　　　 B. 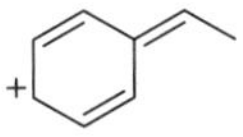　　　　　　 C.　　　　　　D.

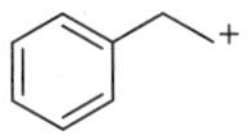

6. 下列化合物中，既存在 π-π 共轭体系，又存在 p-π 共轭体系的是（　　　）

    A. $CH_2=CH—CH=CHCl$　　　　　　B. $CH_3CH=CH—CH=CH_2$

    C. $CH_2=CH—CH=CH—CH_2Cl$　　　D. $CH_3CH=CHCl$

7. 苏阿糖的费歇尔投影式为（结构图：CHO上，H—OH，HO—H，下CH₂OH），请问其中的两个手性碳的构型分别为（　　　）

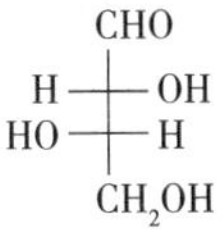

    A. $2S,3R$　　　　B. $2R,3R$　　　　C. $2R,3S$　　　　D. $2S,3S$

8. "一支蒿酮酸"是从维药"新疆一支蒿"中分离出的化合物，该化合物对治疗感冒具有非常好的疗效，其结构如下图所示，该分子中所具有的手性碳原子数目为（　　　）

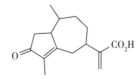

    A. 2　　　　　　B. 3　　　　　　C. 4　　　　　　D. 5

9. 下列化合物中，最容易与 $AgNO_3$ 乙醇溶液反应的是（　　　）

    A. 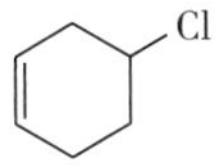 (结构图)　　　B. 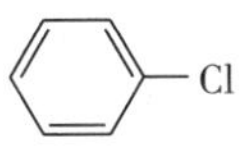 (结构图)　　　C. 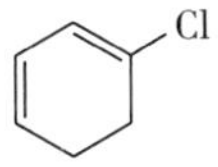 (结构图)　　　D. 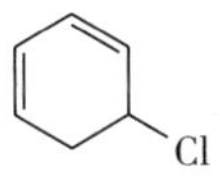 (结构图)

10. 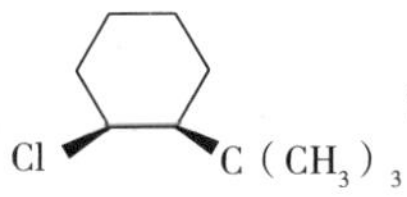 的稳定构象是（　　　）

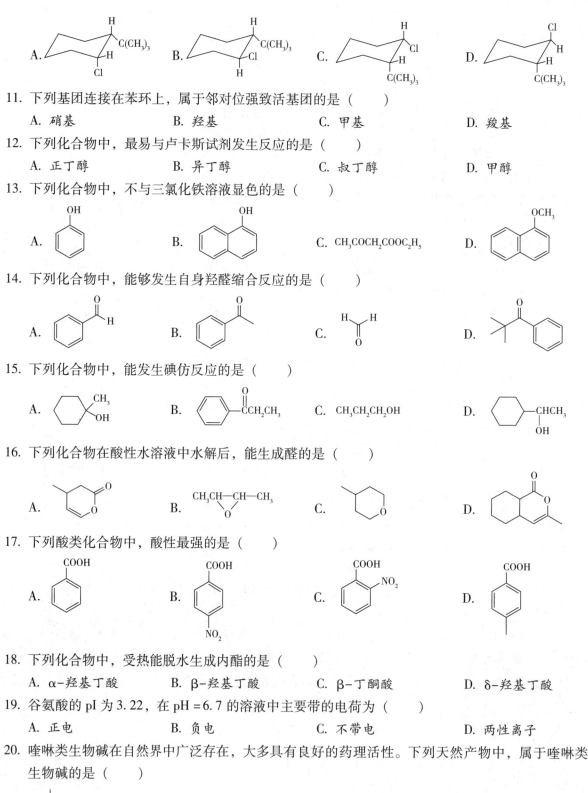

11. 下列基团连接在苯环上，属于邻对位强致活基团的是（　　）

    A. 硝基　　　　　　　　B. 羟基　　　　　　　　C. 甲基　　　　　　　　D. 羧基

12. 下列化合物中，最易与卢卡斯试剂发生反应的是（　　）

    A. 正丁醇　　　　　　　B. 异丁醇　　　　　　　C. 叔丁醇　　　　　　　D. 甲醇

13. 下列化合物中，不与三氯化铁溶液显色的是（　　）

    A.   B.   C. $CH_3COCH_2COOC_2H_5$ D.

14. 下列化合物中，能够发生自身羟醛缩合反应的是（　　）

    A.   B.   C.   D.

15. 下列化合物中，能发生碘仿反应的是（　　）

    A.   B.   C. $CH_3CH_2CH_2OH$ D.

16. 下列化合物在酸性水溶液中水解后，能生成醛的是（　　）

    A.   B.   C.   D.

17. 下列酸类化合物中，酸性最强的是（　　）

    A.   B. 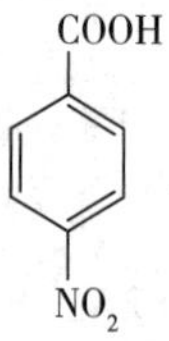   C.   D.

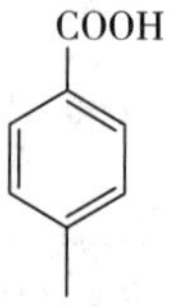

18. 下列化合物中，受热能脱水生成内酯的是（　　）

    A. α-羟基丁酸　　　　　B. β-羟基丁酸　　　　　C. β-丁酮酸　　　　　　D. δ-羟基丁酸

19. 谷氨酸的 pI 为 3.22，在 pH =6.7 的溶液中主要带的电荷为（　　）

    A. 正电　　　　　　　　B. 负电　　　　　　　　C. 不带电　　　　　　　D. 两性离子

20. 喹啉类生物碱在自然界中广泛存在，大多具有良好的药理活性。下列天然产物中，属于喹啉类生物碱的是（　　）

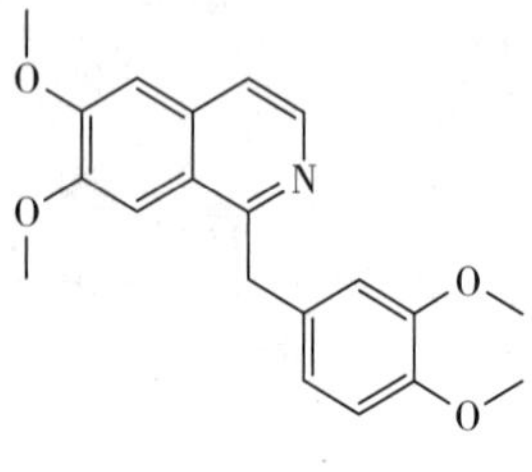

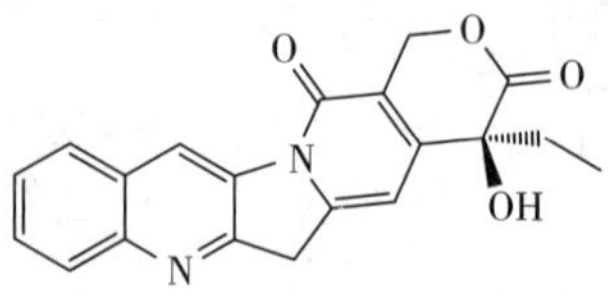

C.

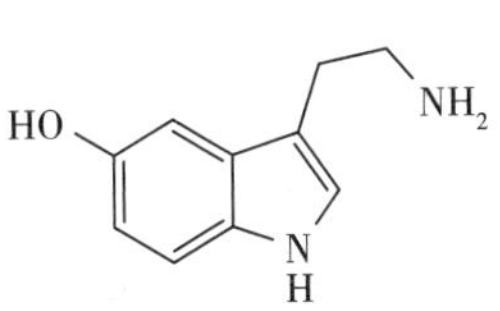

D.

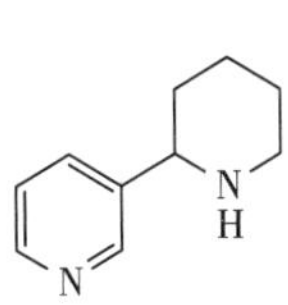

三、写出下列反应的主产物（每题 2 分，共 30 分）

1. 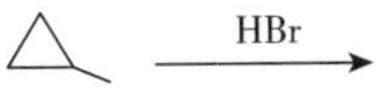 $\xrightarrow{\text{HBr}}$

2. $CH_3CH_2CH = CH_2 \xrightarrow{\text{HBr}}$

3. 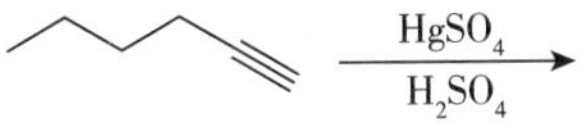 $\xrightarrow[\text{H}_2\text{SO}_4]{\text{HgSO}_4}$

4. $\xrightarrow[\triangle]{\text{H}_2\text{SO}_4}$

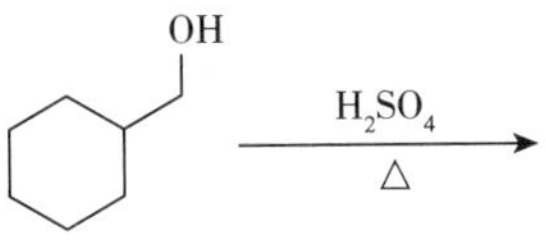

5. 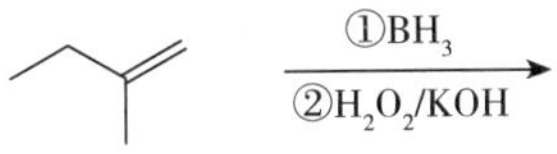 $\xrightarrow[\text{②H}_2\text{O}_2/\text{KOH}]{\text{①BH}_3}$

6. 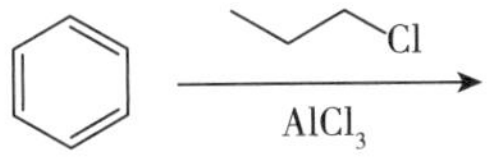 $\xrightarrow[\text{AlCl}_3]{}$

7. 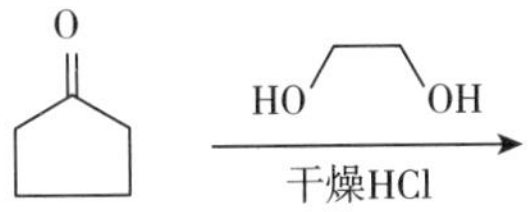 $\xrightarrow[\text{干燥HCl}]{\text{HO}\frown\text{OH}}$

8. $H_2C = CHCHO \xrightarrow{\text{NaBH}_4}$

9. 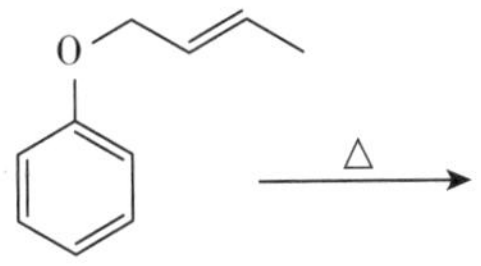 $\xrightarrow{\triangle}$

10. 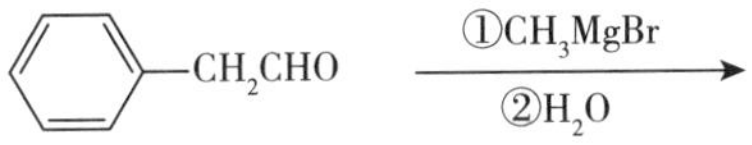 $\xrightarrow[\text{②H}_2\text{O}]{\text{①CH}_3\text{MgBr}}$

11. 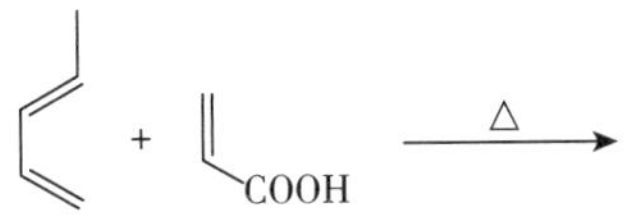 $+$ $\xrightarrow{\triangle}$

12. 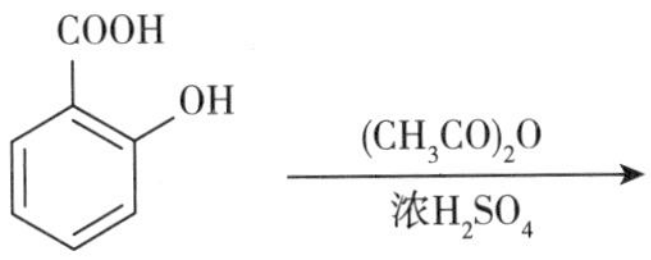 $\xrightarrow[\text{浓H}_2\text{SO}_4]{(\text{CH}_3\text{CO})_2\text{O}}$

13. 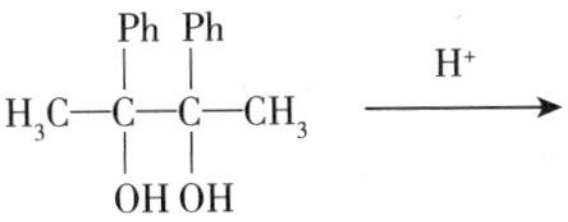 $\xrightarrow{\text{H}^+}$

14.  $+ CH_3COOC_2H_5 \xrightarrow[\text{C}_2\text{H}_5\text{OH}]{\text{C}_2\text{H}_5\text{ONa}}$

15. 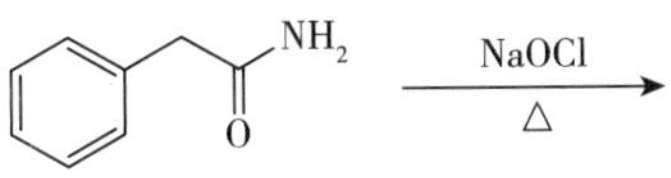 $\xrightarrow[\triangle]{\text{NaOCl}}$

四、简答题（每题 2 分，共 10 分）

1. 醛、酮分子在稀碱溶液中，可发生羟醛缩合反应生成 α-羟基醛、酮。生成的 α-羟基醛、酮在加热条件下，容易发生分子内脱水，最终生成 α,β-不饱和醛、酮。

（1）写出苯甲醛与乙醛在稀的 NaOH 溶液中加热的反应方程式。

（2）乙醛跟丙醛在稀 NaOH 作用下，可能生成的羟基醛有＿＿＿＿＿＿＿＿种，其结构简式分别为＿＿＿＿＿＿＿＿＿＿＿。

（3）查尔酮及其衍生物是一类广泛存在于甘草、红花等药用植物中的天然有机化合物，大多具有广泛的生物活性。其结构如下：

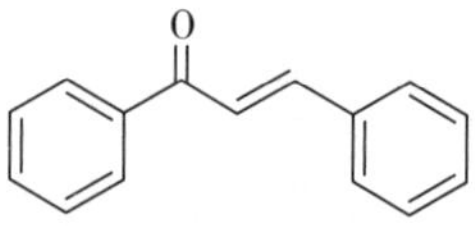

上述查尔酮可由＿＿＿＿＿＿＿和＿＿＿＿＿＿＿合成得到。

2. 试解释下述反应的机理：

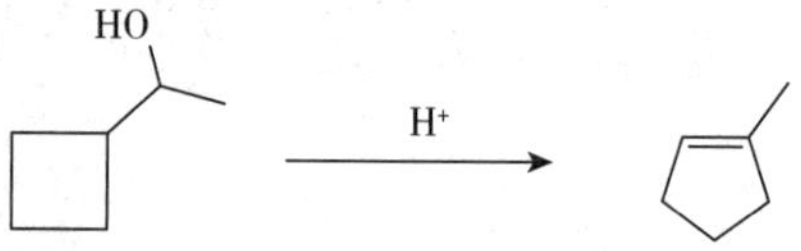

五、鉴别下列各组化合物，并简要写出鉴别过程（每题5分，共10分）

1. 乙烷、苯乙烯、苯乙炔

2. 异丙醇、戊-2-酮、环己酮

六、推导结构（每题10分，共20分）

1. 某化合物 A 的分子式为 C_4H_8，能使溴水褪色生成 B，化合物 B 在 KOH 的醇溶液加热后，生成分子式为 C_4H_6 的化合物 C。C 能和银氨溶液反应生成白色沉淀。试推测 A、B、C 的结构，并写出相关反应方程式。

2. 化合物 A 的分子式为 $C_5H_{12}O$，A 可被 $KMnO_4$ 氧化成化合物 B($C_5H_{10}O$)。化合物 B 能够发生碘仿反应，同时也能与2,4-二硝基苯肼反应，得到黄色结晶。化合物 A 在浓硫酸中，可以发生脱水反应，生成化合物 C。化合物 C 被酸性高锰酸钾氧化，可得丙酮与乙酸两种化合物。试推测化合物 A、B、C 的结构，并写出相关反应方程式。

试　卷　六

（由河南中医药大学提供）

一、用系统命名法或普通命名法命名下列化合物（每题2分，共20分）

1.

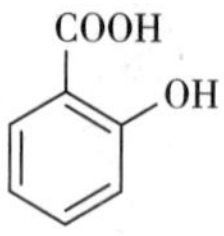

2. $(CH_3)_2CHCH_2CH_2CH(CH_3)_2$

3. CH_3CHCH_2CHO 其中 CH_3

4. $CH_3-\overset{O}{\overset{\|}{C}}-CH_2CH_3$

5.

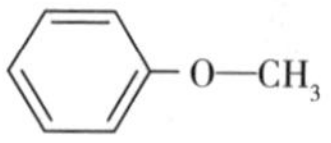

6. $(CH_3CH_2)_3N$

7. $CH_3\overset{OH}{\overset{|}{C}}HCH_2CH_3$

8. CH_2Cl_2

9.

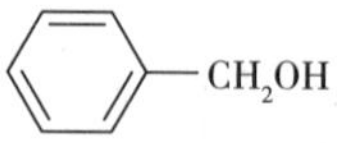

10.

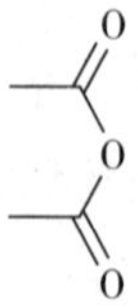

二、单项选择题（每题 2 分，共 30 分）

1. 下列化合物中，无顺反异构的是（   ）

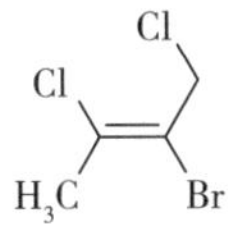

2. 下列烯烃与溴加成活性最高的是（   ）

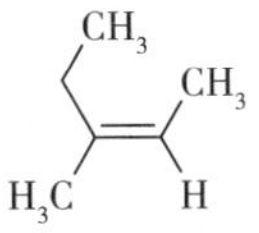

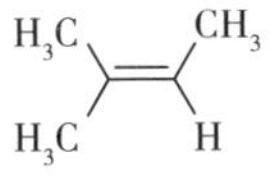

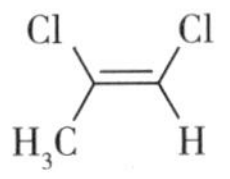

A. 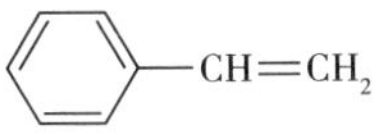 —CH=CH₂   B. $(CH_3)_2C=CH_2$ C. $CH_3CH=CH_2$ D. $CH_2=CH_2$

3. 顺-1-甲基-4-叔丁基环己烷的最稳定构象为（   ）

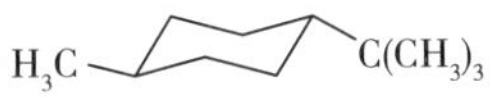

D. 以上都不是

4. 下列化合物中亲电取代活性最高的是（   ）

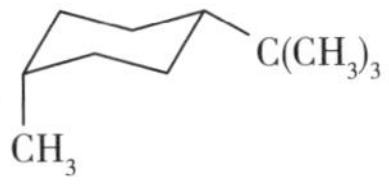

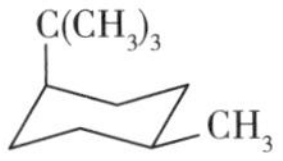

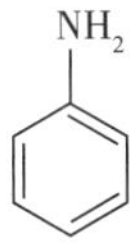

5. 下列各化合物中，有芳香性的是（   ）

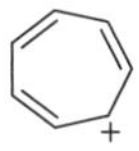

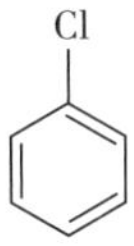

6. 下列卤代烃进行 S_N1 反应时的速率，最快的是（   ）

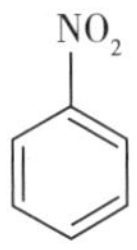

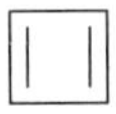

A. $CH_3CH_2CH_2CH_2Cl$ B. $(CH_3)_2CClCH_3$ C. $CH_3CH_2CHClCH_3$ D. CH_3Cl

7. 下列苯酚中酸性最强的是（   ）

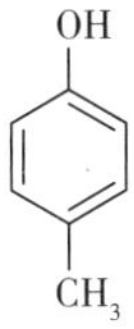

8. 下列 1-氯-1-溴乙烷中与 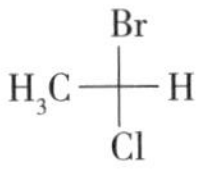 是同一构型的是（   ）

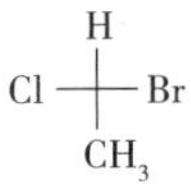

9. 下列化合物能发生碘仿反应的是（   ）

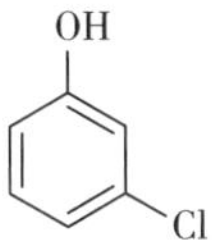

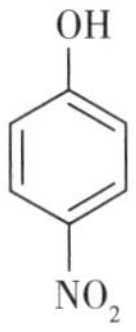

A. CH_3CH_2OH

B. 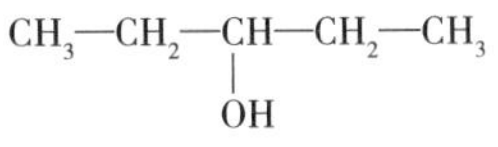 $CH_3-CH_2-CH-CH_2-CH_3$ （下接 OH）

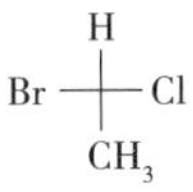

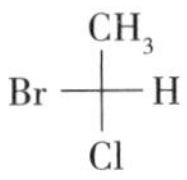

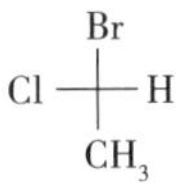

C. CH_3-CH_2-CHO

D. $CH_3-CH_2-CH_2OH$

10. 下列化合物酸性最强的是（   ）

A. 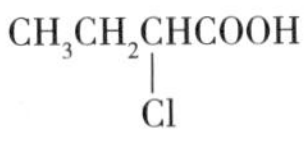 $CH_3CH_2CHCOOH$（下接 Cl）   B.  CH_3CHCH_2COOH（下接 Cl）   C. $Cl-CH_2CH_2CH_2COOH$ D. $CH_3CH_2CH_2COOH$

11. 下列化合物中，最难发生水解的是（   ）

A. 乙酰氯   B. 乙酸酐   C. 乙酸乙酯   D. 乙酰苯胺

12. 莫里许试验（浓硫酸作脱水剂、萘-1-酚作显色剂）用于鉴别（   ）

A. 糖类   B. 酰胺   C. 胺类   D. 酯类

13. 下列不属于 S_N1 反应特点的是（   ）

    A. 反应分步进行   B. 单分子反应   C. 碳正离子生成   D. 反应产物构型翻转

14. 鉴别葡萄糖和果糖常用的试剂是（   ）

    A. Tollens 试剂   B. Benedict 试剂   C. Br_2/H_2O D. 稀 HNO_3

15. 自由基从有到无的阶段是（   ）

    A. 链引发阶段   B. 链增长阶段   C. 链终止阶段   D. 都不对

三、完成下列反应方程式（每题 2 分，共 10 分）

1. $CH_3CH_2\overset{\underset{|}{CH_3}}{C}=CH_2 + HBr \longrightarrow$ （   ）

2. $H_3C-\underset{\underset{\xrightarrow{H_2SO_4}}{\xrightarrow{HNO_3}}}{\bigcirc}$ （   ）

3. $\bigcirc-CH_3 + KMnO_4 \xrightarrow{H^+}$ （   ）

4. $CH_3COOH + CH_3CH_2OH \xrightarrow{OH^-}$ （   ）

5. $CH_3C\equiv CH + Na$ （   ）

四、判断题（每题 2 分，共 10 分）

1. 外消旋化合物是混合物，内消旋化合物是纯净物。（   ）

2. 甲烷在光照条件下发生的氯代反应是自由基反应。（   ）

3. 炔烃在 Lindlar 催化作用下加氢，得到的是顺式烯烃。（   ）

4. 有活性中间体碳正离子的生成是 S_N2 反应的特点。（   ）

5. 在过氧化物存在时，溴化氢与不对称烯烃的加成遵循马氏规则。（   ）

五、简答题（每题 10 分，共 30 分）

1. 简述休克尔规则，并举出具有芳香性的几个化合物。

2. 用化学方法鉴别下列化合物：戊-2-烯、1,2-二甲基环丙烷、环戊烷。

3. 以苯为原料合成 4-乙基苯磺酸 $\bigcirc \longrightarrow$ （结构式：苯环上 SO_3H，下方 CH_2CH_3）。

试 卷 七

（湖北中医药大学提供）

一、单项选择题（每题 1 分，共 10 分）

1. 化合物 （结构式，标注 4、2 位，末端 OH） 的构型应标记为（   ）

    A. $2E,4Z$ B. $2Z,4E$ C. $2E,4E$ D. $2Z,4Z$

2. $CH_3CH=CHCH=CH_2$ 分子中存在的共轭体系类型包含（   ）

    ①π-π 共轭   ②p-π 共轭   ③σ-π 超共轭   ④σ-p 超共轭

    A. ①和②   B. ①和③   C. ①和④

    D. ②和③   E. ②和④

3. 下列化合物与丁-1,3-二烯发生 Diels – Alder 反应，活性最高的是（　　）

A. ‖

B. （CH₃取代乙烯）

C. （CN取代乙烯）

D. （CH₂Cl取代乙烯）

E. （OCH₃取代乙烯）

4. 下列化合物与 2mol H₂ 发生催化氢化加成时，氢化热大小顺序是（　　）

① H₃C—〈〉—CH(CH₃)₂　② H₃C—〈〉—CH(CH₃)₂　③ H₃C—〈〉—CH(CH₃)₂

A. ②＞③＞①　　　　B. ①＞②＞③　　　　C. ①＞③＞②

D. ③＞②＞①　　　　E. ③＞①＞②

5. （环戊烷结构，C₂上有C₂H₅和H，C₁上有H和CH₃）中 C₁，C₂ 的构型分别是（　　）

A. 1S,2S　　　　B. 1S,2R　　　　C. 1R,2S　　　　D. 1R,2R

6. 下列化合物中无芳香性的是（　　）

A. （环辛四烯二价阳）　B. （环戊二烯负离子）　C. （环庚三烯负离子）　D. （萘）

7. 将下列单糖用 HNO₃ 氧化，能生成内消旋体糖二酸的是（　　）

A. （CHO…CH₂OH 费歇尔投影）

B. （CHO…CH₂OH 费歇尔投影）

C. （CHO…CH₂OH 费歇尔投影）

D. （CHO…CH₂OH 费歇尔投影）

8. 某含氮化合物经二次霍夫曼彻底甲基化反应后，生成了 3-甲基己-1,4-二烯，该含氮化合物的可能结构为（　　）

A. （吡咯烷，3位CH₃，4位CH₂CH₃）

B. （吡咯烷，3位CH₃，2位CH₂CH₃）

C. （吡咯烷，2位CH₃，4位CH₂CH₃，H₃C—）

D. （吡咯烷，4位CH₃，2位CH₂CH₃，H₃CH₂C—）

9. 反应 HO—〈〉—CH₃ $\xrightarrow[\text{FeBr}_3]{\text{Br}_2}$ 主要产物为（　　）

A. （H₃C—苯—OH，3,5-二Br）

B. （H₃C—苯—OH，2-Br邻位）

C. （HO—苯—CH₃，Br取代）

D. （H₃C—苯—OH，Br）

10. 在有机合成中常用于保护醛基的反应是（　　）

A. 羟醛缩合反应　　B. 康尼扎罗反应　　C. 克莱门森反应　　D. 生成缩醛的反应

二、写出下列反应的主产物（有立体异构时必须标明构型）（每题 2 分，共 20 分）

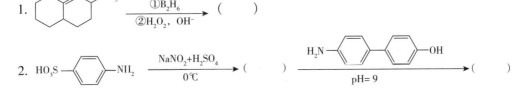

1. （十氢萘结构，2-CH₃）$\xrightarrow[\text{②H}_2\text{O}_2,\ \text{OH}^-]{\text{①B}_2\text{H}_6}$（　　）

2. HO₃S—〈〉—NH₂ $\xrightarrow[\text{0℃}]{\text{NaNO}_2+\text{H}_2\text{SO}_4}$（　　） H₂N—〈〉—〈〉—OH $\xrightarrow[\text{pH}=9]{}$（　　）

3. 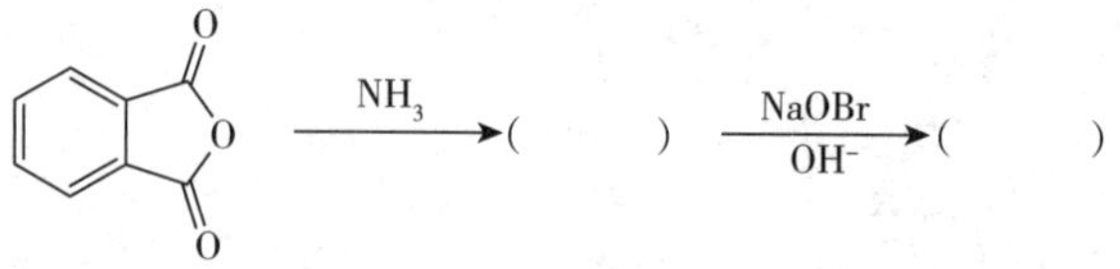 $\xrightarrow{NH_3}$ (　　) $\xrightarrow[OH^-]{NaOBr}$ (　　)

4. 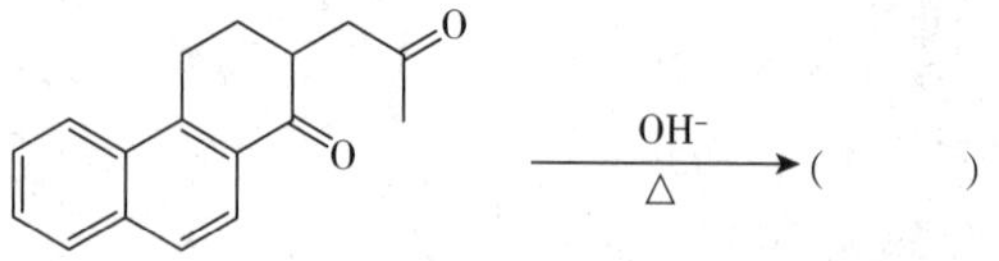 $\xrightarrow[\triangle]{OH^-}$ (　　)

5. 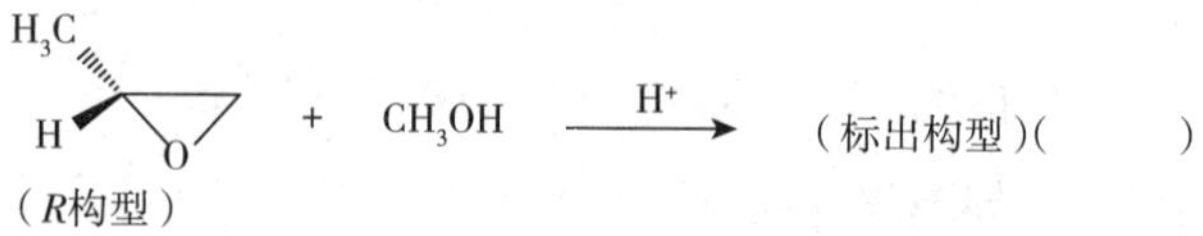 + CH_3OH $\xrightarrow{H^+}$ （标出构型）(　　)

6. 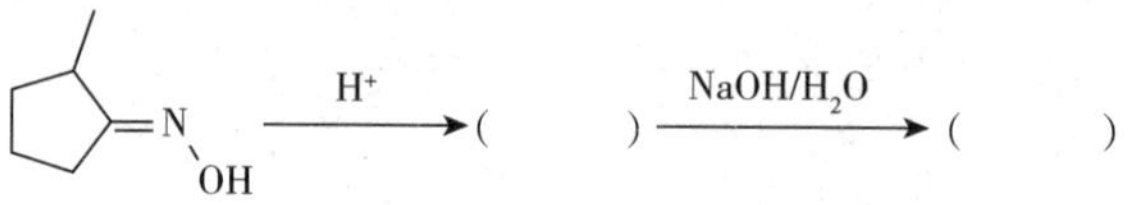 $\xrightarrow{H^+}$ (　　) $\xrightarrow{NaOH/H_2O}$ (　　)

7. 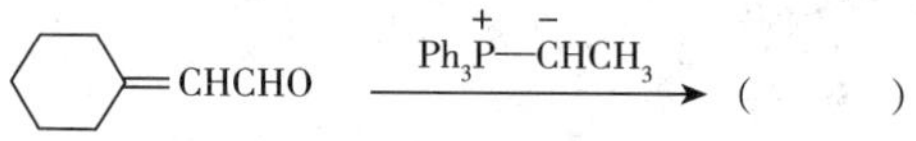 =CHCHO $\xrightarrow{Ph_3\overset{+}{P}-\overset{-}{C}HCH_3}$ (　　)

8. C_6H_5CHO + $CH_3CH_2NO_2$ $\xrightarrow[\triangle]{C_2H_5ONa}$ (　　)

9. 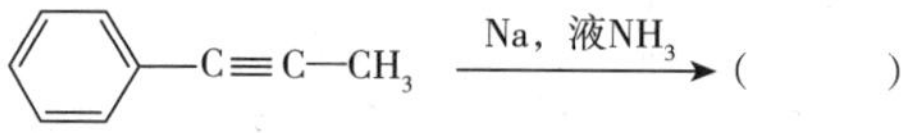 —C≡C—CH_3 $\xrightarrow{Na, 液NH_3}$ (　　)

10. 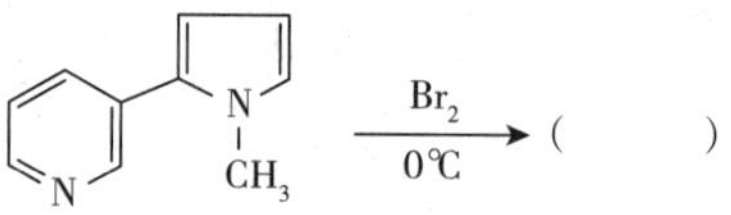 $\xrightarrow[0℃]{Br_2}$ (　　)

三、性质比较题（每题3分，共18分）

1. 比较下列化合物的碱性

A. 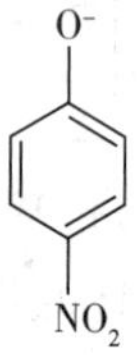 　　　　　B. 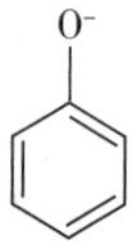 　　　　　C.  　　　　　D. $CH_3CH_2CH_2O^-$

2. 比较下列碳正离子的稳定性

A. 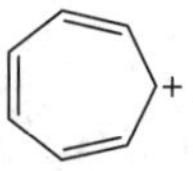 　　　　　B. 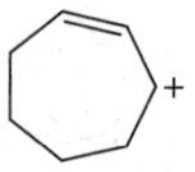 　　　　　C. $CH_3CH=CH\overset{+}{C}H_2$ 　　　　D. $CH_3\overset{+}{C}HC_2H_5$

3. 比较下列化合物在水溶液中的碱性

A. 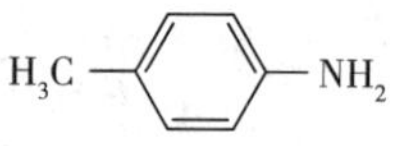 H_3C—〈　〉—NH_2　　B. 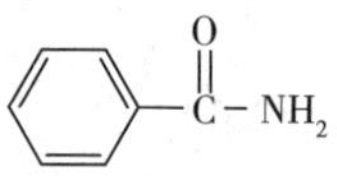 　　　　　C. 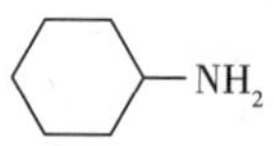 　　　　　D.

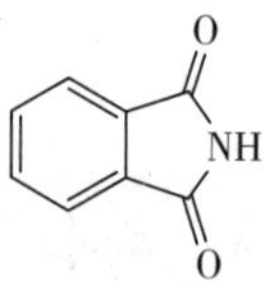

4. 比较下列化合物的酸性

A. CH_3COOH　　B. $\underset{COOH}{CH_2COOH}$　　C. $\underset{COOH}{COOH}$　　D.

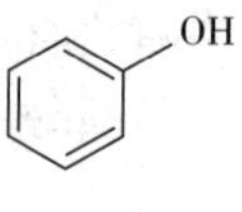

5. 比较下列化合物与 H_2NOH 加成的反应活性

A. 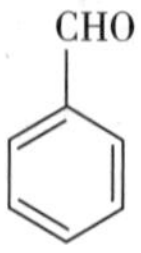 　　　　　B. 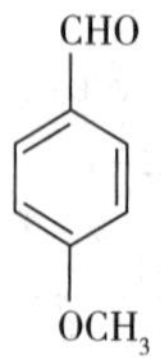 　　　　　C. 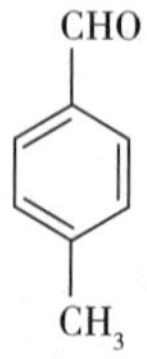 　　　　　D.

6. 比较下列化合物与 $AgNO_3/ROH$ 反应的速率

A. 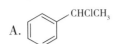 CHClCH₃   B. CH₂CH₂Cl   C. CHClCH₃   D. CH=CHCl

四、鉴别下列各组化合物（每题 3 分，共 12 分）

1. 己-1-醇、己-2-醇、己-3-醇

2. 甘露糖、果糖、葡萄糖甲苷

3.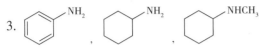

五、合成题（由指定原料合成，无机试剂任选）（每题 8 分，共 16 分）

1. 乙醛、苯甲醛 ——→

2. 乙烯 ——→ $CH_3CH_2CH_2CH_2OCH_2CH_3$

六、推导结构（每题 8 分，共 16 分）

1. 某不饱和酮 A(C_5H_8O)，与 CH_3MgI 反应，再经酸化水解后得到饱和酮 B($C_6H_{12}O$) 和不饱和醇 C($C_6H_{12}O$) 的混合物。B 经溴的氢氧化钠溶液处理转化为 3-甲基丁酸钠。C 与浓 H_2SO_4 共热则脱水生成 D(C_6H_{10})，D 与丁炔二酸反应得到 E($C_{10}H_{12}O_4$)。E 在钯上脱氢得到 3,5-二甲基邻苯二甲酸。试推导 A、B、C、D 和 E 的结构式，并写出相关的反应式。

2. 具旋光性化合物 A(C_8H_{12}) 在催化氢化条件下生成 B(B_8H_{18})，B 为非光学活性物质，A 在 Lindlar 催化剂存在下，小心氢化生成 C(C_8H_{14})，C 为光学活性体，A 在液氨与金属钠中反应生成 C 的异构体 D，D 为非光学活性体。试推测 A、B、C 和 D 的结构式。

七、写出下列化学反应方程式及反应机理（8 分）

$$CH_3C(=O)-^{18}OCH_2CH_3 \rightleftharpoons 乙酸 + 乙醇$$ （H⁺）

试 卷 八

（湖南中医药大学提供）

一、单项选择题（每题 2 分，共 20 分）

1. 不能与苯甲醛发生化学反应的试剂是（ 　　 ）

    A. $[Ag(NH_3)_2]^+$ B. $KMnO_4$ C. 斐林试剂   D. 苯肼

2. 下列化合物中 α-C-H 酸性最强的是（ 　　 ）

    A. 乙酰氯   B. 丙酮   C. 乙醛   D. 环戊二烯

3. 下列物质中酸性最强的是（ 　　 ）

    A. PhCOOH   B. HCOOH   C. 苦味酸   D. CH_3CH_2SH

4. 下列化合物中能与 $FeCl_3$ 溶液显色的有（ 　　 ）

    A. 阿司匹林   B. 维生素 C   C. 环己-1,4-二酮   D. 烯丙醇

5. 下列结构　　　　　中三个 N 原子的碱性强弱次序为（ 　　 ）

A. 1 > 2 > 3 　　　　B. 2 > 1 > 3 　　　　C. 3 > 1 > 2 　　　　D. 2 > 3 > 1

6. 下列化合物可直接用缩二脲反应检验的是（　　　）

　　A. 生物碱　　　　　B. 蛋白质　　　　　C. 尿素　　　　　D. 氨基酸

7. γ-吡喃酮属于（　　　）

　　A. 缺 π 芳杂环　　　　B. 插烯内酯　　　　C. 环醚

　　D. 不饱和环酮　　　　E. 插烯内酰胺

8. 下列醇类酸催化脱水反应速率最低的是（　　　）

A. 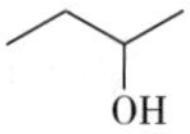 　　　　　B. 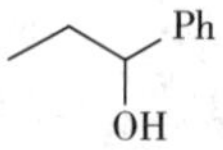 　　　　　C. 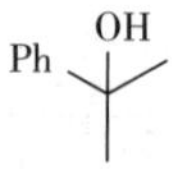 　　　　　D.

9. 能使酰氯还原为醛的还原剂是（　　　）

　　A. H_2/Ni　　　　　B. H_2/Pd-$BaSO_4$-喹啉　　　　　C. Na/液NH_3

　　D. $NaBH_4$　　　　　E. $LiAiH_4$

10. 下列化合物不溶于 NaOH 溶液的是（　　　）

A. 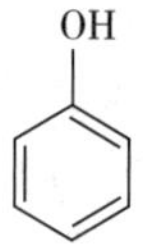 　　　　　B. 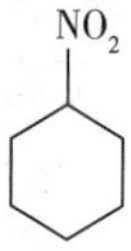 　　　　　C. 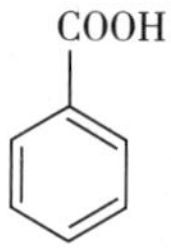 　　　　　D.

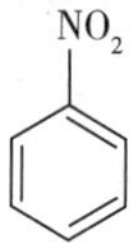

二、完成下列反应方程式（每空 4 分，共 40 分）

1. 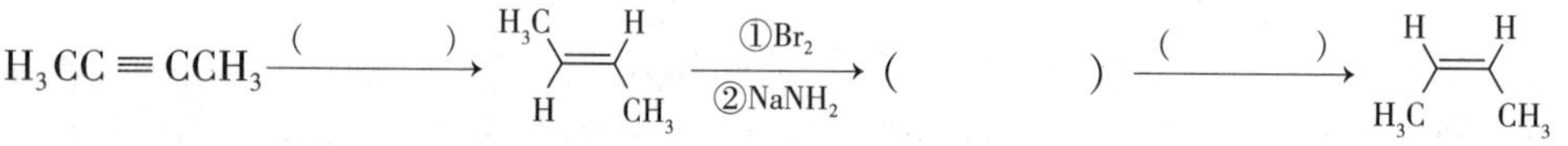 $H_3CC \equiv CCH_3$ ——（　）→ ——①Br_2 ②$NaNH_2$→（　　）——（　）→

2. ——△→（　　）——①O_3 ②Zn/H_2O→（　　）

3. ——KOH/EtOH △→（　　）

4.  ——+ CH_3CHO ——稀 NaOH→（　　）

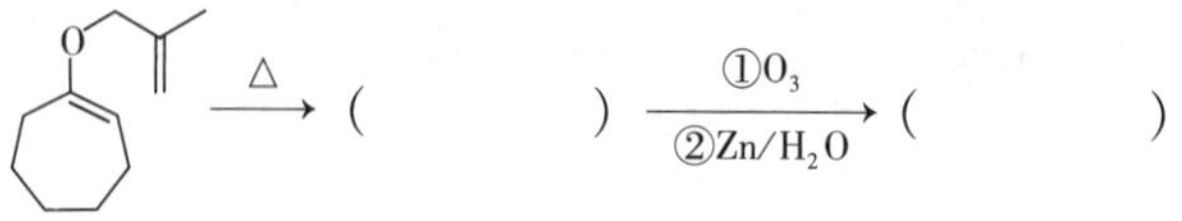

5. 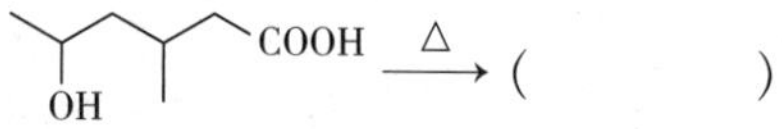 ——△→（　　）

6. 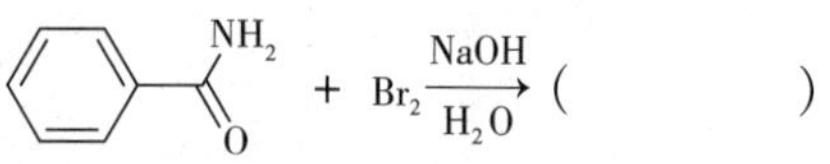 ——+ Br_2 ——NaOH H_2O→（　　）

7. 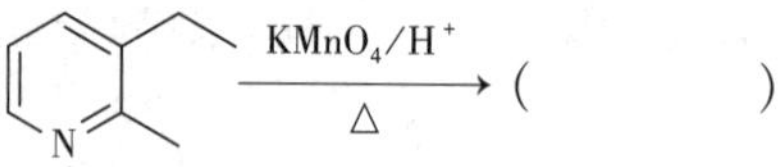 ——$KMnO_4$/H^+ △→（　　）

三、合成题（每题 5 分，共 20 分）

1. 以甲苯为原料合成 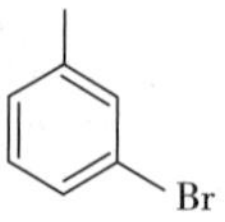 　　　　，其他试剂任选。

2. 以乙酰乙酸乙酯和必要的其他试剂合成目标化合物 Ph～COOH，其他试剂任选。

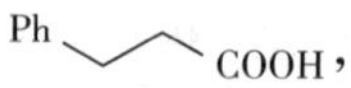

3. 用甲苯为原料合成 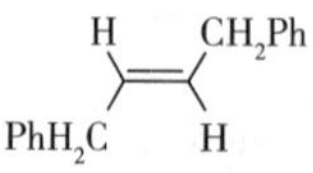 　　　　，其他试剂任选。

4. 由环己烯合成 1,2,3-三溴环己烷，其他试剂任选。

四、写出下列反应的反应机理（10分）

五、推导结构（每题5分，共10分）

1. 化合物A($C_6H_{12}O$)能与2,4-二硝基苯肼反应生成沉淀，但不与Tollens试剂反应。A经$NaBH_4$还原得B($C_6H_{14}O$)。B经H_2SO_4脱水得C(C_6H_{12})，C经臭氧氧化、还原水解得D(C_4H_8O)和E(C_2H_4O)。已知A、D均能使饱和$NaHSO_3$溶液反应生成白色沉淀，也能发生碘仿反应，E能发生银镜反应。试推测A～E的可能结构。

2. 卤代烃A($C_5H_{11}Br$)与氢氧化钠的乙醇溶液作用，生成化合物B(C_5H_{10})。B用酸性高锰酸钾溶液氧化可得到一个酮C和一个羧酸D。而B与HBr作用得到的产物是A的异构体E。试写出A～E的构造式。

试 卷 九

（由南京中医药大学提供）

一、单项选择题（每题1分，共10分）

1. 鉴别环丙烷、丙烯和丙炔采用的试剂是（　　）

　　A. $[Ag(NH_3)_2]NO_3$，Br_2/CCl_4　　　　B. $KMnO_4$，Br_2/CCl_4

　　C. $[Ag(NH_3)_2]NO_3$，$KMnO_4$　　　　D. $HgSO_4/H_2SO_4$，$KMnO_4$

2. 下列化合物中，具有手性的是（　　）

3. 二烃基铜锂与卤代烃反应可用于合成各种烃类化合物，该反应称为（　　）

　　A. Cory-House 反应　　　　　　　　B. Finkelstein 卤素互换反应

　　C. Grignard 试剂反应　　　　　　　　D. Wurtz 反应

4. 为了除去苯中混入的少量乙醚，可以采取（　　）

　　A. 用三氯甲烷洗　　　　　　　　　　B. 用石油醚洗

　　C. 用浓硫酸洗　　　　　　　　　　　D. 用NaOH溶液洗

5. 下列化合物中，既能发生碘仿反应，又能与亚硫酸氢钠加成的是（　　）

6. 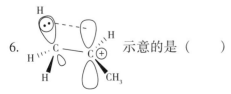 示意的是（　　）

　　A. π-π 共轭　　　　　　B. p-π 共轭　　　　　　C. σ-π 超共轭　　　　　　D. σ-p 超共轭

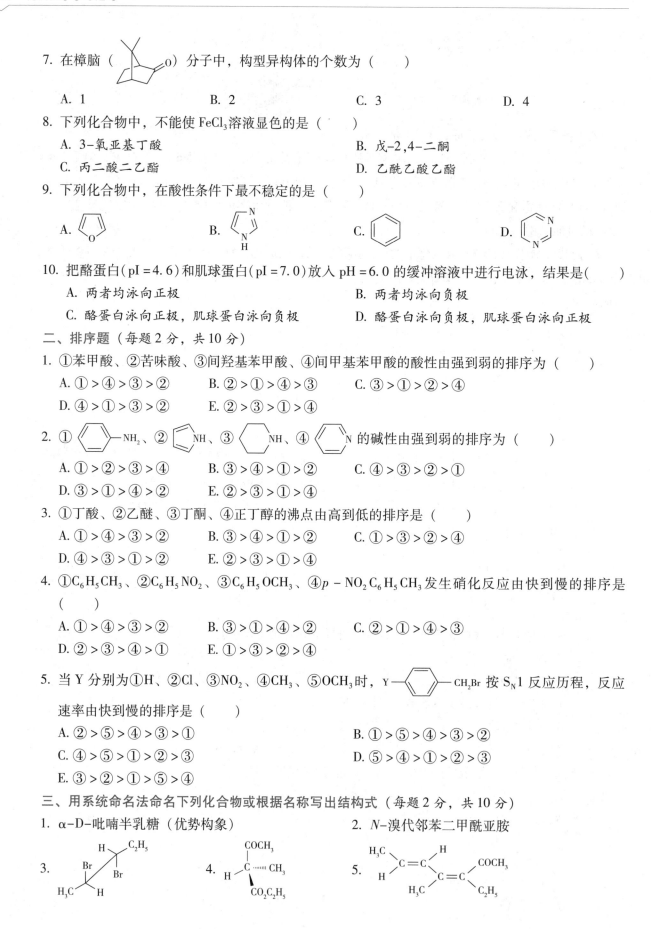

7. 在樟脑（ ＿＿o）分子中，构型异构体的个数为（　　　）

    A. 1　　　　　　　　　　B. 2　　　　　　　　　　C. 3　　　　　　　　　　D. 4

8. 下列化合物中，不能使 $FeCl_3$ 溶液显色的是（　　　）

    A. 3–氧亚基丁酸　　　　　　　　　　　　B. 戊–2,4–二酮

    C. 丙二酸二乙酯　　　　　　　　　　　　D. 乙酰乙酸乙酯

9. 下列化合物中，在酸性条件下最不稳定的是（　　　）

    A.　　　　　　　　B.　　　　　　　　C.　　　　　　　　D.

10. 把酪蛋白(pI = 4.6)和肌球蛋白(pI = 7.0)放入 pH = 6.0 的缓冲溶液中进行电泳，结果是(　　　)

    A. 两者均泳向正极　　　　　　　　　　B. 两者均泳向负极

    C. 酪蛋白泳向正极，肌球蛋白泳向负极　　　D. 酪蛋白泳向负极，肌球蛋白泳向正极

二、排序题（每题2分，共10分）

1. ①苯甲酸、②苦味酸、③间羟基苯甲酸、④间甲基苯甲酸的酸性由强到弱的排序为（　　　）

    A. ①＞④＞③＞②　　　　　B. ②＞①＞④＞③　　　　　C. ③＞①＞②＞④

    D. ④＞①＞③＞②　　　　　E. ②＞③＞①＞④

2. ① ⟨⟩—NH₂、② ⟨⟩NH、③ ⟨⟩NH、④ ⟨⟩N 的碱性由强到弱的排序为（　　　）

    A. ①＞②＞③＞④　　　　　B. ③＞④＞①＞②　　　　　C. ④＞③＞②＞①

    D. ③＞①＞④＞②　　　　　E. ②＞③＞①＞④

3. ①丁酸、②乙醚、③丁酮、④正丁醇的沸点由高到低的排序是（　　　）

    A. ①＞④＞③＞②　　　　　B. ③＞④＞①＞②　　　　　C. ①＞③＞②＞④

    D. ④＞③＞①＞②　　　　　E. ②＞③＞①＞④

4. ①$C_6H_5CH_3$、②$C_6H_5NO_2$、③$C_6H_5OCH_3$、④$p-NO_2C_6H_5CH_3$ 发生硝化反应由快到慢的排序是（　　　）

    A. ①＞④＞③＞②　　　　　B. ③＞①＞④＞②　　　　　C. ②＞①＞④＞③

    D. ②＞③＞④＞①　　　　　E. ①＞③＞②＞④

5. 当 Y 分别为①H、②Cl、③NO₂、④CH₃、⑤OCH₃时，Y—⟨⟩—CH₂Br 按 S_N1 反应历程，反应速率由快到慢的排序是（　　　）

    A. ②＞⑤＞④＞③＞①　　　　　　　　B. ①＞⑤＞④＞③＞②

    C. ④＞⑤＞①＞②＞③　　　　　　　　D. ⑤＞④＞①＞②＞③

    E. ③＞②＞①＞⑤＞④

三、用系统命名法命名下列化合物或根据名称写出结构式（每题2分，共10分）

1. α–D–吡喃半乳糖（优势构象）

2. N–溴代邻苯二甲酰亚胺

3.　　　　　　　　4.　　　　　　　　5.

四、完成下列反应方程式（每题 2 分，共 30 分）

1. 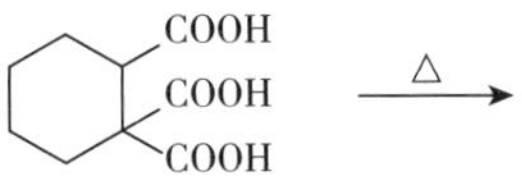 $\xrightarrow{\triangle}$

2. 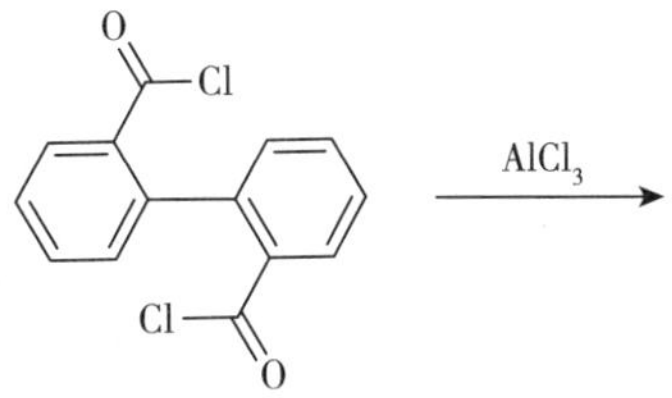 $\xrightarrow{AlCl_3}$

3. $\xrightarrow[\text{室温，2小时}]{H_2SO_4/Et_2O}$

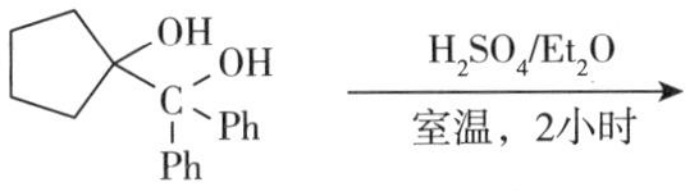

4. $\xrightarrow[\text{②}H_3O^+]{\text{①}KCN}$

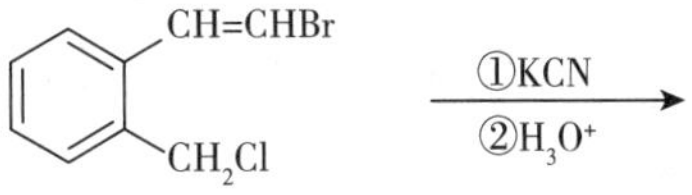

5. 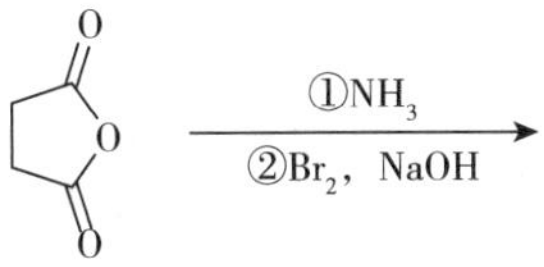 $\xrightarrow[\text{②}Br_2，NaOH]{\text{①}NH_3}$

6. 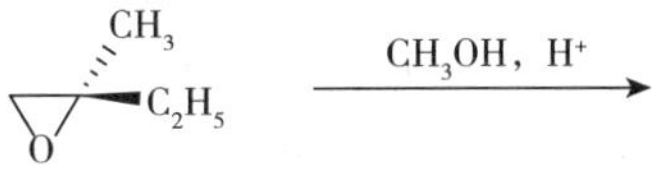 $\xrightarrow{CH_3OH，H^+}$

7. 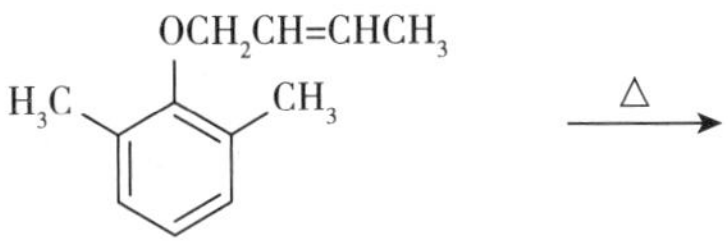 $\xrightarrow{\triangle}$

8. 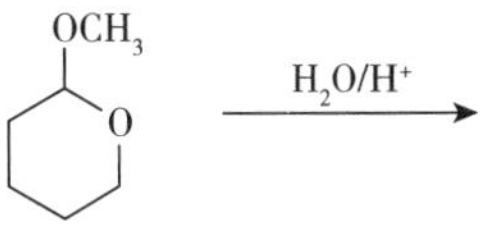 $\xrightarrow{H_2O/H^+}$

9. 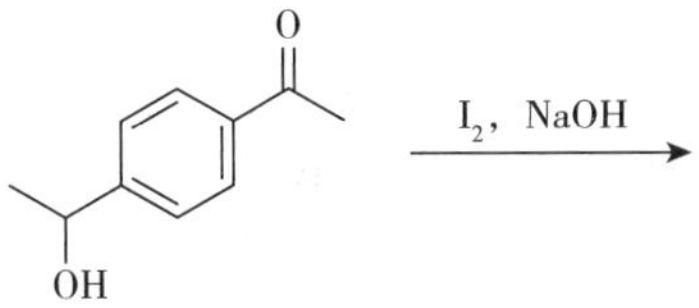 $\xrightarrow{I_2，NaOH}$

10. 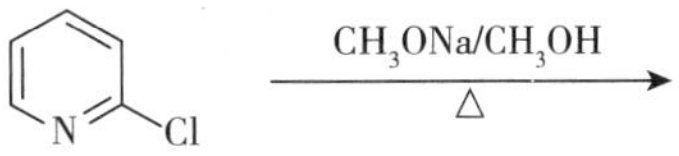 $\xrightarrow[\triangle]{CH_3ONa/CH_3OH}$

11. 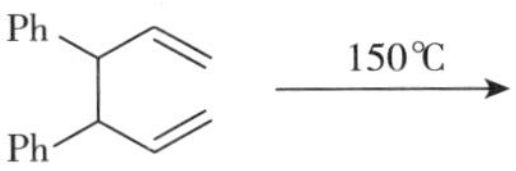 $\xrightarrow{150℃}$

12. 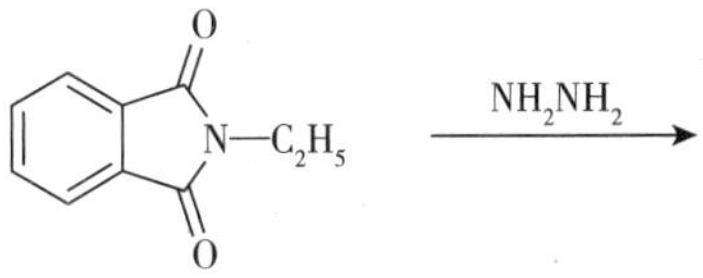 $\xrightarrow{NH_2NH_2}$

13. 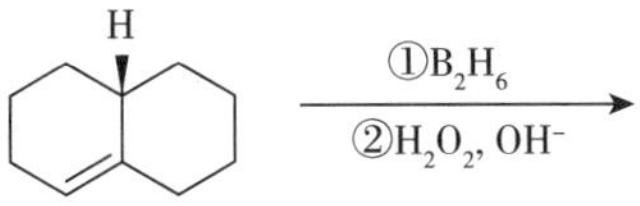 $\xrightarrow[\text{②}H_2O_2，OH^-]{\text{①}B_2H_6}$

14. 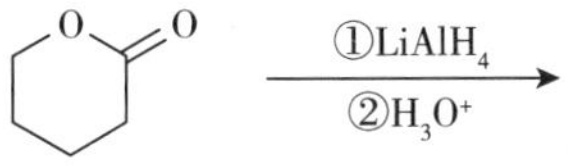 $\xrightarrow[\text{②}H_3O^+]{\text{①}LiAlH_4}$

15. 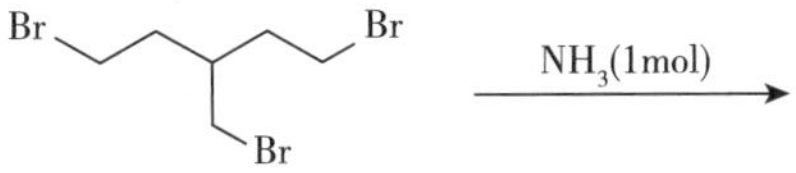 $\xrightarrow{NH_3(1mol)}$

五、推断结构（10 分）

化合物 $A(C_7H_{15}N)$ 与 CH_3I 作用生成季铵盐 $B(C_8H_{18}NI)$。B 和湿 Ag_2O 共热得到 $C(C_8H_{17}N)$。C 再经 CH_3I、湿 Ag_2O 处理，得到 $D(C_6H_{10})$ 和三甲胺。1mol D 能吸收 2mol H_2 得到 $E(C_6H_{14})$。E 的一元卤代产物有两种。试推测 A、B、C、D、E 的结构式。

六、写出下列反应的可能历程（每题 6 分，共 12 分）

1. 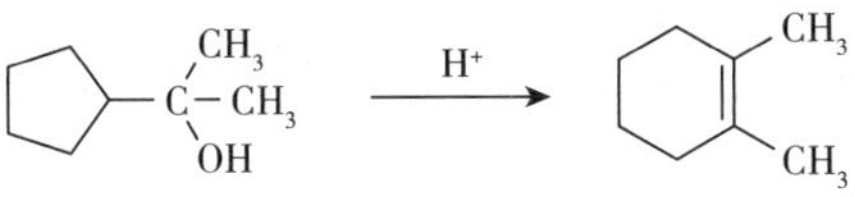 $\xrightarrow{H^+}$

2. 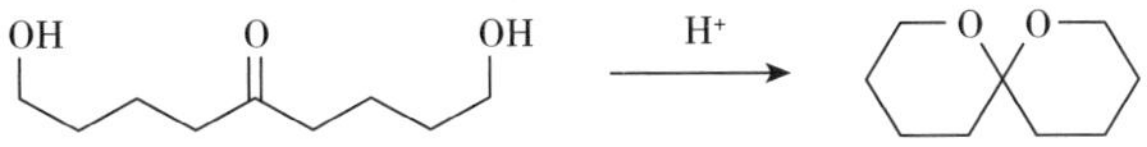 $\xrightarrow{H^+}$

七、合成题（无机原料和常用溶剂均任选）（每题 6 分，共 18 分）

1. 以环己烯为主要原料合成甲基环戊烷。

2. 以环己酮和不超过 2 个碳的烃为主要原料合成 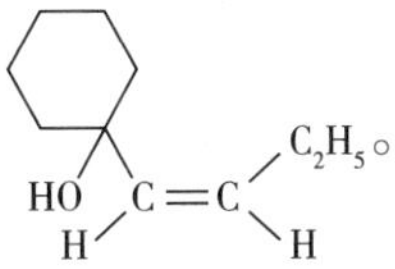 。

3. 以丙二酸二乙酯和不超过 3 个碳的有机物为主要原料合成 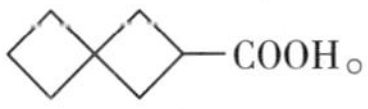 。

试 卷 十

（由山东中医药大学提供）

一、单项选择题（每题1分，共30分）

1. 下列各物质酸性排列顺序正确的为（   ）

①Cl_3CCO_2H　②$CH_3CH_2CH_2CH_2OH$　③$CH_3CH_2CHClCO_2H$

④$ClCH_2CH_2CH_2CO_2H$　⑤$CH_3CHClCH_2CO_2H$　⑥C_6H_5OH

    A. ①>③>⑤>④>⑥>②　　　　　　　　B. ⑤>④>②>③>①>⑥

    C. ①>③>⑥>⑤>②>④　　　　　　　　D. ⑤>③>②>⑥>④>①

2. 下列各化合物碱性大小排列正确的为（   ）

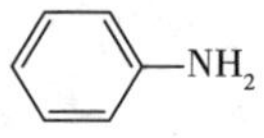

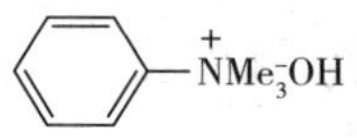

    A. ④>③>②>①　　B. ④>②>①>③　　C. ①>③>②>④　　D. ③>②>④>①

3. 下列反应中可以鉴别醛酮的是（   ）

    A. 银镜反应　　　　B. 歧化反应　　　　C. 还原反应　　　　D. 取代反应

4. 乙酰氯的水解反应属于（   ）

    A. 亲电取代　　　　B. 亲核取代　　　　C. 亲电加成　　　　D. 亲核加成

5. 下列羰基化合物与同一亲核试剂作用时，活性最大的是（   ）

    A. C_6H_5CHO　　　B. $C_6H_{13}CHO$　　　C. $HCHO$　　　　D. $CH_3COC_2H_5$

6. 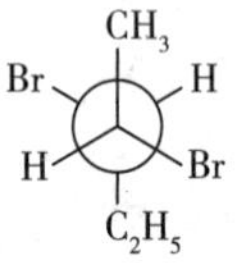 和 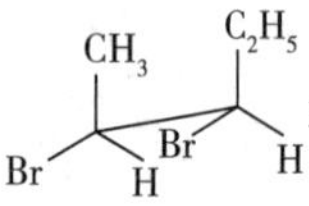 是（   ）

    A. 对映异构体　　　B. 构象异构体　　　C. 差向异构体　　　D. 同一物质

7. 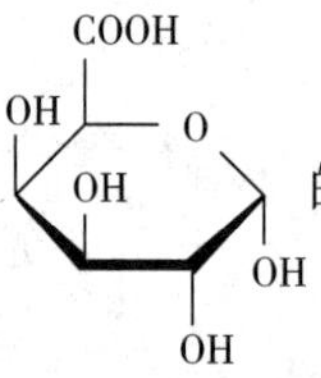 的优势构象是（   ）

    A. 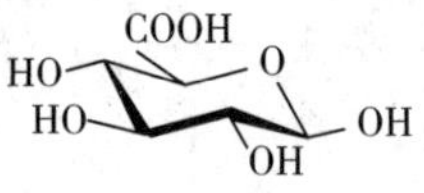　　　　　　　　B. 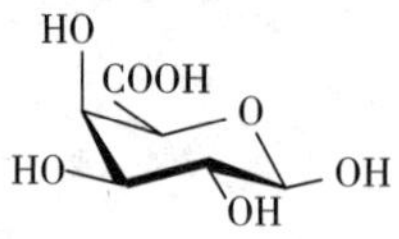　　　　　　　　C. 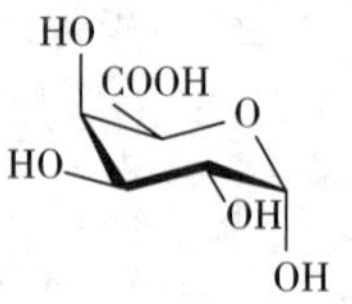　　　　　　　　D.

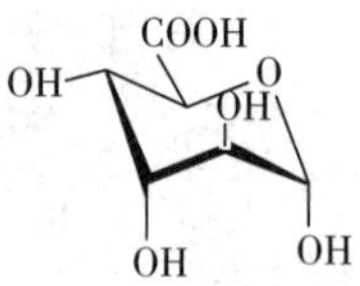

8. 下列化合物组合中，不能都发生碘仿反应的是（   ）

    A. 丙酮和丙醛　　　　　　　　　　　B. 1-苯乙醇和乙醛

    C. 苯乙酮和乙醇　　　　　　　　　　D. 丁-2-醇和苯乙酮

9. 下列化合物与$NaHSO_3$加成反应速率最快的为（   ）

    A. 二苯酮　　　　　B. 苯甲醛　　　　　C. 丙酮　　　　　　D. 甲醛

10. 酰卤醇解的产物为（   ）

    A. 羧酸　　　　　　B. 酯　　　　　　　C. 酰胺　　　　　　D. 醇

11. 下列化合物不能与乙酰氯发生酰化反应的是（   ）

A. —NH₂   B. NH   C. N—CH₃   D. —NH₂

12. 冠醚可以和金属正离子形成络合物，并随着环的大小不同而与不同的金属离子络合，18 – 冠 – 6 最容易络合的离子是（　　）

　　A. Li⁺　　　　　B. Na⁺　　　　　C. K⁺　　　　　D. Mg²⁺

13. 在浓碱条件下可发生（　　）

　　A. Clemmensen 反应　　　　　　　　B. Cannizzaro 反应

　　C. 碘仿反应　　　　　　　　　　　　D. Claisen–Schmidt 反应

14. 下列化合物中属于羰基试剂的是（　　）

　　A. 硝基苯　　　　B. 苯肼　　　　C. 苯腙　　　　D. 肟

15. 下列化合物中不能进行 Friedle – Crafts（傅 – 克）反应的是（　　）

　　A. 苯酚　　　　B. 甲苯　　　　C. 硝基苯　　　　D. 萘

16. 下列化合物中不具有芳香性的是（　　）

　　A. 　　B. 　　C. 　　D.

17. 丙烯和氯气在500℃下加热进行反应，其反应历程是（　　）

　　A. 亲电取代　　　　B. 加成反应　　　　C. 亲核加成　　　　D. 自由基取代反应

18. 立体异构不包括（　　）

　　A. 顺反异构　　　　B. 对映异构　　　　C. 互变异构　　　　D. 构象异构

19. 下列化合物中无顺反异构体的是（　　）

　　A. 丁–2–烯　　　　　　　　B. 2–氯丁–2–烯

　　C. 戊–2–烯　　　　　　　　D. 2–甲基丁–2–烯

20. 最易发生 S_N2 反应的是（　　）

　　A. 溴乙烷　　　　B. 溴乙烯　　　　C. 溴苯　　　　D. 2–溴丁烷

21. 能鉴别丙烯和丙烷的试剂为（　　）

　　A. 浓硝酸　　　　　　　　B. HCl

　　C. 氢氧化钠溶液　　　　　D. 高锰酸钾酸性溶液

22. 可用来鉴别简单的伯醇、仲醇、叔醇的试剂是（　　）

　　A. 溴水　　　　B. 卢卡斯试剂　　　　C. 三氯化铁　　　　D. 新制的氢氧化铜

23. 检查乙醚中是否含有过氧化乙醚的试剂是（　　）

　　A. 碘化钾　　　　B. 淀粉　　　　C. 淀粉碘化钾试纸　　　　D. 硫酸

24. 下列化合物中与 AgNO₃ 醇溶液反应最快的是（　　）

　　A. CH₂=CH—CH₂Br　　　　　　B. CH₂=CH—CH₂CH₂Br

　　C. CH₃—CH=CH Br　　　　　　D. C₆H₅—Br

25. 丙炔与水在酸性汞离子催化下反应，主要产物为（　　）

　　A. 丙醛　　　　B. 丙酮　　　　C. 丙酸　　　　D. 丙醇

26. 苯与氯气在铁粉存在下加热反应，进攻试剂是（　　）

　　A. Cl⁻　　　　B. Cl⁺　　　　C. Cl·　　　　D. Cl₂

27. 乙酸乙酯的水解反应属于（　　）

　　A. 亲电取代　　　　B. 亲核取代　　　　C. 亲电加成　　　　D. 亲核加成

28. 在浓碱作用下不能发生歧化反应的是（　　　）

    A. 糠醛　　　　　　　B. 甲醛　　　　　　　C. 苯乙醛　　　　　　D. 苯甲醛

29. 关于环己烷从一种椅式构象转为另一种椅式构象，下列说法错误的是（　　　）

    A. 原来位于环上的键转为环下键　　　　　　B. a 键变为 e 键

    C. 键的相对位置不变　　　　　　　　　　　D. e 键变为 a 键

30. 下列化合物既能发生碘仿反应，又能和 $NaHSO_3$ 加成的是（　　　）

    A. $CH_3COC_6H_5$ 　　　　　　　　　　　B. $CH_3CHOHCH_2CH_3$

    C. $CH_3COCH_2CH_3$ 　　　　　　　　　　D. $CH_3CH_2CH_2CHO$

二、用系统命名法命名下列化合物或根据名称写出结构式（每题 1 分，共 10 分）

1. $C_2H_5OCH{=}CH_2$

2. [环己烯-4-溴代结构图]

3. [Cl, Br, H, Cl 取代的乙烯结构图]

4. [CHO, H—OH, H—OH, CH₃ 的费歇尔投影式]

5. [邻苯二甲酸二甲酯 COOCH₃, COOCH₃]

6. [苯基-CH=CHCHO]

7. CH_3COCH_2COOH

8. [1-羟基-8-甲基萘结构图 OH, CH₃]

9. β-D-吡喃葡萄糖（哈沃斯式）

10. N,N-二甲基甲酰胺

三、写出下列反应的主产物（每题 2 分，共 20 分）

1. [环丙烷结构] $+$ HBr $\longrightarrow$

2. $CH_3CHO + HOCH_2CH_2OH \longrightarrow$

3. [乙苯结构 C_2H_5] $+ CH_3CH_2CH_2Cl \xrightarrow[\triangle]{AlCl_3}$

4. $CH_3CHBrCH_2CH_3 \xrightarrow[EtOH]{KOH}$

5. [H_2N 取代烯] $+$ [CHO 取代烯] $\xrightarrow{\triangle}$

6. $CH_3CH_2COCH_3 \xrightarrow[NaOH]{I_2}$

7. $CH_3COOC_2H_2 \xrightarrow[②H_3O^+]{①2CH_3MgBr}$

8. $CH_3CHOHCH_2CH_2COOH \xrightarrow{\triangle}$

9. $CH_3CH{=}CHCHO \xrightarrow{NaBH_4}$

10. [噻吩结构 S] $+ H_2SO_4 \longrightarrow$

四、简答题（第 1 小题 8 分，第 2 小题 6 分，第 3 小题 6 分，共 20 分）

1. 用简单的化学方法鉴别下列化合物（本题共 2 小题，每题 4 分，共 8 分）

（1）丁-2-醇、丁-2-酮、苯酚、丙醛

（2）蔗糖、麦芽糖、果糖、淀粉

2. 判断下列各组化合物之间的关系：对映异构、非对映异构、构造异构、顺反异构、同一化合物（本题共 2 小题，每题 3 分，共 6 分）

（1）　　　与　　　　　　　　（2）　　　与

3. 对下列甾体母核，按照要求回答问题（本题共 3 小题，每题 2 分，共 6 分）
　　（1）对甾体母核进行编号；
　　（2）写出该甾体母核可能的立体异构体的数目；
　　（3）判断该甾体母核属于正系还是别系。

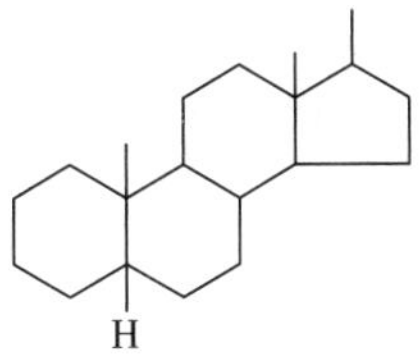

五、合成题（每题 5 分，共 10 分）

1. 用甲苯及必要试剂合成

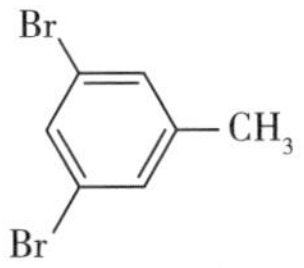

2. 用乙酰乙酸乙酯及必要试剂合成　　—COCH₃。

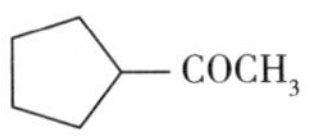

六、推导结构（10 分）

某化合物 A 的分子式为 $C_4H_8O_2$，A 对碱稳定，但在酸性条件下可水解生成 B（C_2H_4O）和 C（$C_2H_6O_2$）。B 可与苯肼反应，也可发生碘仿反应，并能还原斐林试剂。C 被酸性高锰酸钾氧化时产生气体，该气体通入澄清石灰水溶液中产生白色沉淀。试推测 A、B、C 的结构并写出各步反应式。

试　卷　十　一

（由云南中医药大学提供）

一、用系统命名法命名下列化合物或根据名称写出结构式（每题 3 分，共 18 分）

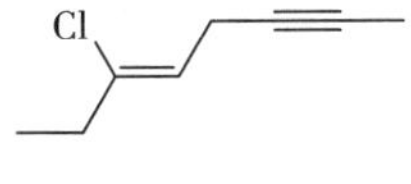

4.  CH₃—　　—OH　　　5. 3-硝基苯甲酰氯　　　6. 5-溴二环[2.2.2]辛-2-烯

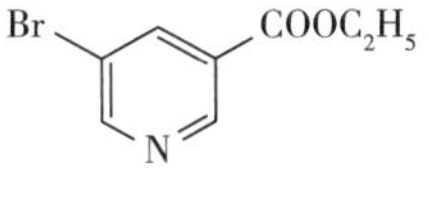

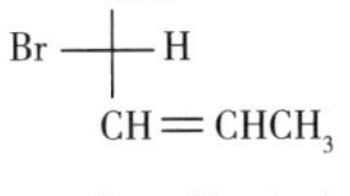

二、单项选择题（每题 2 分，共 30 分）

1. 下列化合物与 HCN 发生亲核加成反应，反应速率最快的是（　　）
　　A. CH₃COCH₃　　　B. CH₃CH₂CHO　　　C. CH₃CHO　　　D. PhCOCH₃

2. 下列化合物中酸性最强的是（　　）
　　A. 乙炔　　　B. 乙酸　　　C. 苯酚　　　D. 三氯乙酸

3. 环戊烯分子中存在的电性效应是（　　）
　　A. σ-π 超共轭效应　　　B. π-π 共轭效应　　　C. p-π 共轭效应　　　D. σ-p 超共轭效应

4. 下列化合物能与 $NaHSO_3$ 发生反应的是 （　　　）

    A. 戊-3-酮　　　　　B. 戊-2-酮　　　　　C. 苯乙酮　　　　　D. 乙酸

5. 物质无旋光性，则 （　　　）

    A. 一定无手性原子　　　　　　　　　　　B. 一定有手性轴或手性面

    C. 无对称面有对称中心　　　　　　　　　D. 有对称面或对称中心

6. 下列化合物中不具有芳香性的是 （　　　）

    A.　　　　　　　B.　　　　　　　C.　　　　　　　D.

7. 丙烯酸与溴化氢发生反应符合的规则是 （　　　）

    A. 反马氏规则　　　　B. 马氏规则　　　　C. 札依采夫规则　　　　D. 霍夫曼规则

8. 在从茶叶中提取咖啡因的实验中，精制咖啡因是利用咖啡因的 （　　　）

    A. 溶解性　　　　　　B. 酸性　　　　　　C. 升华性　　　　　　D. 碱性

9. 下列化合物能发生羟醛缩合的是 （　　　）

    A. 4,4-二甲基二苯酮　　B. 苯乙酮　　　　C. 2,2-二甲基丙醛　　D. 对甲基苯甲醛

10. 下列化合物与乙醇发生亲核取代反应速率最快的是 （　　　）

    A. 乙酸　　　　　　　B. 乙酰胺　　　　　C. 乙酸甲酯　　　　　D. 乙酰氯

11. 下列化合物中碱性最强的是 （　　　）

    A. *N*-甲基苯胺　　　B. 苯胺　　　　　　C. 乙酰胺　　　　　　D. 二乙胺

12. Williamson 合成法可合成 （　　　）

    A. 醇　　　　　　　　B. 酮　　　　　　　C. 醚　　　　　　　　D. 胺

13. 下列化合物对碱、氧化剂和还原剂均不稳定的是 （　　　）

    A.　　　　　　　B.　　　　　　　C.　　　　　　　D.

14. 化合物 属于 （　　　）

    A. 单萜　　　　　　　B. 倍半萜　　　　　C. 二萜　　　　　　　D. 三萜

15. 下列卤烃与硝酸银醇溶液反应，生成沉淀最快的是 （　　　）

    A.　　　　　　　B.　　　　　　　C.　　　　　　　D.

三、完成下列反应方程式（每空 2 分，共 20 分）

1. $\xrightarrow[\text{C}_2\text{H}_5\text{OH}/\triangle]{\text{C}_2\text{H}_5\text{ONa}}$ （　　　　　）

2. $\xrightarrow[\text{H}^+]{\text{KMnO}_4}$ （　　　　　） $\xrightarrow{\triangle}$ （　　　　　）

3. + $\xrightarrow{\triangle}$ （　　　　　）

4. —OH + 三甲基烯丙基Br $\xrightarrow{\text{NaOH}}$ (　　　) $\xrightarrow{\triangle}$ (　　　)

5. COONa + $(CH_3)_2CHCCl$ (上方有O) $\longrightarrow$ (　　　)

6. $\xrightarrow{\text{NaCN}}$ (　　　) $\xrightarrow[H_2O]{H^+}$ (　　　)

7. $(CH_3)_2CHCCH_2CH_3$ (上方有O) $\xrightarrow[\text{②}H_3O^+]{\text{①}CH_3CH_2MgBr/\text{无水乙醚}}$ (　　　)

四、鉴别下列各组化合物（每题 5 分，共 10 分）

1. 苯胺、二乙胺、乙胺、乙醇

2. 苯甲醇、苯甲醛、苯乙酮、1-苯基丙-1-酮

五、简答题（第 1 题 6 分，第 2 题 6 分，第 3 题 10 分，共 22 分）

1. 推测下列反应的机理

2. 以环己醇和必要的试剂合成

3. 化合物 A($C_5H_6O_3$) 能与乙醇反应生成两个异构体 B 和 C。B 和 C 分别与氯化亚砜作用后加入乙醇可生成同一化合物。试推测化合物 A、B、C 的结构式，并写出任意两个反应式。

试　卷　十　二

（由长春中医药大学提供）

一、单项选择题（每题 2 分，共 30 分）

1. 下列化合物中偶极矩为零的是（　　　）

　　A. CCl_4　　　　　　　　B. H_2O　　　　　　　　C. CH_3NO_2　　　　　　　D. CH_3OH

2. 下列醇中常温下与 Lucas 试剂反应无现象的是（　　　）

　　A. 乙醇　　　　　　　　B. 丙-2-醇　　　　　　　C. 苄醇　　　　　　　　D. 叔丁醇

3. 下列化合物中酸性最强的是（　　　）

　　A. 乙醇　　　　　　　　B. 甲酸　　　　　　　　C. 乙酸　　　　　　　　D. 乙酸乙酯

4. 下列自由基中最稳定的是（　　　）

　　A. ·CH_3　　　　　　　B. ·$C(CH_3)_3$　　　　　C. ·$CH(CH_3)_2$　　　　D. ·CH_2CH_3

5. 下列物质中水解速率最快的是（　　　）

　　A. 苯甲酸甲酯　　　　　B. 邻苯二甲酸酐　　　　C. 苯甲酰胺　　　　　　D. 苯甲酰氯

6. 下列化合物中不属于还原糖的是（　　　）

　　A. 纤维二糖　　　　　　B. 麦芽糖　　　　　　　C. 蔗糖　　　　　　　　D. 乳糖

7. 正丁烷的优势构象的是（　　　）

    A. 对位交叉式　　　　B. 邻位交叉式　　　　C. 部分重叠式　　　　D. 全部重叠式

8. 室温下与 HNO_2 反应放出 N_2 的是（　　　）

    A. $CH_3CH_2NH_2$　　　　B. $(CH_3)_2NH$　　　　C. $(CH_3)_3N$　　　　D. $C_6H_5NHCH_3$

9. 下列化合物发生 E1 反应速率最快的是（　　　）

    A. 1-氯-3-甲基丁烷　　　　　　　　B. 1-氯-2-甲基丁烷

    C. 2-氯-3-甲基丁烷　　　　　　　　D. 2-氯-2-甲基丁烷

10. 在铁粉存在下，下列化合物与溴最容易反应的是（　　　）

    A. 苯磺酸　　　　B. 苯酚　　　　C. 硝基苯　　　　D. 甲苯

11. 下列化合物中碱性最强的是（　　　）

    A. 氢氧化四甲铵　　　　B. 苯胺　　　　C. 乙酰胺　　　　D. 乙胺

12. 下列烯烃发生亲电加成反应速率最慢的是（　　　）

    A. $CH_3CH{=}CHCH_3$　　B. $(CH_3)_2C{=}CHCH_3$　　C. $CH_3CH{=}CH_2$　　D. $CH_2{=}CHBr$

13. 下列结构中具有芳香性的是（　　　）

    A. △　　　　B. （五元环）　　　　C. （薁）　　　　D. （茚）

14. 下列糖类化合物能与间苯二酚的浓盐酸溶液反应呈红色的是（　　　）

    A. 蔗糖　　　　B. 麦芽糖　　　　C. 葡萄糖　　　　D. 果糖

15. 下列化合物在水溶液中碱性最小的是（　　　）

    A. 甲胺　　　　B. 二甲胺　　　　C. 三甲胺　　　　D. 苯胺

二、写出下列反应的主产物（每题 2 分，共 30 分）

1. $CH_3CH_2CH_2MgCl + CO_2 \xrightarrow{H^+/H_2O}$

2. $CH_3\underset{\overset{|}{CH_3}}{C}HCH_2CH_3 + Br_2 \xrightarrow[\triangle]{光照}$

3. $CH_3\overset{O}{\overset{\|}{C}}CH_3 + NH_2OH \longrightarrow$

4. $CH_3CH_2\underset{\overset{|}{OH}}{C}HCH_3 \xrightarrow[\triangle]{H^+}$

5. $CH_3\overset{O}{\overset{\|}{C}}Cl \xrightarrow{NH_3}$

6. $CH_3C{\equiv}CCH_2CH_3 + H_2 \xrightarrow[液NH_3]{Na}$

7. （硝基苯）$\xrightarrow{Fe, HCl}$

8. （环氧丙烷）$+ CH_3CH_2OH \xrightarrow{H^+}$

9. $\underset{\overset{|}{OH}}{C}H_2CH_2CH_2COOH \xrightarrow{\triangle}$

10. $CH_3CH_2COCl + CH_3COONa \longrightarrow$

11. $2CH_3CHO \xrightarrow{\text{稀碱}}$

12. $\begin{matrix} CH_2COOH \\ | \\ CH_2COOH \end{matrix} \xrightarrow{\triangle}$

13. $CH_3\overset{\overset{\displaystyle O}{\|}}{C}NH_2 + Br_2 \xrightarrow[\text{H}_2\text{O}]{\text{NaOH}}$

14. ⎰ + ⎱O $\xrightarrow{\triangle}$

15. （COOH与苯环，HO、OH、OH取代的结构）$\xrightarrow{\triangle}$

三、合成题（每题5分，共20分）

1. 以苯和丙烯为原料合成3-苯基丙-1-烯。

2. 用乙酰乙酸乙酯合成2-甲基戊酸。

3. 以乙烯为主要原料，其他试剂任选，合成丁-2-酮。

4. 以（苯基带CH₂CH₃的结构）为原料合成（带CH₂CH₃Br、COCH₃、Cl取代的苯环结构）。

四、简答题（每题5分，共20分）

1. 用化学方法鉴别：①$CH_3CH_2CH_2OH$；②$(CH_3)_2CHOH$；③$(CH_3)_3COH$。

2. 用化学方法鉴别：①环己烯；②环己-1,3-二烯；③己-1-炔。

3. 用化学方法鉴别：①苯胺；②N-甲基苯胺；③N,N-二甲基苯胺。

4. 化合物 A($C_6H_{12}O$) 能与羟胺作用，但不与托伦试剂反应，也不与饱和亚硫酸氢钠反应。A 在铂催化下加氢生成化合物 B($C_6H_{14}O$)。B 能与浓硫酸一起加热得到 C(C_6H_{12})。C 经臭氧氧化，水解成分子式为(C_3H_6O)的两种化合物 D 和 E。D 能发生碘仿反应，但不与托伦试剂作用。E 不能发生碘仿反应，但可和托伦试剂作用。试推测 A、B、C、D、E 的结构式。

试 卷 十 三

（由浙江中医药大学提供）

一、用系统命名法命名下列化合物或根据名称写出结构式（每题4分，共16分）

1.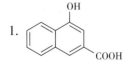

2.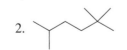

3.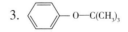

4.

二、写出下列反应的主产物（每空4分，共40分）

1. $CH_3CH_2CH=CH_2 + HBr \xrightarrow{H_2O_2}$ （   ）

2. （苯基-CHO） + CH_3COCH_3 $\xrightarrow{OH^-, H_2O}$ （   ）

3. $CH_3-C \equiv C-CH_3 \xrightarrow[Pd/BaSO_4]{H_2}$ (   )

4. 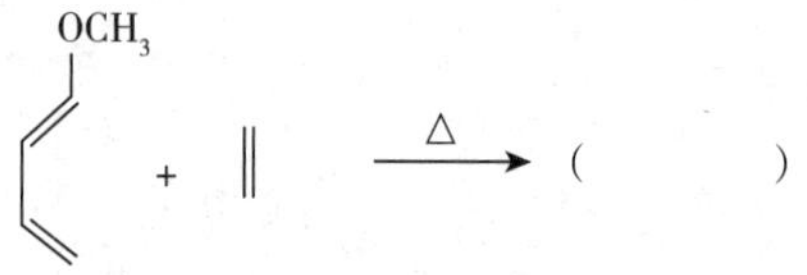 + $\xrightarrow{\triangle}$ (   )

5. $\xrightarrow[②H^+, H_2O]{①EtONa}$ (   ) $\xrightarrow[②PhCH_2Br]{①EtONa}$ (   )

6. $\xrightarrow[H_2SO_4]{(CH_3)_3CCH_2OH}$ (   ) $\xrightarrow[H^+]{KMnO_4}$ (   )

7. 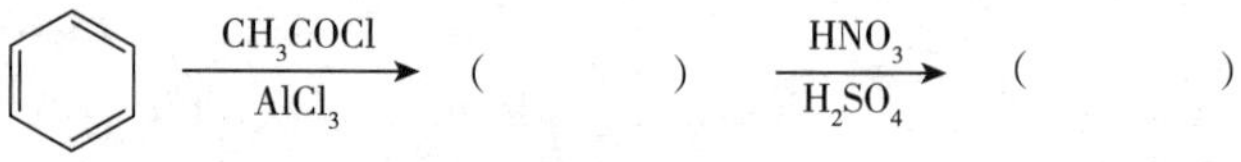 $\xrightarrow[AlCl_3]{CH_3COCl}$ (   ) $\xrightarrow[H_2SO_4]{HNO_3}$ (   )

三、鉴别下列各组化合物（每题 6 分，共 12 分）

1. 苯甲酸、苯甲醛和苯甲醇

2. 葡萄糖、蔗糖和淀粉

四、合成题（每题 10 分，共 20 分）

1. 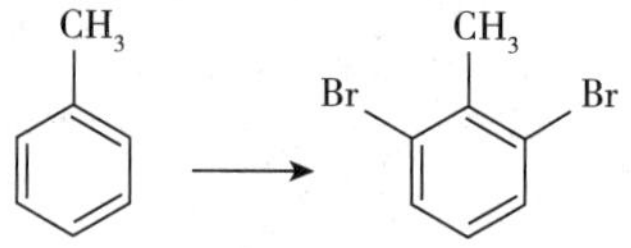 $\longrightarrow$

2. 以不超过两个碳的有机化合物为原料合成

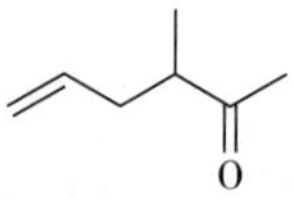

五、写出下列反应的反应机理（12 分）

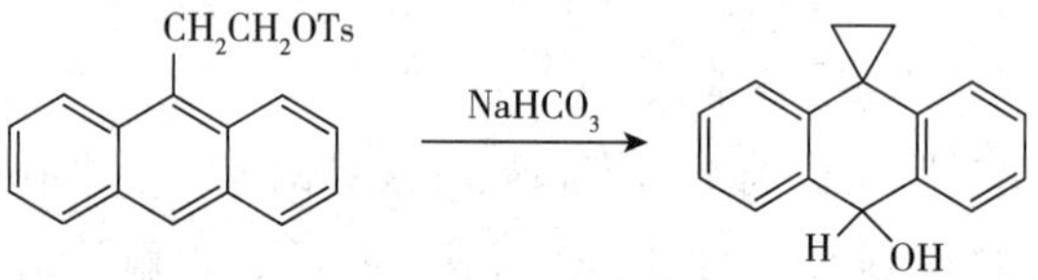

$\xrightarrow{NaHCO_3}$ （注：T_s 即对甲苯磺酰基）

第五篇　参考答案

一、各章习题

第一章　绪　论

1. 人们将碳氢化合物及其衍生物称为有机化合物，简称有机物。有机化合物与无机化合物的主要区别：易燃烧；难溶于水，易溶解于有机溶剂；大多数有机化合物熔点、沸点低，易挥发；大多数有机化合物的反应速率慢；产物复杂，副反应多；有机化合物中普遍存在异构现象。

2. 结构式：用短线表示分子中原子或原子团的连接方式和排列次序。结构简式：省略碳与氢之间的键线，或者将碳氢单键和碳碳单键的键线均省略。键线式：只表示出碳骨架及除碳、氢原子以外的原子或原子团与碳原子的连接关系，在链或环的端点、折角处表示一个碳原子。

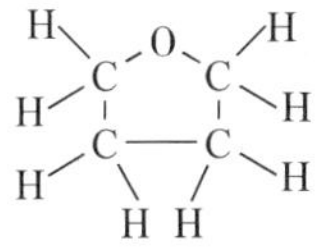

（结构式） 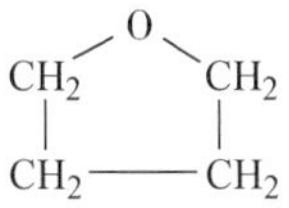　　（结构简式） 　　（键线式）

3. 碳原子有三种杂化形式：sp、sp^2 和 sp^3。

4. 略（见书）

5. 键的极性是由于成键原子的电负性不同而引起的，可用偶极矩表示。分子的极性是由分子的偶极矩的大小来衡量的，而分子的偶极矩为组成分子共价键的偶极矩的向量和。分子的极化性是指分子在外界电场（试剂、溶剂、极性容器）的影响下，键的极性发生一些改变。

6. （2）（3）（5）（6）为极性分子。

7. （1）π-π　（2）p-π　σ-π　σ-p　（3）π-π　p-π　（4）p-π　σ-p　（5）π-π　p-π

8. 共价键有均裂、异裂和协同反应三种断裂方式。通过均裂产生自由基中间体，通过异裂产生正、负离子中间体；在协同反应中旧键断裂和新键形成同时进行，无活性中间体产生。

9. 分子间可存在色散力、诱导力、偶极－偶极作用力（取向力）和氢键。从大到小排序：氢键、偶极－偶极作用力、诱导力、色散力。

10. C

11. B

12. 不一定。分子间的氢键使沸点升高，分子内的氢键使沸点降低。例如，对硝基苯酚和邻硝基苯酚的沸点不同。

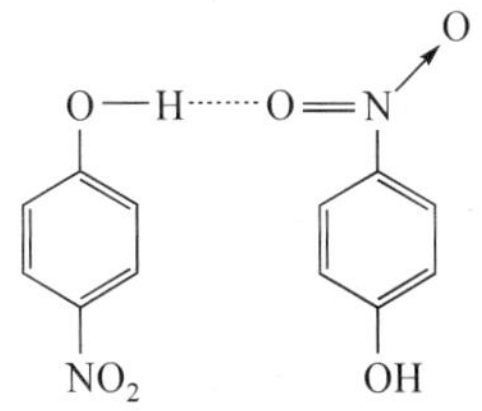

（沸点 282℃） 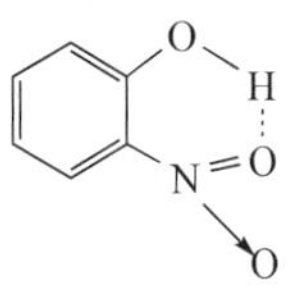　　　　　　　　　　　　（沸点 164℃）

13. 共轭酸的酸性与其对应碱的碱性相反。碱性越弱，说明其阴离子越不容易得到质子，而其分子更容易电离出质子，因此对应的共轭酸的酸性越强，因此 H_2O 的酸性强于 NH_3。

第二章 烷 烃

1.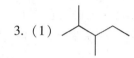

2. （1）2-甲基丁烷　　　　　　（2）3,3,4-三甲基己烷

　　（3）2,3-二甲基丁烷　　　　　（4）2,2,3,3,4-五甲基己烷

3. （1）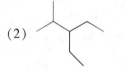

4. （1）（2）和（5）是同一个化合物。（3）（4）是同一个化合物。

5. （1）错，应该是 3-甲基戊烷

　　（2）正确

　　（3）错，应该是 3-甲基十一烷

　　（4）错，应该是 4,4-二甲基辛烷

　　（5）错，应该是 2,2,4-三甲基己烷

　　（6）正确

6. （1）

　　（2）

　　（3）

　　（4）

　　（5）

　　（6）

7. （2）>（3）>（1）>（4）

第三章 烯 烃

1. （1）～（5）CEBDA （6）～（10）EBADB （11）～（15）EDABD

2. （1）5-氯-6-乙基-2,7-二甲基壬-3-烯 （2）2,3,4-三甲基戊-2-烯

 （3）5-乙基庚-2-烯 （4）3-乙烯基己-1-烯

 （5）3-甲亚基环戊烯 （6）3-异丙基-2,4-二甲基己-3-烯

 （7）2-正丙基环己-1,3-二烯

3. （1）$CH_3CH_2CH=CHCH_2CH_3$ （2） 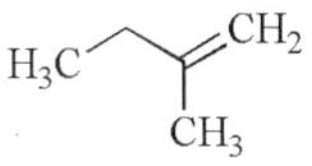 （3）

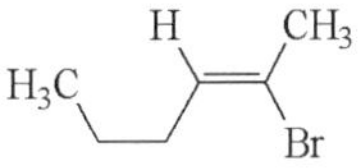

 （4） 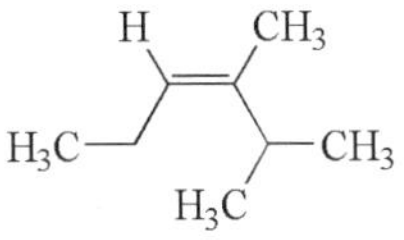 （5） 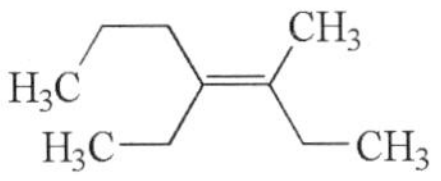 （6）$CH_2=\overset{|}{C}CH_3$

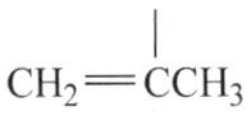

4. （1） 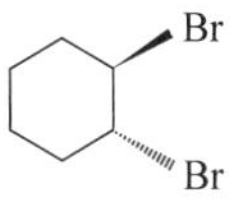 （2）$CH_3\overset{Cl}{\underset{}{CH}}-\overset{OH}{\underset{\overset{|}{CH_3}}{C}}-CH_2CH_3$ （3）

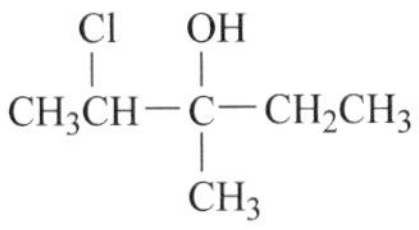

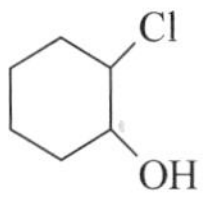

 （4） 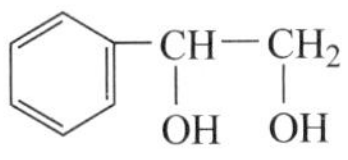 （5） 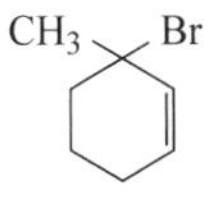 （6）$PhCH_2CH_2Br$

 （7）$HCHO + OHC-CH_2-CH_3$ （8）

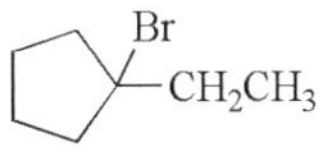

 （9） 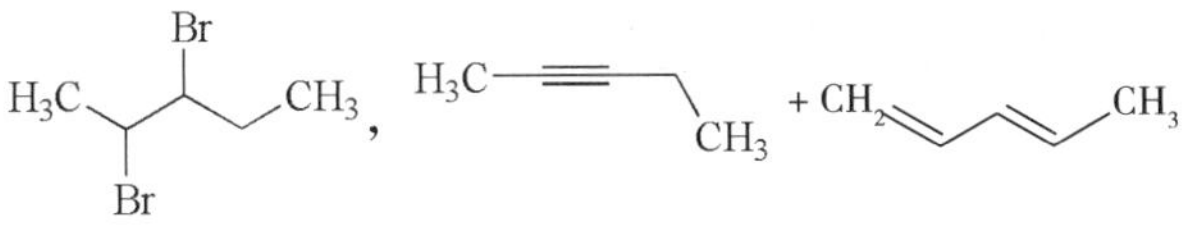 ， （10） 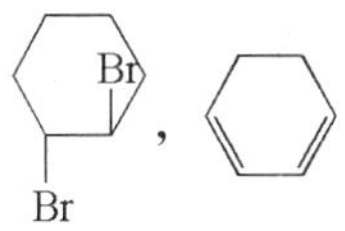 ，

 （11） 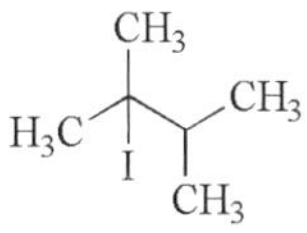 （12） 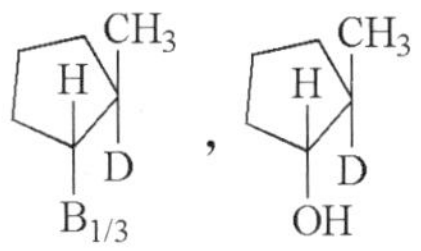 ， （13）

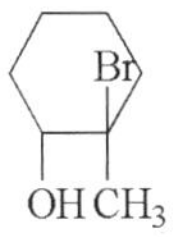

 （14） 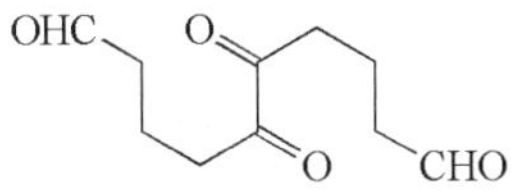 （15）

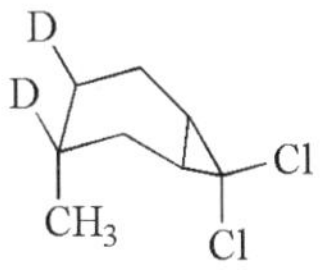

5. A 的可能结构为

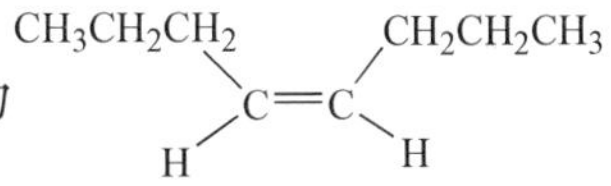

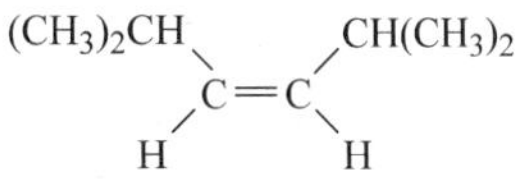

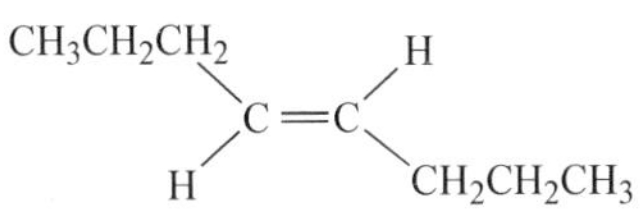

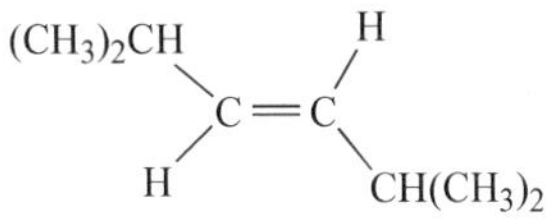

6. A. 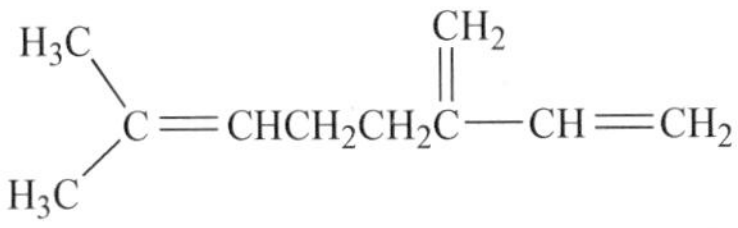 B.

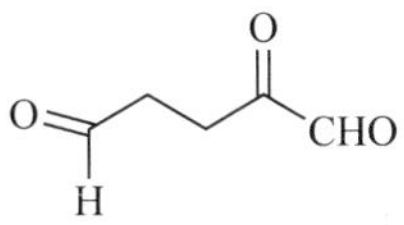

7. 稳定性：（5）＞（4）＞（3）＞（1）＞（2）

8. 反应速率：（3）＞（4）＞（2）＞（1）＞（5）

9.

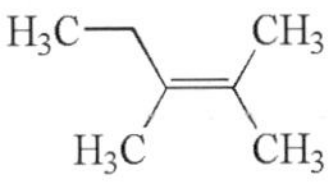

10. HCl 在气态时反应可直接电离出 H^+，而其溶于水后，与水反应生成 H_3O^+，由于 H_3O^+ 是 HCl 与碱反应后生成的共轭酸，其酸性应小于 HCl。故干燥的 HCl 亲电性强，易发生反应。

11. （结构式图略） 反应方程式（略）。

第四章　炔烃与二烯烃

1. （1）3-甲基丁-1-炔　　　　　　　　（2）(E)-4-乙烯基庚-4-烯-2-炔

（3）2,2,6,6-四甲基庚-3-炔　　　　（4）(E)-4-甲基庚-2-烯-5-炔

（5）己-1-烯-3,5-二炔　　　　　　　（6）4,4-二甲基-1-苯基戊-1-炔

（7）(2E,4Z)-3,4,5-三甲基辛-2,4-二烯

（8）(Z)-3-乙基-4-乙烯基庚-3-烯-1-炔

2. （1）$CH_2 = CHCH_2C \equiv CH$，烯丙基乙炔

（2）$CH_3CH = CHC \equiv CH$，丙烯基乙炔

（3）$(CH_3)_3CC \equiv CC(CH_3)_3$，二叔丁基乙炔

（4）$(CH_3)_2CHC \equiv CCHCH_2CH_3$，异丙基仲丁基乙炔
　　　　　　　　　　　　|
　　　　　　　　　　　CH_3

3. $HC \equiv C(CH_2)_3CH_3$，己-1-炔　　　　　$CH_3C \equiv C(CH_2)_2CH_3$，己-2-炔

$CH_3CH_2C \equiv CCH_2CH_3$，己-3-炔　　　$HC \equiv CCH_2CHCH_3$，4-甲基戊-1-炔
　　　　　　　　　　　　　　　　　　　　　　　　　　　　　|
　　　　　　　　　　　　　　　　　　　　　　　　　　　　CH_3

$HC \equiv CCHCH_2CH_3$，3-甲基戊-1-炔　　　$CH_3CHC \equiv CCH_3$，4-甲基戊-2-炔
　　　　　|　　　　　　　　　　　　　　　　　　　　　|
　　　　CH_3　　　　　　　　　　　　　　　　　CH_3

　　　　　CH_3
　　　　　|
$H_3C - C - C \equiv CH$，3,3-二甲基丁-1-炔
　　　　　|
　　　　　CH_3

4. （1）$CH_3CH_2 \underset{\underset{Br}{|}}{\overset{\overset{Br}{|}}{C}} CH_3$　　　（2）$CH_3CH_2 \overset{\overset{O}{\|}}{C} CH_2CH_2CH_3$　　　（3）$CH_3 \overset{\overset{O}{\|}}{C} OCH = CH_2$

（4）$\underset{H}{\overset{H_3CH_2C}{}} C = C \underset{H}{\overset{CH_2CH_3}{}}$　　　（5）$CH_3CH_2CH_2C \equiv CAg \downarrow$　　　（6）$\underset{\underset{Br}{|}}{CH_2} \underset{\underset{Br}{|}}{CH} CH_2C \equiv CH$

（7）$\underset{H}{\overset{H_3C}{}} C = C \underset{CH_2CH_2CH_2}{\overset{H}{}} C = C \underset{H}{\overset{CH_3}{}}$　　　（8）$CH_3CH_2CH_2CHO$

（9）$CH_3CH_2C \equiv CC_2H_5$　　　（10）$H_2C = CHC \equiv CCH = CH_2$

（11）$CH_3CH_2CH_2COOH + CH_3COOH$　　　（12）

（13） 　　　（14）$H_3C - \underset{\underset{CH_3}{|}}{C} = CH - \underset{\underset{Cl}{|}}{CH_2}$

（15）$H_2C - CH = CH - CH = CH - CH_3$
　　　　|
　　　Cl

5. (1) H_2，Ni　　　(2) H_2，Pd/$BaSO_4$/喹啉　　　(3) ①B_2H_6，②H_2O_2/OH^-

　(4) Na，NH_3(l)　　　(5) H_2O，$HgSO_4$/H_2SO_4　　　(6) Cu_2Cl_2/NH_4Cl

6. (1) 加 $KMnO_4$/H^+，褪色的为乙烯、乙炔，再加[$Ag(NH_3)_2$]NO_3，产生白色沉淀的为乙炔。

　(2) 加[$Ag(NH_3)_2$]NO_3，产生白色沉淀的为戊-1-炔。

　(3) 加顺丁烯二酸酐，产生白色沉淀的为戊-1,3-二烯。

7. (1)
$$CH_3C\equiv CH \xrightarrow{HBr} CH_3\underset{\overset{|}{Br}}{C}=CH_2 \xrightarrow{HBr} CH_3\underset{\overset{|}{Br}}{\overset{\overset{Br}{|}}{C}}CH_3$$

　(2)
$$CH_3C\equiv CH + H_2O \xrightarrow[H_2SO_4]{HgSO_4} CH_3\overset{\overset{O}{\|}}{C}CH_3$$

　(3)
$$CH_3C\equiv CH + H_2 \xrightarrow[液NH_3]{Na} CH_3CH=CH_2 \xrightarrow[②H_2O_2,OH^-]{①B_2H_6} CH_3CH_2CH_2OH$$

　(4)
$$CH_3C\equiv CH \xrightarrow[\triangle]{KMnO_4/H_2O} CH_3COOH + CO_2\uparrow$$

　(5)
$$CH_3C\equiv CH + H_2 \xrightarrow[液NH_3]{Na} CH_3CH=CH_2 \xrightarrow[过氧化物]{HBr} CH_3CH_2CH_2Br$$

$$CH_3C\equiv CH \xrightarrow[液氨]{NaNH_2} CH_3C\equiv CNa \xrightarrow{CH_3CH_2CH_2Br} CH_3C\equiv CCH_2CH_2CH_3 \xrightarrow[Pd]{H_2} CH_3(CH_2)_4CH_3$$

　(6)
$$CH_3C\equiv CCH_2CH_2CH_3$$

$$\xrightarrow[Pd/BaSO_4/喹啉]{H_2} \underset{H}{\overset{H_3C}{>}}C=C\underset{H}{\overset{CH_2CH_2CH_3}{<}}$$

$$\xrightarrow{Na/NH_3(l)} \underset{H}{\overset{H_3C}{>}}C=C\underset{CH_2CH_2CH_3}{\overset{H}{<}}$$

8. (3) > (2) > (1) > (4)

9. 用冷的浓硫酸洗去乙烯。

10. (1) 因为乙炔中碳原子为 sp 杂化，轨道中 s 成分较多，核对电子的束缚能力比 sp^2 杂化的乙烯和 sp^3 杂化的乙烷强，电子云靠近碳原子，其电负性增大，C—H 键极性增强，使叁键碳原子上氢的活泼性增强，具有微弱的酸性，易于解离。

　(2) 因为 π 键电子云密度的高低能够影响亲电加成反应的活性。当炔烃与 X_2、HX 等亲电试剂发生亲电加成反应生成卤代烯烃后，连在双键碳上的卤原子产生的吸电子诱导效应（-I）使 C=C 的 π 电子云密度降低，亲电加成反应活性减弱，因此反应可停留在第一步。

　(3) 化学反应向多种产物方向转变时，在反应未达到平衡前，由反应速率控制产物比例的现象称为动力学控制（或速率控制）；由产物的稳定性控制产物比例的现象称为热力学控制（或平衡控制）。在丁-1,3-二烯和 HBr 加成反应中，低温时的产物比例由动力学控制，由于 1,2-加成比 1,4-加成所需的活化能小，反应速率大，所以产物比例高；而高温时的产物比例由热力学控制，由于 1,4-加成产物比 1,2-加成产物稳定，所以产物比例高。

11. (1) A. $CH_3\underset{\overset{|}{CH_3}}{CH}C\equiv CH$　　　B. $CH_3\underset{\overset{|}{CH_3}}{CH}\overset{\overset{O}{\|}}{C}CH_3$

　(2) A. $HC\equiv CCH_2CH_2CH=CH_2$　B. $HC\equiv CCH_2\underset{\overset{|}{CH_3}}{CH}CH=CH_2$　C. $HC\equiv CCH=\underset{\overset{|}{CH_3}}{C}CH_3$

第五章　脂环烃

1. （1）反-1,3-二甲基环己烷　　　　（2）反-5-环丙基-4-甲基庚-2-烯
   （3）环戊基环己烷　　　　　　　　（4）3,5-二甲基环己烯
   （5）1-甲基螺[4.5]癸-6-烯　　　　（6）1-甲基二环[2.2.0]己-2-烯
   （7）3-溴二环[3.3.0]辛-2,7-二烯
   （8）1-异丙基-4-甲基环己-1,4-二烯

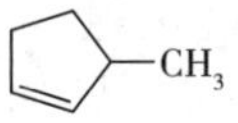

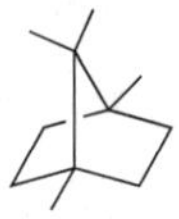

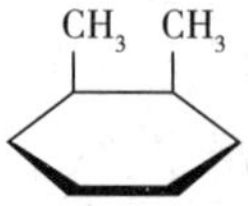

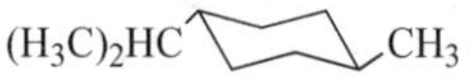

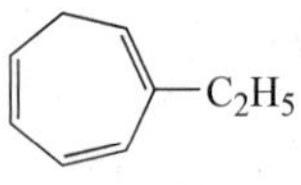

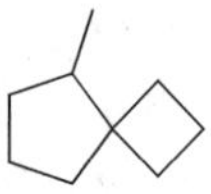

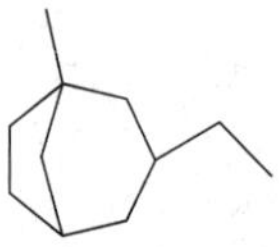

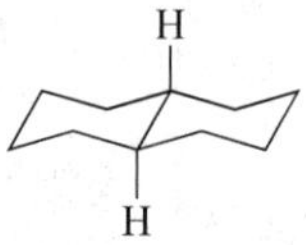

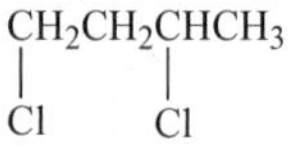

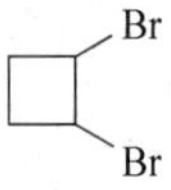

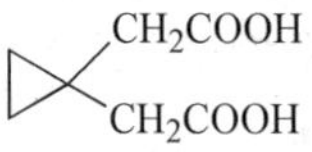

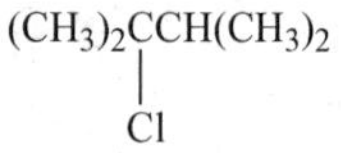

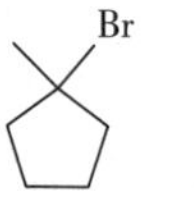

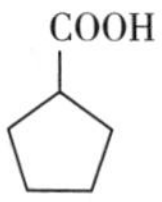

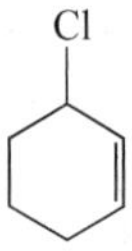

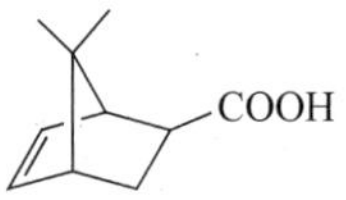

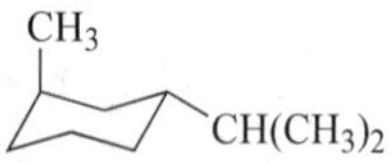

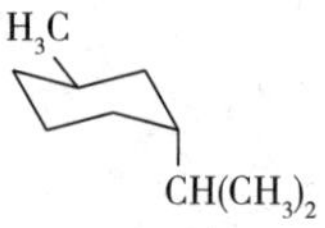

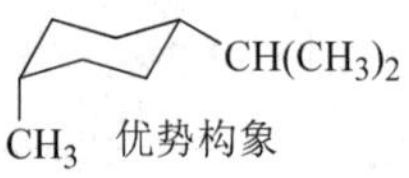

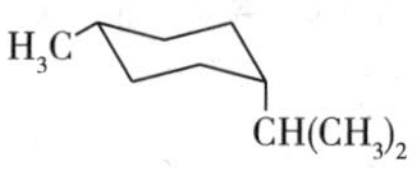

2.

3.

4. 反式：　　　　　　顺式：

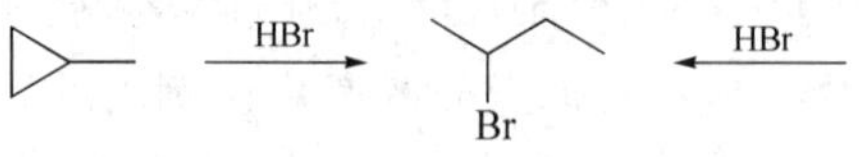

5. （1）

   （2）

   （3）

6. （1）

   （2）

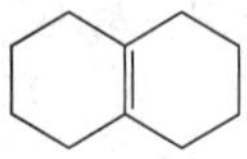

   （3）

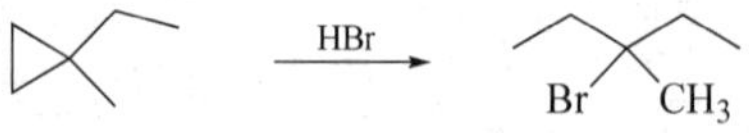

第六章 芳 烃

1. （1）1-溴-4-甲基苯 （2）邻甲基苯磺酸

   （3）氯化苄（苄基氯） （4）对甲基苯乙烯

   （5）1,5-二甲基萘 （6）萘-β-磺酸

   （7）苯甲酸 （8）5-硝基萘-1-磺酸

   （9） 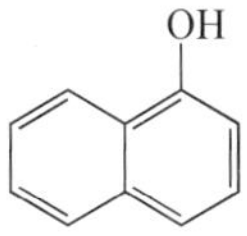 （10）

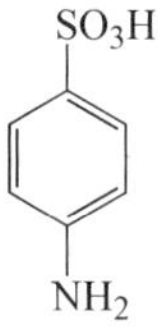

   （11） 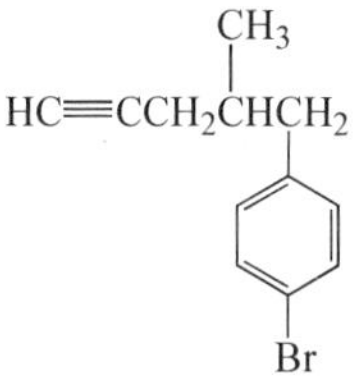 （12）

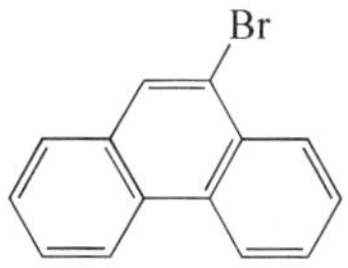

2. （1） 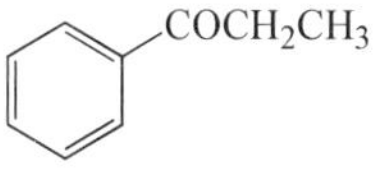 （2）

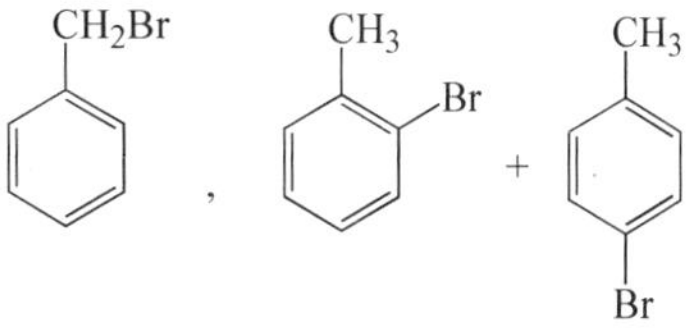

   （3） 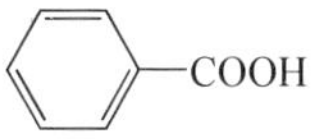 （4）

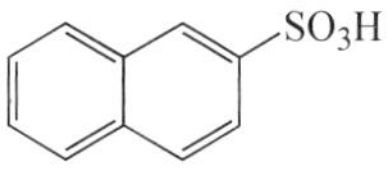

   （5） 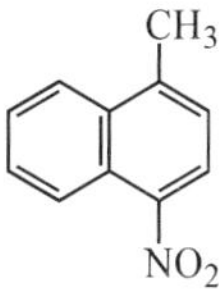 （6）

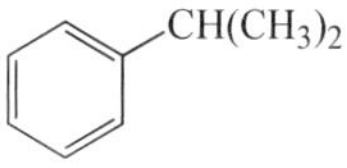

   （7） 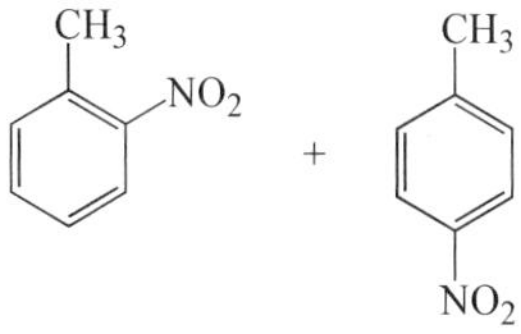 （8）

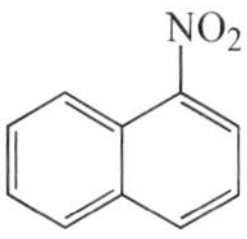

   （9） 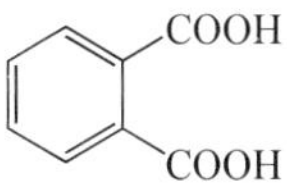 （10）

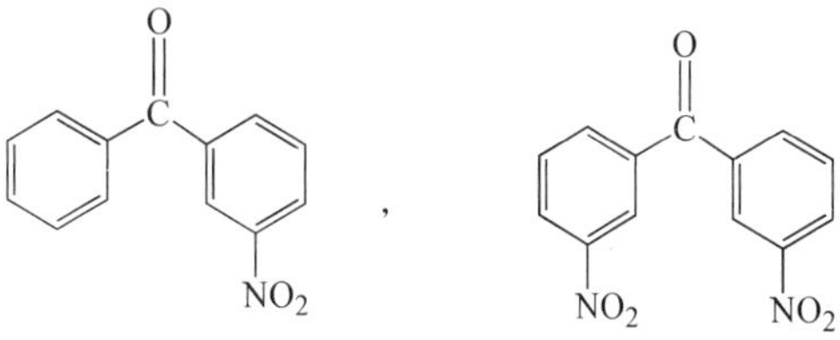

3. （1）B＞A＞C＞D （2）C＞D＞A＞B （3）D＞B＞C＞A （4）B＞D＞A＞C

4. 有芳香性的化合物：（3）（7）（8）（9）（10）

5. （1） 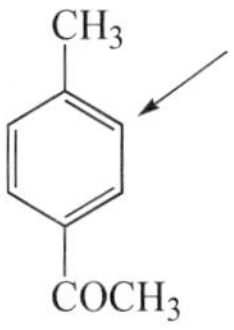 （2） 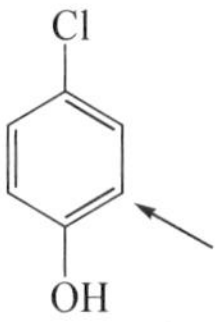 （3）

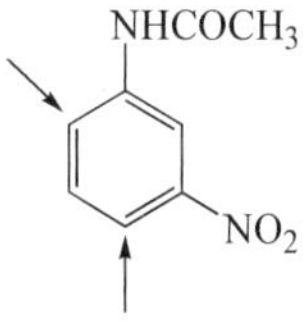

（4）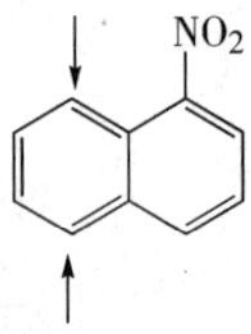

（5）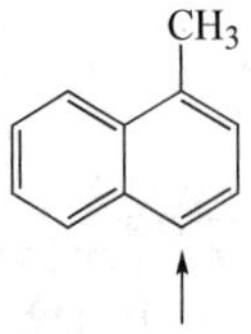

（6）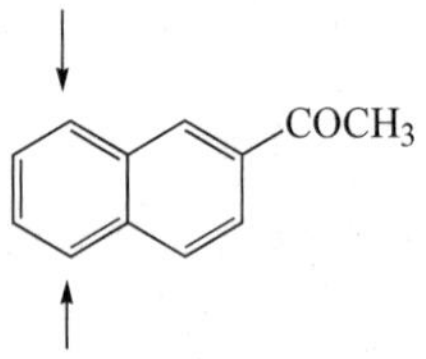

（7）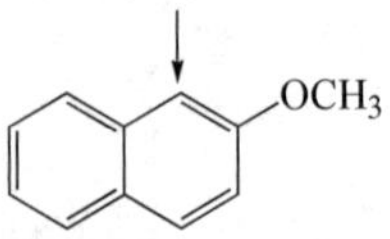

（8）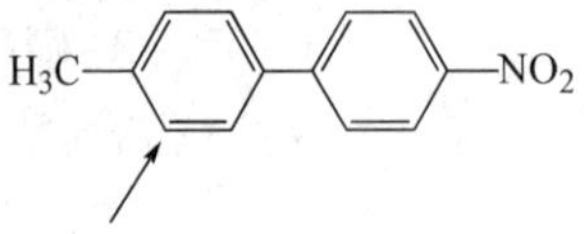

6.（1）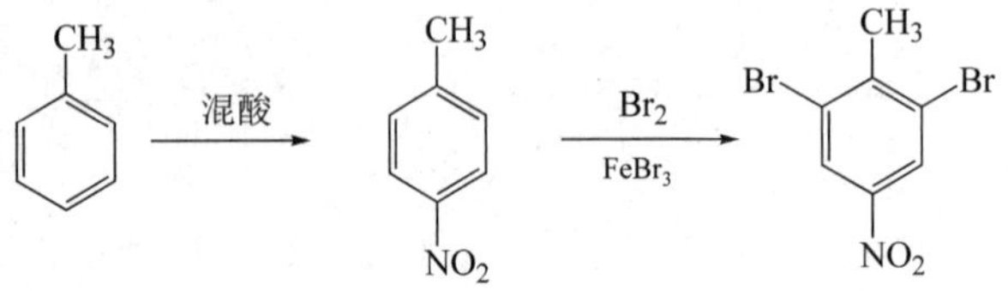

（2）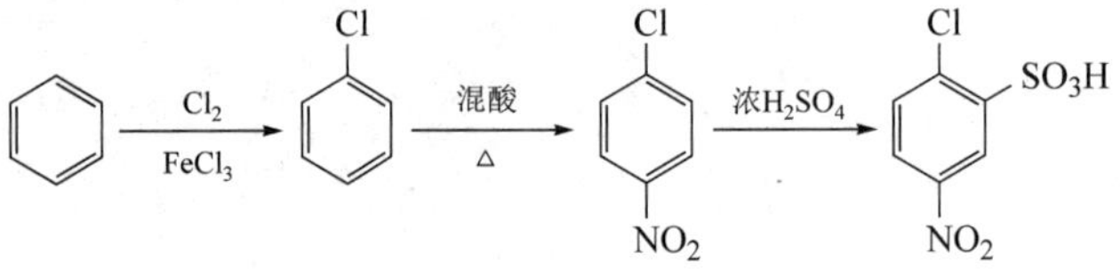

（3）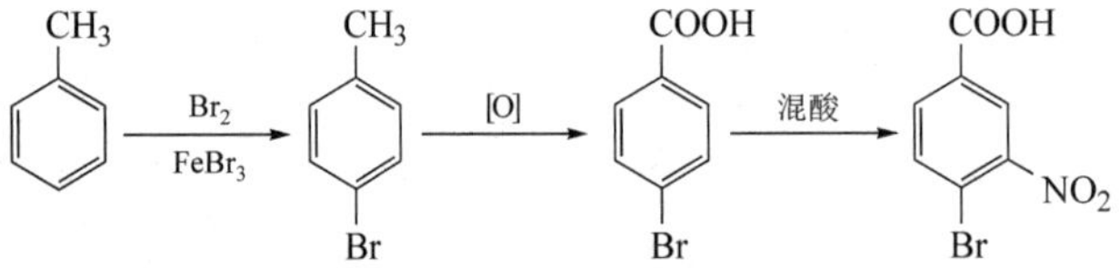

（4）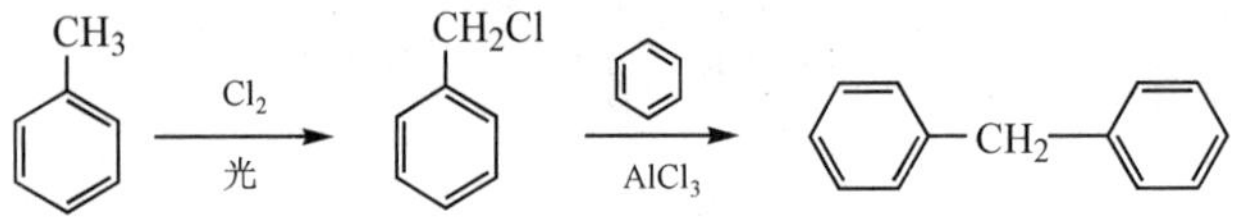

（5）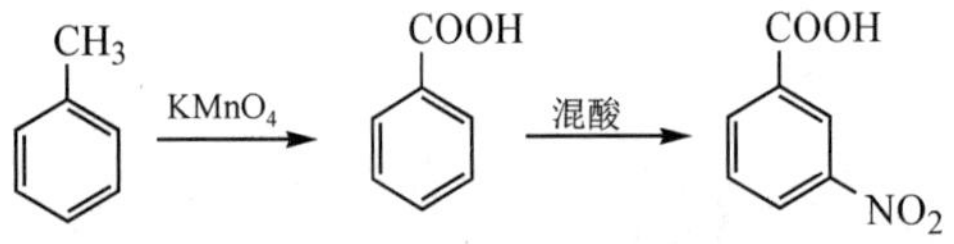

（6）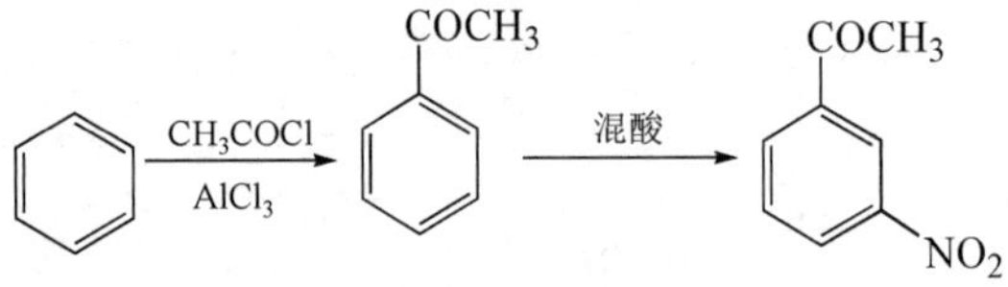

第七章　立体化学基础

1. 略

2. （1）$CH_3CH_2CH_2\overset{*}{C}H(CH_3)CH_2Cl$　（2）无　（3）$CH_3CH(CH_3)CH_2\overset{*}{C}H(Cl)CH_3$

（4）$CH_3CH_2\overset{*}{C}H(Br)CH_2Cl$　（5）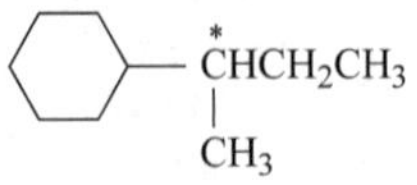

3. （1）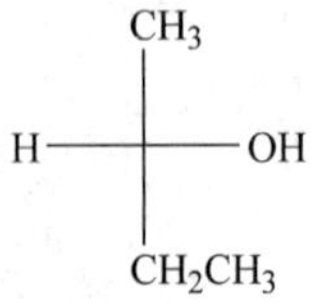

（2）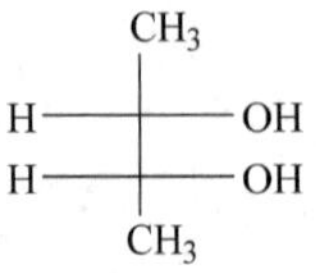

（3）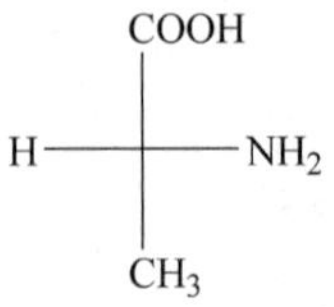

4. (1) 两个馏分，均没有旋光性。

　　(a) $CH_3CH_2CH_2CH_2Cl$；

　　(b)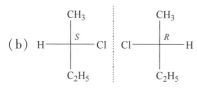

(2) 七个馏分，其中（a）（c）（d）（e）（g）馏分有旋光性，（b）（f）馏分无旋光性。

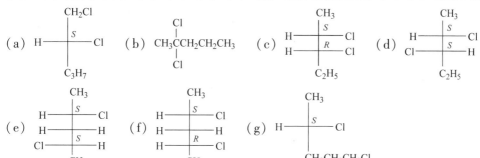

5. (1) 两者为对映体，在熔点或沸点、溶解度上表现相同；在比旋光度上数值相同，旋光方向相反。

　　(2) 两者为非对映体，在熔点或沸点、比旋光度、溶解度上表现不同。

　　(3) 内消旋体和外消旋体在熔点或沸点、溶解度上表现不同；两者均无旋光性，比旋光度为零。

6. (1) $-93°$　　(2) $1.39°$　　(3) $0.93°$

7. (1) $2S,3S$　　(2) R　　(3) $2R,3S$　　(4) $2R,3E$　　(5) S　　(6) $2S,3R$

8. (1) 同一化合物　　(2) 对映体　　(3) 同一化合物　　(4) 非对映体

9. (1) B　　(2) D　　(3) B　　(4) B　　(5) A　　(6) C　　(7) A　　(8) D

10. X. 　　Y. 　　Z. $CH_3CH_2CH_2\overset{*}{C}HCH_3$ $|$ CH_3

第八章　卤代烃

1. (1) (1E,3S)-1-氯-3-碘环戊烯　　(2) (3R,4R)-3,4-二氯环己烯　　(3) 2-氯萘

　　(4) 环戊基溴化镁　　　　　　　(5) 1-氯二环[2.2.2]辛烷　　(6) 2-溴螺[4.5]癸烷

2. (1) 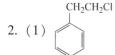　　(2) $F_2C{=}CF_2$　　(3) 间氯乙苯结构

　　(4) CH_3CH_2MgBr　　(5) 环己基结构

3. (1) $CH_3(CH_2)_3OCCH_3$ ‖ O　　(2) Ph CH_3 $C{=}C$ H CH_3　　(3) 环氧结构　　(4) 邻氯苯乙腈结构

　　(5) CH_3CH_2MgBr　　(6) $CH_3CH_2CH_2ONO$　　(7) $HO\overset{CH_3}{\underset{CH_2CH_3}{-H}}$

4.（1）S_N1 反应，其机理为碳正离子中间体，反应速率前者大于后者，因为前者解离后形成三级碳正离子，其稳定性大于后者二级碳正离子，故反应速率快。

（2）S_N2 反应，前者大于后者，DMSO 是非质子型溶剂，有利于 S_N2 反应。

（3）S_N2 反应，前者大于后者，OH^- 的亲核能力大于 CH_3COO^-。

（4）S_N2 反应，后者大于前者，因为过渡态时，四元环环张力增加，五元环的环张力不变。

5.（1）a＜b（反式共平面）　　　（2）a＜b＜c（札依采夫规则）

6.（1）

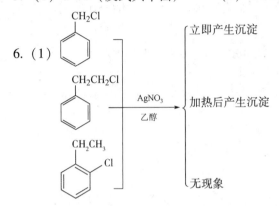

（2）
3-溴戊-2-烯
4-溴戊-2-烯 ｜ $\xrightarrow[乙醇]{AgNO_3}$ ｛无现象／立即产生沉淀／加热产生沉淀
5-溴戊-2-烯

（3）烯丙基氯／苄基氯 ｜ $\xrightarrow[CCl_4]{Br_2}$ ｛褪色／无现象

7. A. （环戊烷）　B. （环戊基-Br）　C. （环戊烯）

第九章　醇、酚、醚

1.（1）2,3-二甲基丁-1-醇　　　　　（2）反-4-甲基环己醇

（3）4-甲氧基丁-2-烯-1-醇　　　　（4）3-苯基戊-1,2-二醇

（5）4-氯-3-硝基苯酚　　　　　　　（6）3-甲基苯甲醇

（7）5-甲基萘-1-酚　　　　　　　　（8）4-烯丙基-2-甲氧基苯酚

（9）乙苯醚　　　　　　　　　　　　（10）1-甲氧基丙烯或甲基丙烯基醚

（11）5-甲基己-4-烯-2-醇　　　　　（12）3-甲基苯-1,2-二酚

2.（1）（环戊基 OH CH₃）　（2）（3-氯苯酚）　（3）（萘-2-酚）

（4）（二苯醚）　（5）$CH_2=CHCH_2OH$　（6）$CH_3OCH_2CH_2OCH_3$

（7）（1,3,5-苯三酚）　（8）$\underset{OH}{CH_2}-\underset{OH}{CH}-\underset{OH}{CH_2}$　（9）$CH_3-\overset{\displaystyle O}{CH-CH_2}$

（10）$HOH_2C\overset{\displaystyle CH_2OH}{\underset{\displaystyle CH_2OH}{C}}CH_2OH$

3. （1） 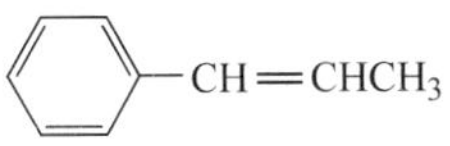 —CH=CHCH₃

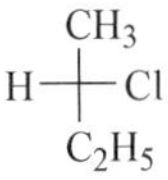

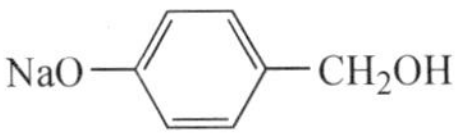

（2） $\mathrm{H}\!-\!\overset{\displaystyle CH_3}{\underset{\displaystyle C_2H_5}{C}}\!-\!Cl$

（3） NaO——CH₂OH

（4） $\overset{O}{\overset{\|}{CH_3CH_2CCH_3}}$ $\overset{OH}{\overset{|}{CH_3CHCH_3}}$

（5） —OH   CH₃I

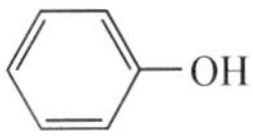

（6） CH₃CH₂CHO

（7） $CH_3CH_2CH=CH\overset{O}{\overset{\|}{C}}CH_3$

（8） 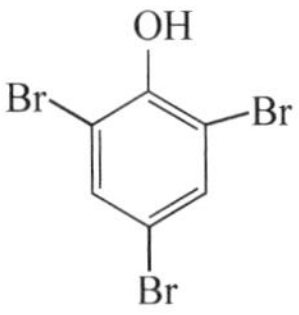 2,4,6-三溴苯酚（Br 取代苯酚结构）

（9） $CH_3\!-\!\overset{\displaystyle CH_3}{\underset{\displaystyle Br}{C}}\!-\!\overset{\displaystyle CH_3}{CHCH_3}$

（10） 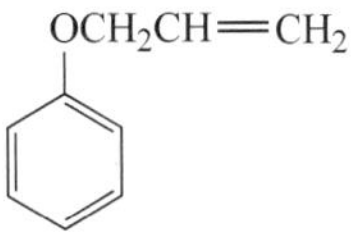 —OCH₂CH=CH₂ ， （邻位 OH，CH₂CH=CH₂）

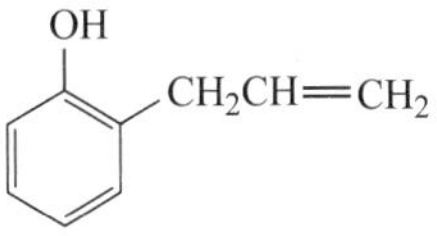

（11） $\overset{O}{\overset{\|}{CH_3C}}C(CH_3)_3$

（12） $\overset{CH_3CHCH_2OH}{\underset{|}{}\,OCH_2CH_3}$

4. （1）
甲苯
甲苯醚
对甲苯酚
苯甲醇
——Na——
无气体
无气体
有气体
有气体
——KMnO₄—— 褪色 / 无现象
——FeCl₃—— 显蓝紫色 / 无现象

（2）
正丁醇
仲丁醇
叔丁醇
——卢卡斯试剂——
几小时内无现象
几分钟后浑浊
立即浑浊

（3）
丁-2,3-二醇
正丁醇
乙甲醚
环己烷
——Na——
有气体
有气体
无气体
无气体
——Cu(OH)₂—— 蓝色溶液 / 无现象
——浓 H₂SO₄—— 溶解 / 无现象

（4）
苯酚
苯甲醇
甲苯醚
——FeCl₃——
蓝紫色
无现象
无现象
——卢卡斯试剂——
立即浑浊
无现象

5. （1） A. 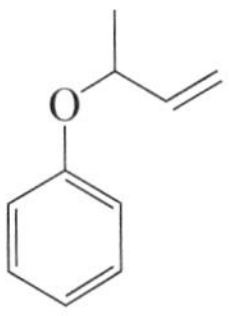   B. 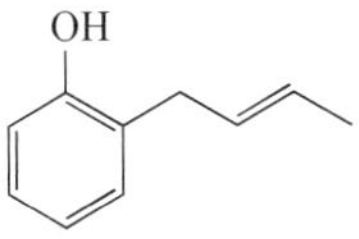   C.

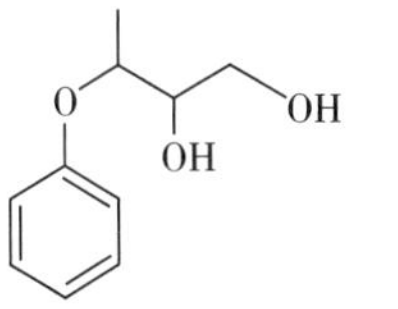

D. 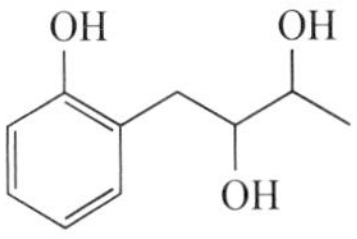   E.

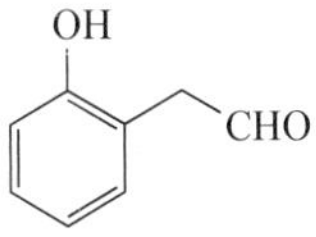

（2） A.    B.    C.

D.    E. HOOCCH₂CH₂CH₂COOH

（3） A. (CH₃)₂CHCH₂CH₂OCH₃   B. CH₃I   C. (CH₃)₂CHCH₂CH₂OH

D. $(CH_3)_2CHCH_2CHO$　　　　E. $(CH_3)_2C{=}CHCH_3$

A、C、D 也可能是如下结构：

A. $CH_3CHCH{\underset{CH_3}{\overset{CH_3}{<}}}$, 其中带 OCH_3

C. $CH_3CHCH{\underset{CH_3}{\overset{CH_3}{<}}}$, 其中带 OH

D. $CH_3CCH{\underset{CH_3}{\overset{CH_3}{<}}}$, 其中带 O

6.（1）

$CH_3\overset{OH}{\underset{|}{C}}HCH_3 \xrightarrow{[O]} CH_3\overset{O}{\overset{\|}{C}}CH_3$

$CH_3\overset{OH}{\underset{|}{C}}HCH_3 \xrightarrow{HBr} CH_3\overset{Br}{\underset{|}{C}}HCH_3 \xrightarrow[\text{乙醚}]{Mg} CH_3\overset{MgBr}{\underset{|}{C}}HCH_3 \xrightarrow[H^+/H_2O]{CH_3COCH_3/无水乙醚} TM\left(C_3H-\overset{CH_3}{\underset{OH}{\overset{|}{C}}}-\overset{CH_3}{\underset{|}{C}}HCH_3\right)$

（2）$CH_3CH_2CH_2OH$

$\xrightarrow{CrO_3-C_5H_5N} CH_3CH_2CHO$ ①

$\xrightarrow{SOCl_2} CH_3CH_2CH_2Cl \xrightarrow[\text{乙醚}]{Mg} CH_3CH_2CH_2MgCl$ ②

苯 $\xrightarrow[\text{无水}AlCl_3]{CH_3Cl}$ 甲苯-CH₃ $\xrightarrow[\text{高温}]{Cl_2}$ -CH₂Cl $\xrightarrow[\text{乙醚}]{Mg}$ -CH₂MgCl $\xrightarrow[H^+/H_2O]{①/无水乙醚}$

-CH₂CHCH₂CH₃(带OH) $\xrightarrow{[O]}$ -CH₂CCH₂CH₃(带O) $\xrightarrow[H^+/H_2O]{②/无水乙醚} TM\left(CH_3CH_2\overset{OH}{\underset{CH_2Ph}{\overset{|}{C}}}CH_2CH_2CH_3\right)$

第十章　醛、酮

1.（1）4-甲基己-2-酮　　　　　　　　　（2）2,6-二甲基庚-5-烯-3-酮

（3）3-乙基-2,5-二甲基庚-4-酮醛　　　（4）3-乙基环戊酮

（5）4-溴-2-甲基苯甲醛　　　　　　　 （6）2,4-二甲基-5-苯基戊-3-烯醛

2.（1）$H{\overset{CHO}{\underset{CH_2CH_3}{-\!\!\!\!\overset{|}{\underset{|}{-}}\!\!\!\!-}}}OH$　　（2）$CH_3\overset{CH_3}{\underset{|}{C}}HCH_2CH_2\overset{OCH_3}{\underset{\|}{C}}HCH_3$　　（3）带 CH_3、CH_3 的环己酮

（4）$CH_3{\overset{H}{\underset{}{}}}C{=}C{\overset{CHO}{\underset{H}{}}}$

3.（1）螺环二氧戊烷　　（2）四氢萘　　（3）-COONa + -CH₂OH

（4）-CH₂OH + HCOONa　　　　　　（5）四氢萘酮 , 四氢萘

（6）$CH_3CH_2\overset{OH}{\underset{CH_3}{\overset{|}{C}}}HCHCHO$, $CH_3CH_2CH{=}\overset{}{\underset{CH_3}{C}}CHO$　　（7）-CH₂CHCH₂CH₃(带OH)

（8）$CH_3CH_2CH_2COONa + CHI_3$

4.（1）$CH_3CH_2CH_2CH_2OH$　　（2）$CH_3CH_2CH_2C{=}NNHPh$　　（3）$CH_3CH_2CH_2OH$

（4）$CH_3CH_2CH_2\overset{OH}{\underset{CH_2CH_3}{\overset{|}{C}}}HCHCHO$　　（5）$CH_3CH_2CH{=}\overset{}{\underset{CH_2CH_3}{C}}CHO$　　（6）$CH_3CH_2CH_2{\overset{OH}{\underset{SO_3Na}{\overset{|}{\underset{|}{C}}}}}H$

（7）$CH_3CH_2\underset{\underset{Br}{|}}{CH}CHO$　　　　（8）$CH_3CH_2CH_2COONH_4$　　　　（9）$CH_3CH_2CH_2\underset{\underset{H}{|}}{C}\overset{OCH_2}{\underset{OCH_2}{<}}$

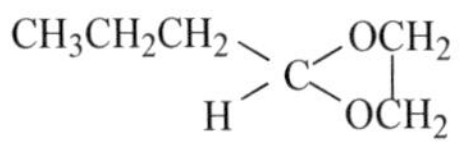

5.（1）

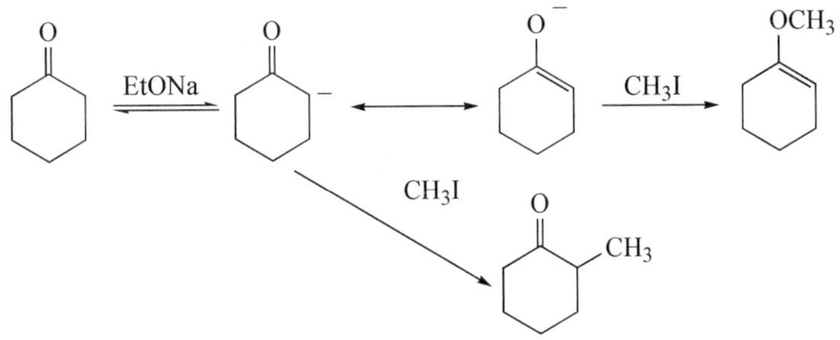

（2）$CH_3CH_2CHO \xrightleftharpoons{OH^-} CH_3\overset{-}{C}HCHO \rightleftharpoons$

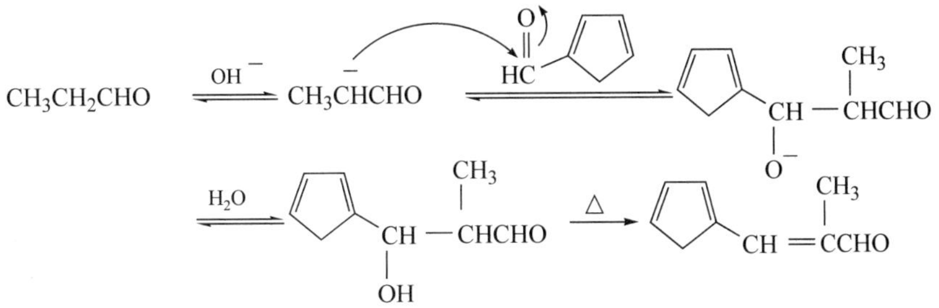

（3）

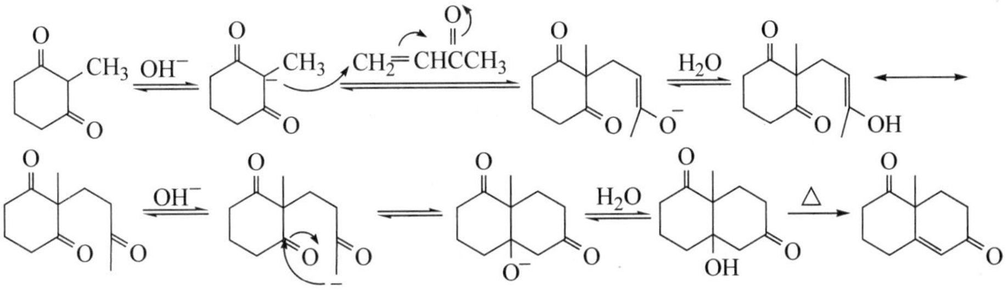

6.（1）

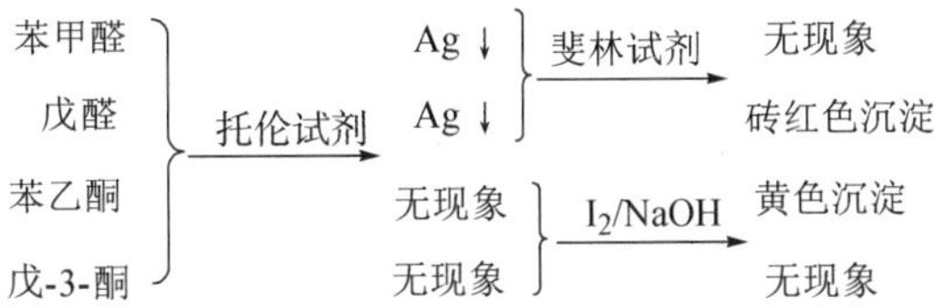

苯甲醛		Ag↓	斐林试剂	无现象
戊醛	托伦试剂	Ag↓		砖红色沉淀
苯乙酮		无现象	I₂/NaOH	黄色沉淀
戊-3-酮		无现象		无现象

（2）

甲醛		Ag↓		砖红色沉淀	I₂/NaOH	无现象
乙醛	托伦试剂	Ag↓	斐林试剂	砖红色沉淀		黄色沉淀
丙酮		无现象				
苯甲醛		Ag↓		无现象		

（3）

丁-2-醇		无现象		无现象	2,4-二硝基苯肼	无现象
丁-2-酮	托伦试剂	无现象	FeCl₃	无现象		黄色沉淀
苯酚		无现象		显蓝紫色		
丙醛		Ag↓				

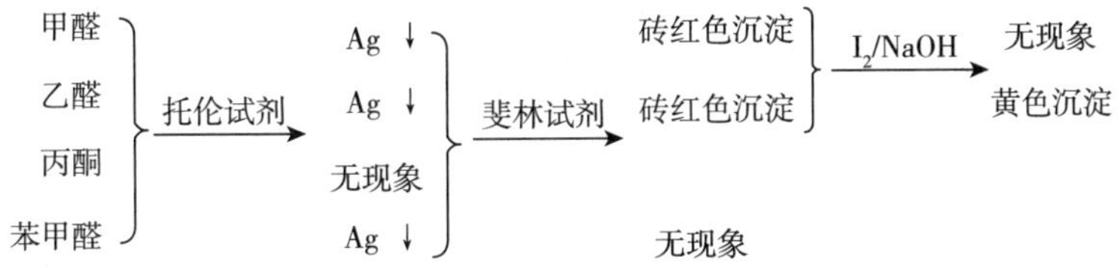

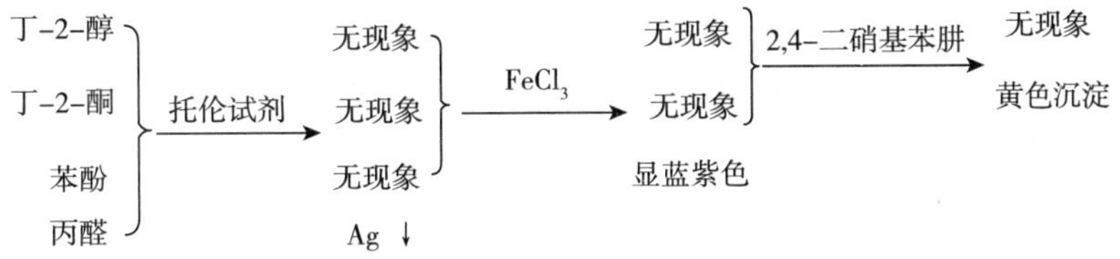

7.（1）

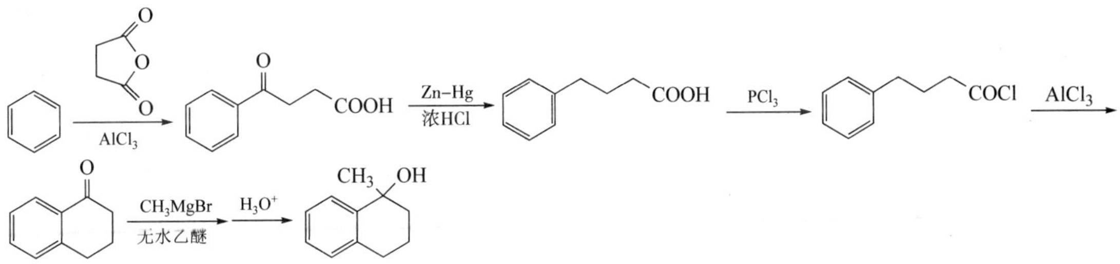

（2） 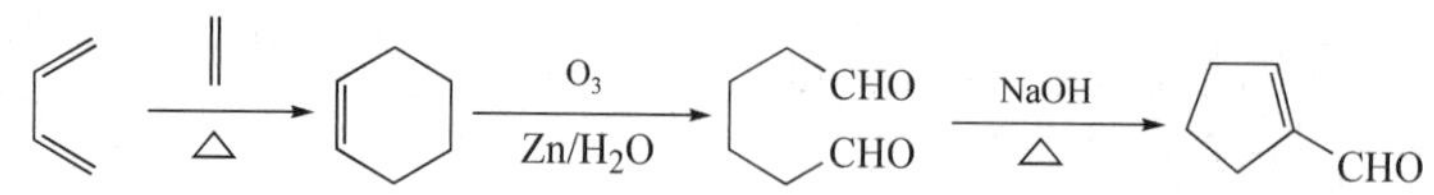

8.（1） A. 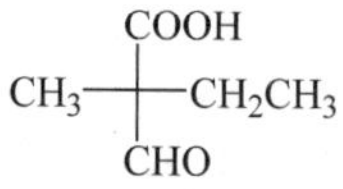 B. 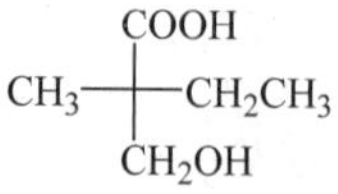 C. 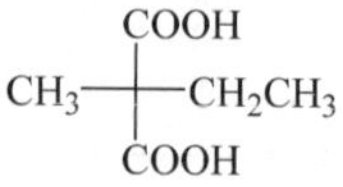

（2） $CH_3\overset{O}{\overset{\|}{C}}CH_2CH_3$

（3） A. $(CH_3)_2C{=}CH\overset{O}{\overset{\|}{C}}H$ B. HOOCCOOH C. HCOOH

（4） A. $CH_3\overset{OH}{\overset{|}{C}}HCH(CH_3)_2$ B. $CH_3\overset{O}{\overset{\|}{C}}CH(CH_3)_2$ C. $CH_3CH{=}C(CH_3)_2$

（5） A. 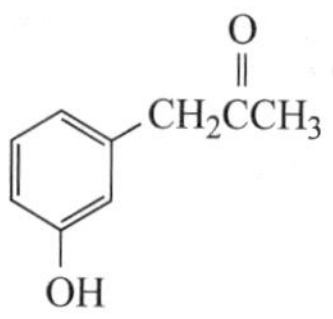 B. 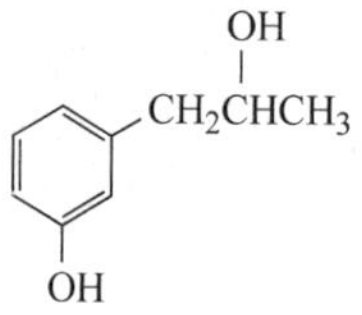 C. 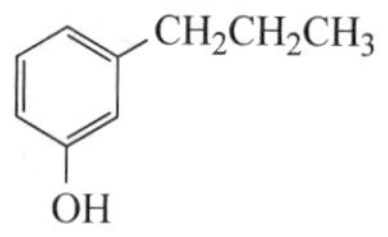 D. 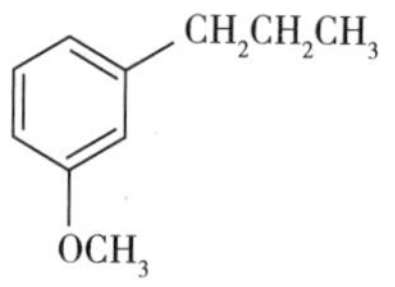

9.（1） 电子因素：羰基上连接的烃基越多，斥电子效应越强，羰基上碳原子的正电性越弱，亲核加成反应越难发生。空间位阻：羰基上所连的基团位阻越大，亲核加成反应越难发生。亲核试剂的亲核性：亲核试剂的亲核性越强，亲核加成反应越易发生。

（2） 由于在碱性条件下，2-甲基丁醛的羰基产生互变异构，与 2 位上的碳原子形成碳碳双键，碳原子的杂化方式发生改变，2 位碳原子从四面体形变为平面形，则溴进攻 2 位碳原子时，从平面上下进攻的概率均为 50%，形成外消旋体。

第十一章 羧 酸

1.（1）（2*Z*,4*E*）己-2,4-二烯酸 （2）5-异丙基苯-1,3-二甲酸

（3）3-羧甲基戊二酸 （4）2-氧亚基环己烷-1-甲酸

（5）2-氨基-4-对羟基苯基丁酸 （6）ω-羟基十四碳酸

2.（1） 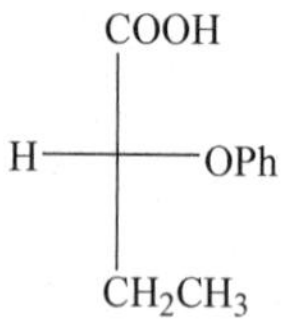 （2） 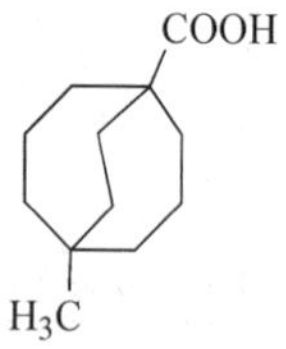 （3） 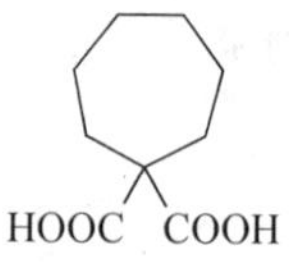 （4） 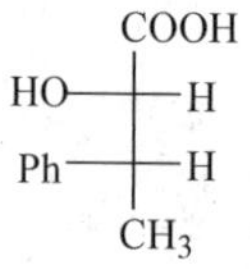

（5） 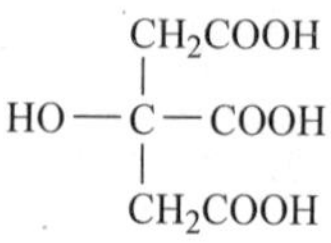 （6） 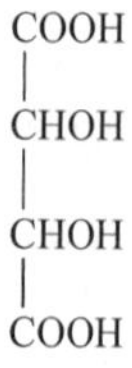 （7） H_2NCH_2COOH （8） 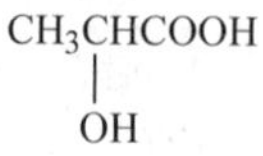

3.（1） 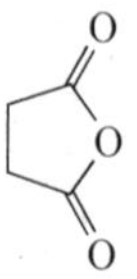 （2） 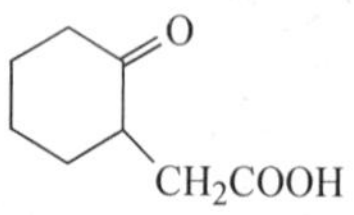 （3） 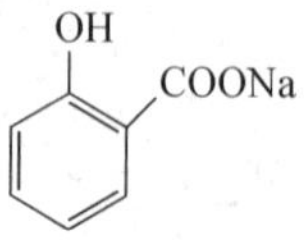 （4） 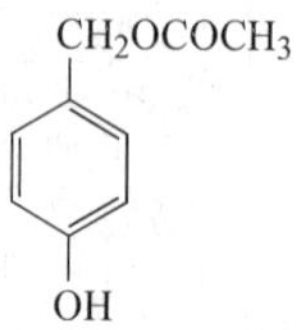

（5） 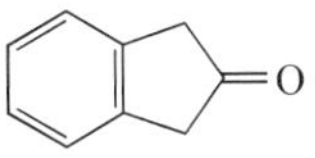　（6） 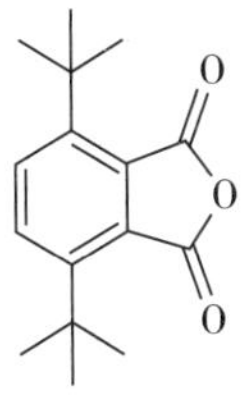　（7）

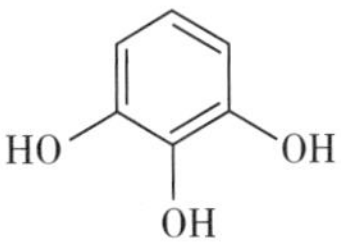

（8）$HOOCCH_2CH_2CCH_3$　（9）

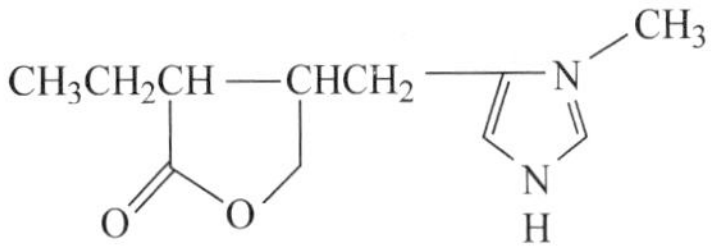

4.（1）乙醇 > 仲丁醇 > 叔丁醇

（2）苯甲酸 > 邻甲基苯甲酸 > 2,6-二甲基苯甲酸

（3）丙二酸 > 丁二酸 > 苯甲酸 > 乙酸

（4）$NCCH_2COOH > CH_2{=\!=}CHCH_2COOH > (CH_3)_2CHCH_2COOH$

（5）

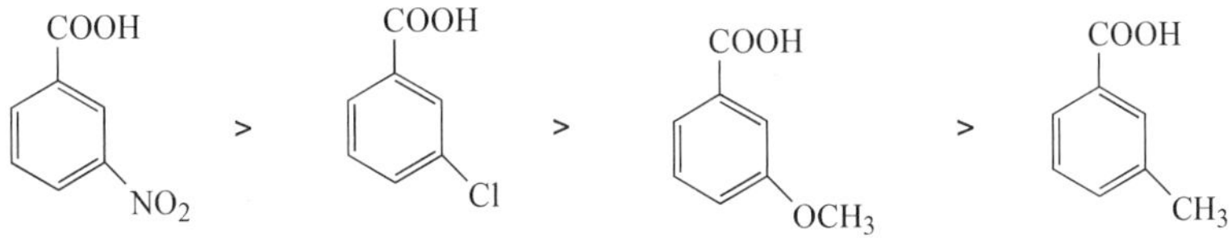

（6）

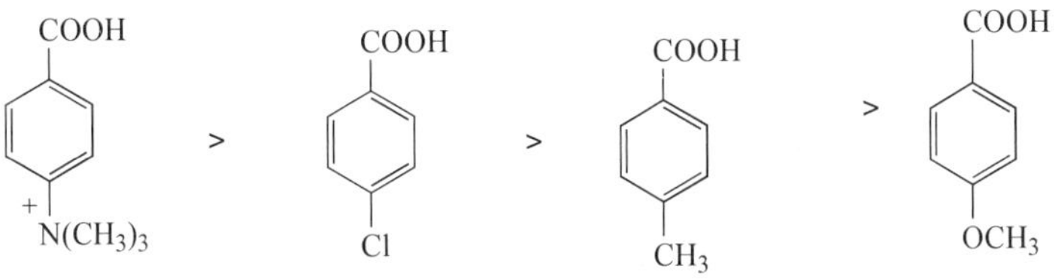

（7）丁炔二酸 > 顺丁烯二酸 > 反丁烯二酸 > 丁二酸 > 丁酸

5.（1）

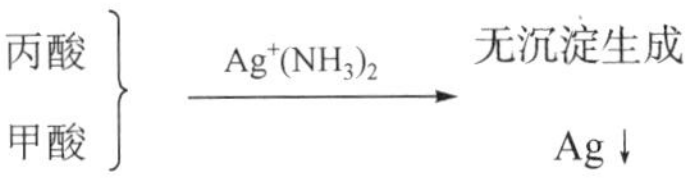

（2）

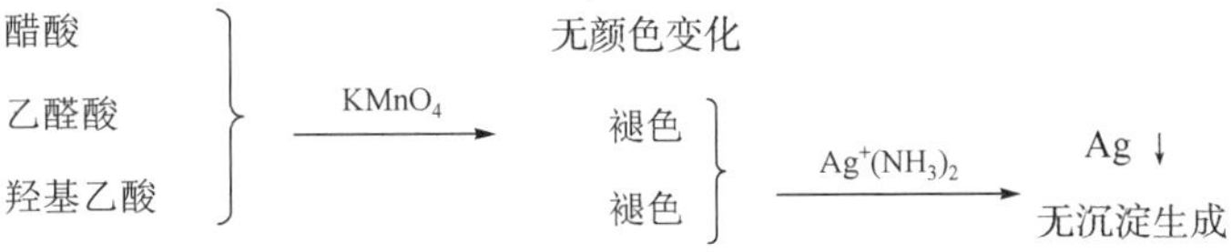

（3）

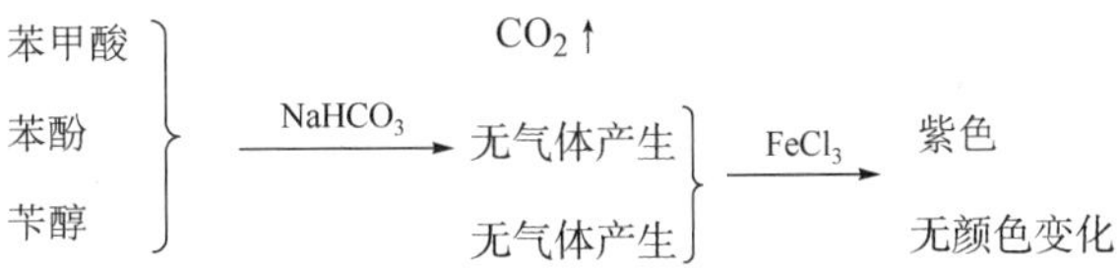

（4）

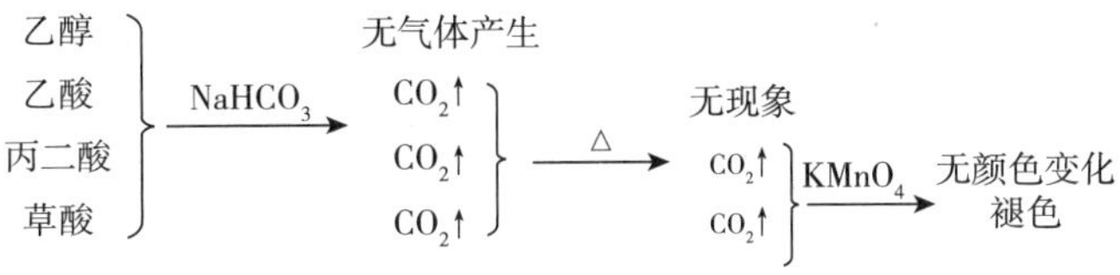

6.（1）

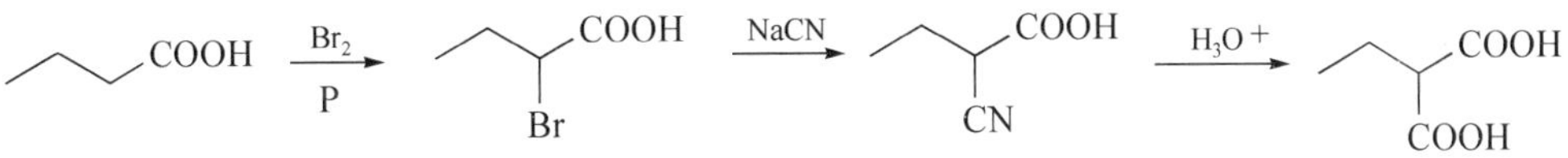

（2）

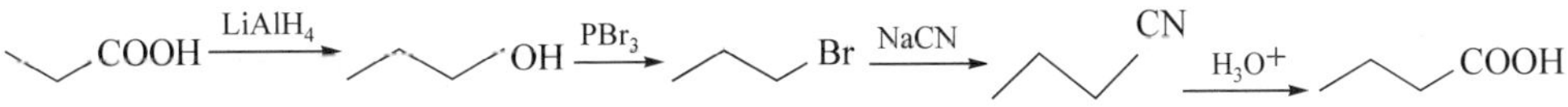

(3)

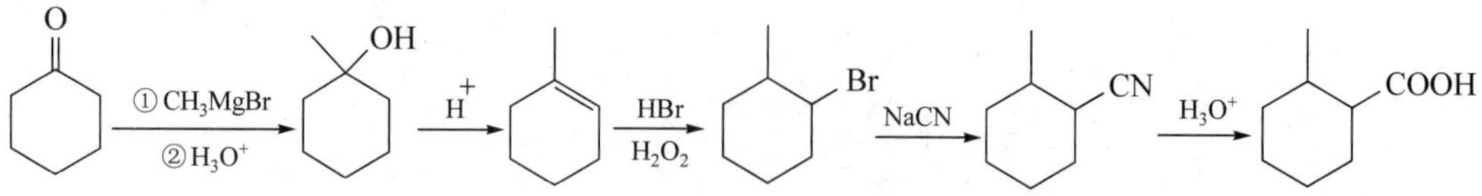

(4)

7. (1)

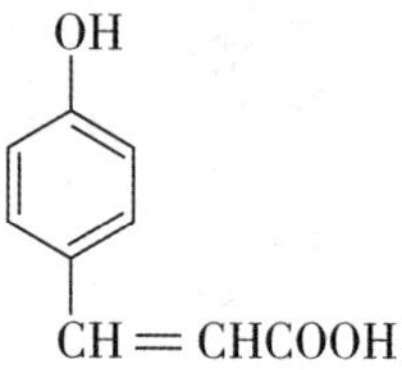

(2)

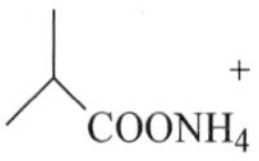

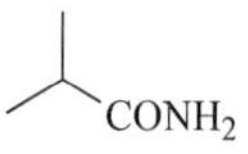

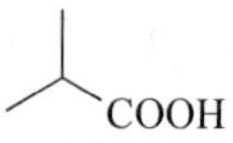

A   B   C   D

(3)

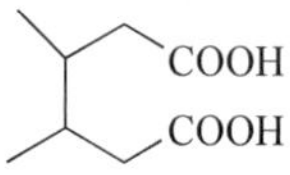

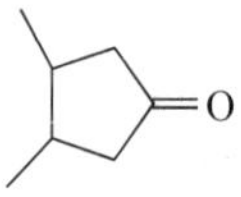

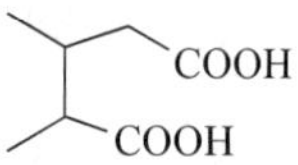

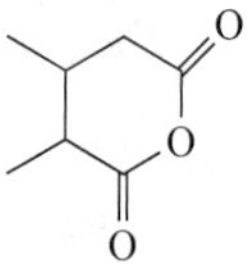

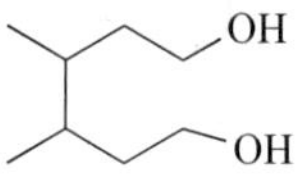

A   B   C   D   E

第十二章　羧酸衍生物

1. (1) 对苯二甲酰氯   (2) (Z)-3-碘戊-2-烯酰氯
   (3) N-甲基邻苯二甲酰亚胺   (4) N,N-二乙基苯甲酰胺
   (5) (R)-2-溴丙酸甲酯   (6) 苯甲酸乙酯
   (7) 2-溴-4-氯-4-甲基戊腈   (8) 乙酸苯甲酸酐

2. (1) 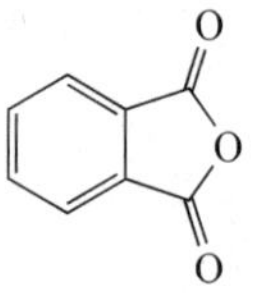   (2) 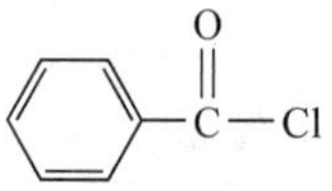   (3)

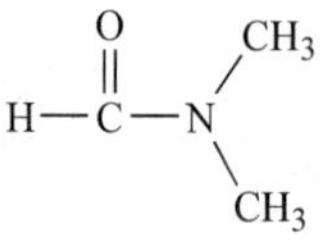

   (4) 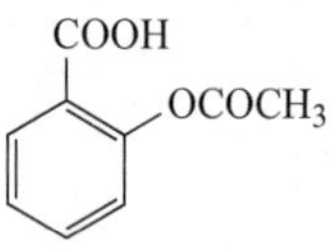   (5) 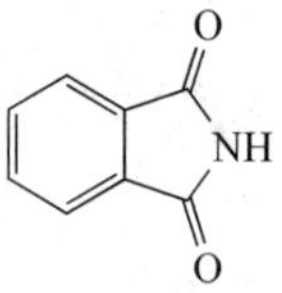   (6)

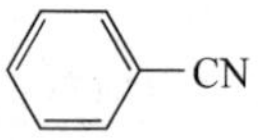

3. (1) ~ (6) BDDCAD

4. (1) 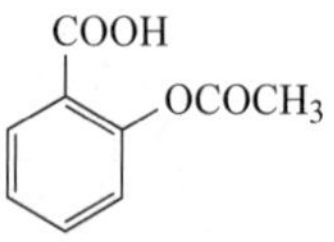   (2) 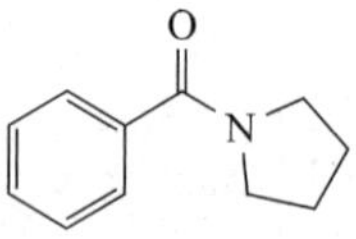   (3)

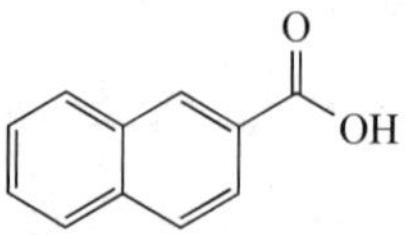

   (4) 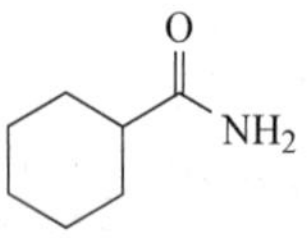   (5) $CH_3CH_2CH_2CH_2NH_2$ (6)

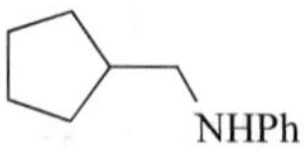

   (7) 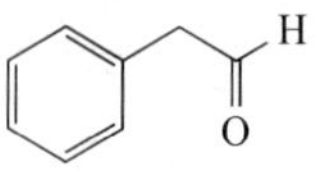   (8) $PhCH=CHCH_2CH_2OH$ (9)

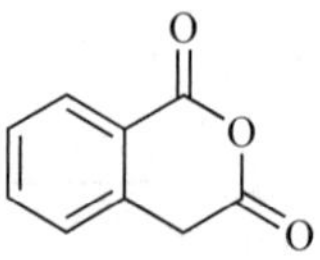

5. （1）B > A > E > C > D　　（2）A > D > B > C　　（3）B > A > D > C

6. （1）A. 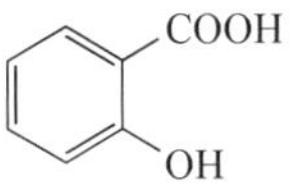　B. 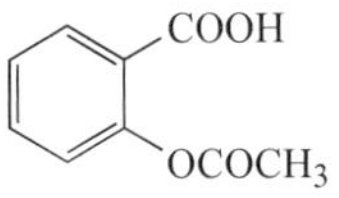　C. 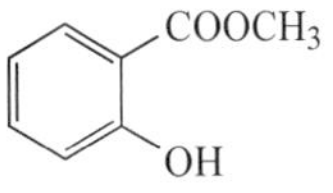

（2）A. CH_3CH_2COOH　B. $HC(=O)—OCH_2CH_3$　C. CH_3COOCH_3

第十三章　碳负离子反应及其在合成中的应用

1. （1）>（4）>（2）>（3）

2. 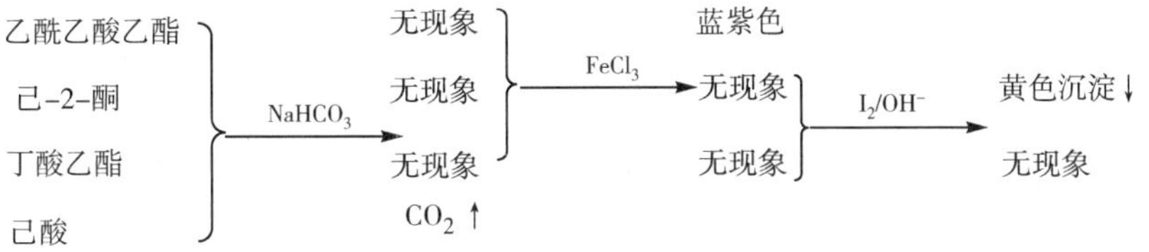

3. （1）$CH_3C(=O)CH_3$　　（2）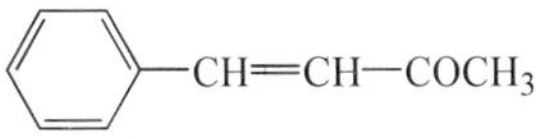

（3）$CH_3CH_2COCH(CH_3)COOC_2H_5$　　（4）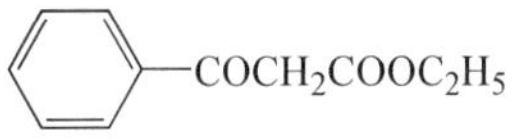

（5）$COCH_2COOC_2H_5$—$COCH_2COOC_2H_5$　　（6）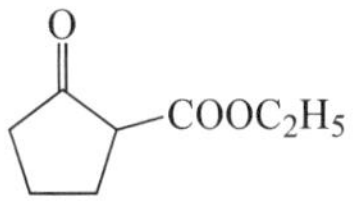

（7）$CH_3COCH_2COOC_2H_5$；　$CH_3COCH(CH_2CH_2CH_3)COOC_2H_5$；　$CH_3COCH_2CH_2CH_2CH_3$

（8）$CH_2(COOC_2H_5)_2$，$CH_3CH(COOC_2H_5)_2$，CH_3CH_2COOH

（9）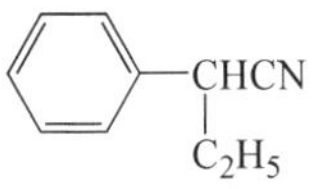　　（10）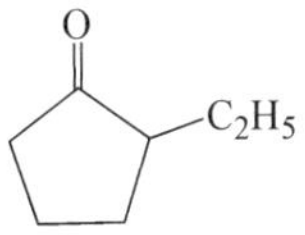

（11）$(CH_3)_2C(OH)CH(CH_3)COOC_2H_5$　　（12）$CH_3CH═CHCH═CHCOOC_2H_5$

4. （1）$CH_3C(=O)CH_2COOC_2H_5 \xrightarrow[②CH_2=CHCH_2Br]{①C_2H_5ONa} CH_3C(=O)CH(COOC_2H_5)CH_2CH═CH_2 \xrightarrow[②CH_3I]{①C_2H_5ONa} \xrightarrow[②H_3O^+/\triangle]{①稀OH^-} CH_3C(=O)CH(CH_3)CH_2CH═CH_2$

（2）$CH_2(COOC_2H_5)_2 \xrightarrow[②CH_3CH_2CH_2Br]{①C_2H_5ONa} CH_3CH_2CH_2CH(COOC_2H_5)_2 \xrightarrow[②CH_3I]{①C_2H_5ONa} CH_3CH_2CH_2C(CH_3)(COOC_2H_5)_2$

$\xrightarrow[②H_3O^+/\triangle]{①稀OH^-} CH_3CH_2CH_2CH(CH_3)COOH$

（3）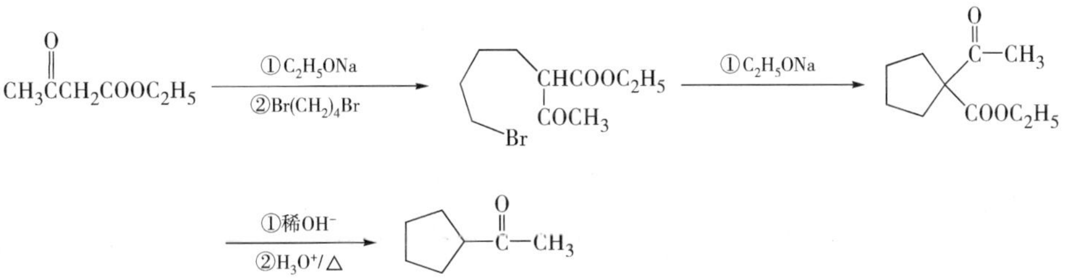

（4）$CH_2(COOC_2H_5)_2 \xrightarrow[②Br(CH_2)_2Br]{①C_2H_5ONa}$ ◻—$CH(COOC_2H_5)_2 \xrightarrow{①C_2H_5ONa}$ ▷—$(COOC_2H_5)_2$

（带 Br）

$\xrightarrow[②H_3O^+/\triangle]{①稀OH^-}$ ▷—COOH

（5）$CH_3\overset{O}{\overset{\|}{C}}CH_2COOC_2H_5 \xrightarrow[②CH_3CH_2CH_2Br]{①C_2H_5ONa}$ $CH_3\overset{O}{\overset{\|}{C}}\underset{CH_2CH_2CH_3}{\overset{}{C}HCOOC_2H_5} \xrightarrow[②H_3O^+/\triangle]{①稀OH^-}$ $CH_3\overset{O}{\overset{\|}{C}}-CH_2CH_2CH_3$

$\xrightarrow{NaBH_4}$ $CH_3\underset{OH}{\overset{}{C}H}CH_2CH_2CH_3$

（6）$CH_2(COOC_2H_5)_2 \xrightarrow[②CH_2=CHCH_2Br]{①C_2H_5ONa}$ $CH_2=CHCH_2CH(COOC_2H_5)_2 \xrightarrow[②H_3O^+/\triangle]{①稀OH^-}$ $CH_2=CHCH_2CH_2COOH$

$\xrightarrow[②H_2O]{①LiAlH_4}$ $CH_2=CHCH_2CH_2CH_2OH \xrightarrow{SOCl_2}$ $CH_2=CHCH_2CH_2CH_2Cl$

$\xrightarrow{C_6H_5ONa}$ $C_6H_5OCH_2CH_2CH_2CH=CH_2$

5.（1）$CH_3\overset{O}{\overset{\|}{C}}CH_2COOCH_2CH_3 \xrightarrow[②CH\equiv CCH_2Br]{①C_2H_5ONa}$ $CH_3\overset{}{\underset{\underset{O}{\|}}{C}}\underset{CH_2C\equiv CH}{\overset{}{C}H}COOCH_2CH_3 \xrightarrow[②H_3O^+/\triangle]{①稀OH^-} \xrightarrow[干HCl]{HOCH_2CH_3OH}$

$H_3C\underset{\underset{O——O}{\diagdown\quad\diagup}}{\overset{}{C}}CH_2CH_2C\equiv CH \xrightarrow{NaNH_2} \xrightarrow{CH_3I}$ $H_3C\underset{\underset{O——O}{\diagdown\quad\diagup}}{\overset{}{C}}CH_2CH_2C\equiv CCH_3 \xrightarrow{HCl, H_2O}$

$CH_3-\overset{O}{\overset{\|}{C}}CH_2CH_2C\equiv CCH_3 \xrightarrow[BaSO_4]{H_2,Pd-C}$ $CH_3-\overset{O}{\overset{\|}{C}}(CH_2)_2\underset{\overset{}{H}}{\overset{CH_3}{C}}=\underset{\overset{}{H}}{\overset{CH_3}{C}}$

（2）苯环-OCH₃/CHO $\xrightarrow[OH^-]{CH_3\overset{O}{\overset{\|}{C}}CH_3}$ 苯环-OCH₃/CH=CH-$\overset{O}{\overset{\|}{C}}$-CH₃ $\xrightarrow[OH^-]{CH_3\overset{O}{\overset{\|}{C}}CH_2COOEt}$ 苯环-OCH₃/$CH_3\overset{O}{\overset{\|}{C}}CHCHCH_2\overset{O}{\overset{\|}{C}}CH_3$ （COOEt） $\xrightarrow[②H^+,\triangle]{①OH^-,H_2O}$ T.M.

（3）$CH_2(COOC_2H_5)_2 \xrightarrow[②CH_3CHBrCH_3]{①C_2H_5ONa}$ $(CH_3)_2-CHCH(COOC_2H_5)_2 \xrightarrow[②H^+,\triangle]{①OH^-,H_2O}$

$CH_3-\underset{\overset{}{CH_3}}{\overset{}{C}H}-CH_2COOH \xrightarrow[P]{Br_2}$ $CH_3-\underset{\overset{}{CH_3}}{\overset{}{C}H}-\underset{\overset{}{Br}}{\overset{}{C}H}COOH \xrightarrow[过量]{NH_3}$ $CH_3-\underset{\overset{}{CH_3}}{\overset{}{C}H}\underset{\overset{}{NH_2}}{\overset{}{C}H}COOH$

（4）苯环-CHO $\xrightarrow[CH_3COONa]{(CH_3CO)_2O}$ 苯环-CH=CH-COOH $\xrightarrow{SOCl_2}$ 苯环-CH=CH-COCl $\xrightarrow{(CH_3)_2NH}$ 苯环-CH=CH-CON(CH₃)₂

6.（1）$CH_3-\overset{O}{\overset{\|}{C}}-CH_2COO_2H_5 \xrightarrow{C_2H_5ONa}$ $CH_3-\overset{O}{\overset{\|}{C}}-\overline{C}HCOO_2H_5 \xrightarrow{Br\cdot CH_2CH_2CH_2Br}$

$CH_3\overset{O}{\overset{\|}{C}}\underset{COOC_2H_5}{\overset{}{C}H}CH_2CH_2CH_2Br \xrightarrow{C_2H_5ONa}$ $CH_3\overset{O}{\overset{\|}{C}}-\underset{COOC_2H_5}{\overset{}{\overline{C}}}-CH_2CH_2CH_2Br$

$\longleftarrow$ $-CH_3\overset{O^-}{\overset{\|}{C}}=\underset{COOC_2H_5}{\overset{}{C}}-CH_2CH_2CH_2\overset{\frown}{}Br$ $\longrightarrow$ 环己烯结构（$COOC_2H_5$，CH_3，O）$+ Br^-$

（2）

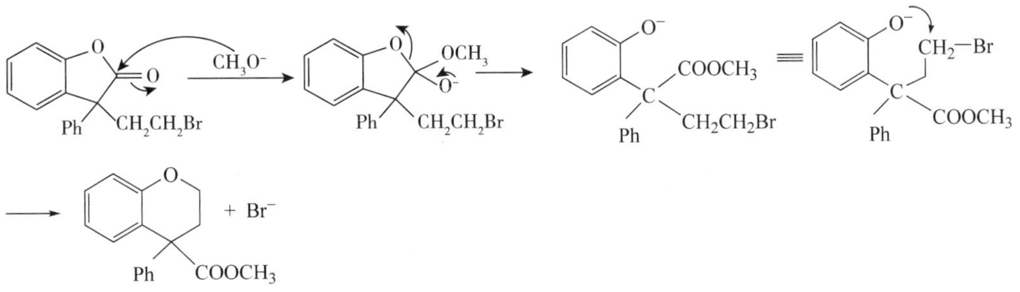

第十四章 糖类化合物

1. （1）~（5）CDAAB （6）~（10）ADAAB （11）~（15）CDDAB （16）~（18）BAB

2. （1）CD （2）ABF （3）ABC （4）AB （5）AD

 （6）CD （7）BD （8）ADF （9）AB

3. D-(+)-甘露糖在溶液中存在开链式与氧环式（α型和β型）的平衡体系，与下列物质反应时有的可用开链式表示，有的必须用环氧式表示，在用环氧式表示时，为简单起见，仅写α-型。

（1）

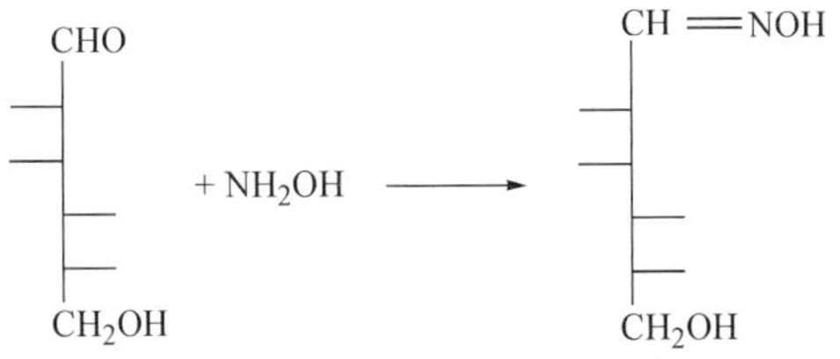

（2）

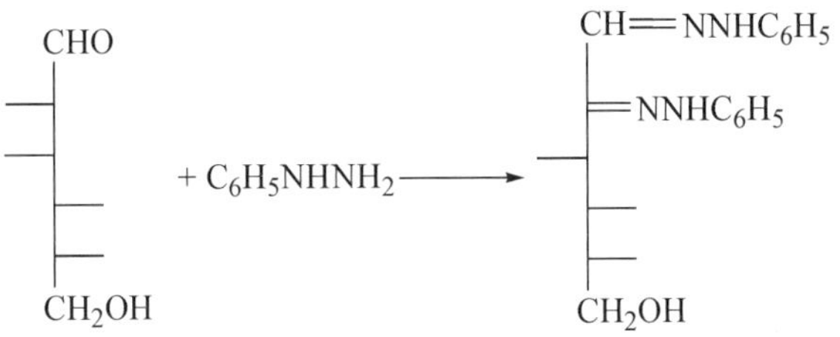

（3）

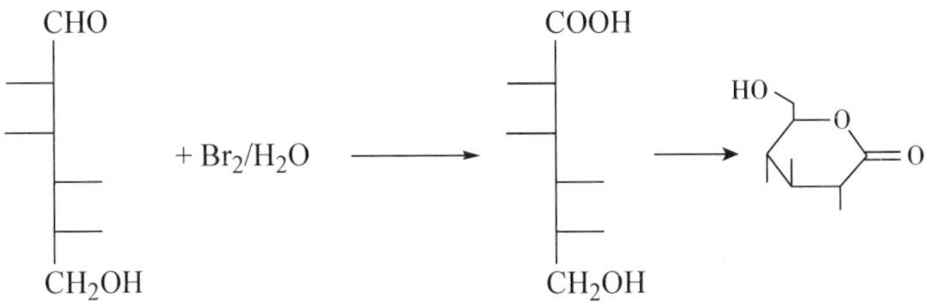

（4）

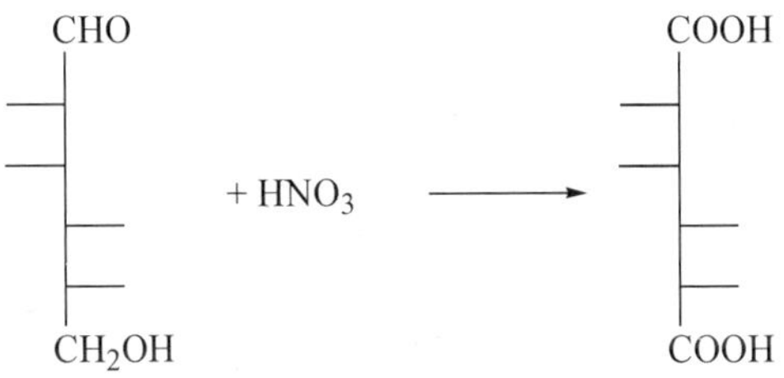

(5) 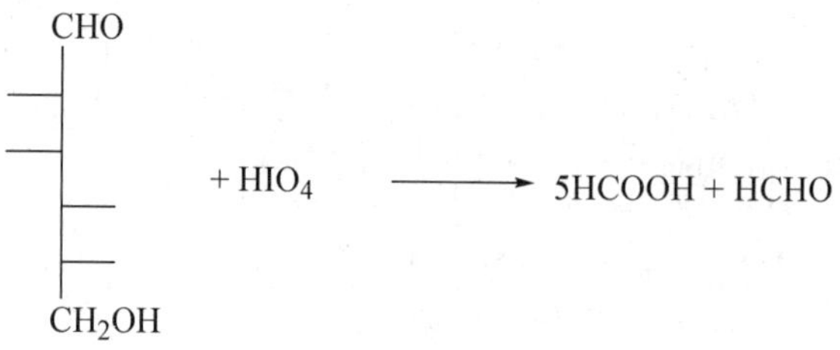
CHO
CH2OH
+HIO4
5HCOOH+HCHO

(6) 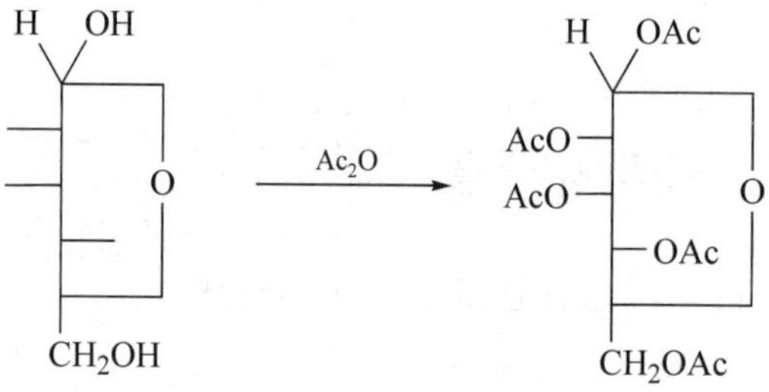
H OH
O
CH2OH
Ac2O
H OAc
AcO
AcO
O
OAc
CH2OAc

(7) 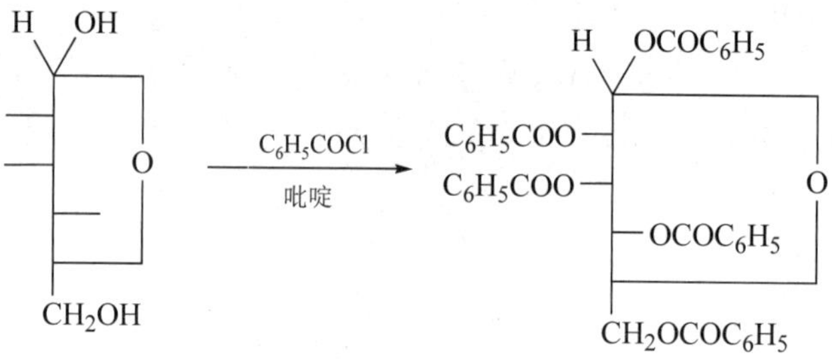
H OH
O
CH2OH
C6H5COCl
吡啶
H OCOC6H5
C6H5COO
C6H5COO
O
OCOC6H5
CH2OCOC6H5

(8) 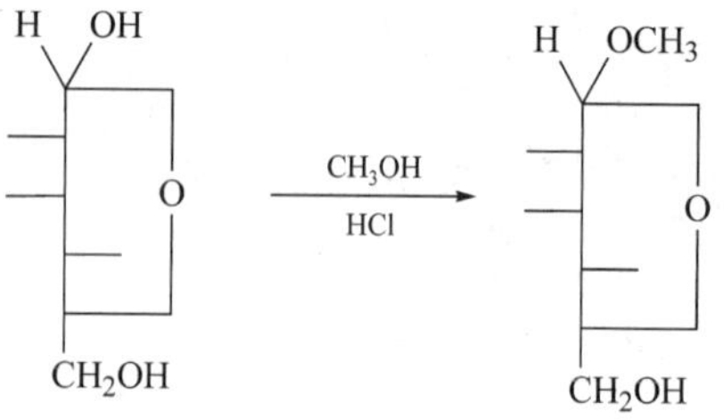
H OH
O
CH2OH
CH3OH
HCl
H OCH3
O
CH2OH

(9) 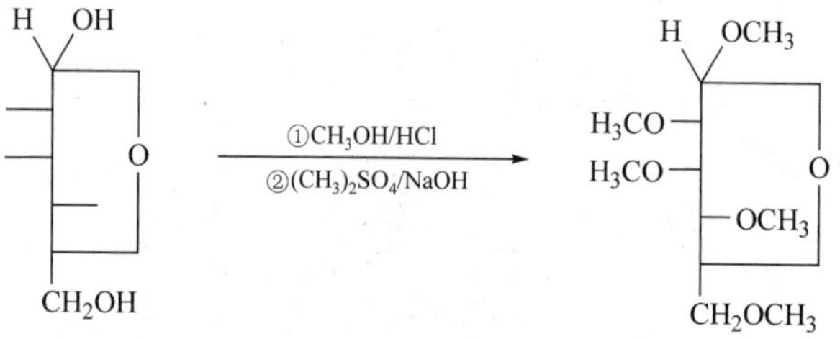
H OH
O
CH2OH
①CH3OH/HCl
②(CH3)2SO4/NaOH
H OCH3
H3CO
H3CO
O
OCH3
CH2OCH3

(10) 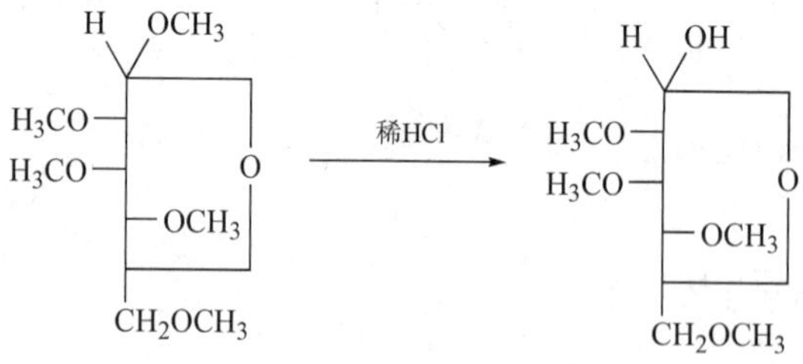
H OCH3
H3CO
H3CO
O
OCH3
CH2OCH3
稀HCl
H OH
H3CO
H3CO
O
OCH3
CH2OCH3

(11) 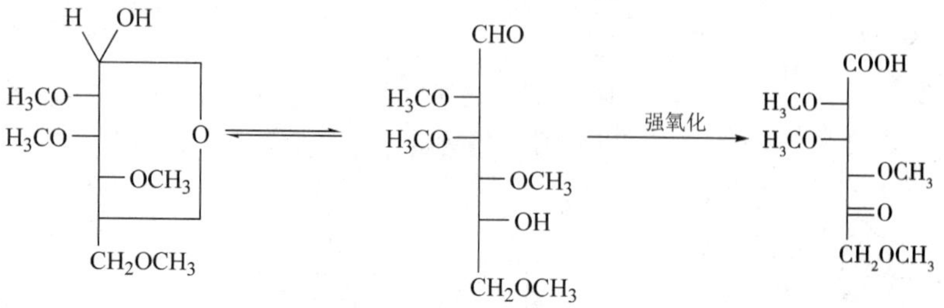
H OH
H3CO
H3CO
O
OCH3
CH2OCH3
CHO
H3CO
H3CO
OCH3
OH
CH2OCH3
强氧化
COOH
H3CO
H3CO
OCH3
=O
CH2OCH3

（12）

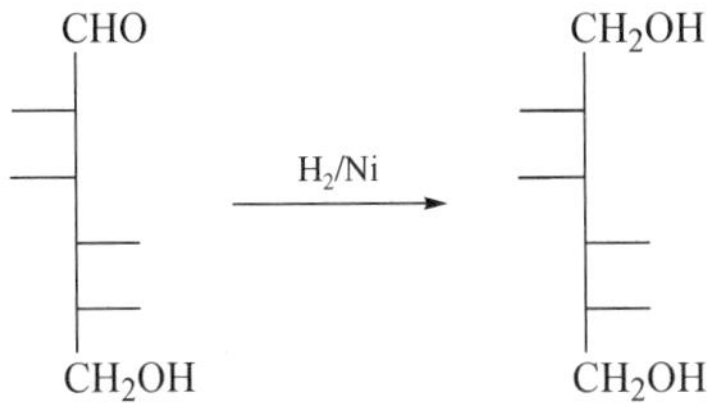

$$CHO \xrightarrow{H_2/Ni} CH_2OH$$

（13）

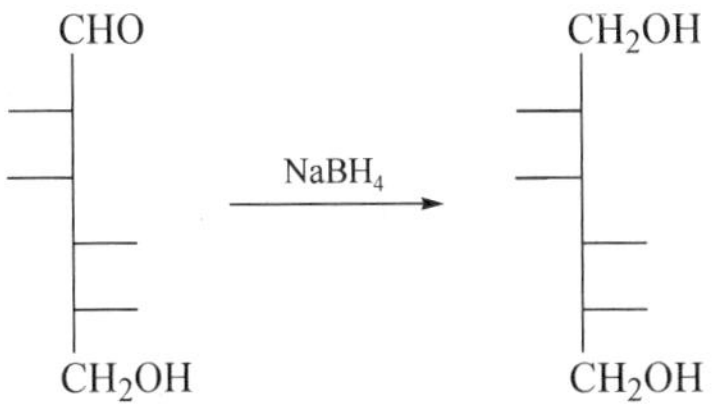

$$CHO \xrightarrow{NaBH_4} CH_2OH$$

（14）

$$CHO \xrightarrow{HCN} CN + CN \xrightarrow{H_3^+O} COOH + COOH$$

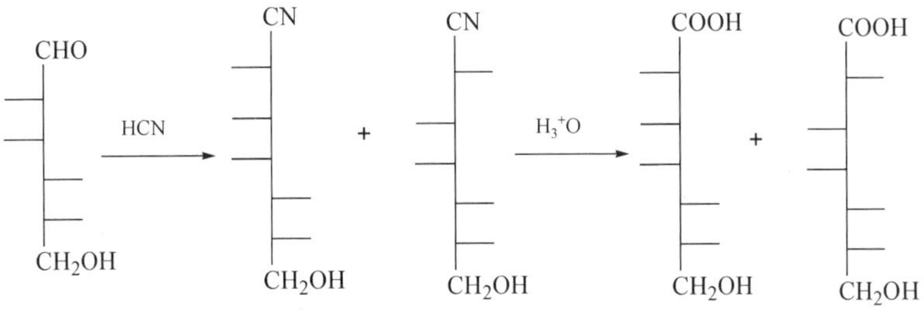

4.（1）

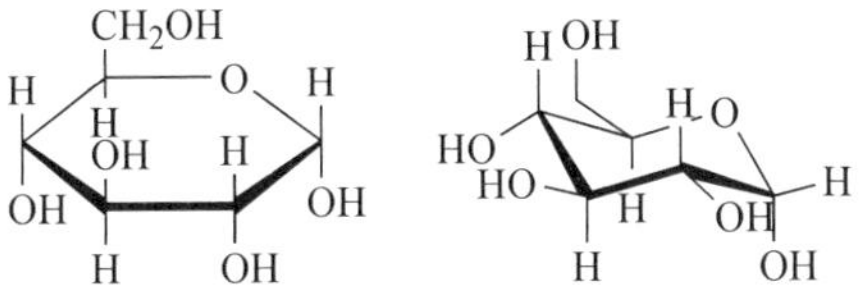

（2）

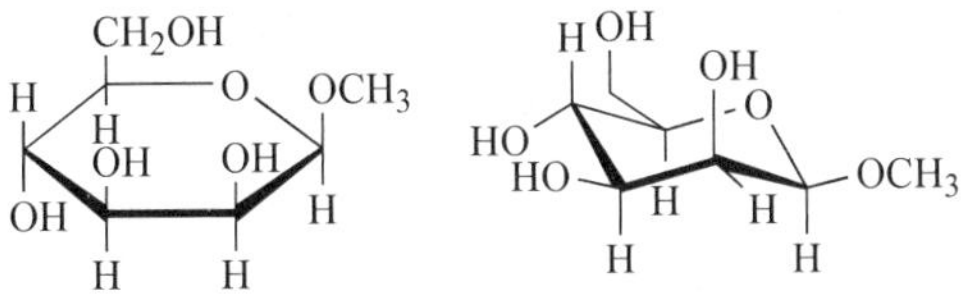

（3）

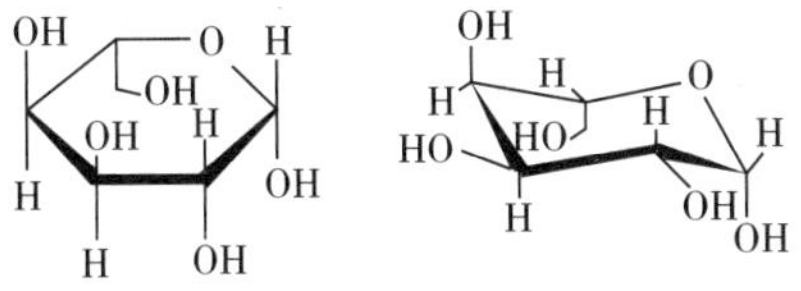

（4）

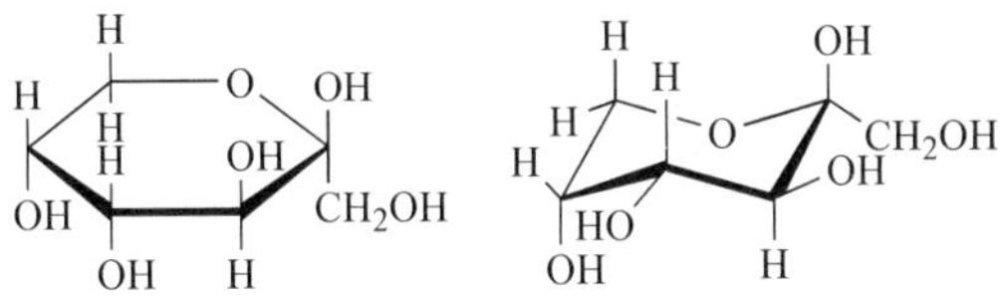

（5）

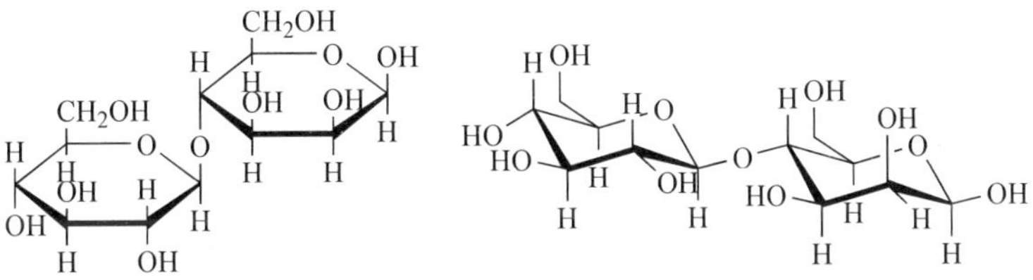

5.（1）用溴水，溴水褪色者为葡萄糖。

（2）用 Tollens 试剂，生成银镜者为麦芽糖。

（3）用 Tollens 试剂，生成银镜者为麦芽糖；或用碘溶液，生成蓝紫色者为淀粉。

（4）用碘溶液，生成蓝紫色者为淀粉。

（5）用 Tollens 试剂，生成银镜者为甘露糖，再用碘溶液鉴别蔗糖和淀粉。

（6）用溴水，溴水褪色者为半乳糖，再用 Tollens 试剂，生成银镜者为果糖。

6. （1）L　β　　（2）D　α　　（3）D　β　　（4）L　β　　（5）L　β　　（6）D　β

7. （1）D-葡萄糖和 L-葡萄糖的开链式结构的构型式分别为：

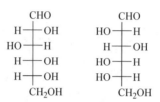

它们属于对映体

（2）α-D-吡喃葡萄糖和 β-D-吡喃葡萄糖构型式分别为：

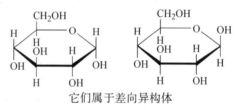

它们属于差向异构体

（3）α-麦芽糖和 β-麦芽糖构型式分别为

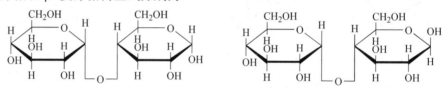

它们属于差向异构体

（4）D-葡萄糖和 D-半乳糖的开链式结构的构型式分别为

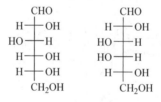

它们属于差向异构体

8. 多糖都没有旋光性，单糖和寡糖主要看分子中是否有游离苷羟基，如果没有苷羟基，链状结构与环状结构就不能够相互转化，最终达到平衡，就不会有变旋光现象。

9. （1）此二糖的结构为

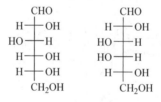

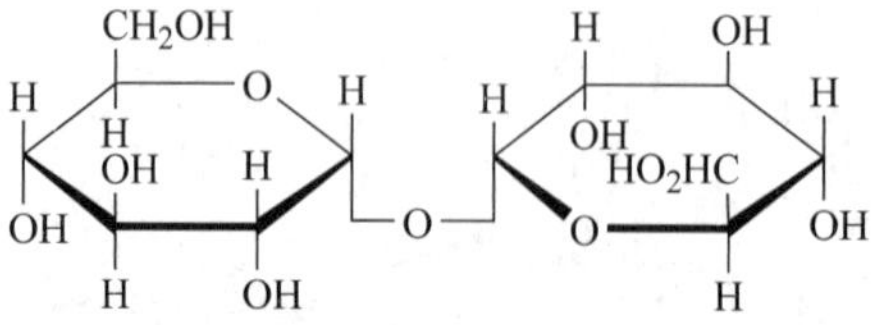

（2）从 A、B、C 均为 D-型糖，可知其 C_5 的构型。A、B 加氢得相同的旋光性糖醇，符合此要求的只能是 D-阿卓糖和 D-塔罗糖，且它们与苯肼生成不同的糖脎，但无法确定何者为 A，何者为 B。题中又指出 B 和 C 的糖醇不同，而糖脎相同，这说明 B 和 C 的 C_2 构型不同，但其他部分相同，是 C_2-差向

异构体。B 的两种可能结构决定了 C 的两种可能结构。由此得出：

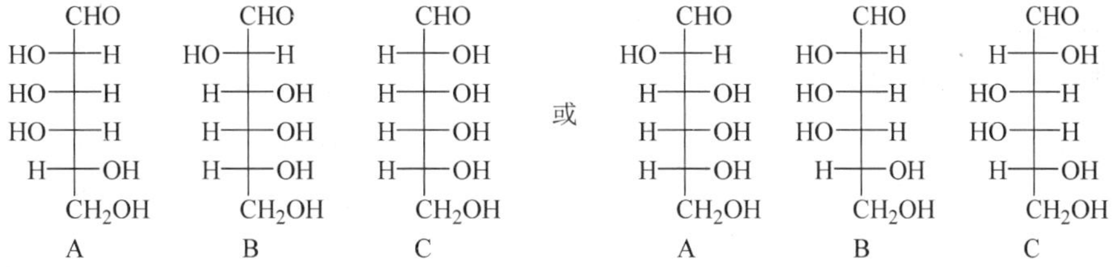

	A	B	C		A	B	C
	（D-塔罗糖）	（D-阿卓糖）	（D-阿洛糖）	或	（D-阿卓糖）	（D-塔罗糖）	（D-半乳糖）

（3）①糖水杨苷用苦杏仁酶水解得 D-葡萄糖和水杨醇，说明葡萄糖以 β-苷键与水杨醇结合。

②水杨苷用 $(CH_3)_2SO_4$ 和 NaOH 处理得五甲基水杨苷，说明糖水杨苷有五个羟基，产物酸化水解得 2,3,4,6-四甲基-D-葡萄糖和邻甲氧基甲酚（邻羟基苄甲醚），说明葡萄糖以吡喃式存在并以苷羟基与水杨醇的酚羟基结合。

此糖水杨苷的结构如下：

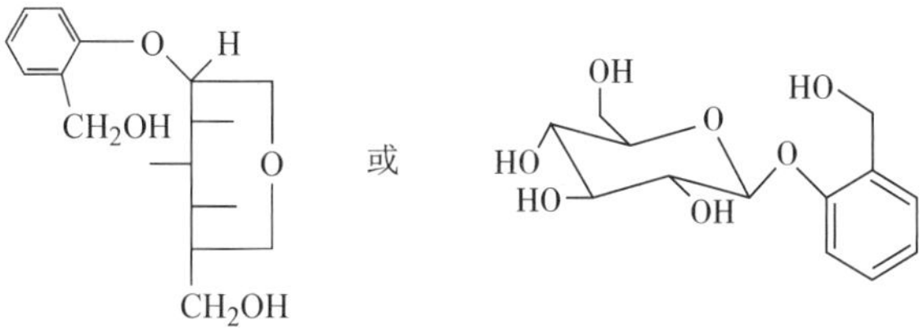

第十五章　胺类化合物

1.（1）乙基二甲基胺　　　　　（2）3-氨基戊烷　　　　　（3）4-溴-2-硝基苯胺

（4）N-乙基苯胺或乙基苯基胺　（5）N-乙基-3-甲基苯胺或乙基-3-甲基苯胺

（6）对羟基偶氮苯

（7）

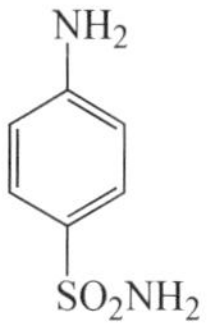

（8）

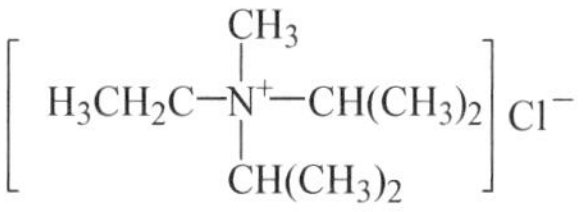

（9）$[CH_3COOCH_2CH_2\overset{+}{N}(CH_3)_3]OH^-$　　（10）

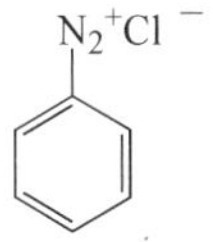

2.（1）碱性：$CH_3CH_2NH_2$ > NH_3 > $H_3C\overset{\overset{\displaystyle O}{\|}}{C}-NH_2$

原因：乙基斥电子诱导效应使氨基氮上电子云密度增大，碱性增强；而酰胺分子中氨基氮原子上的孤对电子与羰基 π 键形成共轭体系，使氮上的电子云密度降低，接受质子能力减弱。

（2）碱性：$(H_3C)_2HC-\!\!\bigcirc\!\!-NH_2$ > $\bigcirc\!\!-NH_2$ > $O_2N-\!\!\bigcirc\!\!-NH_2$

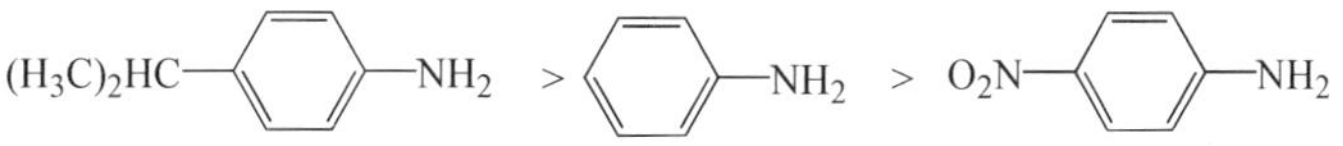

原因：4-异丙基苯胺分子中，由于异丙基斥电子诱导效应，苯环上电子云密度增大，碱性增强，而 4-硝基苯胺分子中，由于硝基的吸电子共轭效应，苯环上电子云密度减小，碱性降低。

（3）碱性：氢氧化四甲铵 > 苯胺 > 乙酰苯胺 > 邻苯二甲酰亚胺

原因：季胺碱是与氢氧化钠碱性相当的碱，碱性最强。由于苯基和酰基都可以与氮原子形成共轭，具有吸电子共轭效应，使氮原子电子云密度降低，碱性减弱，酰基吸电子能力强于苯基，碱性减弱更多，氮原子与两个酰基相连，碱性最弱。

3.（4）>（1）>（2）>（3）

原因：与是否能形成分子间氢键和形成的氢键强弱有关，形成分子间氢键化合物沸点更高。醚无分子内氢键形成，因此沸点最低；氧原子的电负性强于氮原子，因此醇的氢键更强，沸点最高；一级胺氢键作用强于二级胺，因此沸点更高。

4.（1）2,6-二溴-4-甲基苯胺

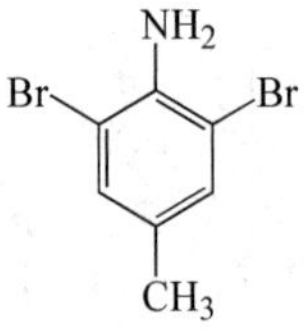

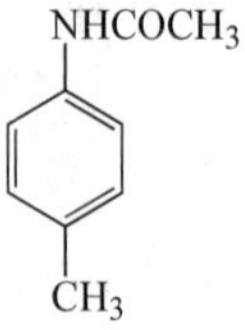

（2）对-甲基乙酰苯胺（$NHCOCH_3$，CH_3）

（3）对-甲基重氮盐（$N_2^+Cl^-$，CH_3）

（4）$NHSO_2C_6H_5$，CH_3

（5）偶氮化合物（$N=N$—苯基，H_3C，NH_2）

（6）NH_2，SO_3H，CH_3

5.（1）对-碘硝基苯（I，NO_2）

（2）对-硝基苯酚（OH，NO_2）

（3）对-硝基苯甲腈（CN，NO_2）

（4）硝基苯（NO_2）

（5）对-溴硝基苯（Br，NO_2）

（6）$N=N$—NO_2，H_3C，OH

6.（1）H_3C—$N(NO)CH_3$

（2）ON—$N(CH_3)(C_2H_5)$

（3）NH_2，Br，Br，Br（2,4,6-三溴苯胺）

（4）$CH=CH_2$（苯乙烯）

（5）CH_3，NH_2； CH_3，$NHCOCH_3$； CH_3，O_2N，$NHCOCH_3$

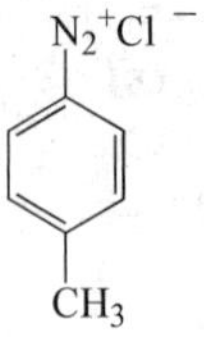

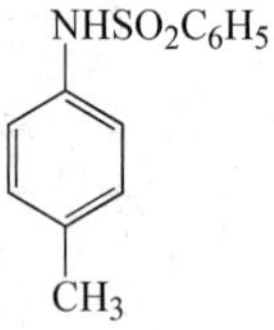

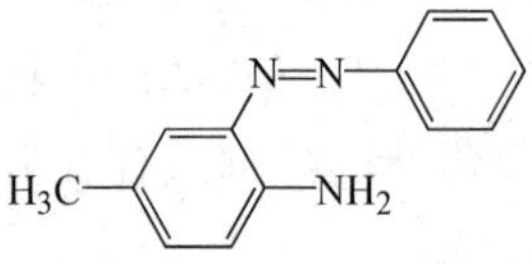

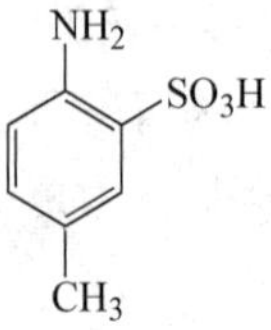

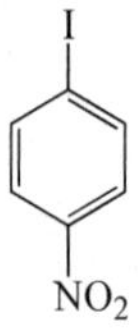

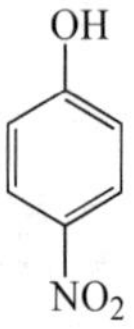

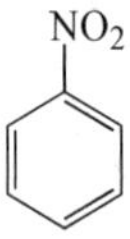

CH_3，O_2N，NH_2； CH_3，O_2N，$N_2^+Cl^-$； H_3PO_2

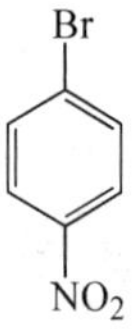

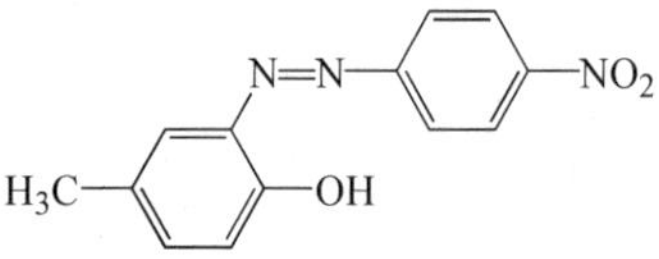

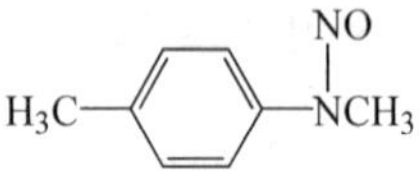

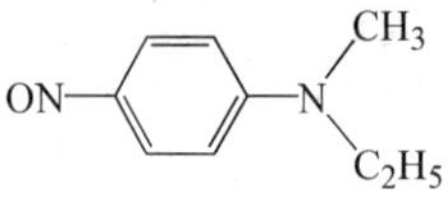

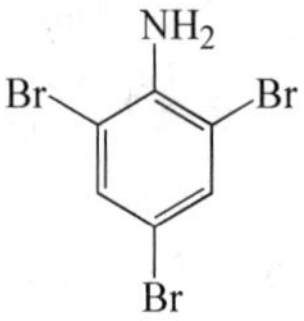

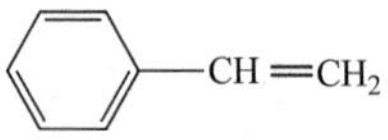

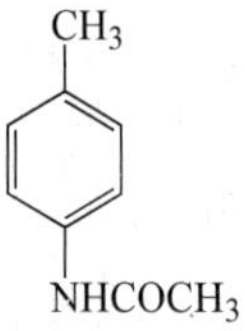

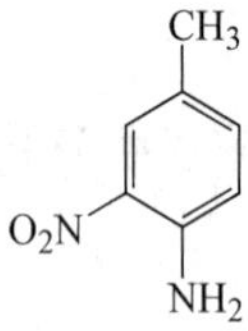

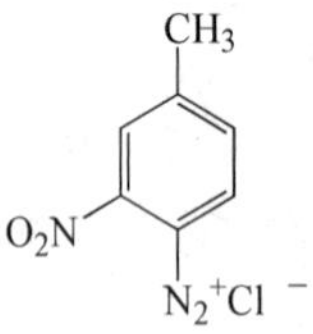

（6）$\left[\begin{array}{c} N^+ \\ H_3C \quad CH_3 \end{array} CH_3\right] OH^-$； $CH=CH_2$，H_3C—N—CH_3； （戊二烯）

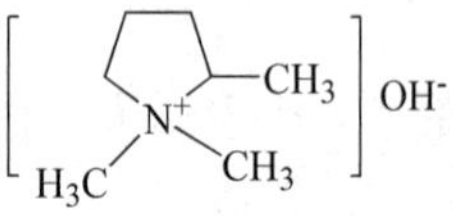

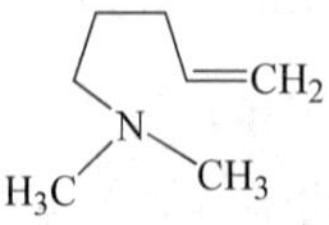

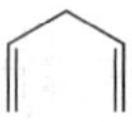

（7）$CH_3CH_2NH-\overset{O}{\overset{\|}{C}}-CH_2CH_2COOH$

（8）$^-HO_3S^+N_2$—SO_3H； HO，NH_2，HO_3S—$N=N$

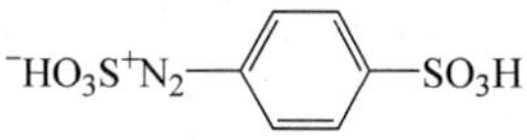

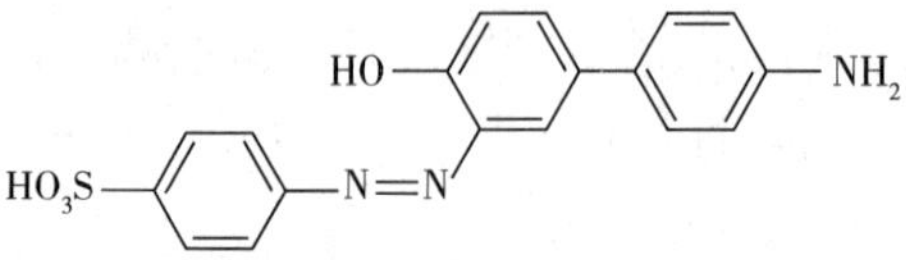

7.（1）

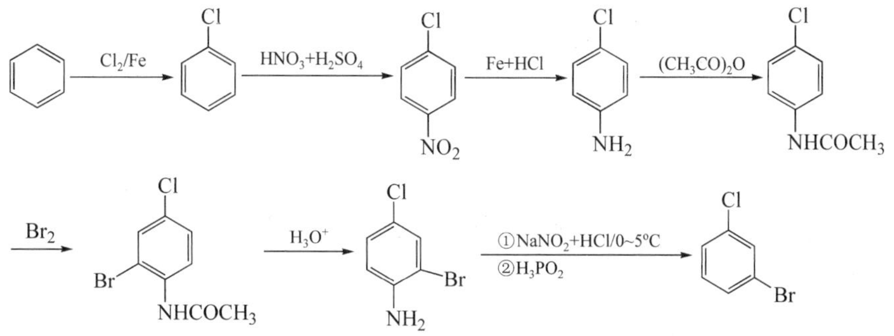

（2）

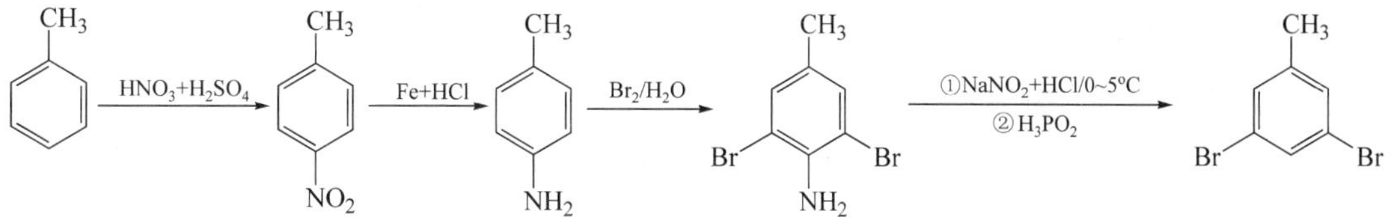

（3）

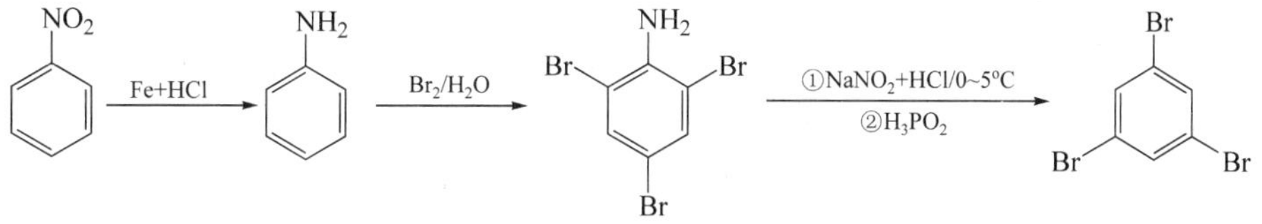

（4）

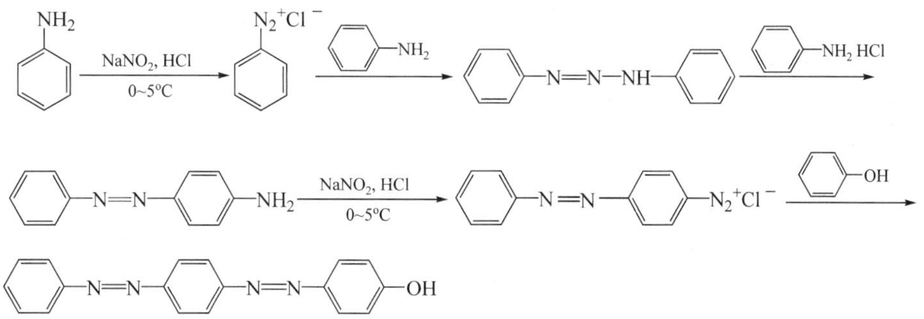

8.（1）

苯胺		加萘-2-酚呈红色
苄基胺	NaNO₂/HCl	放出N₂
苄基二甲基胺	0℃	无现象
苯基二甲基胺		有绿色晶体

（2）

邻甲基苯胺		加萘-2-酚呈红色
2-苯基乙胺	NaNO₂/HCl	放出N₂
苄基乙基胺	0℃	不溶于酸的油状物
乙酰苯胺		无现象

9.（1）

A. 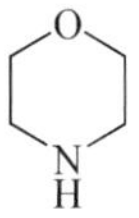 ；B. 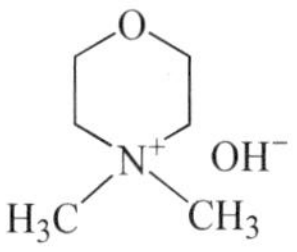 ；C. 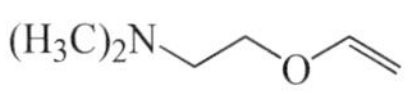 $(H_3C)_2N-CH_2CH_2-O-CH=CH_2$；D. $HO^-\ (H_3C)_3^+N-CH_2CH_2-O-CH=CH_2$

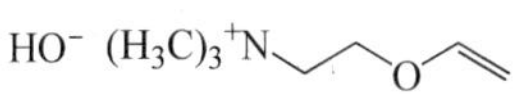

（2）

A. 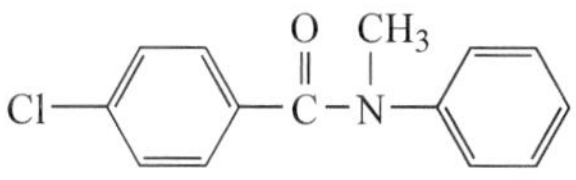 ；B. 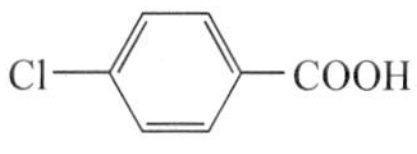 $Cl-C_6H_4-COOH$；C. $C_6H_5-NHCH_3 \cdot HCl$

D. ；E. $Cl-C_6H_4-NH_2$

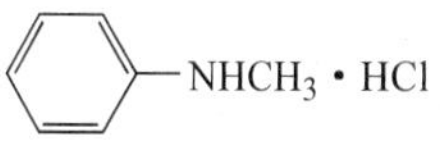

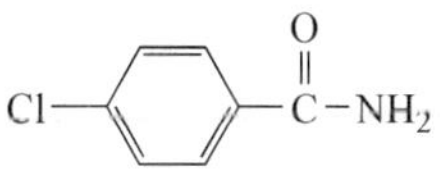

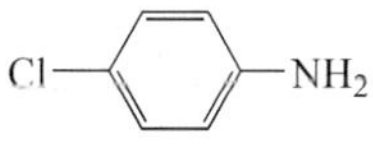

第十六章　杂环化合物

1. （1）由于成环杂原子的电负性差异，π 电子在杂环上的分布不均匀，芳香性各有差异，强弱顺序为：苯＞噻吩＞吡咯＞呋喃。氧原子电负性较大，π 电子共轭减弱使呋喃在一定程度上保留共轭二烯烃的性质，容易进行双烯合成反应，而噻吩中硫原子电负性较小，芳香性较强，形成较稳定的环状闭合共轭体系，不容易进行双烯合成反应。

（2）呋喃、噻吩和吡咯的杂原子 p 轨道中有一对电子参与共轭，形成了五中心、六个电子大 π 键环状闭合共轭体系，其杂环上的电子云密度比苯环高，为"多 π"电子芳杂环，所以比苯容易发生亲电取代。

（3）因为在酸性介质中吡啶与 H^+ 成盐，使环上的电子云密度更低，故需要更强烈的硝化条件。

（4）加入盐酸洗涤、溶液分为两层，酸层为吡啶盐酸盐，有机层洗涤、干燥、蒸馏得到甲苯。

（5）因为吡啶可以与 Lewis 酸反应生成盐，使亲电取代反应更难进行。

（6）因为氧化反应是失去电子的反应过程，还原反应是得到电子的反应过程；而喹啉的吡啶环是缺电子芳杂环，所以氧化发生在苯环上，还原发生在吡啶环上。

（7）吡啶氮原子的孤对电子在 sp^2 杂化轨道，离氮原子核较近，不易给出；六氢吡啶的孤对电子在 sp^3 杂化轨道，离氮原子核远，容易给出，而且仲氨基邻位烃基的斥电子诱导效应增加了 N 上的电子云密度，所以六氢吡啶的碱性强于吡啶。

（8）因为氧化反应是失去电子的反应过程，而吡啶环是缺电子芳杂环，所以氧化时活性不如苯，氧化发生在苯环上。

2. （1）C＞E＞B＞D＞A　　　　　　（2）C＞B＞A＞E＞D

3. （1）3-甲基-6-甲氧基咪唑并[1,2-a]嘧啶

（2）5-羟基-8-甲基-4-硝基吡啶并[4,3-d]嘧啶

（3）8-甲基-11-硝基苯并[a]吩嗪

（4）6-羟基-1-甲基吡咯并[3,2-c]异喹啉

4. （1）　　　　　　（2）　　　　　　（3）

（4）　　　　　　（5）　　　　　　（6）

（7）　　　　　　（8）

5. A.　　　　　　B.　　　　　　C.

D.　　　　　　E.

6. （1）　　　　　　（2）　　　　　　（3）

7.（1）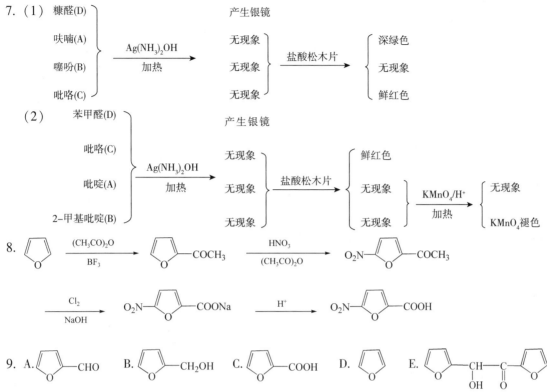

8.

9. A. B. C. D. E.

第十七章　萜类与甾族化合物

1.（1）

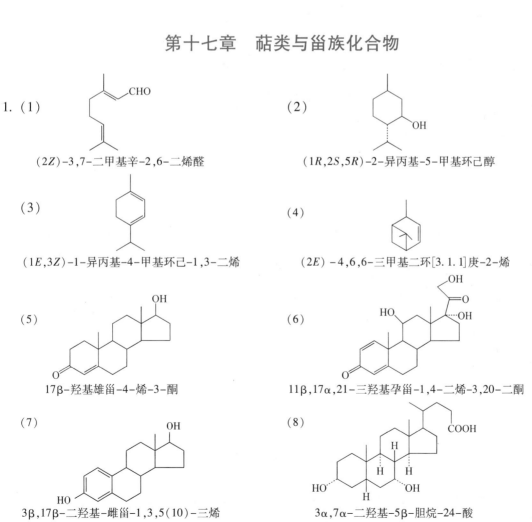

（2Z）-3,7-二甲基辛-2,6-二烯醛

（2）

（1R,2S,5R）-2-异丙基-5-甲基环己醇

（3）

（1E,3Z）-1-异丙基-4-甲基环己-1,3-二烯

（4）

（2E）-4,6,6-三甲基二环[3.1.1]庚-2-烯

（5）

17β-羟基雄甾-4-烯-3-酮

（6）

11β,17α,21-三羟基孕甾-1,4-二烯-3,20-二酮

（7）

3β,17β-二羟基雌甾-1,3,5(10)-三烯

（8）

3α,7α-二羟基-5β-胆烷-24-酸

2. 樟脑　　　　罗勒烯　　　　香叶醇　　　　　龙脑

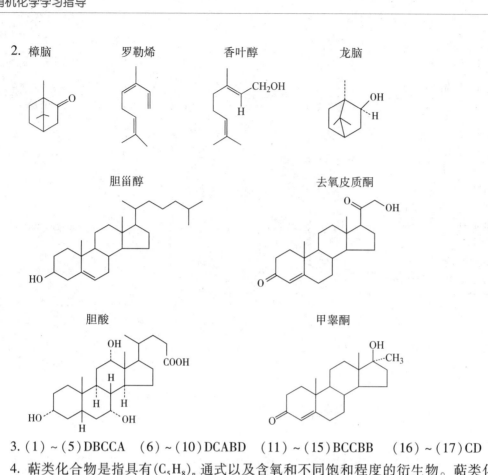

胆甾醇　　　　　　　　　　　　　去氧皮质酮

胆酸　　　　　　　　　　　　　　甲睾酮

3.（1）～（5）DBCCA　　（6）～（10）DCABD　　（11）～（15）BCCBB　　（16）～（17）CD

4. 萜类化合物是指具有$(C_5H_8)_n$通式以及含氧和不同饱和程度的衍生物。萜类化合物的分类是用经典的异戊二烯法则，即根据萜分子中异戊二烯单位的数目进行分类。

5.（1）　　　　　　　　（2）　　　　　　　　（3）　　　　　　　　（4）

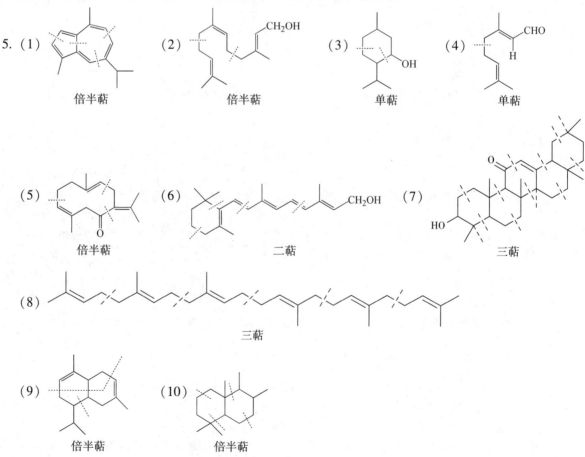

　　倍半萜　　　　　　　倍半萜　　　　　　　单萜　　　　　　　　单萜

（5）　　　　　　　（6）　　　　　　　　　　　　（7）

　　倍半萜　　　　　　　　　二萜　　　　　　　　　　三萜

（8）

　　　　　　　　　　　　　三萜

（9）　　　　　　（10）

　　倍半萜　　　　　　倍半萜

6. 甾族化合物的基本骨架是具有一个环戊烷并多氢菲的母核和三个侧链，其通式为：

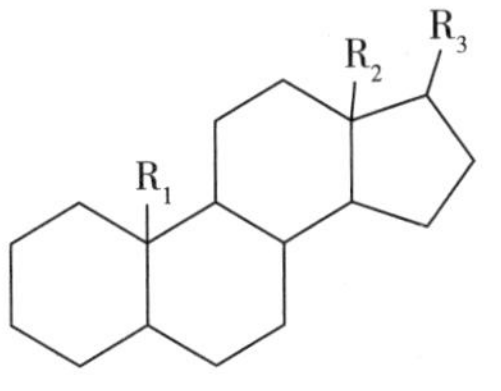

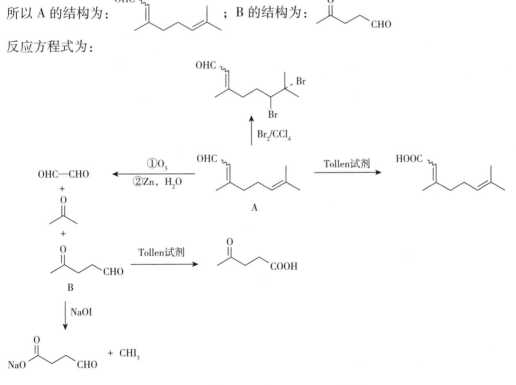

常见的基本母核有八种：甾烷、雌甾烷、雄甾烷、孕甾烷、胆烷、胆甾烷、麦角甾烷、豆甾烷。

7. 自然界存在的甾族化合物主要有两种构型：一种是 A、B 环顺式稠合，表示为 A/B 顺；另一种是 A、B 环反式稠合，表示为 A/B 反，其余三个环之间都是反式稠合。

甾族化合物的正系也称 5β 系：其构型可表示为 A/B 顺、B/C 反、C/D 反。A/B 环相当于顺十氢化萘的构型，C_5 上的氢原子和 C_{10} 的角甲基都伸向环平面的前方，用实线。

别系也称 5α 系。其构型可表示为 A/B 反、B/C 反、C/D 反。A/B 环相当于反十氢化萘的构型，C_5 上的氢原子和 C_{10} 的角甲基不在同一边，而是伸向环平面的后方，用虚线表示。

α-型和 β-型表示的是甾族化合物中甾环上所连的取代基在空间有两种取向，取代基的构型就以角甲基为判断标准：环上取代基与角甲基不在同侧的，叫α-构型，用虚线（---）表示；环上取代基与角甲基在同一边，叫 β-构型，用实线（—）表示。

8.（1）B 化合物的分子式为($C_5H_8O_2$)，可发生与托伦试剂的作用，说明具有醛基—CHO；能发生碘仿反应，说明具有甲基酮 CH_3CO—或 CH_3CHOH—；所以 B 的结构为 $CH_3COCH_2CH_2CHO$。

（2）A 能使 Br_2/CCl_4 溶液褪色，说明具有不饱和键；能与托伦试剂反应生成银镜，说明具有醛基；臭氧氧化产物为丙酮、乙二醛和化合物 B。

所以 A 的结构为：　　　；B 的结构为：

反应方程式为：

第十八章　周环反应

1.（1） 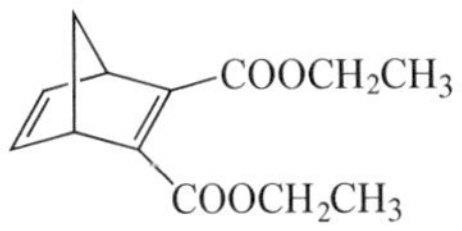　　　　　　（2） 　　　　　　（3）

（4） 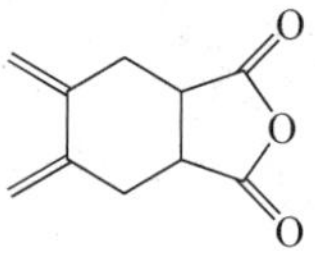　　　　　　　　　　（5） 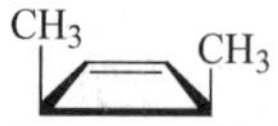　　　　　　　　　　（6）

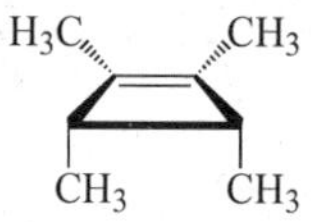

（7） 　　　　　　　　　　（8） 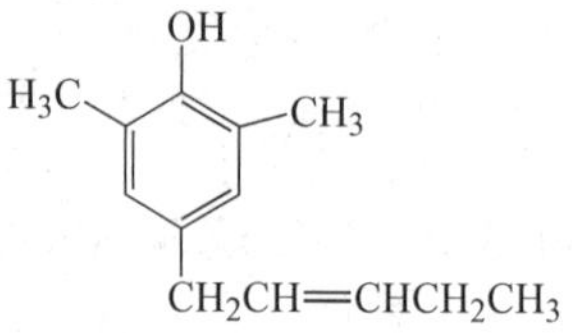　　　　　　　　　　（9）

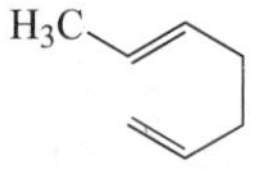

2. （2）>（3）>（1）>（4）

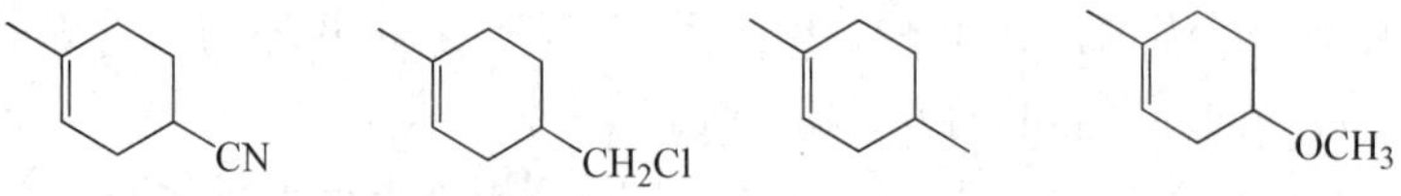

3. （1）Diels – Alder 反应发生时要求共轭二烯烃具有顺式构型。丁-1,3-二烯的反式构型能量低，顺式构型能量高，丁-1,3-二烯的稳定构型是反式的。而由于空间作用，2-叔丁基丁-1,3-二烯 2 位的叔丁基有利于形成顺式构型的共轭二烯，对反应有利。再者，叔丁基对二烯烃有斥电子作用，也有利于反应。所以，2-叔丁基丁-1,3-二烯反应速率比丁-1,3-二烯快许多。

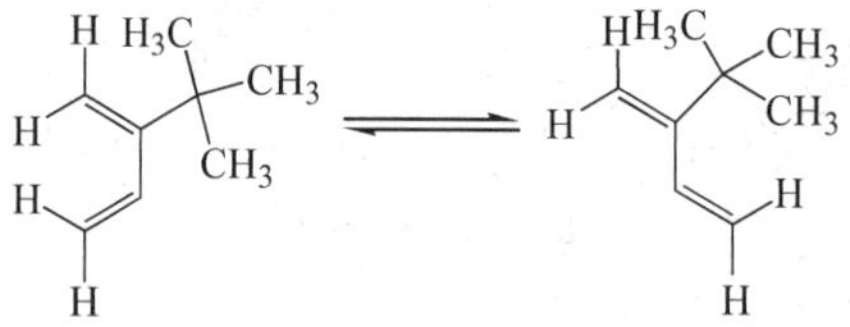

（2）反应（b）是 Diels-Alder 反应逆反应，反应是轨道对称性允许的。反应（a）是 2 + 2 环加成的逆反应，反应是对称性禁阻的。

4.

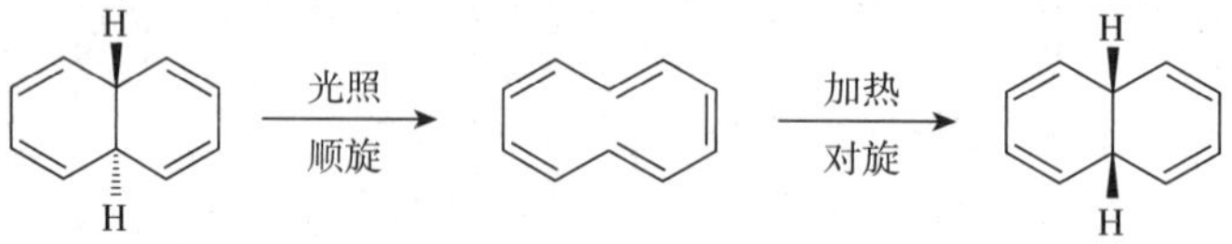

5. （1）

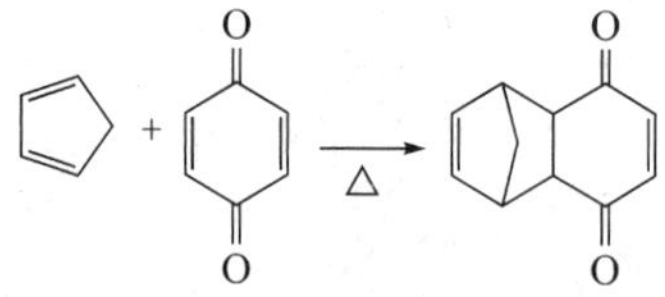

（2）

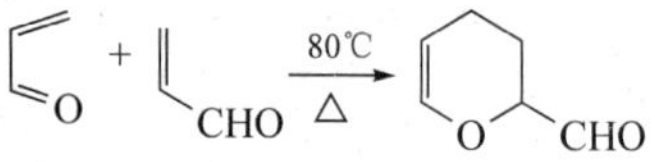

二、　本科期末考试试卷

试卷一

一、单项选择题

1 ~ 5. DAABB　　6 ~ 10. ACABA　　11 ~ 15. DDBCC　　16 ~ 20. ABBBB

二、完成下列反应方程式

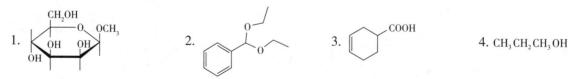

4. $CH_3CH_2CH_3OH$

5. $CH_3CH_2CO_2CH_2CH_3$

6.

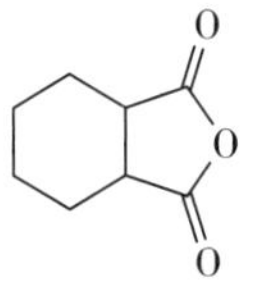

7.

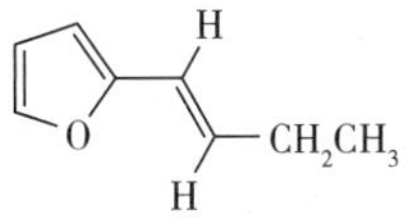

8. $H_3CH_2CHC{=}CH_2$

三、写出下列产物的立体构型

1.

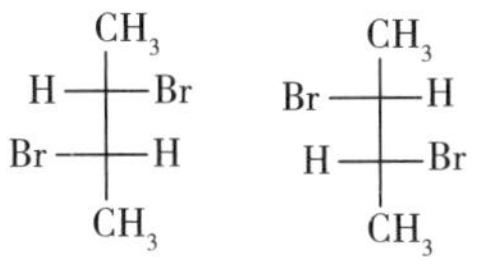

2.

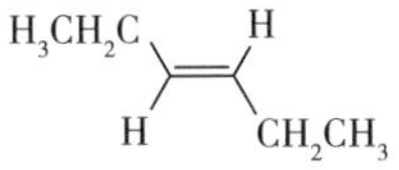

3.

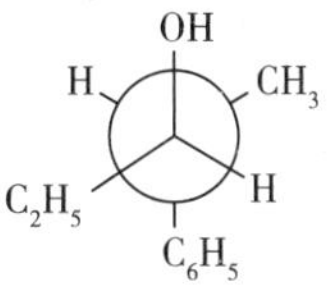

4.

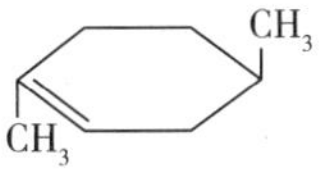

5.

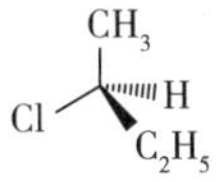

四、简答题

1. 正确描述 1,2 加成和 1,4 加成条件和产物，合理解释。

2. 氯化铁溶液、溴水、托伦试剂、碳酸氢钠等试剂。

3. A. $CH_3CH_2CH_2Br$ B. $CH_3CH_2CH_2MgBr$ C. $CH_3CH_2CH_2C(OMgBr)(CH_3)_2$

D. $CH_3CH_2CH_2C(OH)(CH_3)_2$ E.   F. $CH_3CH_2CH_2CH(CH_3)_2$

4.

五、合成题

1. $CH_2(CO_2C_2H_5)_2 \xrightarrow[\text{②}n\text{-}C_4H_9Br]{\text{①}C_2H_5ONa} C_4H_9\text{—}CH(CO_2C_2H_5)_2 \xrightarrow[\text{②}H^+/\Delta]{\text{①}NaOH} C_4H_9\text{—}CH_2COOH$

$\xrightarrow[Cl_2]{P} C_4H_9\text{—}CH(Cl)COOH \xrightarrow[\text{②}H^+]{\text{①}NaOH} C_4H_9\text{—}CH(OH)COOH$

2. $HC\equiv CH \xrightarrow{HBr} H_2C{=}CHBr \xrightarrow[Pd]{H_2} CH_3CH_2Br$

$HC\equiv CH \xrightarrow[NH_3]{NaNH_2} HC\equiv CNa \xrightarrow{CH_3CH_2Br} HC\equiv CCH_2CH_3 \xrightarrow[NH_3]{NaNH_2} \xrightarrow{CH_3Br}$

$H_3CC\equiv CCH_2CH_3 \xrightarrow[NH_3]{Na} TM$

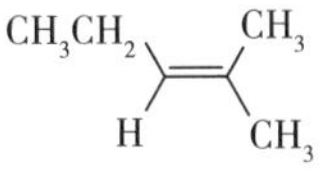

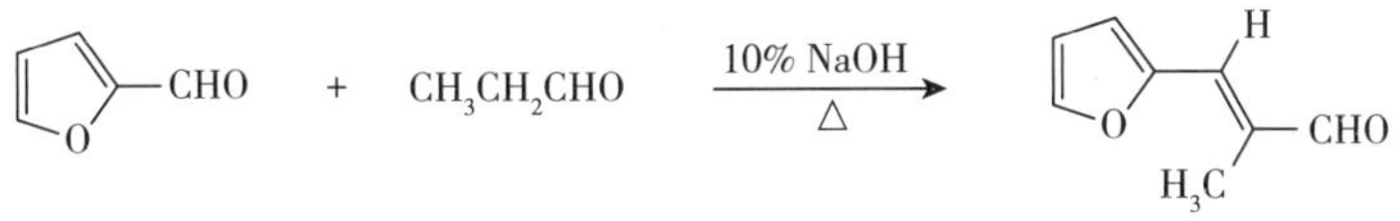

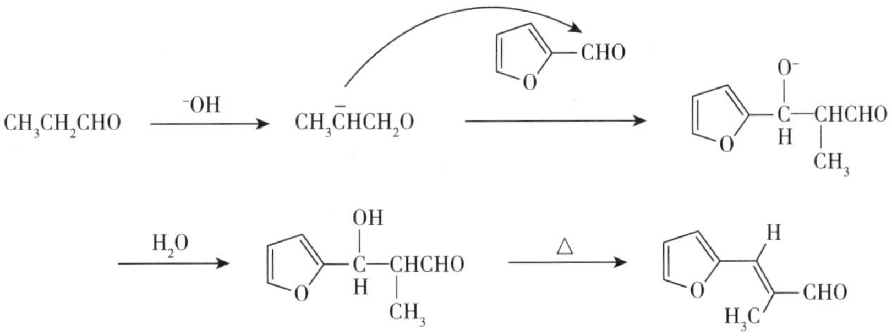

3. $CH_3Br + CH_3MgBr \longrightarrow CH_3CH_3 \xrightarrow[h\nu]{Cl_2} CH_3CH_2Cl$

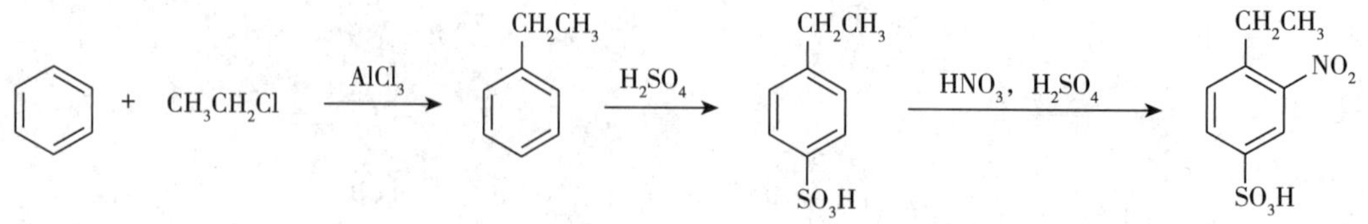

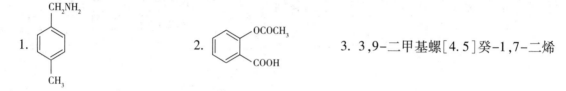

六、推导结构

给分点：共五个结构，每正确推导出一个结构给 1 分，每正确写出一个反应式给 1 分，共 10 分。

A. 丁醛　B. 2-乙基-3-羟基己醛　C. 2-乙基己-2-烯醛　D. 丁酸　E. 丙酸

试卷二

一、用系统命名法命名下列化合物或根据名称写出结构式

1.

2.

3. 3,9-二甲基螺[4.5]癸-1,7-二烯

4. (2E,4Z)-3-氯己-2,4-二烯

5. 4-甲基戊酰氯

6. 5-甲基萘-1-磺酸

7. 2-甲基吡咯

8. 3-甲基丁-4-内酯

二、单项选择题

1~5. ACCDA　6~10. CDBCB　11~15. BDCAD

三、完成下列反应方程式

1. 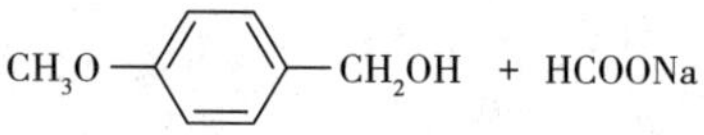 CH_3O—〇—CH_2OH + HCOONa

2. 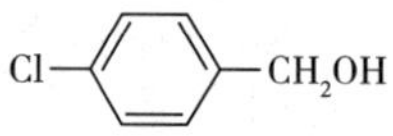 Cl—〇—CH_2OH

3.

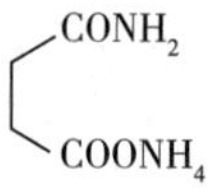

4.

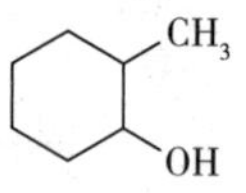

5. 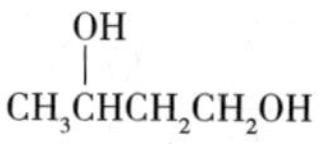 $CH_3CHCH_2CH_2OH$（OH）

6.

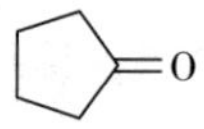

7. 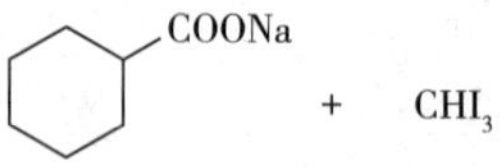 〇—COONa + CHI_3

8. 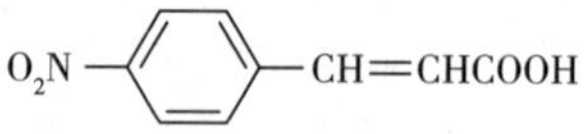 O_2N—〇—$CH=CHCOOH$

9.

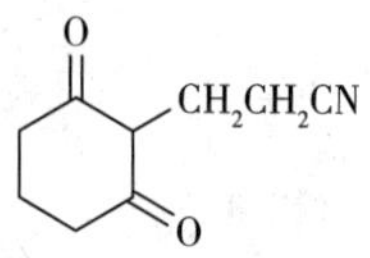

10.

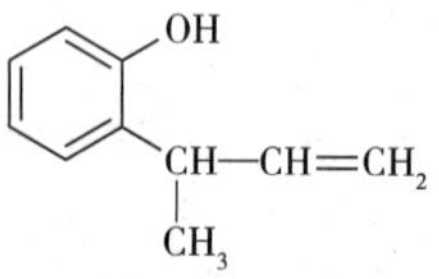

11.

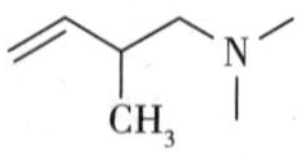

12.

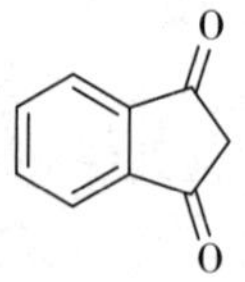

四、简答题

1. 按要求对题目中的数字进行合理排序

（1）3 > 2 > 1　（2）2 > 4 > 3 > 1

2. 茴香脑结构

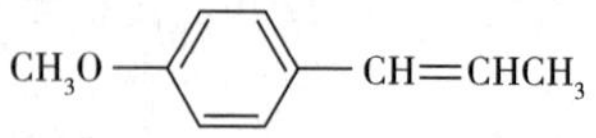

CH_3O—〇—$CH=CHCH_3$

3. （1）共有 3 个手性碳：2*S*,5*R*,6*R*。

（2）有 2 个酰胺键。β-内酰胺结构在胃酸的作用下易开环水解，致使药物失效。

4.

$$\text{环己醇} \xrightarrow[\triangle]{H^+} \xrightarrow{-H_2O} \xrightarrow{} \xrightarrow{}$$

五、合成题

1. $CH_2{=}CH_2 \xrightarrow{HBr} CH_3CH_2Br \xrightarrow[Et_2O\triangle]{Mg} CH_3CH_2MgBr$

$CH_2{=}CH_2 \xrightarrow{浓H_2SO_4} \xrightarrow{H_2O} CH_3CH_2OH \xrightarrow[吡啶]{CrO_3} CH_3CHO$

$\xrightarrow{H_3O^+} CH_3CHCH_2CH_3$ （OH）

2. $\xrightarrow[AlCl_3]{CH_3Cl} \xrightarrow[\triangle]{HNO_3/H_2SO_4} \xrightarrow[HCl]{Fe} \xrightarrow{Br_2}$

$\xrightarrow[H_2SO_4]{NaNO_2} \xrightarrow[\triangle]{H_3PO_2}$

3. $CH_2(COOC_2H_5)_2 \xrightarrow[Br(CH_2)_4Br]{EtONa} \begin{array}{l}CH(COOC_2H_5)_2 \\ CH_2CH_2CH_2CH_2Br\end{array} \xrightarrow{EtONa} \xrightarrow[H_2O]{OH^-} \xrightarrow[\triangle]{H^+}$

试卷三

一、单项选择题

1 ~ 5. BCBCB 6 ~ 10. CDDDA 11 ~ 15. ACBAA 16 ~ 20. ADCDD

21 ~ 25. CADAC 26 ~ 30. AAADB 31 ~ 35. AACCC 36 ~ 40. DABDC

二、判断题

1 ~ 5. √ × × × √ 6 ~ 10. √ √ × × ×

三、完成下列反应方程式

1. 2. (±) 3.

4. 5. (±) 6.

7. 8. 9.

10. 11. 12.

13. 14. 15.

16. 17. 18.

19. 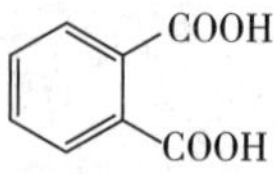 　　20.

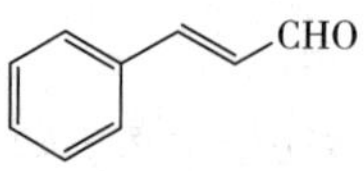

四、推导结构

A. 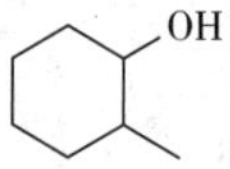 　　B. 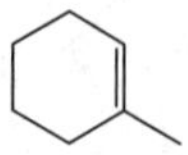 　　C.

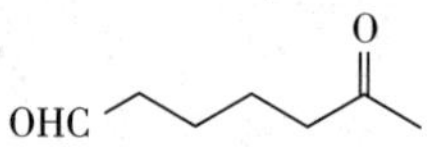

D. 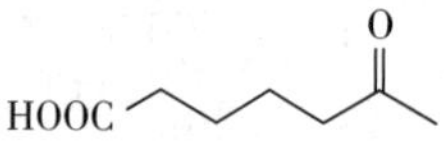 　　E.

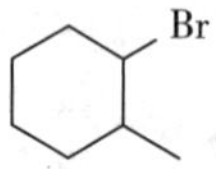

试卷四

一、单项选择题

1～5. ABABD　　6～10. DCBAC　　11～15. ABCBB

16～20. CDACD　　21～25. ADCBB　　26～30. CAABD

二、完成下列反应方程式，并写出反应类型

1. 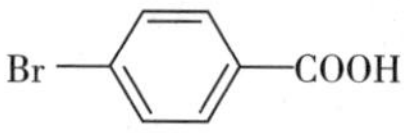 　（氧化反应）

2. 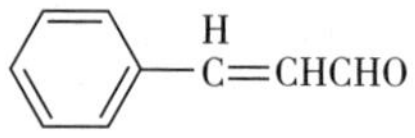 　（羟醛缩合反应）

3. 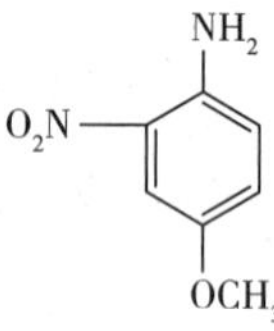 　＋　CH_3COOK　（水解反应）

4. 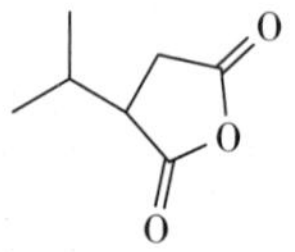 　（脱水反应）

5. 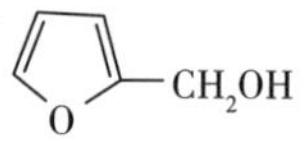 　＋　　（歧化反应或康尼扎罗反应）

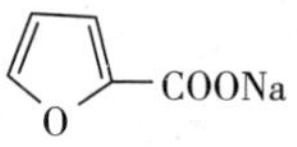

6. 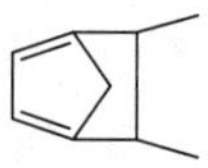 　（D-A 反应或加成反应）

7. 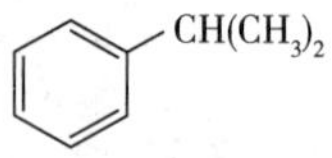 　（亲电取代反应或 F-K 反应）

8. CH_3CHCH_2OH $\quad$ OCH_3　（亲核加成反应）

三、合成题

1.

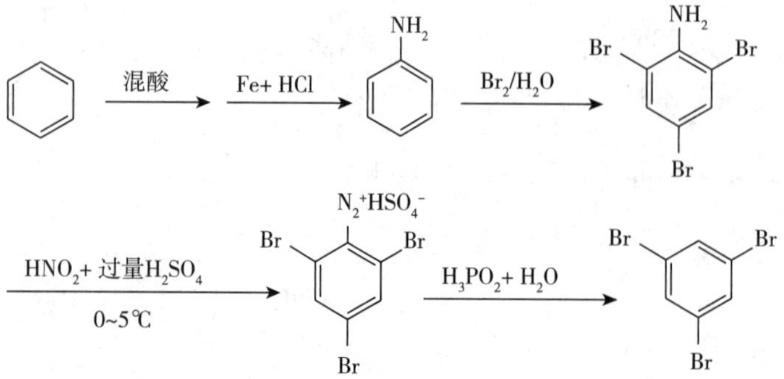

2.

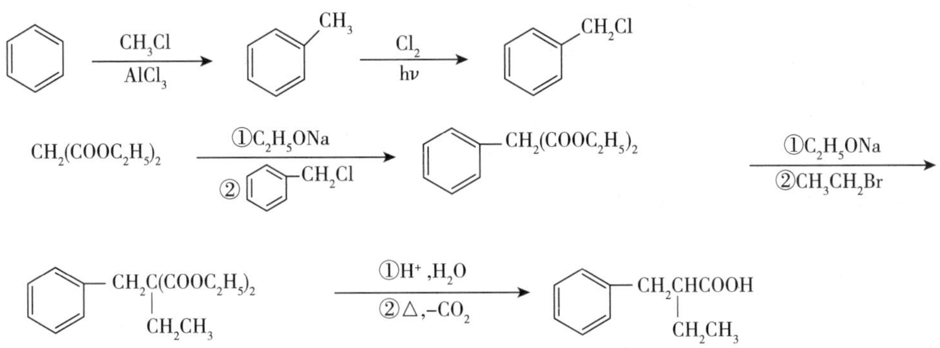

$CH_2(COOC_2H_5)_2$　$\xrightarrow[\text{②}]{\text{①}C_2H_5ONa}$ ...

$\xrightarrow{\text{①}C_2H_5ONa}$
$\xrightarrow{\text{②}CH_3CH_2Br}$

$\xrightarrow[\text{②}\triangle,-CO_2]{\text{①}H^+,H_2O}$

四、推导结构

1.

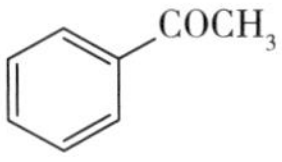

2. A. 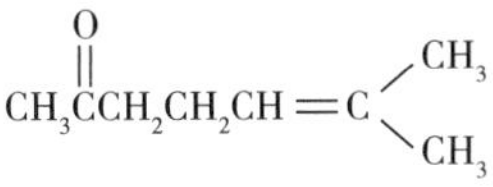 B.  $CH_3CH_2CH_2COOH$（含羰基O）

试卷五

一、用系统命名法命名下列化合物或根据名称写出结构式（有立体异构时必须标明构型）

1. (Z)-2,4-二甲基己-3-烯　　2. 3-氯苯磺酸　　3. (H_3C)_2HC… CH_3

4. 丙酸苯酚酯　　5. R-2-溴丙醇　　6. 2-甲基-3-烯戊醛

7. N,N-二甲基甲酰胺　　8. 氢氧化苄基三甲基铵　　9.

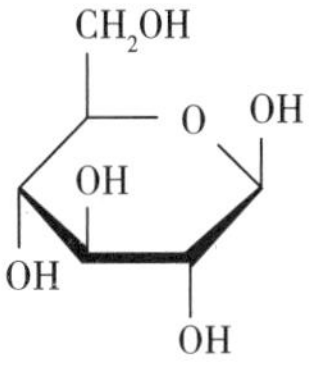

10. 萘-1-胺

二、单项选择题

1～5. DAACB　6～10. DCABA　11～15. BACBD

三、完成下列反应方程式

1.

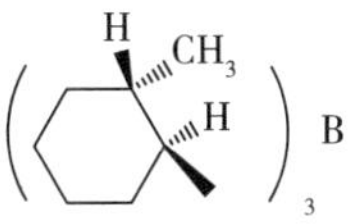

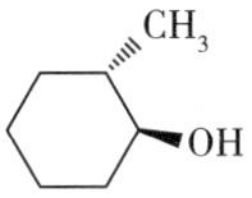

2.

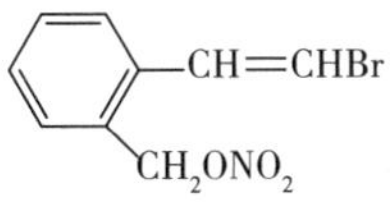

3.

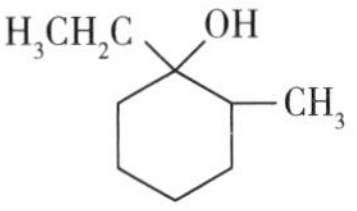

4. 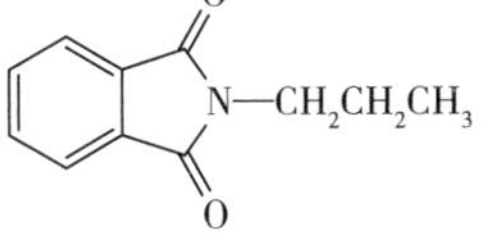 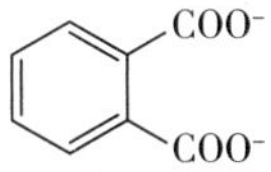 　+ $CH_3CH_2CH_2NH_2$

5.

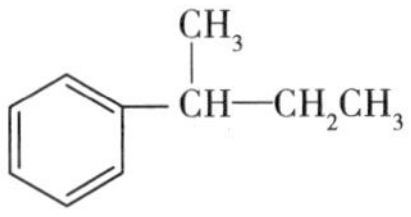

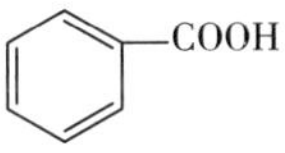

6.

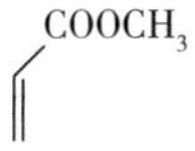

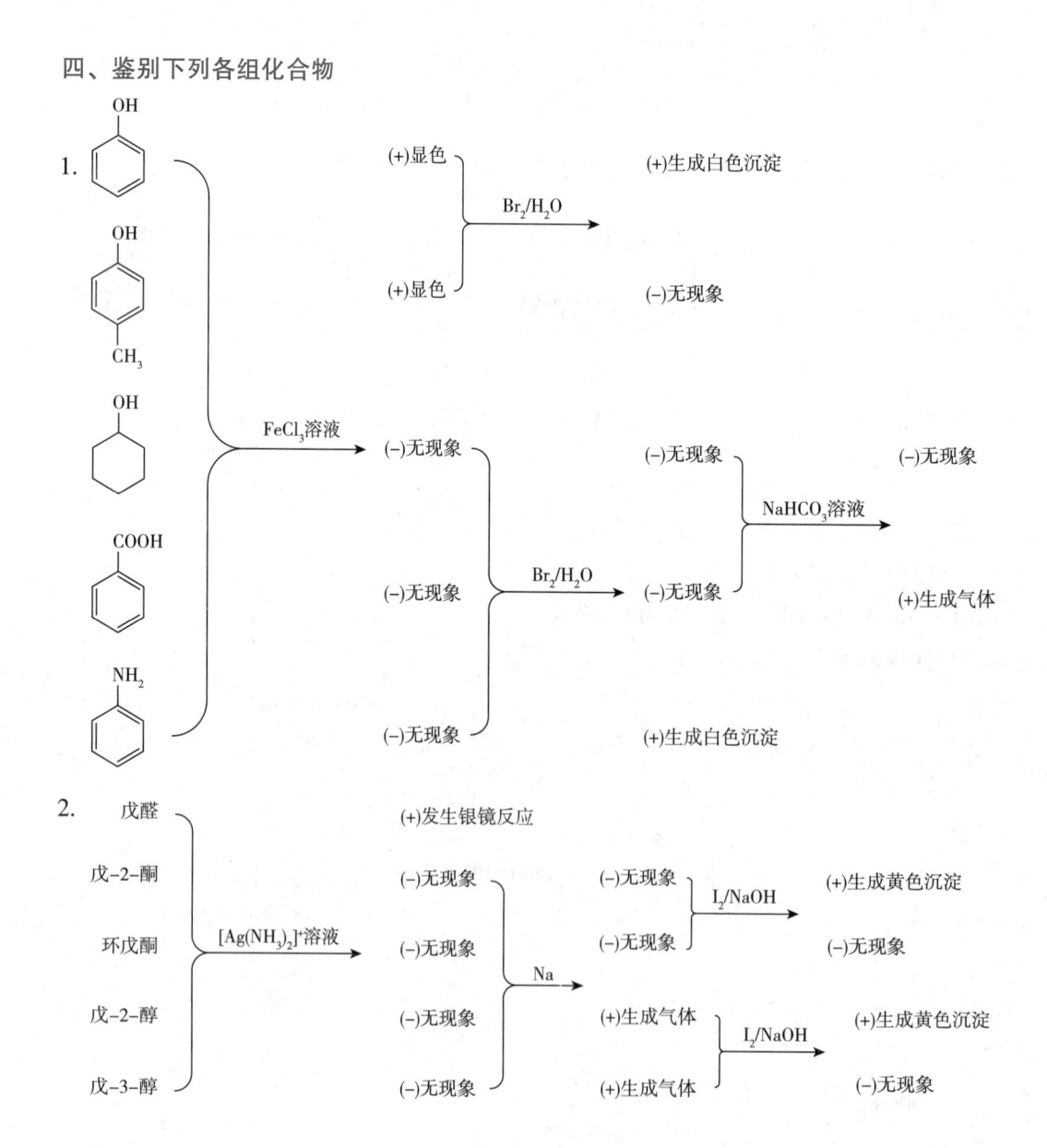

7. ,

8.

9. ,

10. ,

四、鉴别下列各组化合物

3.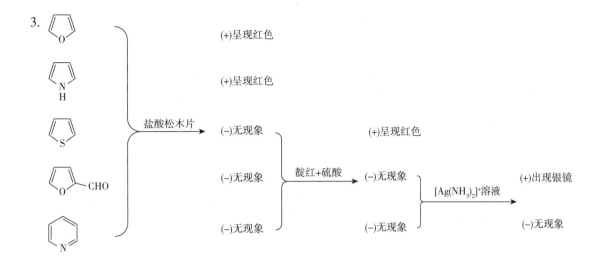

五、简答题

1. 沸点：丙酸＞正丁醇＞乙醚＞正戊烷。丙酸、正丁醇、乙醚和正戊烷的分子量相近，沸点因结构不同而有差别。丙酸、正丁醇、乙醚均为极性分子，正戊烷为非极性分子，分子间只有微弱的色散力，沸点最低。丙酸、正丁醇分子间除范德华作用力外，还有较强的氢键作用，沸点高于乙醚。丙酸沸点高于正丁醇是因为羧羰基氧的电负性强，以氢键形成二缔合体的形式存在。

2. 反应机理如下：

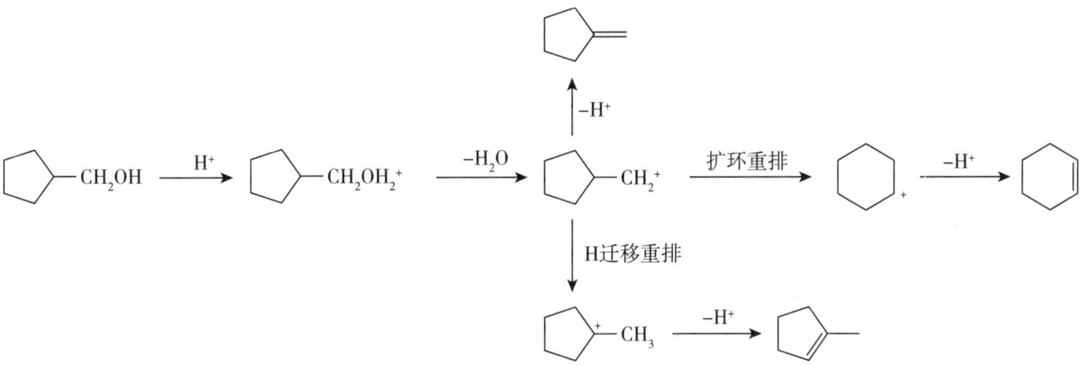

3. （1）底物 RX 或亲核试剂 Nu 的浓度加倍会使 S_N2 反应速率加倍；而对于 S_N1 反应，反应速率仅决定于第一步反应底物 C—X 键断键难易程度，所以增加底物浓度，反应速率加快，亲核试剂浓度加倍对反应速率无影响。

（2）H_2O—C_2H_5OH 混合物有较高介电常数，有利于稳定正碳离子，因而加快 S_N1 反应速率；丙酮是介电常数很低的非质子溶剂，有利于 S_N2 反应。

（3）强亲核试剂有利于 S_N2 反应，而对 S_N1 反应没有影响。

六、推导结构

A. 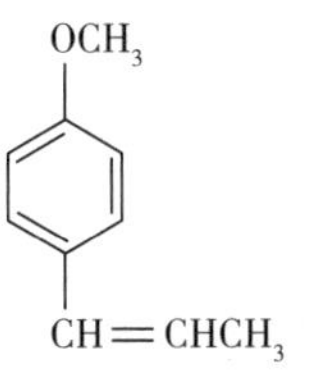　B. 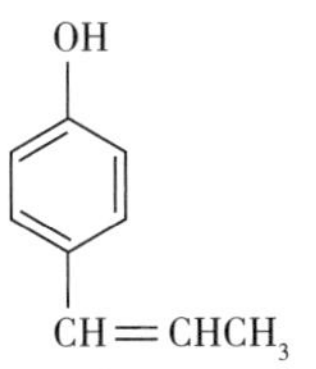　C. CH_3I

相关反应：

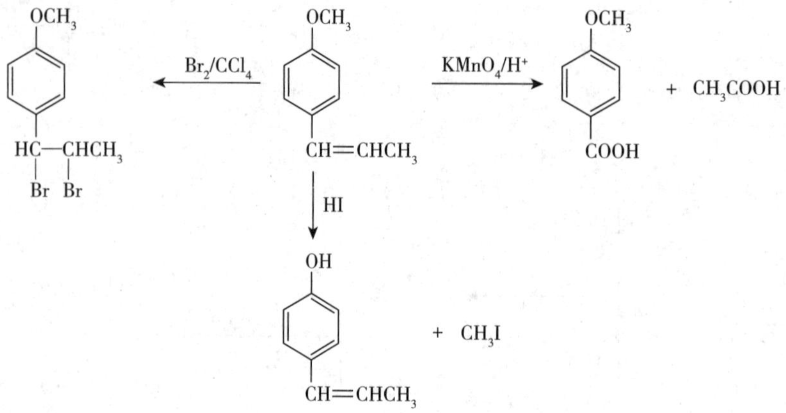

试卷六

一、单项选择题

1~5. CDBCA 6~10. BBADB 11~15. BBADA

二、多项选择题

1. ABCDE 2. BCD 3. ACD 4. ACE 5. ACDE

6. ABCD 7. BC 8. CDE 9. ABCDE 10. ABCD

三、完成下列反应方程式

1. $(CH_3CH_2CH_2)_3B$，$CH_3CH_2CH_2OH$

2.

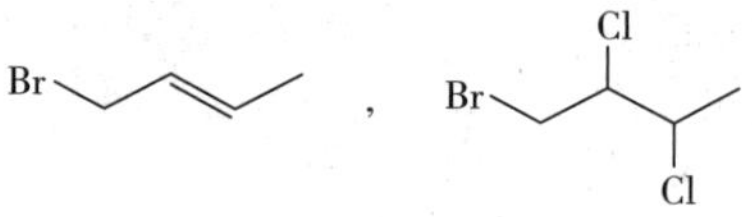

3.

4.

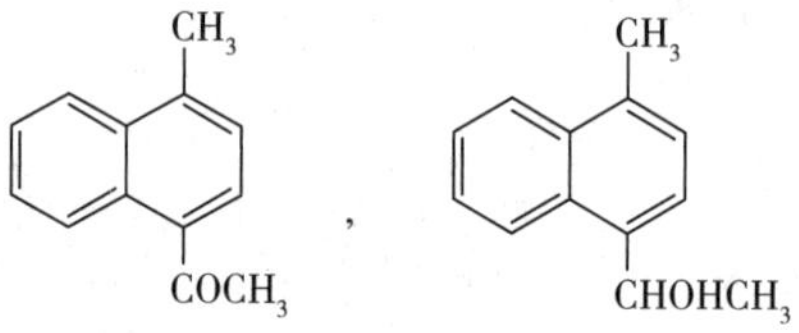

5.

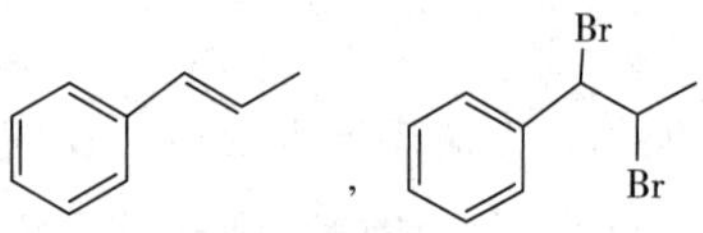

6. $CH_2{=}CHCH_2Cl$，$CH_2BrCHBrCH_2Cl$

7. 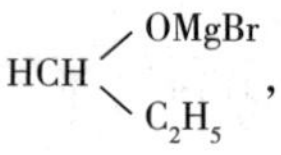 ，$CH_3CH_2CH_2OH$

8.

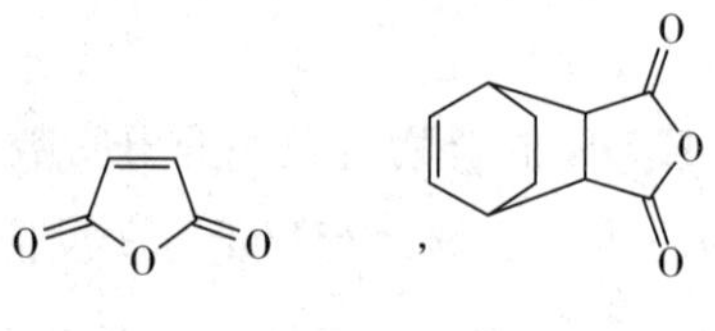

9.

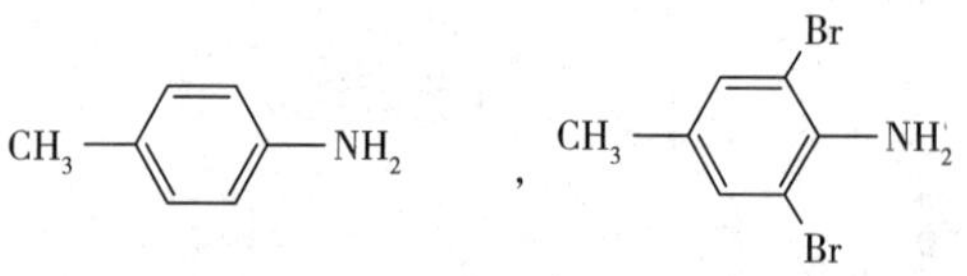

10.

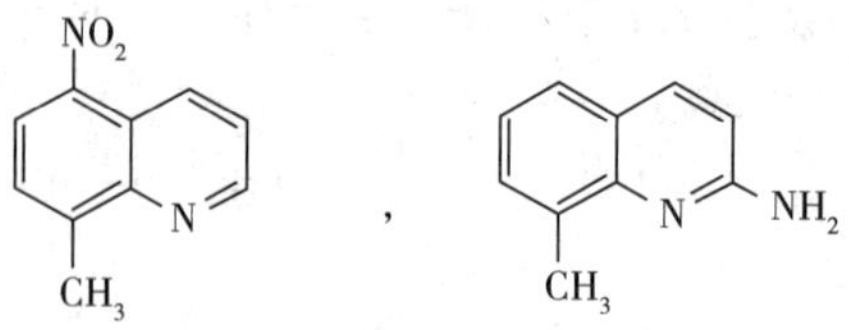

四、用系统命名法命名下列化合物或根据名称写出结构式

1. 2,2,6,6,7-五甲基辛烷

2. (2E,4Z)-3,4-二甲基庚-2,4-二烯

3. (3Z)-3,4-二甲基己-1,3-二烯-5-炔

4. 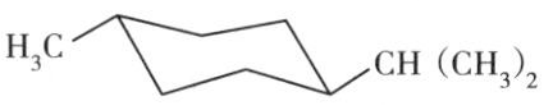 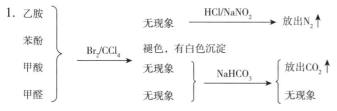H₃C ────── CH(CH₃)₂

5. 1-乙基-6-甲基二环[4.1.0]庚烷

6. 1,3-二溴-2-甲基-5-硝基苯（或者 2,6-二溴-4-硝基甲苯）

7. (2R,3S)-2-溴-3-氯戊烷

8. 环己-4-烯-1,3-二醇

9. 4-氯-5-甲基萘-2-酚

10. 3-甲基-4-苯基丁醛

11. 反己-4-烯-3-酮酸

12. 乙二醇丁二酸酯

13. N-甲基-N-乙基对甲基苯胺

14. 5-氯-4-甲基噻唑-2-甲酸

15. D-半乳糖的开链式

五、鉴别下列各组化合物

1.
乙胺
苯酚
甲酸
甲醛

无现象 ──HCl/NaNO₂──▶ 放出 N₂↑

──Br₂/CCl₄──▶ 褪色，有白色沉淀
无现象 ──NaHCO₃──▶ { 放出 CO₂↑
无现象 ──────▶ { 无现象

2. 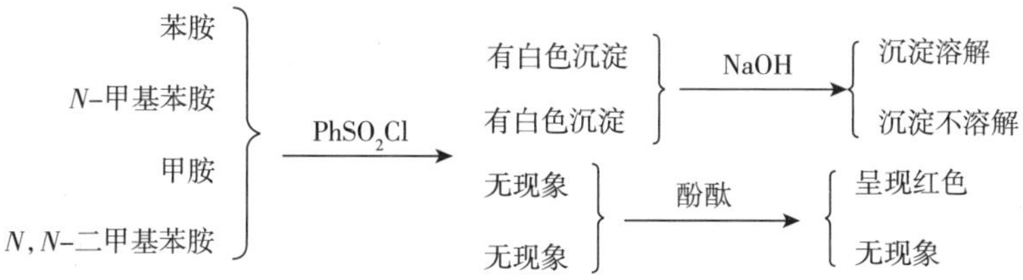
苯胺
N-甲基苯胺
甲胺
N,N-二甲基苯胺

──PhSO₂Cl──▶
有白色沉淀 ──NaOH──▶ 沉淀溶解
有白色沉淀 ──────▶ 沉淀不溶解
无现象 ──酚酞──▶ 呈现红色
无现象 ──────▶ 无现象

3. 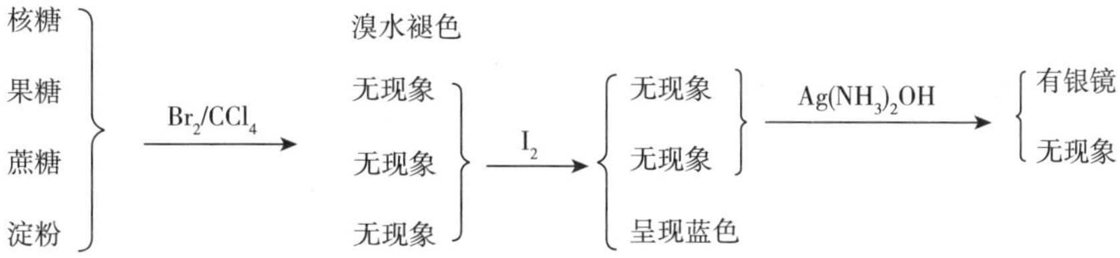
核糖
果糖
蔗糖
淀粉

──Br₂/CCl₄──▶
溴水褪色
无现象 ──I₂──▶ 无现象 ──Ag(NH₃)₂OH──▶ 有银镜
无现象 ──────▶ 无现象 ──────▶ 无现象
无现象 ──────▶ 呈现蓝色

4. 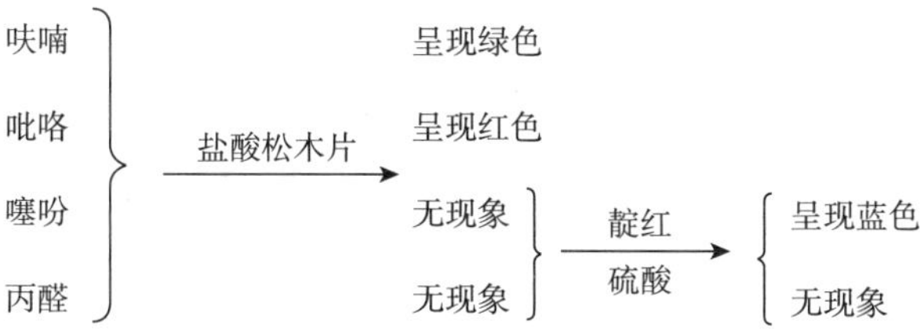
呋喃
吡咯
噻吩
丙醛

──盐酸松木片──▶
呈现绿色
呈现红色
无现象 ──靛红/硫酸──▶ 呈现蓝色
无现象 ──────▶ 无现象

六、合成题

1. 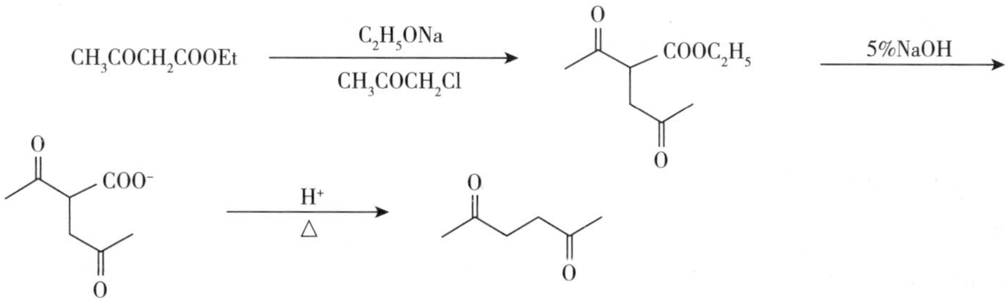 CH₃COCH₂COOEt ──C₂H₅ONa / CH₃COCH₂Cl──▶ [结构：O=C─CH₃ ... COOC₂H₅ ... O] ──5%NaOH──▶

[结构：CH₃CO─CH(COO⁻)─CH₂─CO─] ──H⁺ / △──▶ [结构：CH₃CO─CH₂─CH₂─CO─CH₃]

2. 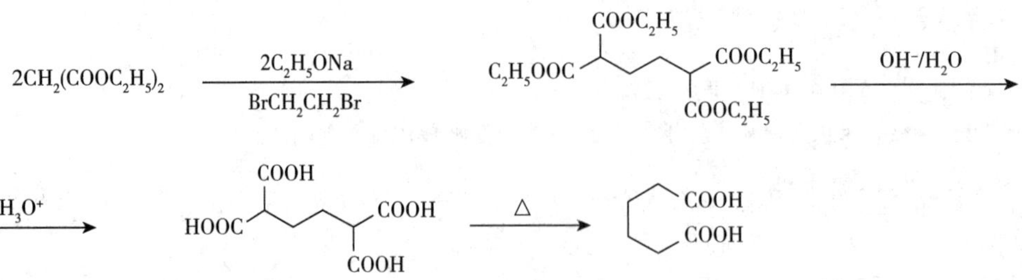 $2CH_2(COOC_2H_5)_2$ $\xrightarrow[BrCH_2CH_2Br]{2C_2H_5ONa}$ (结构式) $\xrightarrow{OH^-/H_2O}$

$\xrightarrow{H_3O^+}$ (结构式) $\xrightarrow{\triangle}$ (结构式)

3. 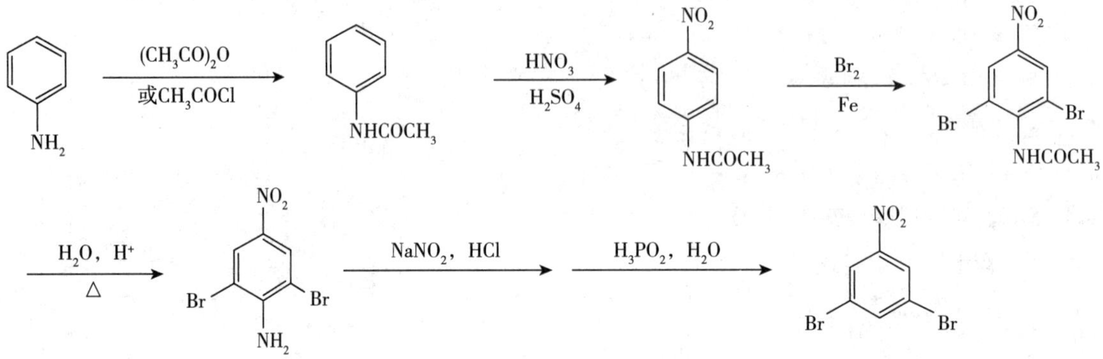 (结构式) $\xrightarrow[\text{或}CH_3COCl]{(CH_3CO)_2O}$ (结构式) $\xrightarrow[H_2SO_4]{HNO_3}$ (结构式) $\xrightarrow[Fe]{Br_2}$ (结构式)

$\xrightarrow[\triangle]{H_2O,\ H^+}$ (结构式) $\xrightarrow{NaNO_2,\ HCl}$ $\xrightarrow{H_3PO_2,\ H_2O}$ (结构式)

七、推导结构

1. A. 3-甲基丁烯醛　　　B. 草酸　　　C. 甲酸

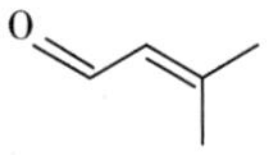

(结构式)

A　　　　HOOCCOOH　　　HCOOH
　　　　　　　B　　　　　　　C

2. A. 戊二酸　B. 戊二酸酐　C. 戊二醇　D. 庚二腈　E. 庚二酸　F. 环己酮　G. 环己烷

A. 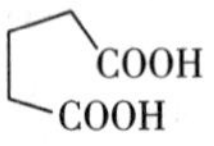 (结构式 COOH/COOH)　B. 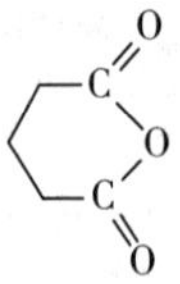 (结构式 酸酐)　C. 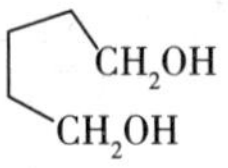 (结构式 CH₂OH/CH₂OH)　D. 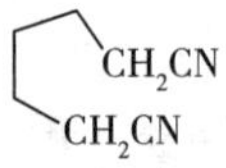 (结构式 CH₂CN/CH₂CN)

E. 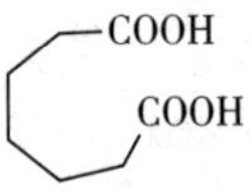 (结构式 COOH/COOH)　F. 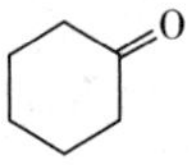 (结构式 环己酮)　G.  (结构式 环己烷)

试卷七

一、用系统命名法命名下列化合物或根据名称写出结构式

1. 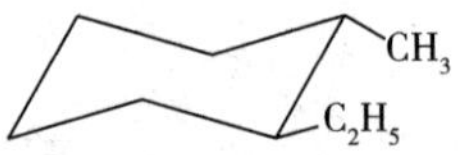 (结构式 CH_3/C_2H_5)　　2. E-戊-2-烯　　3. 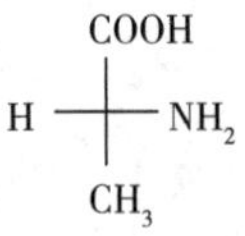 (结构式 H/NH_2/CH_3/COOH)

4. α-呋喃甲醛　　5. 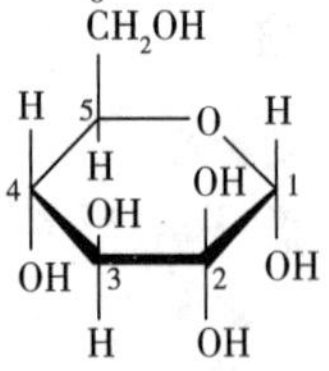 (结构式 吡喃糖)

二、单项选择题

1~5. BCCCB　6~10. ABBAB　11~15. DBCAC　16~20. ACCDA

三、性质比较题

1. ABCD　　2. ACDB　　3. ABCD　　4. DCAB

四、鉴别下列各组化合物

1. ①先可加碳酸钠，放出的气体的为 α-氨基丙酸、苯甲酸，无气体放出的为苯胺、N,N-二甲基苯胺；②α-氨基丙酸、苯甲酸：加茚三酮显色的为 α-氨基丙酸；③苯胺、N,N-二甲基苯胺：加对甲苯磺酸，有白色沉淀生成的为苯胺，无沉淀的为 N,N-二甲基苯胺。

2. （1）先加 I_2/CCl_4，变蓝色为淀粉；（2）剩余样品中加 $Br_2/pH=5$，使溴水褪色的为 α-D-吡喃葡萄糖；（3）剩余样品中加托伦试剂有银镜现象发生的为果糖（可异构化为葡萄糖）。

五、完成下列反应方程式

1. $H_3C\equiv CNa$, $H_3C-C\equiv C-CH_2CH_3$

2.

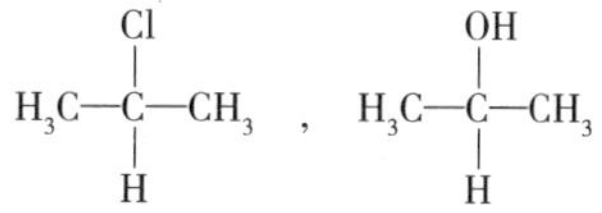

3.

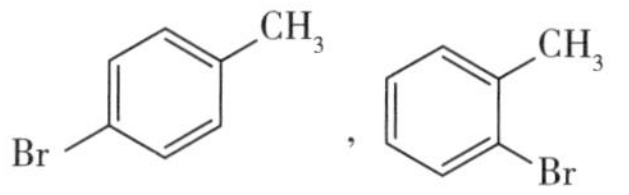

4.

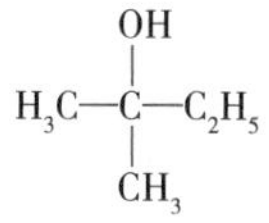

5. $CH_3CH_2COCH_2CH_3$

6.

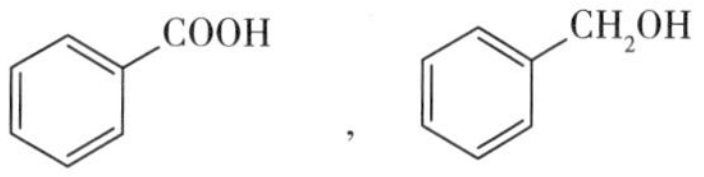

7.

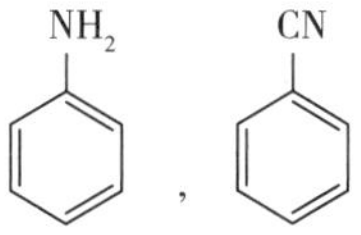

六、推导结构

1. A. 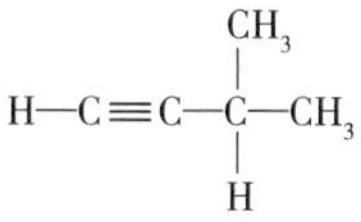 　B.

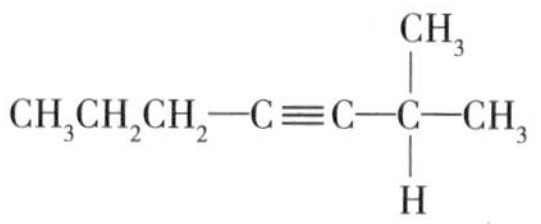

C/D. $CH_3CHCOOH$（CH_3）　$CH_3CH_2CH_2COOH$　或者 D/C. $CH_3CHCOOH$（CH_3）　$CH_3CH_2CH_2COOH$

2. 毒芹碱 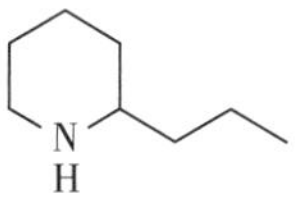 　A. 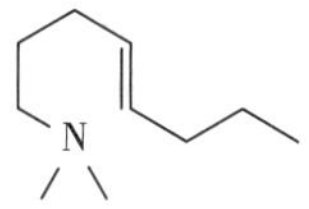 　B. 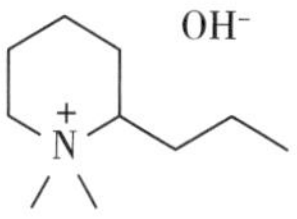 　C

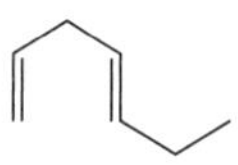

七、合成题

1. $CH_2(COOC_2H_5)_2 \xrightarrow[CH_3CH_2Cl]{C_2H_5ONa} CH_3CH_2-CH(COOC_2H_5)_2 \xrightarrow{H_2SO_4} \xrightarrow[\triangle]{-CO_2} CH_3CH_2CH_2COOH$

2.

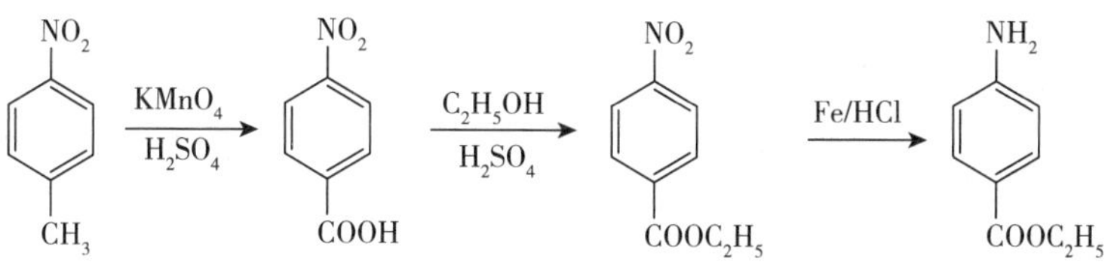

试卷八

一、用系统命名法命名下列化合物

1. 4-乙基-7-甲基癸烷

2. (Z)-3,6-二甲基庚-3-烯

3. 4-乙炔基辛烷

4. 7-甲基螺[2.4]庚-4-烯

5. 3-溴苯甲酸

6. 7-溴-4-甲基辛-1-烯

7. 6-乙基壬-3-醇

8. 7-乙基-5,8,9-三甲基癸-3-酮

9. 丁-1,3-二胺　　　　　　　　　10. 2-甲基丙酸甲酯（异丁酸甲酯）

二、完成下列反应方程式

1. 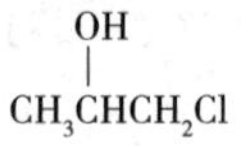 CH_3CHCH_2Cl（OH）

2.

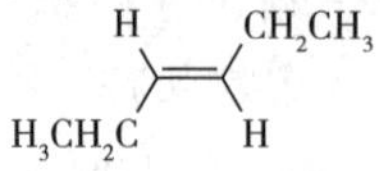

3. 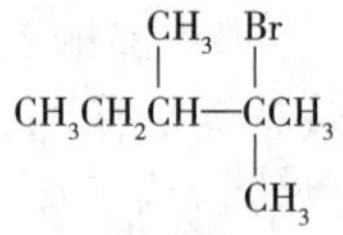 $CH_3CH\overset{CH_3}{\underset{}{}}CH\overset{Br}{\underset{CH_3}{C}}CH_3$

4. 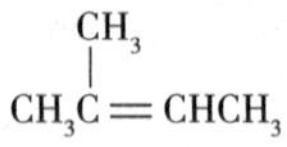 $CH_3C\overset{CH_3}{=}CHCH_3$

5. 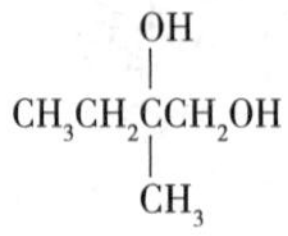 $CH_3CH_2\overset{OH}{C}CH_2OH$（CH$_3$）

6. 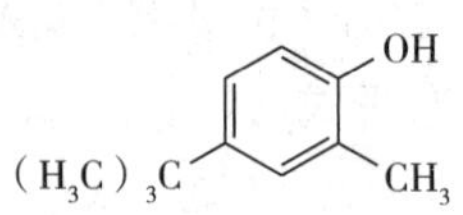 $(H_3C)_3C$ 苯酚（CH_3，OH）

7. HCOOH, $C_6H_5CH_2OH$

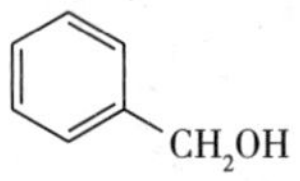

8. 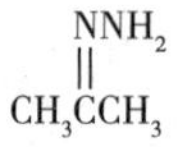 $CH_3\overset{NNH_2}{C}CH_3$

9. $H_2C=CHCH_2CH_2OH$

三、单项选择题

1～5. CDBBE　　6～10. ACCAD　　11～15. ADCDC

四、判断题

1～5. ×××√×　　6～10. ××√××　　11～15. ×√√××

五、鉴别下列各组化合物

1.

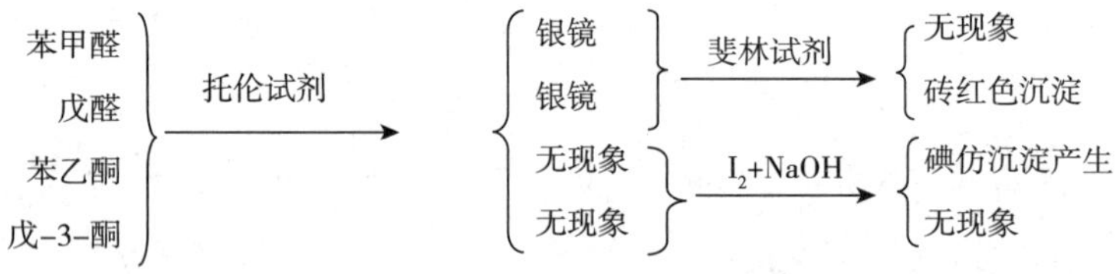

2.

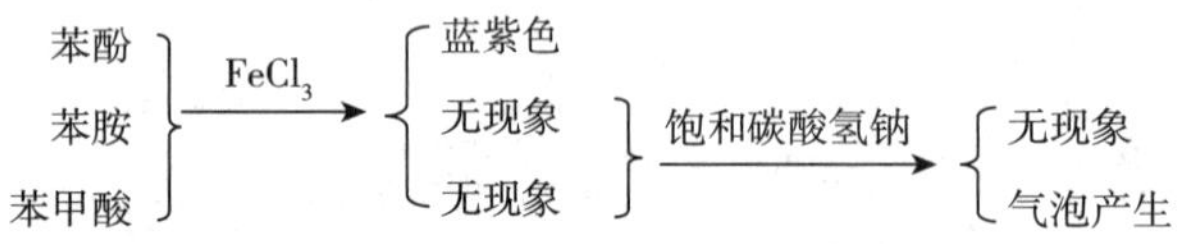

3.

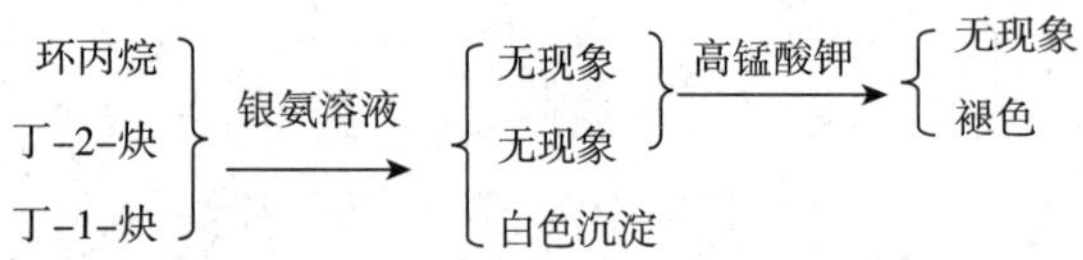

六、合成题

1.

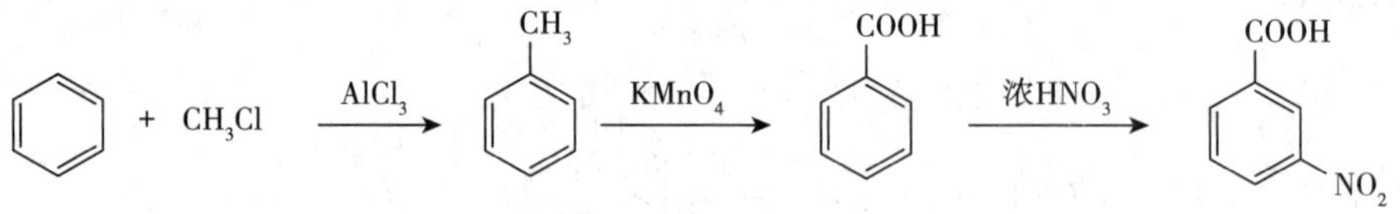

2.

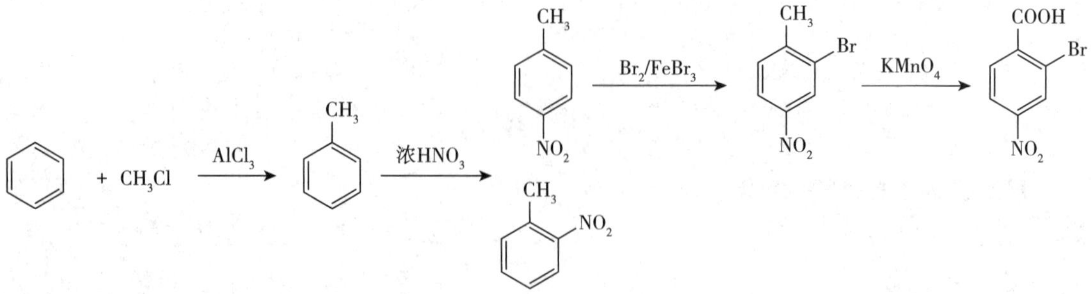

七、推导结构

1. A. $(CH_3)_2C=CHCH_2CH_2COCH_3$　　　B. $HOOCCH_2CH_2COCH_3$

2. A. $H_2C=CHCH_2CH_3$　　　B. $CH_3CH=CHCH_3$　　　C. $H_2C=\overset{\overset{\displaystyle CH_3}{|}}{C}CH_3$

试卷九

一、单项选择题

1～5. DDBBB　6～10. BABAB　11～15. AAADC　16～20. DBCDD

21～25. DBADB　26～30. CAADB

二、判断题

1～5. √√√√√　6～10. √×××√　11～15. √√××√　16～20. ×√√√×

三、用系统命名法命名下列化合物或根据名称写出结构式

1. 4-甲基戊-2-酮　　　2. (Z)-1-氯丁-1-烯　　　3. (1S,2S)-2-甲基环己醇

4.

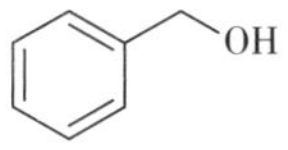

5.

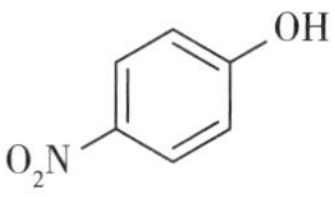

四、完成下列反应方程式

1.

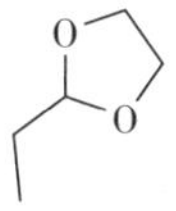

2.

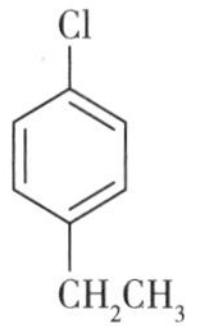

3.

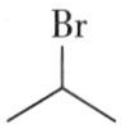

4.

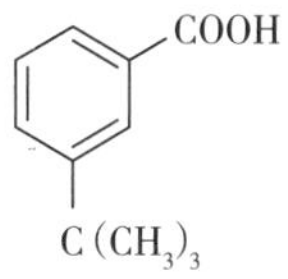

5.

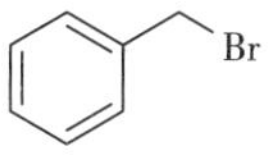

五、鉴别下列各组化合物

1.

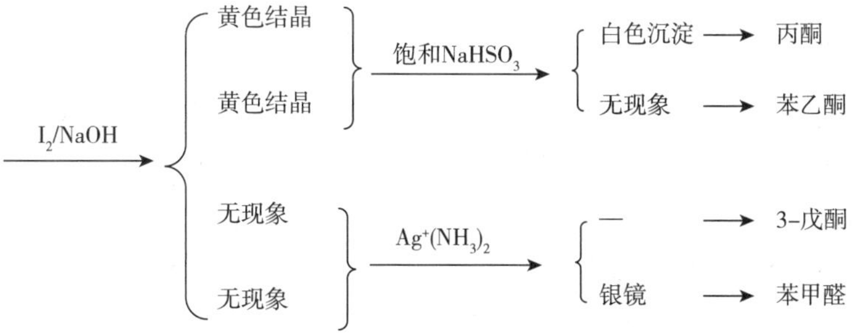

2. 使用硝酸银的醇溶液，能够立刻生成沉淀的是 3-氯环己烯；不能沉淀的两种化合物与溴水作用，能够使溴水褪色的是 1-氯环己烯，不能使溴水褪色的为氯苯。

3. 首先与 $FeCl_3$ 水溶液作用，有紫色出现的是苯酚，再与银氨溶液作用，生成银镜者为苯甲醛，与碳酸钠溶液作用，生成 CO_2 者为苯甲酸，剩余为苯甲醇。

4.

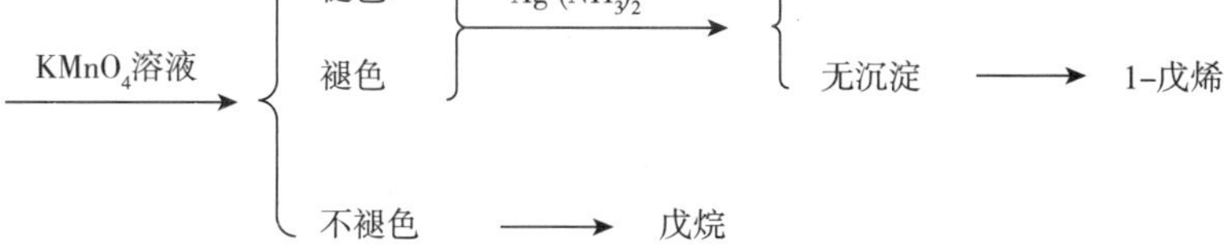

六、推导结构

A. 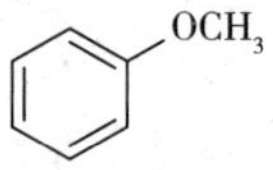 OCH₃   B. 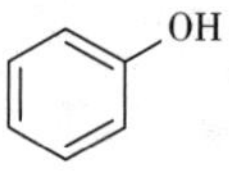 OH   C. CH₃I

相关反应：

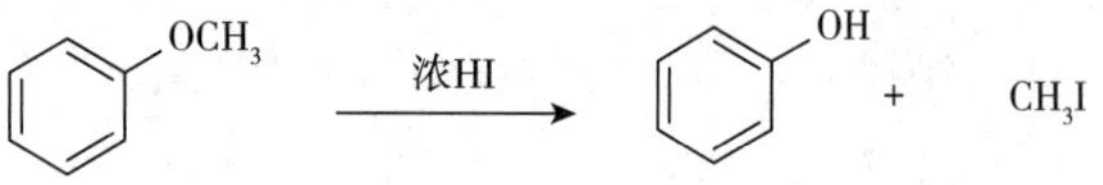

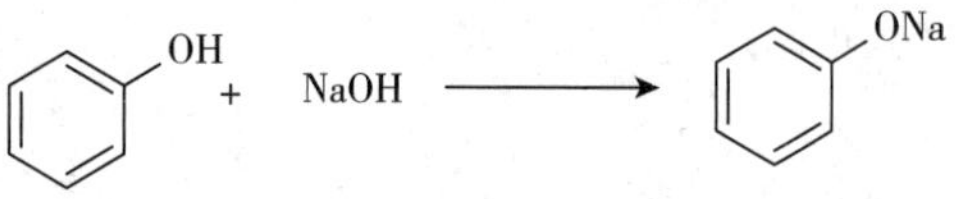

七、合成题

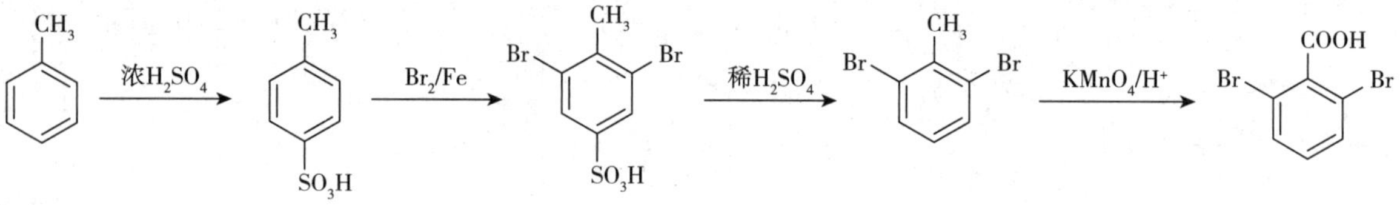

试卷十

一、填空题

1. 快   2. σ-π 超共轭   3. 烯丙   4. 共价

5. 磺化   6. 离子   7. 环戊烯并多氢菲   8. 环戊烷并多氢菲

9. C-4   10. 5 或者 10

二、单项选择题

1～5. DCCAD   6～10. BDCBA   11～15. ACAAD

三、多项选择题

1. CDE 2. ABCE 3. ACDE 4. CDE 5. BCDE

6. BCDE 7. BDCAE 8. BDACE 9. ABCE 10. ABC

四、用系统命名法命名下列化合物或根据名称写出结构式

1. 5,6-二甲基螺[2,4]庚烷   2. α-氯乙基-3-硝基苯   3. 3-羟基苯磺酰胺

4. 4(5)-甲基咪唑   5. 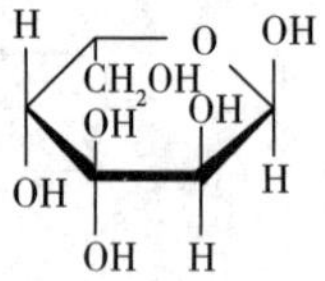   6.

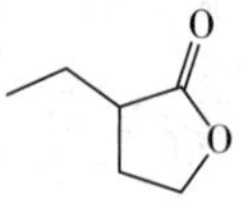

五、完成下列反应方程式（有立体异构时必须标明构型）

1. 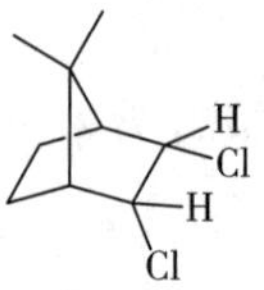   2.

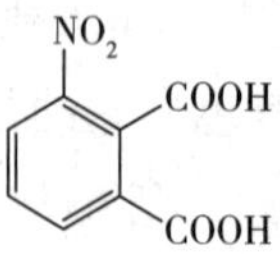

3. 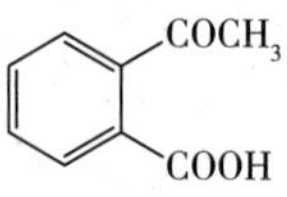   4. CH₃CH₂CH₂C≡CH

5. 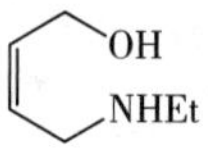   6.

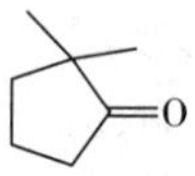

7.

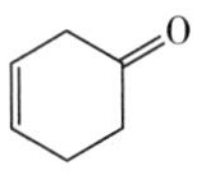

8.

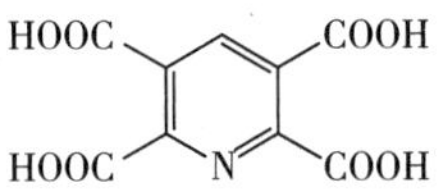

9.

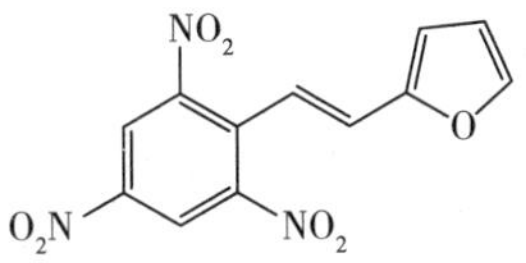

10.

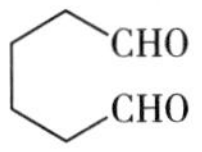

六、鉴别下列各组化合物

1.

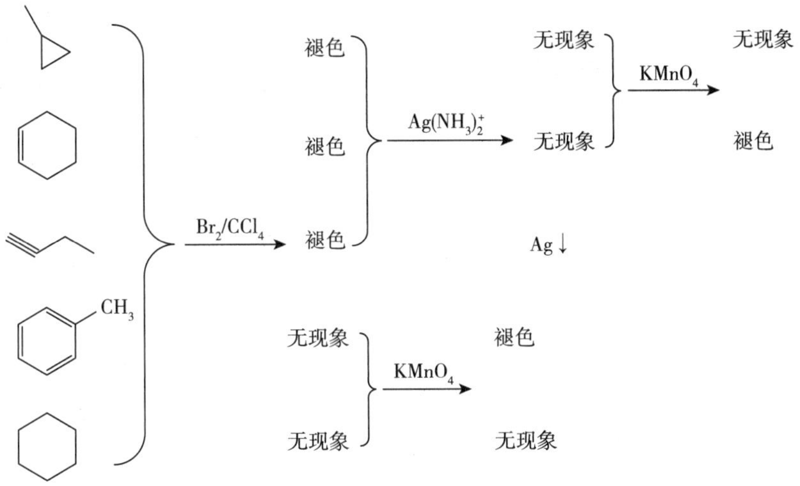

2.

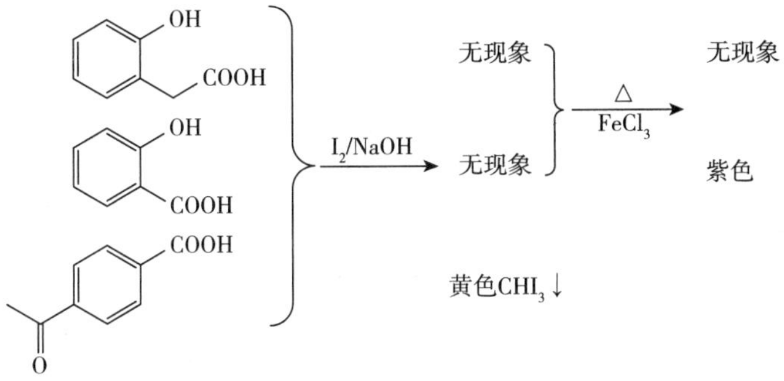

七、合成题

1.

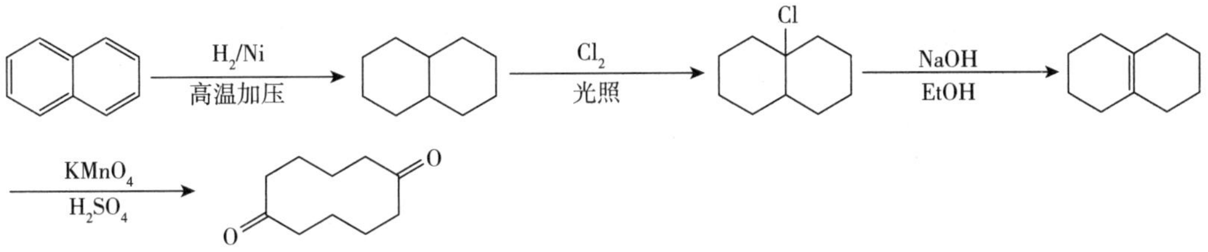

2.

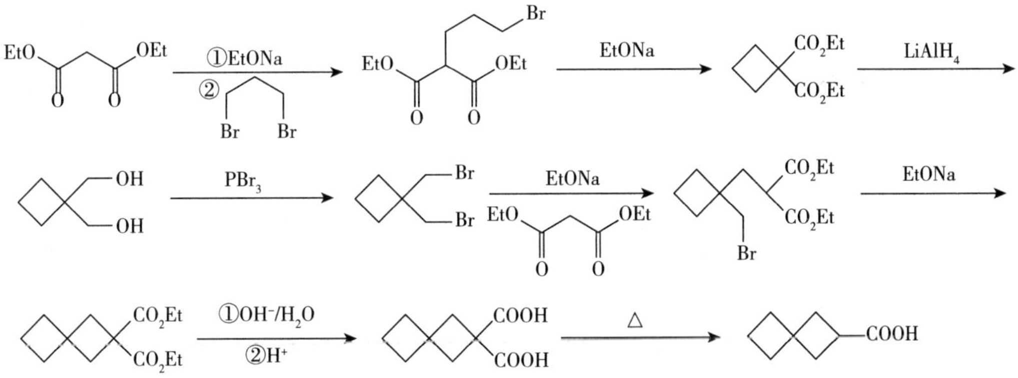

八、推导结构

A. 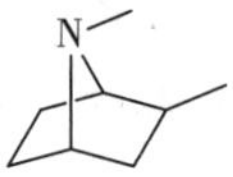   B. 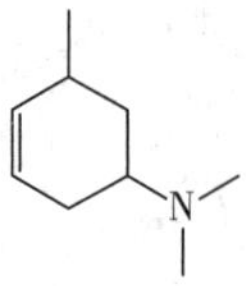   C.

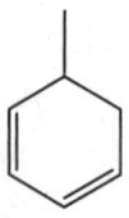

试卷十一

一、单项选择题

1~5. ADCAB   6~10. BDDAC   11~15. ACADA   16~20. AABCC

二、用系统命名法命名下列化合物或根据名称写出结构式

1. 5-乙基-3-甲基-4-丙基壬烷

2. 3-甲亚基己烷

3. (S)-1-苯基丙-1-醇

4. 5-氧亚基己酸

5. 1-甲基-4-硝基萘

6. N-乙基-N-甲基苯胺

7. 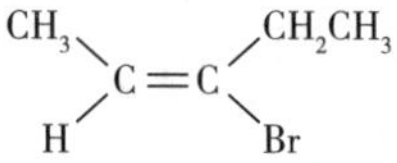 $\underset{H}{\overset{CH_3}{C}} = \underset{Br}{\overset{CH_2CH_3}{C}}$

8.

9.

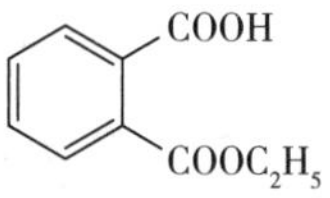

10.

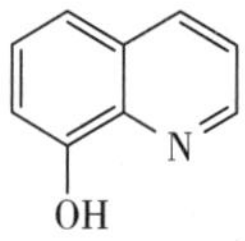

三、完成下列反应方程式

1. 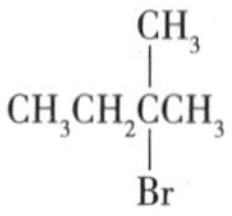 $\underset{Br}{\overset{CH_3}{CH_3CH_2C}CH_3}$

2. 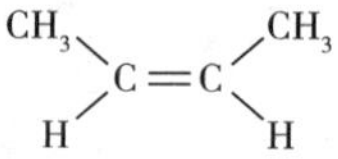 $\underset{H}{\overset{CH_3}{C}} = \underset{H}{\overset{CH_3}{C}}$

3.

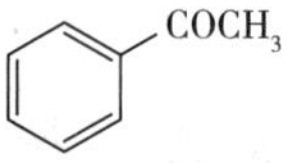

4.

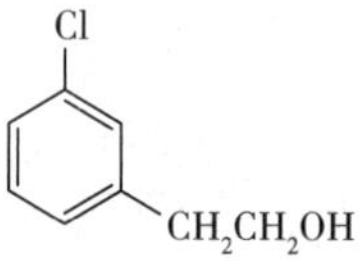

5. 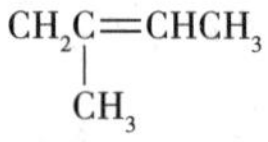 $\underset{CH_3}{CH_2C} = CHCH_3$

6. 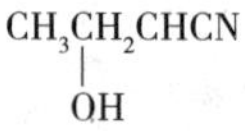 $\underset{OH}{CH_3CH_2CHCN}$

7. 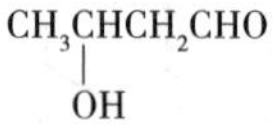 $\underset{OH}{CH_3CHCH_2CHO}$

8.

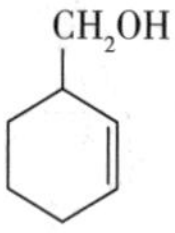

9.

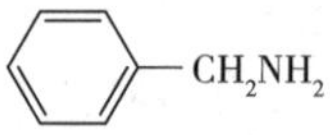

10.

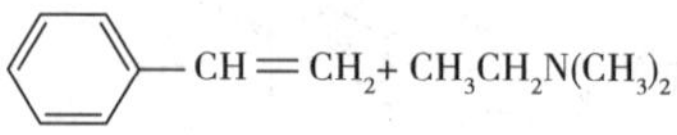

四、性质比较题

1. B > C > A > D

2. A > D > C > B

五、鉴别下列各组化合物

1.

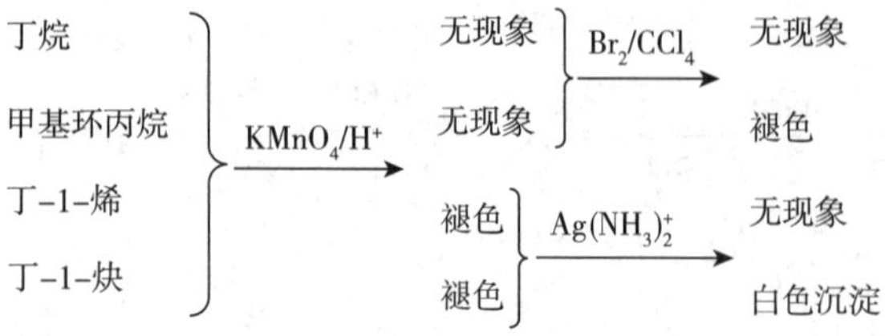

2.

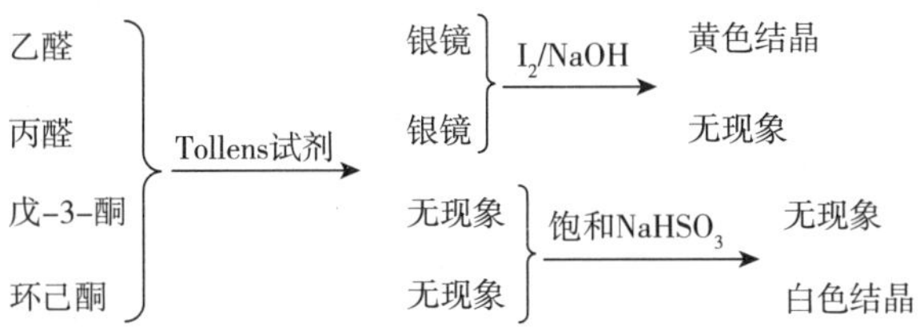

乙醛　丙醛　戊-3-酮　环己酮 ｝Tollens试剂

乙醛 → 银镜 → I₂/NaOH → 黄色结晶

丙醛 → 银镜 → I₂/NaOH → 无现象

戊-3-酮 → 无现象 → 饱和NaHSO₃ → 无现象

环己酮 → 无现象 → 饱和NaHSO₃ → 白色结晶

六、推导结构

1.  A. $CH_3CH=CCH_2CH_3$ (带 CH₃)　B. $CH_2=CHCH_2CH_3$ (带 CH₃)　C. $CH_3CH_2-C-CH_2CH_3$ (带 CH₂)　D. $CH_3CH_2CHCH_2CH_3$ (带 CH₂, Br)

2. A. $CH_3CH-CHCH_2CH_3$ (带 OH, CH₃)　B. $CH_3C-CHCH_2CH_3$ (带 O, CH₃)　C. $CH_3CH=CCH_2CH_3$ (带 CH₃)

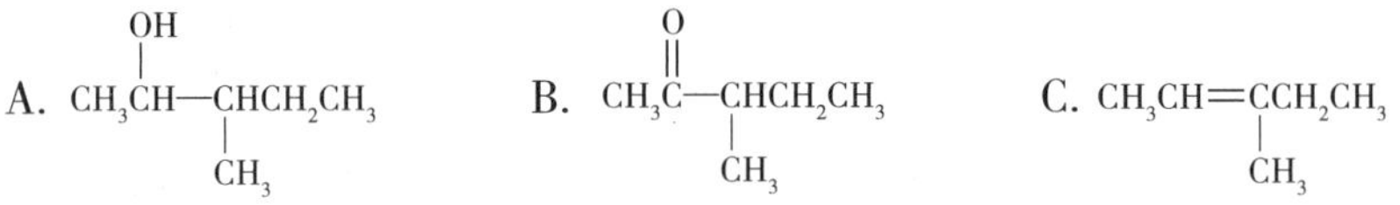

七、合成题

1. 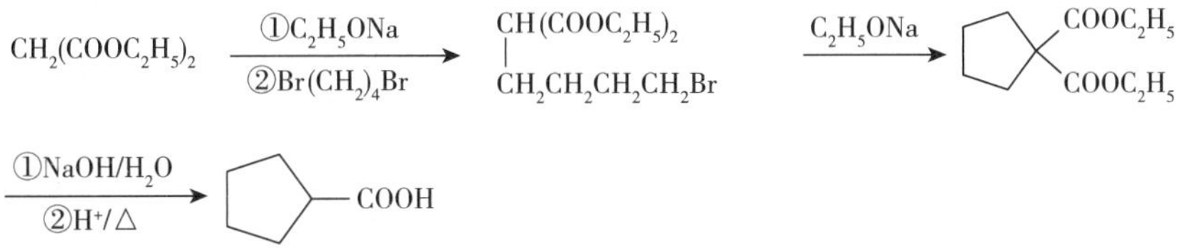 $CH_2(COOC_2H_5)_2$ —①C_2H_5ONa ②$Br(CH_2)_4Br$→ CH(COOC₂H₅)₂／CH₂CH₂CH₂CH₂Br —C_2H_5ONa→ 环戊烷(COOC₂H₅)₂

—①$NaOH/H_2O$ ②$H^+/\triangle$→ 环戊烷-COOH

2. 苯 —CH_3Cl/$AlCl_3$→ 甲苯 —浓HNO_3/浓H_2SO_4→ 邻硝基甲苯 + 对硝基甲苯 —分离→ 对硝基甲苯 —Fe/HCl→ 对甲基苯胺

—Br_2/H_2O→ 2,6-二溴-4-甲基苯胺 —$NaNO_2/H_2SO_4$ 0~5℃→ 重氮盐 —H_3PO_2→ 3,5-二溴甲苯

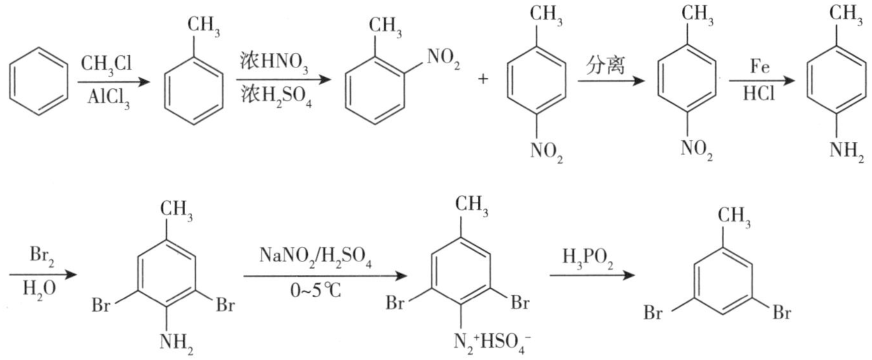

试卷十二

一、单项选择题

1～5. DABBC　6～10. DABCC　11～15. BDCAC　16～20. BCADA

二、用系统命名法命名下列化合物或根据名称写出结构式

1. 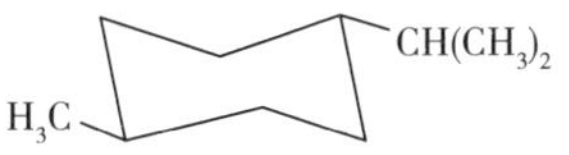 (环己烷, H₃C—, —CH(CH₃)₂)

2. (葡萄糖结构, CH₂OH, OH, OH, OH, OH)

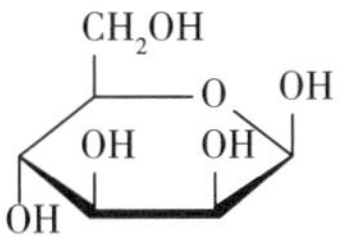

3. 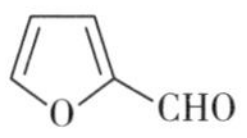 (呋喃-CHO)

4. 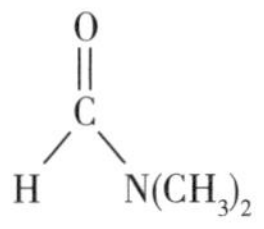 (HC(=O)N(CH₃)₂)

5. (R)-2-羟基丁酸

6. 6,7,7-三甲基双环[2.2.1]庚-2-酮

7. (E)-戊-3-烯-2-醇

8. 5-硝基喹啉-8-酚

9. (2R,3S)-3-溴-2-氯戊烷

10. 2,3-二甲基丁二酸酐

三、完成下列反应方程式

1.

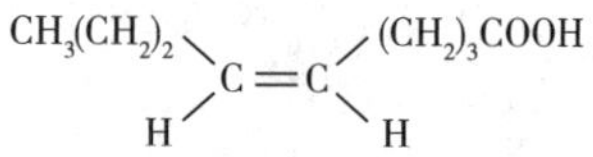

2.

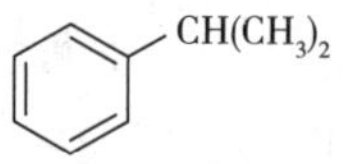

3.

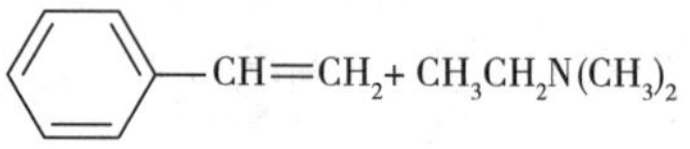

4.

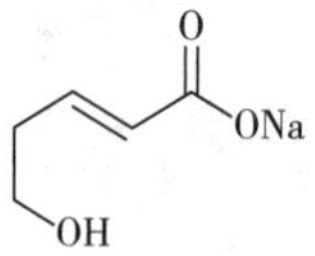

5.

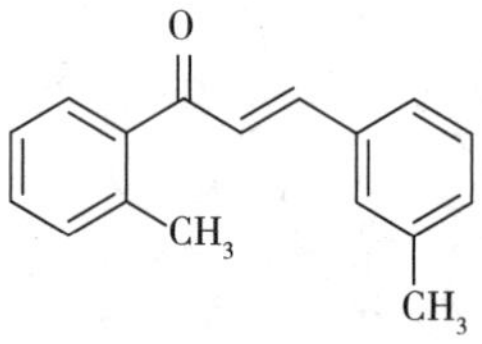

6.

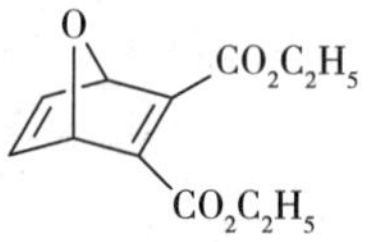

7.

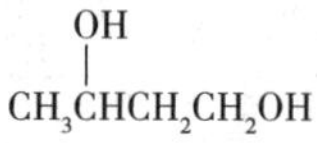

8.

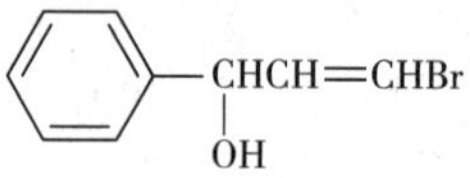

9.

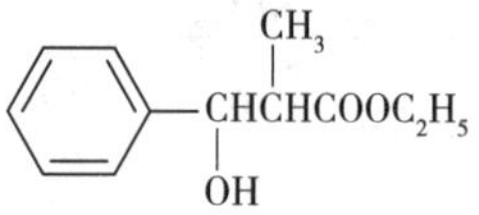

10.

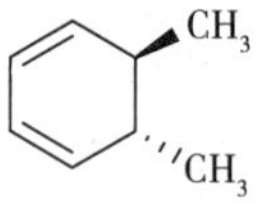

四、性质比较题

1. ③ > ⑤ > ① > ④ > ②

2. ① > ③ > ② > ④ > ⑤

五、鉴别下列化合物

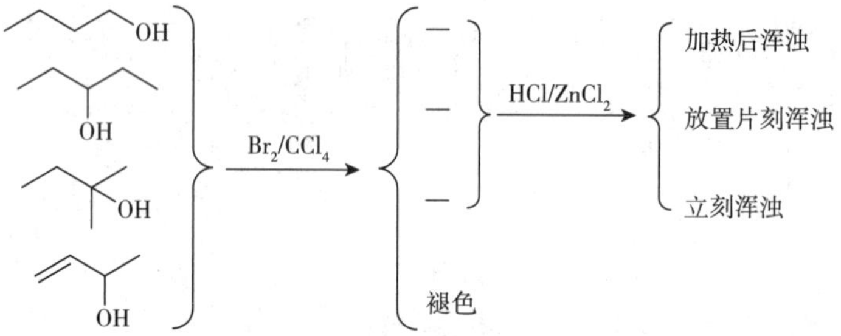

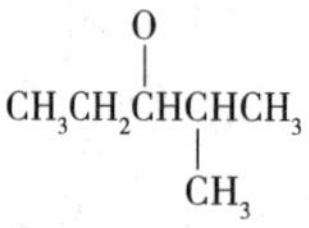

六、推导结构

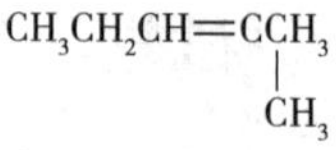

A. 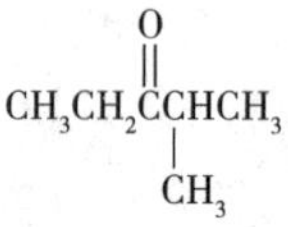 $CH_3CH_2\overset{O}{\overset{\|}{C}}\underset{CH_3}{CH}CH_3$ B. $CH_3CH_2\overset{O}{\overset{\|}{C}}\underset{CH_3}{CH}CH_2CH_3$ C. $CH_3CH_2CH=\underset{CH_3}{C}CH_3$ D. CH_3CH_2CHO E. 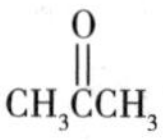 $CH_3\overset{O}{\overset{\|}{C}}CH_3$

七、写出下列反应的可能历程

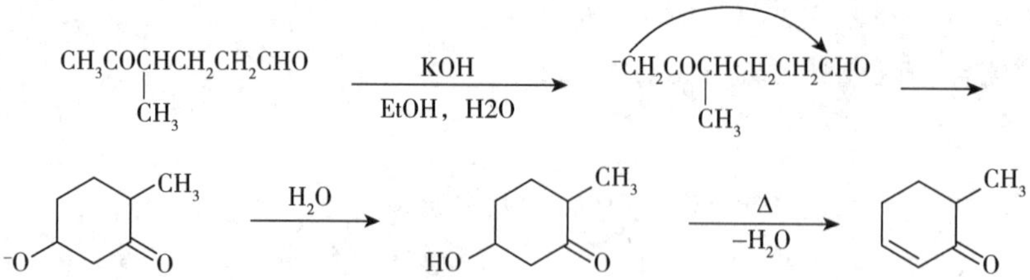

八、合成题

1.

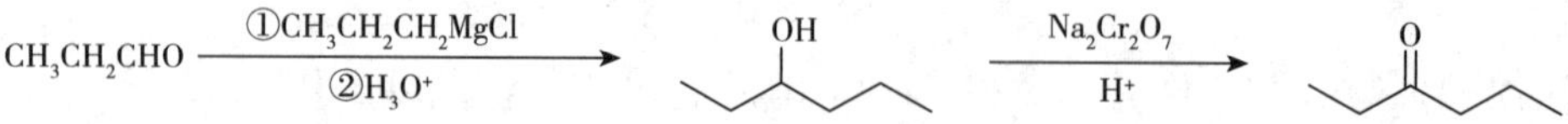

2.

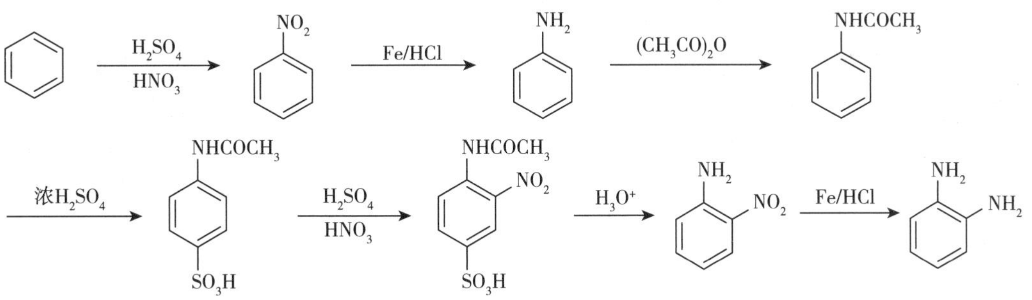

试卷十三

一、用系统命名法命名下列化合物或根据名称写出结构式

1. 3,3-二乙基戊烷

2. 反-1,3-二乙基环戊烷

3. （E）-3-乙基己-2-烯

4. 萘-2-磺酸

5. 对-溴苄基氯

6. 反-2-甲基环己醇

7. 对甲氧基苯酚

8. 4-硝基苯乙醚

9.

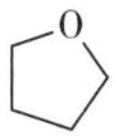

10. 6-甲基庚-3-酮

11. 4-甲基-3-戊烯醛

12. 2-甲基-2-环己基丙酸

13. 邻苯二甲酰亚胺

14. 氯化重氮间异丙基苯

二、单项选择题

1～5. DACAC　　6～10. ADBCC　　11～15. ABDCA　　16～20. DCDCA　　21～25. BDDAB

三、完成下列反应方程式

1. $CH_3CH_2\underset{Cl}{CH}COOH$，　$CH_3CH_2\underset{OH}{CH}COOH$，　$H_3CHC\!=\!CHCOOH$

2.

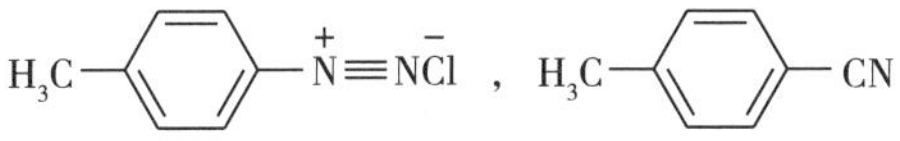

3.

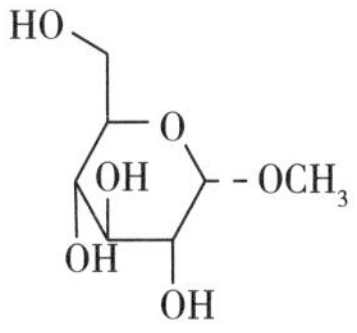

4.

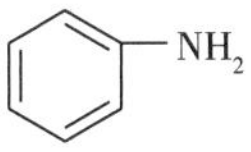

5.

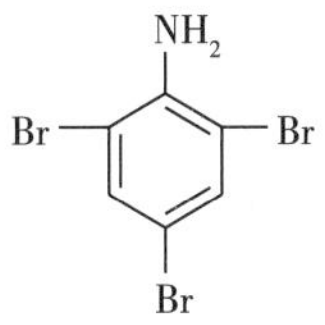

6.

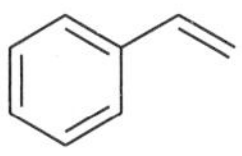

7.

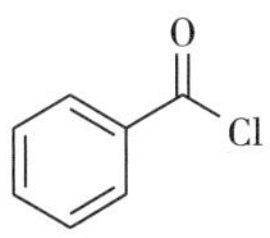

8. $H_3C-\overset{O}{\overset{\|}{C}}-CH_2COOCH_2CH_3$

四、鉴别下列各组化合物

1. （1）稀硝酸氧化在水溶液中有晶体析出的是半乳糖，与溴水反应能够褪色的是葡萄糖。或用西里瓦诺夫试剂，显色快的是果糖。

（2）用托伦试剂，有银镜产生的是麦芽糖。

（3）遇碘单质变蓝的是淀粉。

2. 与 $FeCl_3$ 显蓝的是苯酚，能够与金属钠反应放出气体的是苯甲酸；或与碳酸氢钠反应有气体放出的是苯甲酸；或与溴水反应有白色沉淀的是苯酚、苯胺。

3. 与亚硝酸反应，再加入氢氧化钠，能溶解的是苯胺，有分层的是 *N*,*N*–二甲基苯胺，有黄色固体的是 *N*–甲基苯胺。

五、推导结构

1. A （对乙基甲苯）　B （对苯二甲酸）

2. A. 　B. 　C.

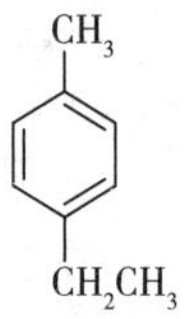

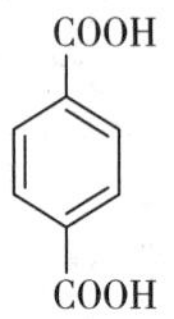

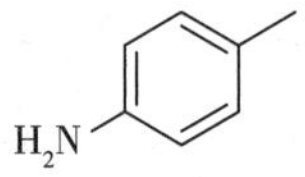

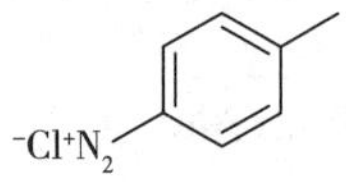

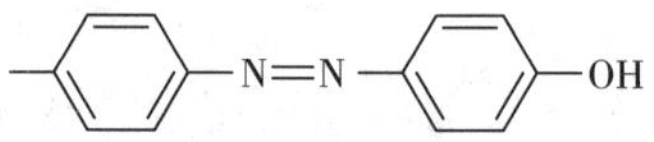

三、 硕士研究生入学考试试卷

试卷一

一、单项选择题

1～5. CBCDA　6～10. DAABB　11～15. ADACB

16～20. ADBCB　21～25. ADADD　26～30. CAACD

二、用简便实用的方法提纯下列化合物

1. 使用干燥剂干燥，如金属钠等。
2. 先用浓硫酸洗涤，再用水洗涤。
3. 分别用饱和碳酸钠溶液、饱和食盐水和饱和氯化钙溶液洗涤。

三、写出下列反应的反应机理

四、合成题

1. $H_2C{=}CHCH_3 \xrightarrow[CCl_4]{Br_2} \xrightarrow[\triangle]{NaNH_2} \xrightarrow{CH_3CH_2CH_2Br} \xrightarrow[Pd/BaSO_4]{H_2} TM$

2.

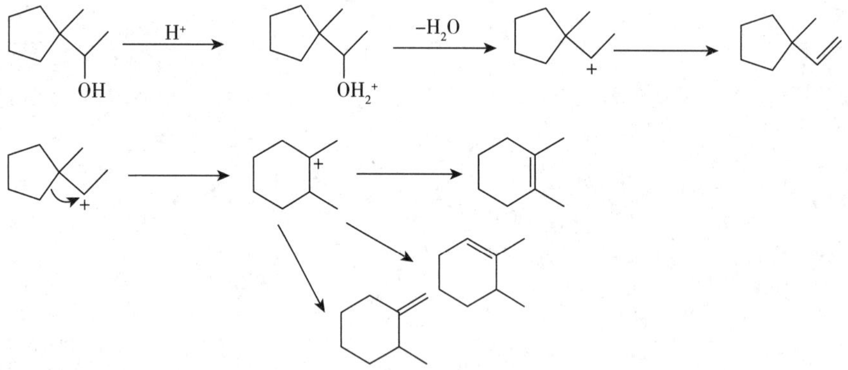

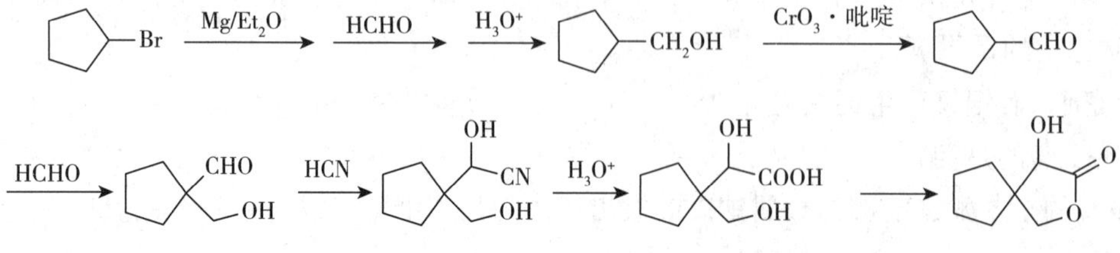

3. $CH_2(COOC_2H_5)_2 \xrightarrow{C_2H_5ONa} Na[CH(COOC_2H_5)_2] \xrightarrow{CH_3CH_2Br} CH_3CH_2CH(COOC_2H_5)_2$

$\xrightarrow[\text{②H}^+]{\text{①NaOH, H}_2\text{O}} CH_3CH_2CH\begin{smallmatrix}COOH\\COOH\end{smallmatrix} \xrightarrow[\triangle]{-CO_2} CH_3CH_2CH_2COOH \xrightarrow{PBr_3} \xrightarrow{NaOH, H_2O} CH_3CH_2\underset{\underset{OH}{|}}{CH}COOH$

五、推导结构

A. 4-(OH) 苯基，对位 CH_2CCH_3 带 O（即 CH_2COCH_3）

B. 对位 OH 苯基，$CH_2CH(OH)$

C. 对位 OH 苯基，$CH_2CH_2CH_3$

D. 对位 OCH_3 苯基，$CH_2CH_2CH_3$

试卷二

一、用系统命名法命名下列化合物或根据名称写出结构式（有立体异构时必须标明构型）

1. 2-溴萘

2. $\underset{Ph}{\overset{H}{}}C=\ddot{N}-OH$

3. 1-氯-5-甲基环己烯

4. (S)-3-苯基丁-2-酮

5. 吡啶-3-磺酸

6. 1-苯丙炔

7. $H_2C\begin{smallmatrix}COCl\\COOH\end{smallmatrix}$

8. (糖环结构)

二、写出下列反应的主产物

1. $\bigcirc\!\!-CH_2NH_2$

2. 环己基，带 Br 和 CH_3

3. 邻位 $OCCH_3$(O)、COOH 的苯

4. $CH_2=CHCH_2\underset{\underset{}{}}{CH}(CH_3)-CHO$

5. $CH_3CH_2CH_2\overset{O}{C}-H$

6. 邻甲基苯，CH_2NH_2

7. 环己烷带 CH_3O、CH_3O

三、简答题

1.（1）水杨酸 + $SOCl_2$ $\xrightarrow[\triangle]{Py}$ 邻羟基苯甲酰氯

邻羟基苯甲酰氯 + HO—苯—NHCOCH$_3$ $\xrightarrow{NaOH}$ 酯产物

（2）A 步中逸出的气体是 SO_2 和 HCl，减压蒸馏蒸出的主要是过量的 $SOCl_2$。

（3）重结晶时合适的溶剂需要满足以下条件：

    A. 溶剂不与被纯化的物质发生化学反应。

    B. 对被纯化的物质高温时的溶解度较大，而低温时的溶解度较小。

    C. 溶剂对杂质的溶解度在高温和低温时均较大或均较小。

    D. 被纯化的物质析出时能给出较好的晶型。

    E. 沸点较低，绿色、环保、无污染。

2.

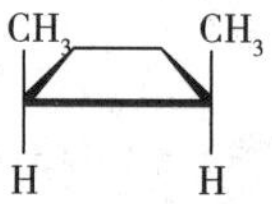

   （1R,2S）-1,2-二甲基环丁烷 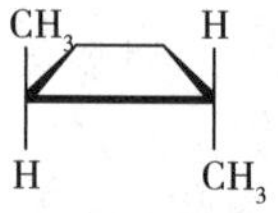   （1S,2S）-1,2-二甲基环丁烷 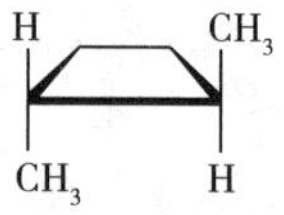   （1R,2R）-1,2-二甲基环丁烷

3. （4）>（3）>（5）>（1）>（2）

4.

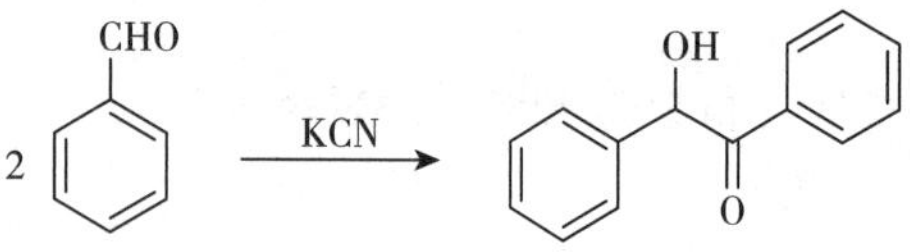

四、单项选择题

1~5. DADCB   6~10. BDCAD

五、推导结构

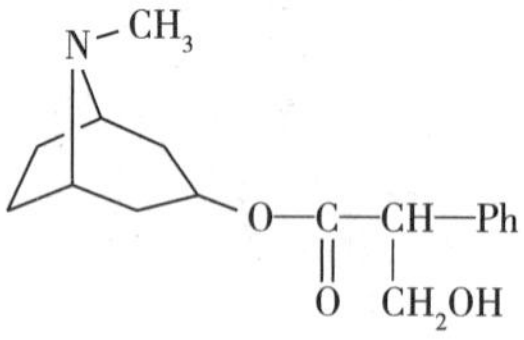

六、合成题（两个碳以下的有机物和无机试剂任选）

1.

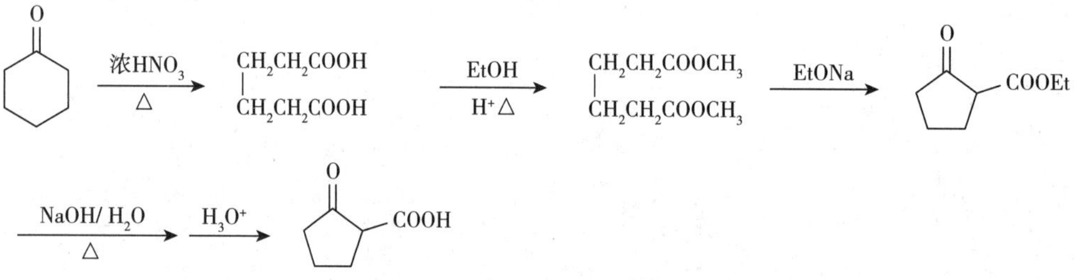

2.

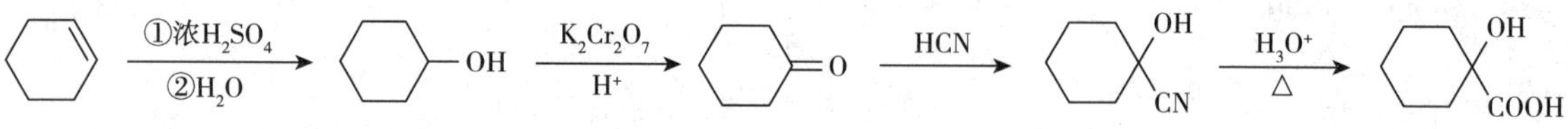

试卷三

一、单项选择题

1~5. ADBAB   6~10. DDBAB   11~15. CCBCA   16~20. CDBAB

二、用系统命名法命名下列化合物或根据名称写出结构式

1. γ-己内酯   2. β-D-吡喃葡萄糖乙苷   3. 9,10-蒽醌

4.

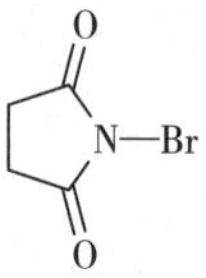

5.

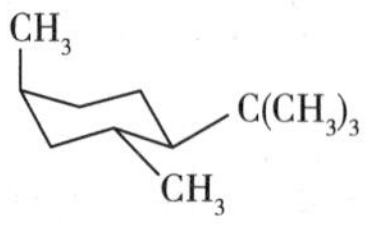

三、写出下列反应的主产物

1. Ph—C—COCH₃ (CHO, Ph substituents)

2. (cyclohexene with CH₃, CH₃ substituents)

3. O_2N—C₆H₄—O—C₆H₄—COCH₃

4. (bicyclic structure with CH₂CN, CH₃, Br substituents)

5. (steroid structure with dioxolane, CH₃)

6. (aromatic ring with CH₂OCH₂CH₃, Cl substituents)

7. (CH₃)₃C—C₆H₄—COOH

8. (tetralone structure, O)

9. C₆H₅HNN=CH / C₆H₅HNN= (structure)

10. C₆H₅—CH₂N(CH₃)₂

四、合成题（由指定原料、三个碳以下的有机物及必要的无机试剂合成）

1. $2C_2H_5O-C(=O)-CH_2-C(=O)-OC_2H_5 \xrightarrow{C_2H_5ONa} \xrightarrow{BrCH_2CH_2Br}$ CH₂CH(COOC₂H₅)₂ / CH₂CH(COOC₂H₅)₂

$\xrightarrow{NaOH} \xrightarrow[\triangle]{H^+}$ HOOCCH₂CH₂CH₂CH₂COOH

2. $CH_3I \xrightarrow[O_2Et]{Mg} CH_3MgI \xrightarrow{CH_3CHO} \xrightarrow{H_3^+O} CH_3CHOHCH_3 \xrightarrow{PBr_3} CH_3CHBrCH_3 \xrightarrow[Et_2O]{Mg} CH_3CHMgBrCH_3 \xrightarrow{CO_2} \xrightarrow{H_2O}$

$(CH_3)_2CHCOOH \xrightarrow{SOCl_2} (CH_3)_2CHCOCl \xrightarrow{C_2H_5NH_2}$ (isobutyric acid ester with NH—ethyl structure, O)

3. $C_6H_5NO_2 \xrightarrow[HCl]{Fe}$ C₆H₅NH₂ $\xrightarrow{(CH_3CO)_2O}$ C₆H₅NHCOCH₃ $\xrightarrow[H_2SO_4]{HNO_3}$ (p-NHCOCH₃, NO₂) $\xrightarrow[H_2O]{OH^-}$ (p-NH₂, NO₂) $\xrightarrow[H_2O]{Br_2}$

(2,6-Br, NH₂, 4-NO₂) $\xrightarrow[0\sim5℃]{NaNO_2, HCl}$ (2,6-Br, N₂Cl, 4-NO₂) $\xrightarrow{KCN, CuCN}$ (2,6-Br, CN, 4-NO₂) $\xrightarrow{H_3^+O}$ (2,6-Br, COOH, 4-NO₂)

$\xrightarrow[HCl]{Fe}$ (2,6-Br, COOH, 4-NH₂) $\xrightarrow[0\sim5℃]{NaNO_2, HCl}$ (2,6-Br, COOH, 4-N₂Cl) $\xrightarrow{H_3PO_2}$ (2,6-Br, COOH)

五、写出下列反应的反应机理

1. 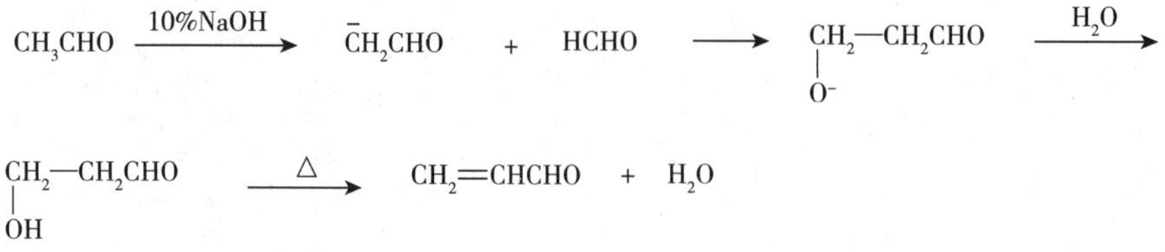
$$CH_3CHO \xrightarrow{10\%NaOH} \bar{C}H_2CHO \; + \; HCHO \longrightarrow \underset{\substack{| \\ O^-}}{CH_2}-CH_2CHO \xrightarrow{H_2O}$$

$$\underset{\substack{| \\ OH}}{CH_2}-CH_2CHO \xrightarrow{\triangle} CH_2=CHCHO \; + \; H_2O$$

2.

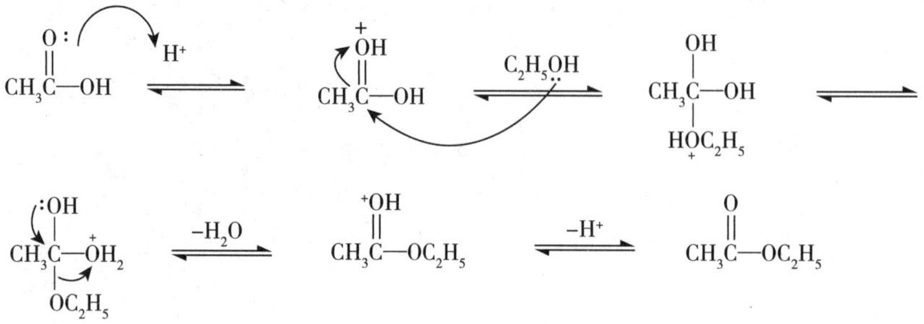

试卷四

一、单项选择题

1～5. DDCBD　　6～10. CBCDC　　11～15. CAAAD　　16～20. CDAAA

21～25. AAABB　　26～30. DAABA　　31～35. CDCBB　　36～40. DDCCC

二、多项选择题

1. CDE　　2. CD　　3. ABCE　　4. CE　　5. ADE

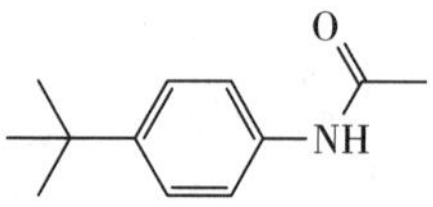

6. DE　　7. BD　　8. ABD　　9. ABCDE　　10. CD

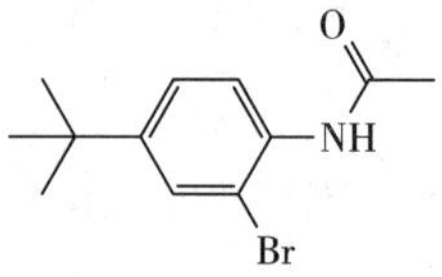

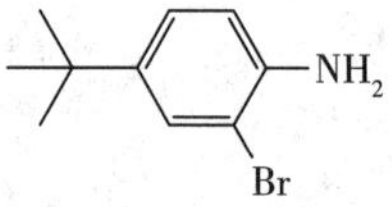

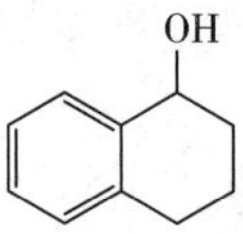

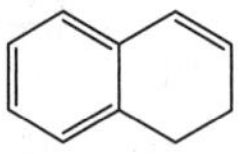

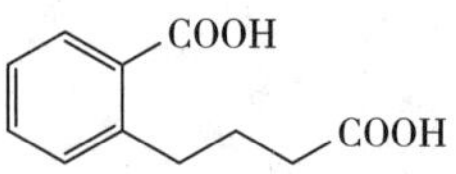

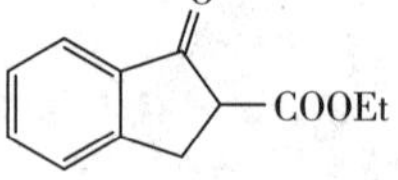

三、简答题

1.

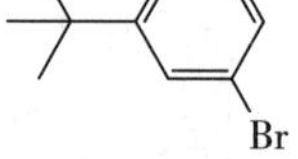

2.

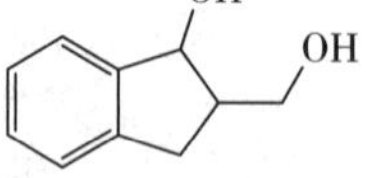

试卷五

一、用系统命名法命名下列化合物

1. 6-氯-3-乙基-2-甲基辛烷

2. (E)-3-氯-4-甲基庚-3-烯

3. (1R,3S)-1,3-二甲基环己烷

4. (R)-2-羟基丙酸

5. 10-甲基螺[4.5]癸-6-烯

6. 2-甲基环戊酮

7. 4,5-二甲基己-2-醇   8. 乙酸苯甲酯

9. 4-甲基苯甲酰氯   10. *N*-乙基-*N*-甲基苯胺

二、单项选择题

1~5. BCBCC   6~10. ACBDA   11~15. BCDBD   16~20. ACDBB

三、写出下列反应的主产物

1.

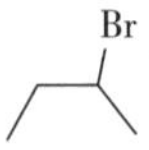

2. 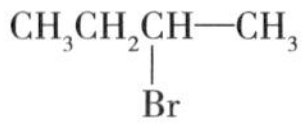 $CH_3CH_2CH-CH_3$
                Br

3.

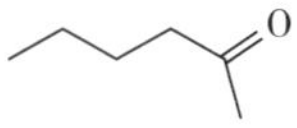

4.

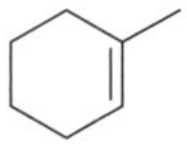

5.

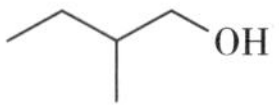

6.

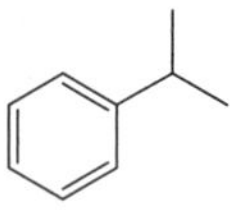

7.

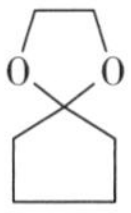

8. $H_2C{=}CHCH_2OH$

9.

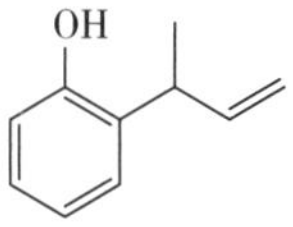

10.

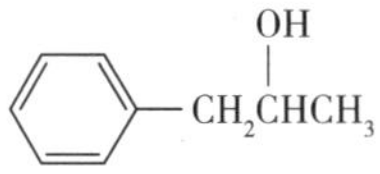

11.

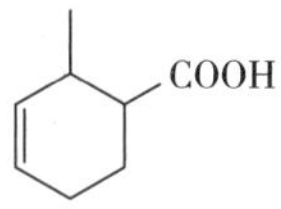

12.

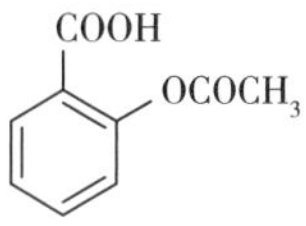

13.

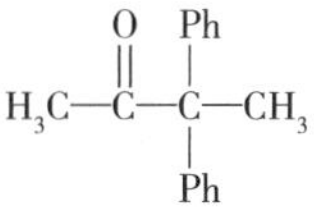

14.

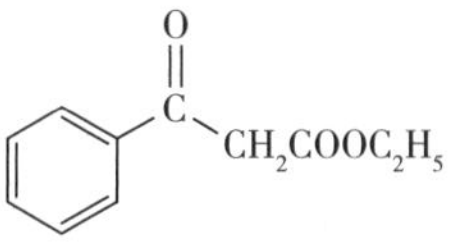

15.

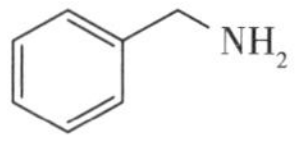

四、简答题

1.（1）

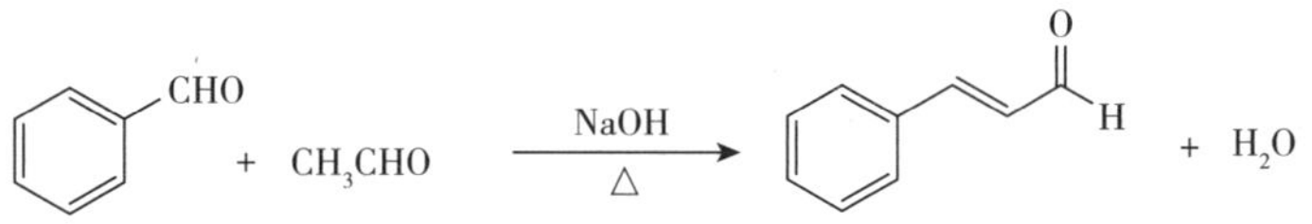

（2）4；$CH_3CHOHCH_2CHO$，$CH_3CH_2CHOHCH(CH_3)CHO$，
$CH_3CHOHCH(CH_3)CHO$，$CH_3CH_2CHOHCH_2CHO$

（3）

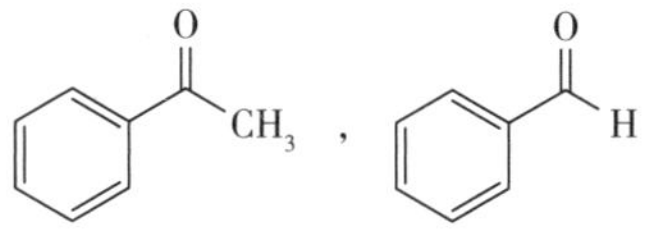

2.

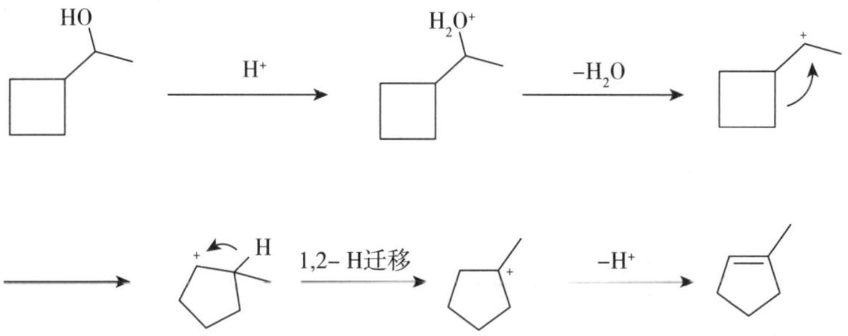

五、鉴别下列各组化合物，并简要写出鉴别过程

1.

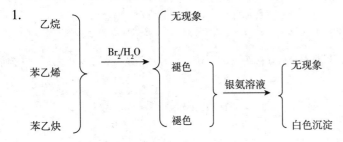

其他合理答案，亦可。

2.

$$异丙醇 \quad 戊-2-酮 \quad 环己酮 \xrightarrow{Na} \begin{cases} 有气体生成 \\ 无现象 \\ 无现象 \end{cases} \xrightarrow{I_2/NaOH} \begin{cases} 黄色沉淀 \\ 无现象 \end{cases}$$

其他合理答案，亦可。

六、推导结构

1. A. B. C.

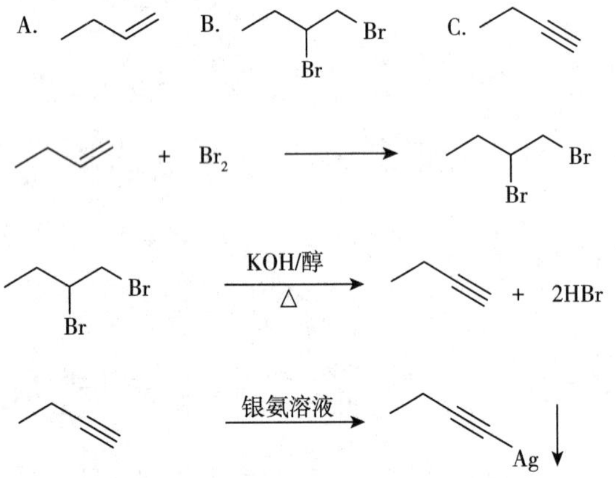

$$\searrow + Br_2 \longrightarrow$$

$$\xrightarrow{KOH/醇 \atop \triangle} \quad + \quad 2HBr$$

$$\xrightarrow{银氨溶液}$$

2. A. B. C.

$$\xrightarrow{KMnO_4} \quad or \quad \xrightarrow{I_2/NaOH}$$

$$+ \quad H_2NHN \quad NO_2 \longrightarrow \quad NHN \quad NO_2 \quad + \quad H_2O$$

$$\xrightarrow{H_2SO_4} \quad + \quad H_2O$$

$$\xrightarrow{KMnO_4} \quad + \quad OH$$

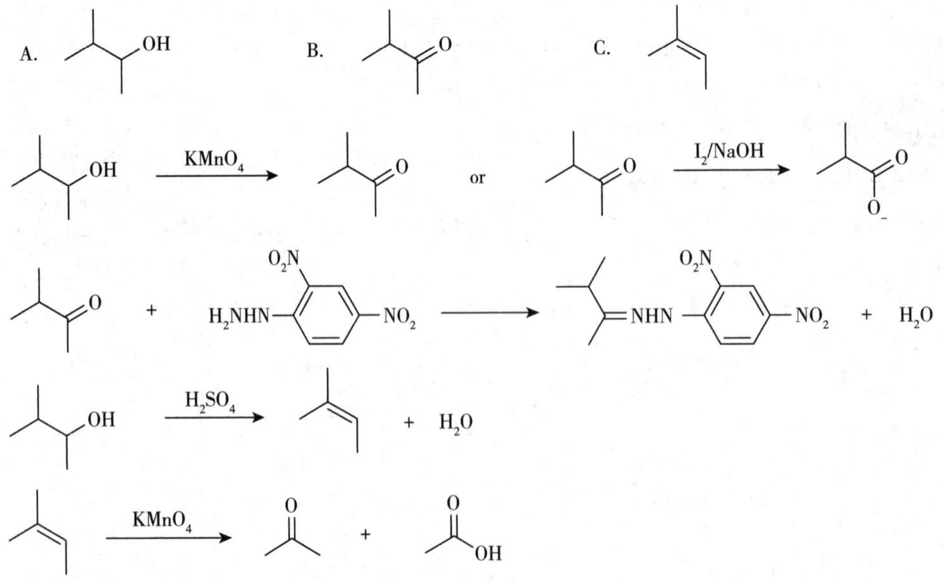

试卷六

一、用系统命名法或普通命名法命名下列化合物

1. 邻羟基苯甲酸
2. 2,5-二甲基己烷
3. 3-甲基丁醛
4. 丁-2-酮
5. 苯甲醚
6. 三乙胺
7. 丁-2-醇
8. 二氯甲烷
9. 苯甲醇
10. 乙酸酐

二、单项选择题

1 ~ 5. BAADD　6 ~ 10. BCDAA　11 ~ 15. DADCC

三、完成下列反应方程式

1. 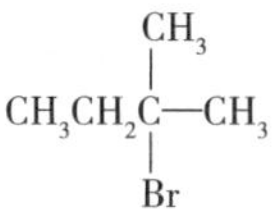 $CH_3CH_2C(CH_3)(Br)CH_3$

2.

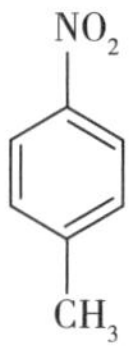

3.

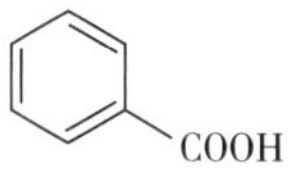

4. $CH_3COOCH_2CH_3$
5. $CH_3C \equiv CNa$

四、判断题

1 ~ 5. √ √ √ × ×

五、简答题

1. 芳香性分子应该是环状平面的离域体系，其 π 电子数为 $4n+2$。

2.

3.

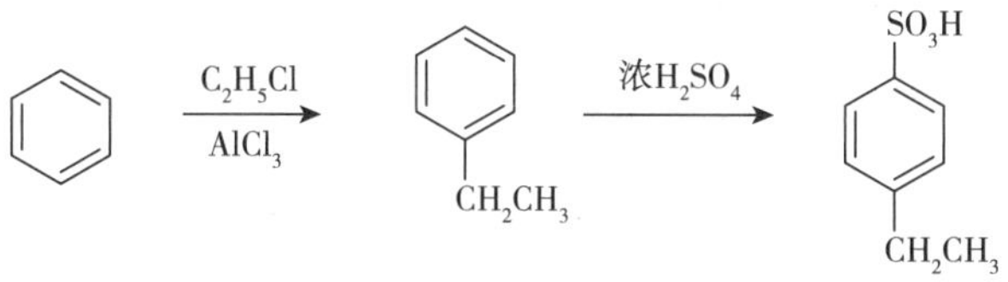

试卷七

一、单项选择题

1 ~ 5. CBCAB　6 ~ 10. CABCD

二、写出下列反应的主产物（有立体异构时必须标明构型）

1.

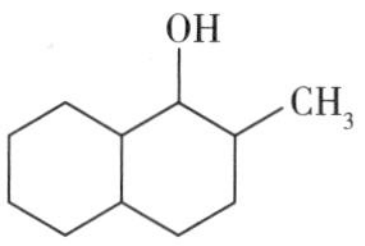

2.

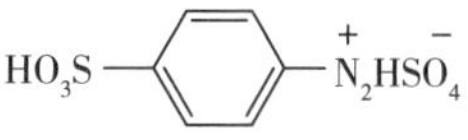

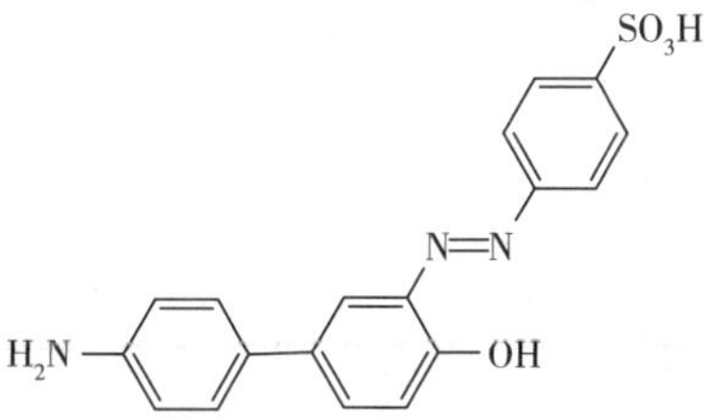

3.

邻位苯甲酸苯甲酰胺 COOH / CONH₂ ， 邻氨基苯甲酸钠 COONa / NH₂

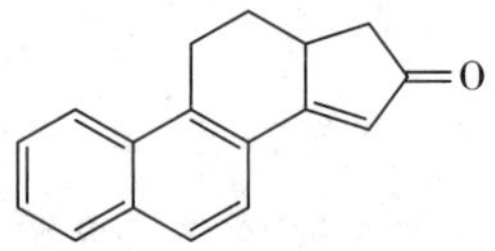

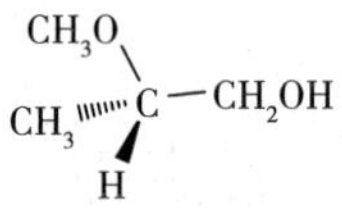

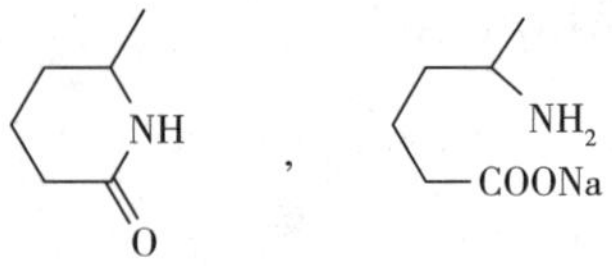

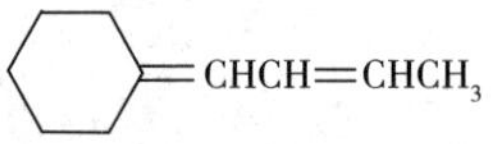

4.

5.

$$CH_3O—\overset{CH_3}{\underset{H}{C}}—CH_2OH \quad （S构型）$$

6.

，

7.

=CHCH=CHCH₃

8.

$C_6H_5CH=\overset{}{\underset{CH_3}{C}}NO_2$

9.

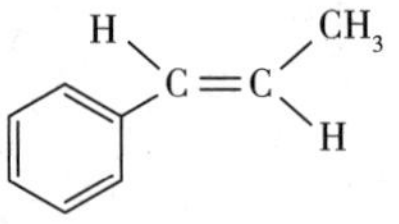

（E构型）

10.

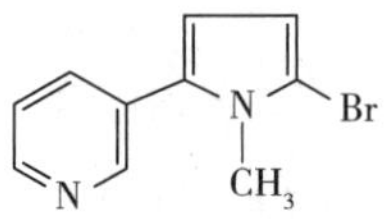

三、性质比较题

1. DBCA 2. ABCD 3. CABD 4. CBAD 5. DACB 6. ACBD

四、鉴别下列各组化合物

1.

2.

3.

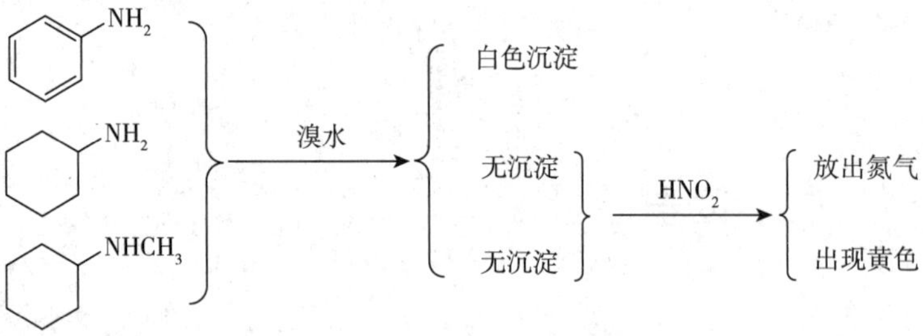

五、合成题（由指定原料合成，无机试剂任选）

1.

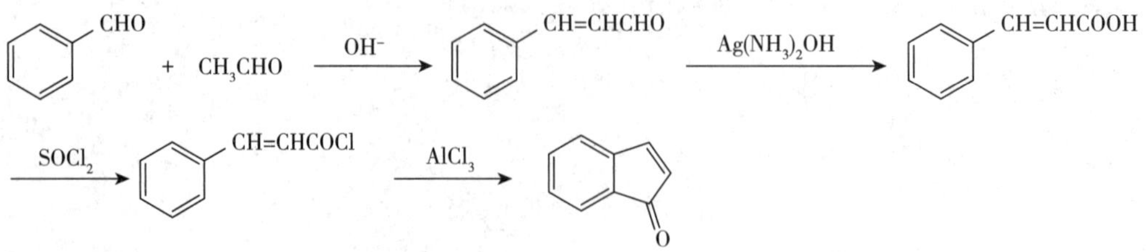

2.
$$CH_2=CH_2 \xrightarrow{HBr} CH_3CH_2Br \xrightarrow[无水乙醚]{Mg} CH_3CH_2MgBr$$

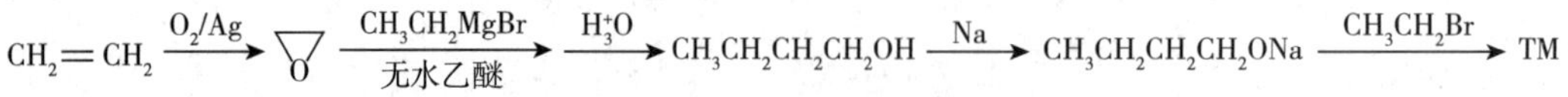

$$CH_2=CH_2 \xrightarrow{O_2/Ag} \overset{}{\triangle O} \xrightarrow[无水乙醚]{CH_3CH_2MgBr} \xrightarrow{H_3^+O} CH_3CH_2CH_2CH_2OH \xrightarrow{Na} CH_3CH_2CH_2CH_2ONa \xrightarrow{CH_3CH_2Br} TM$$

六、推导结构

1. A. $CH_3COCH=CHCH_3$ B. $CH_3COCH_2CH(CH_3)_2$ C. $(CH_3)_2CCH=CHCH_3$ (with OH on the C)

D. 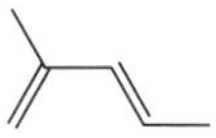 (structure)   E. 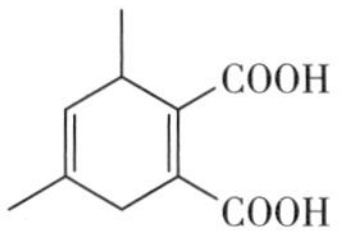 (structure with COOH groups)

$CH_3COCH=CHCH_3$ $\xrightarrow{CH_3MgBr}$ $\xrightarrow{H_3O^+}$ $CH_3COCH_2CH(CH_3)_2 + (CH_3)_2CCH=CHCH_3$ (OH)

A   B   C

$CH_3COCH_2CH(CH_3)_2$ $\xrightarrow{Br_2/NaOH}$ $(CH_3)_2CHCOONa$ + $CHBr_3$

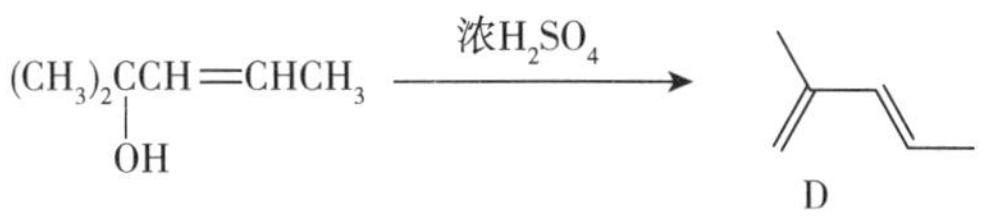

$(CH_3)_2CCH=CHCH_3$ (OH) $\xrightarrow{浓H_2SO_4}$ (structure D)

(structure) + $HOOC-C\equiv C-COOH$ $\xrightarrow{\triangle}$ (structure E)

(structure with COOH) $\xrightarrow[-H_2]{Pd}$ (structure with COOH)

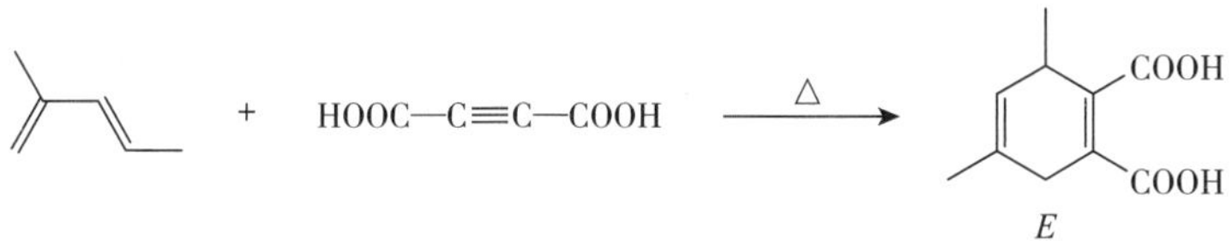

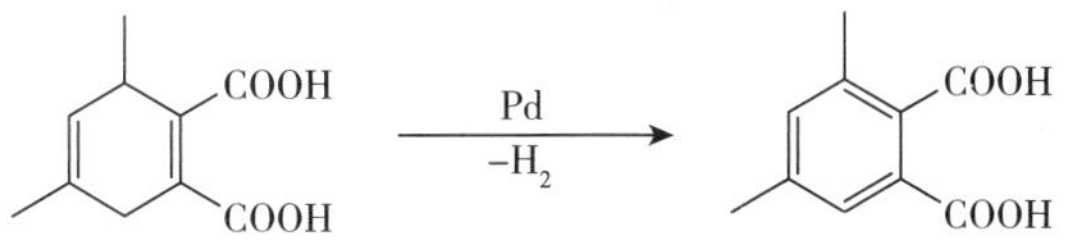

2. A. 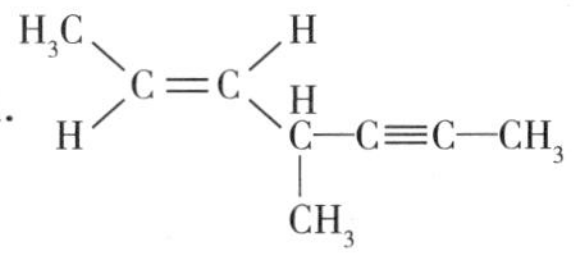 (structure)   B. $CH_3CH_2CH_2CHCH_2CH_3$ (with CH_3)   C. 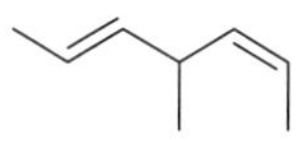 (structure)   D. 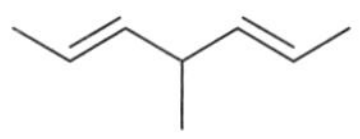 (structure)

七、写出下列化学反应方程式及反应机理

反应式: $CH_3C(=O)-{}^{18}OCH_2CH_3$ $\underset{}{\overset{H^+}{\rightleftharpoons}}$ $CH_3COOH + CH_3CH_2{}^{18}OH$

反应机理: (mechanism scheme with structures)

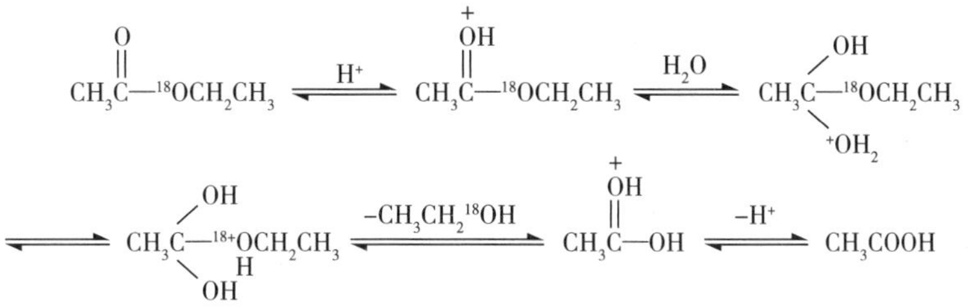

试卷八

一、单项选择题

1~5. CDCBB   6~10. BBDBD

二、完成下列反应方程式

1. $Na/NH_3(l)$, $H_3CC\equiv CCH_3$, $H_2/Pd/BaSO_4-$喹啉

2. 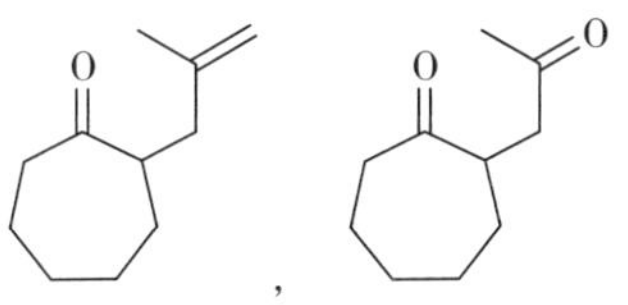 (structures)

3.  (structure with t-Bu and CH_3)

4. 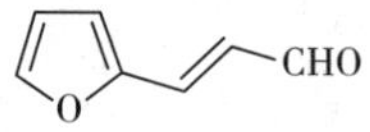 5.

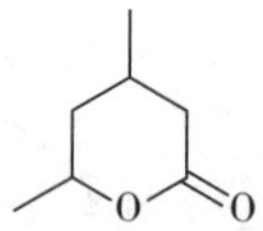

6. 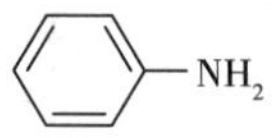 7.

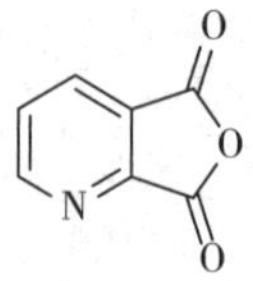

三、合成题

1.

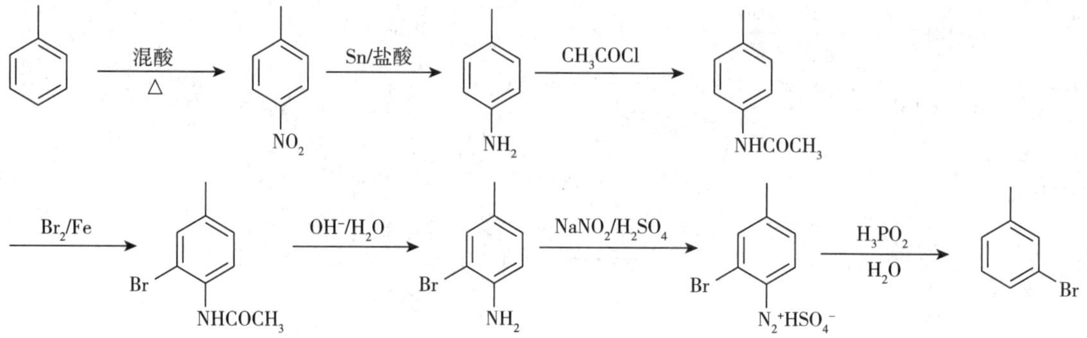

2.

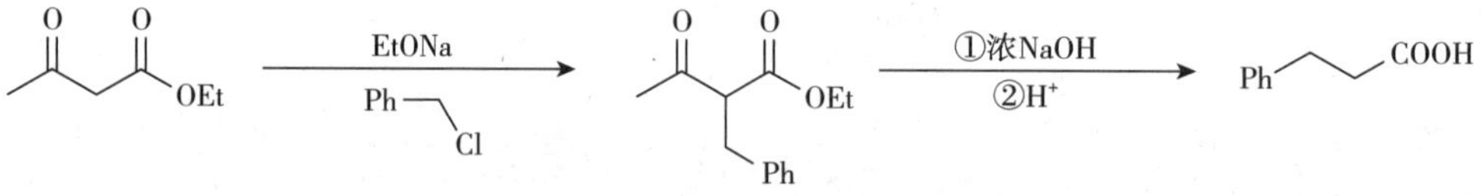

3.

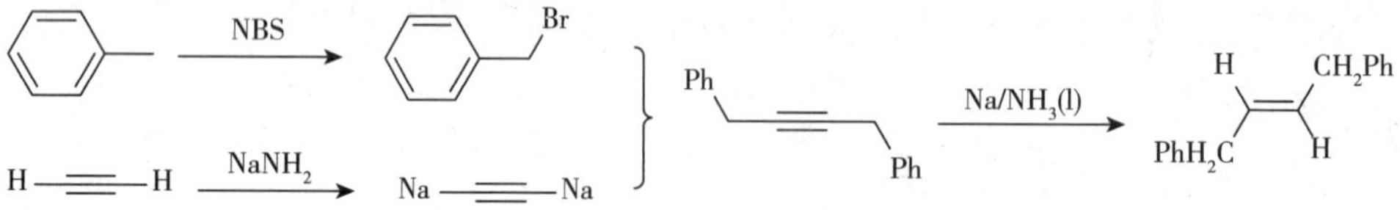

4.

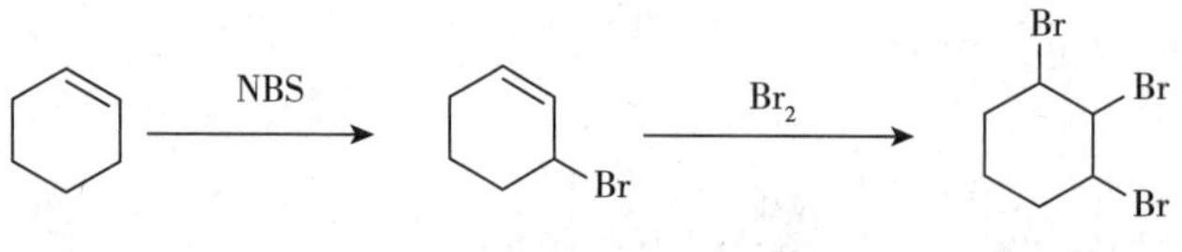

四、写出下列反应的反应机理

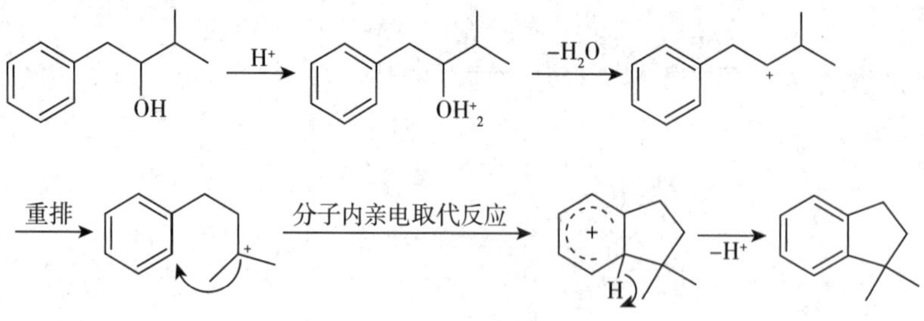

五、推导结构

1. A. 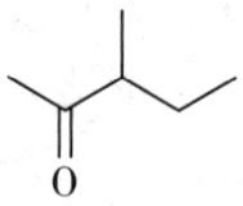 　　B. 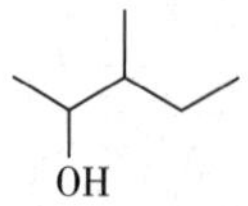 　　C.

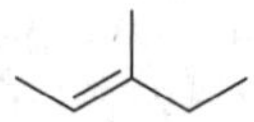

D. 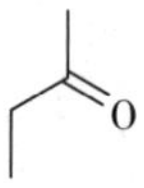 　　E. CH₃CHO

2. A. 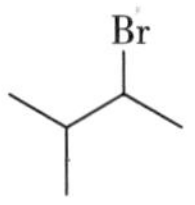

B. 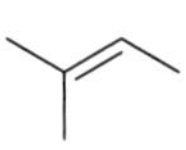

C. 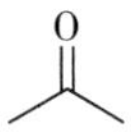

D. CH_3COOH

E. 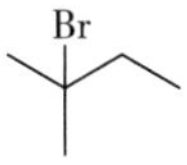

试卷九

一、单项选择题

1～5. CDACB 6～10. DBCAC

二、排序题

1. E 2. B 3. A 4. B 5. D

三、用系统命名法命名下列化合物或根据名称写出结构式

1. 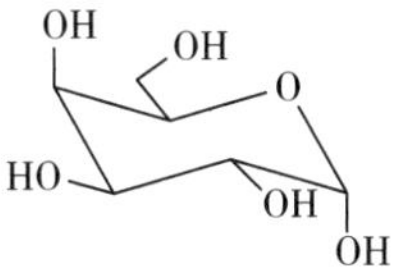

2. 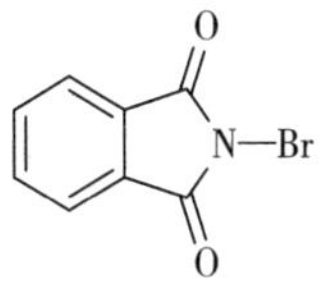

3. (2*S*,3*R*)-2,3-二溴戊烷

4. (*R*)-2-甲基-3-氧亚基丁酸乙酯

5. (3*Z*,5*E*)-3-乙基-4-甲基庚-3,5-二烯-2-酮

四、完成下列反应方程式

1. 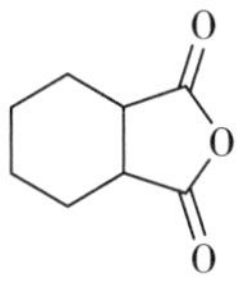

2. 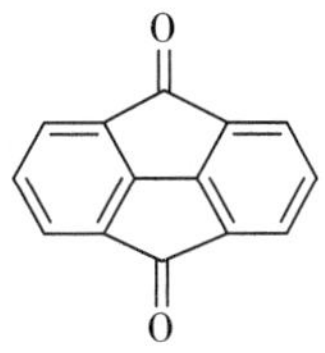

3. 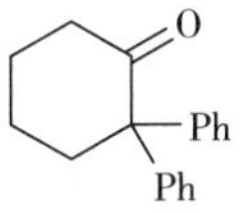

4. 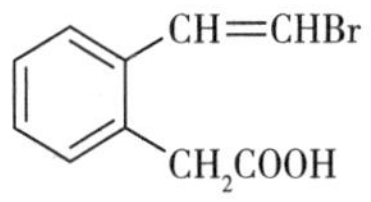

5. 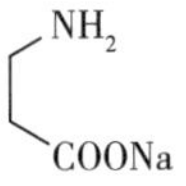

6. 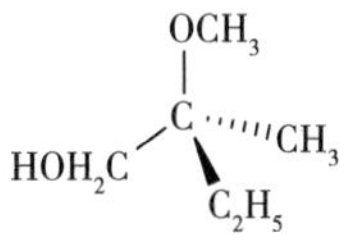

7. 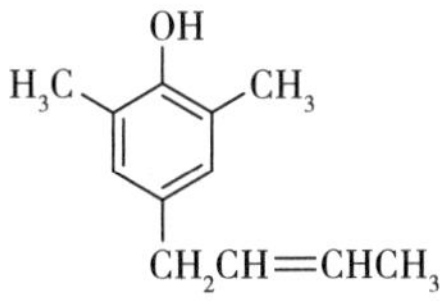

8. 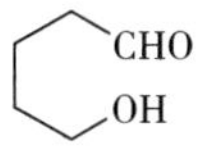 + CH_3OH

9. 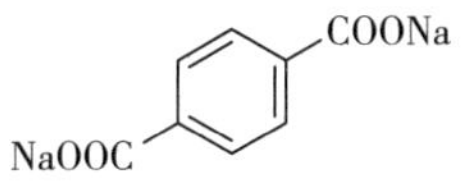 + $CHI_3\downarrow$

10. 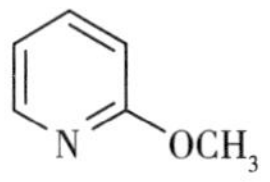

11. 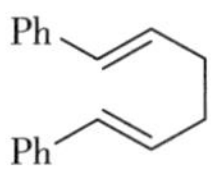

12. 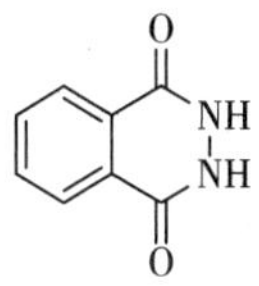 + $C_2H_5NH_2$

13. 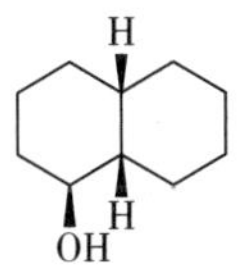

14. CH_2CH_2OH
|
$CH_2CH_2CH_2OH$

15.

五、推断结构

A. 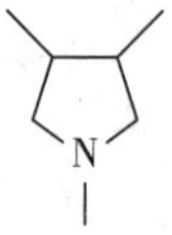   B. 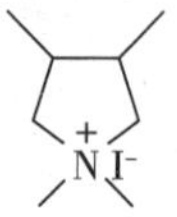   C.

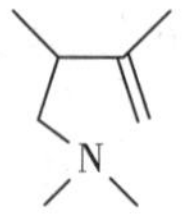

D.    E.

六、写出下列反应的可能历程

1.

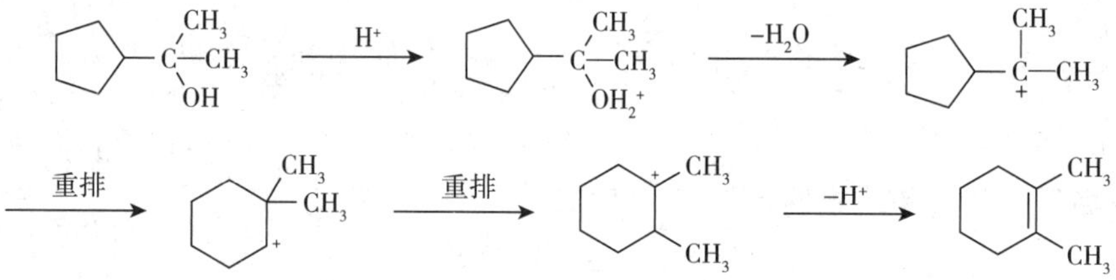

2.

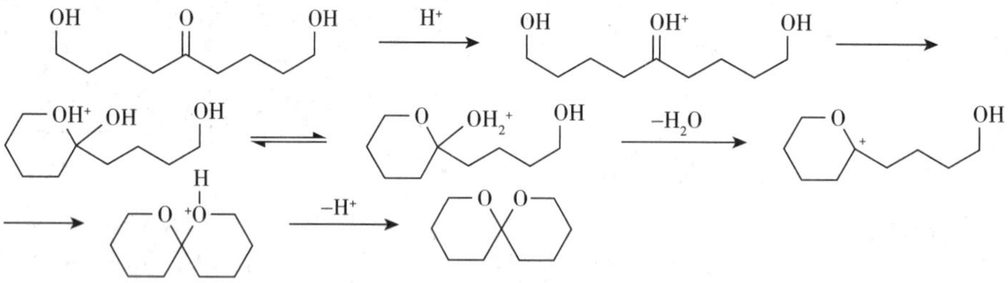

七、合成题（无机原料和常用溶剂均任选）

1.

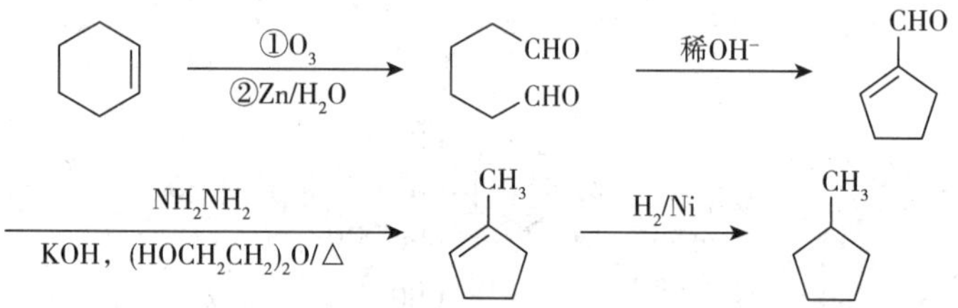

2. $H_2C=CH_2 + HBr \longrightarrow CH_3CH_2Br$

$HC\equiv CH \xrightarrow[\text{液}NH_3]{NaNH_2} HC\equiv CNa \xrightarrow{CH_3CH_2Br} NaC\equiv CCH_2CH_3$

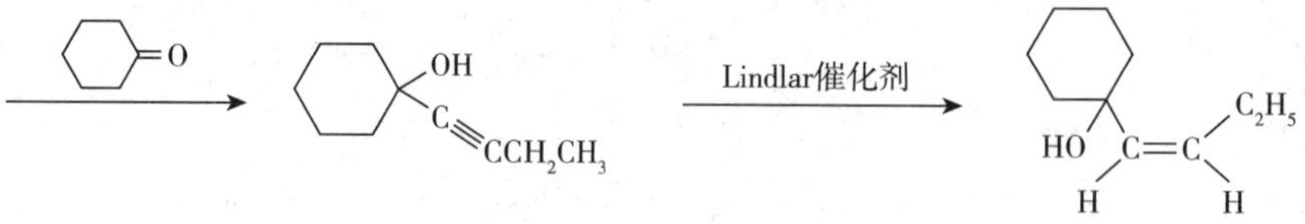

3. 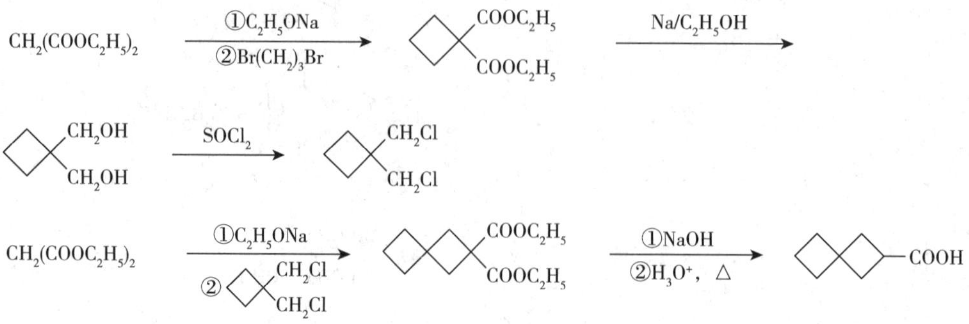 $CH_2(COOC_2H_5)_2 \xrightarrow[\textcircled{2}Br(CH_2)_3Br]{\textcircled{1}C_2H_5ONa}$ $\xrightarrow{Na/C_2H_5OH}$

$\xrightarrow{SOCl_2}$

$CH_2(COOC_2H_5)_2 \xrightarrow[\textcircled{2}]{\textcircled{1}C_2H_5ONa}$ $\xrightarrow[\textcircled{2}H_3O^+,\ \triangle]{\textcircled{1}NaOH}$

试卷十

一、单项选择题

1~5. ABABC　6~10. ACADB　11~15. CCBBC

16~20. ADCDA　21~25. DBCAB　26~30. BBCAC

二、用系统命名法命名下列化合物或根据名称写出结构式

1. 乙基乙烯基醚

2. 4-溴环己烯

3. (Z)-1,2-二氯-1-溴乙烯

4. (2S,3R)-2,3-二羟基-丁醛

5. 邻苯二甲酸二甲酯

6. 3-苯基丙-2-烯醛

7. β-丁酮酸

8. 8-甲基萘-1-酚

9.

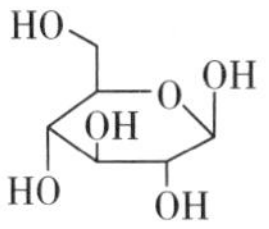

10.

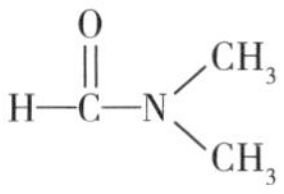

三、写出下列反应的主产物

1. $(CH_3)_2CBrCH(CH_3)_2$

2.

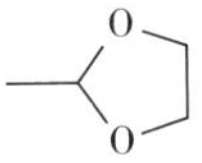

3. 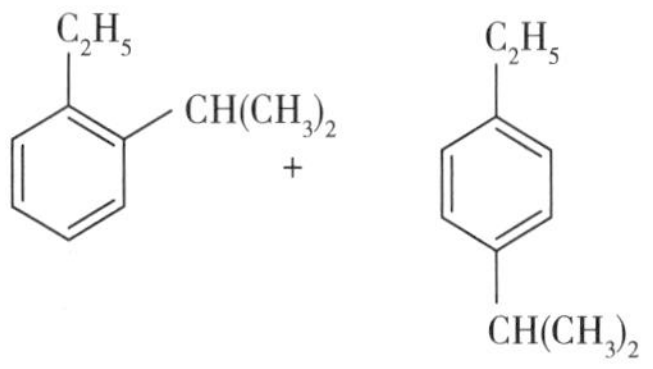 +

4. $CH_3CH=CHCH_3$

5.

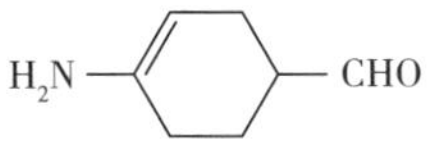

6. $CH_3CH_2COONa + CHI_3$

7.

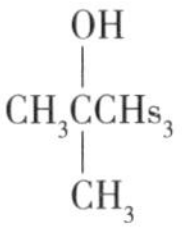

8.

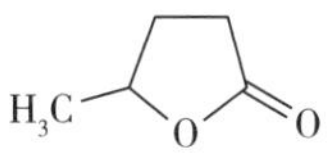

9. $CH_3CH=CHCH_2OH$

10.

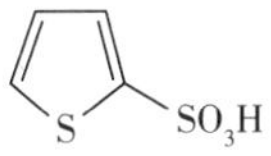

四、简答题

1.（1）

（2）

2.（1）对映异构体　（2）顺反异构或非对映异构

3.（1） 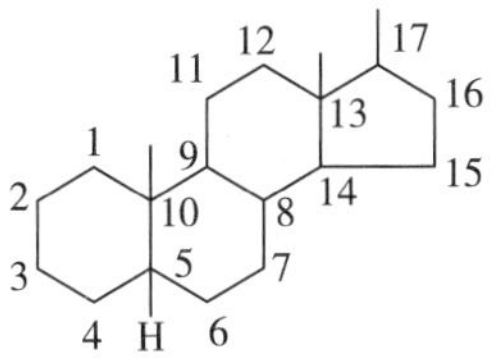　（2）27　（3）5β系或正系

五、合成题

评分标准：每步 2 分。

1.

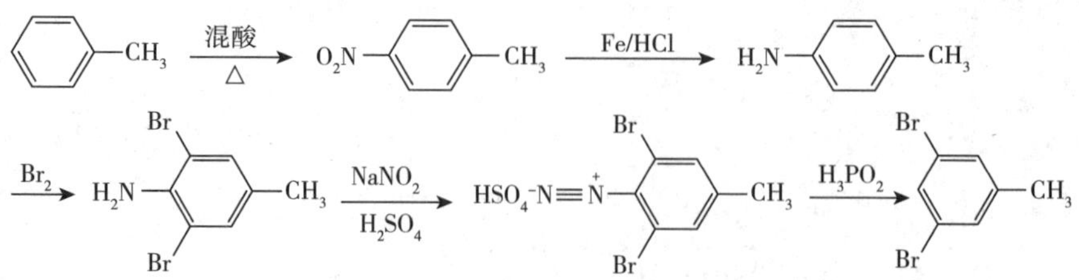

评分标准：每大步 5 分，可分开写。

2. 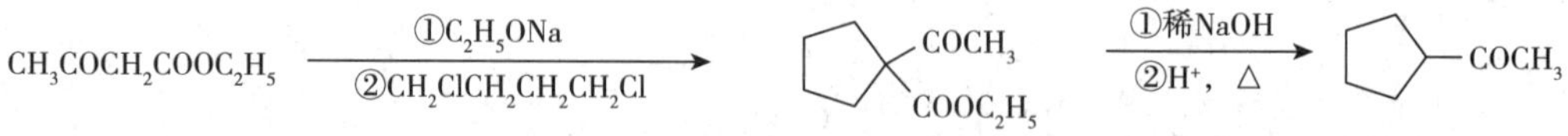 CH₃COCH₂COOC₂H₅ $\xrightarrow[\text{②CH}_2\text{ClCH}_2\text{CH}_2\text{CH}_2\text{Cl}]{\text{①C}_2\text{H}_5\text{ONa}}$ $\xrightarrow[\text{②H}^+, \triangle]{\text{①稀NaOH}}$

六、推导结构

评分标准：每个结构 2 分；每个反应 1 分。

A. 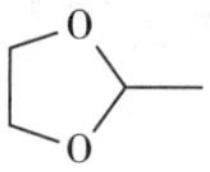 　　　B. CH₃CHO　　　C.

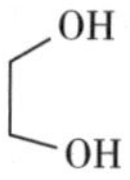

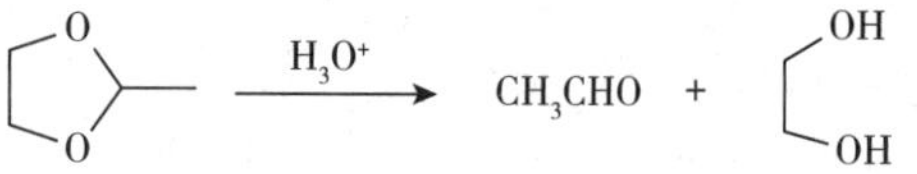

$\xrightarrow{\text{H}_3\text{O}^+}$ CH₃CHO +

CH₃CHO + ⟶

CH₃CHO + NaOH + I₂ ⟶ HCOONa + CHI₃↓

CH₃CHO + [Ag(NH₃)₂]⁺OH⁻ ⟶ HCOOH + Ag

+ KMnO₄ ⟶ CO₂↑ + H₂O

试卷十一

一、用系统命名法命名下列化合物或根据名称写出结构式

1. 5-溴吡啶-3-甲酸乙酯　　　2. (S)-2-溴戊-3-烯醛　　　3. (Z)-6-氯辛-5-烯-2-炔

4. 4-甲基环己醇　　　5. 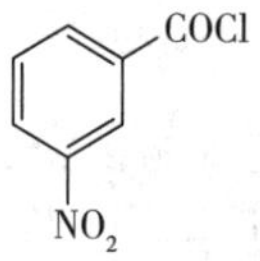 　　　6.

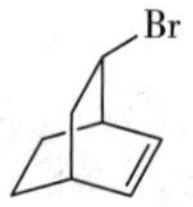

二、单项选择题

1～5. CADBD　　6～10. BACBD　　11～15. DCDBA

三、完成下列反应方程式

1.

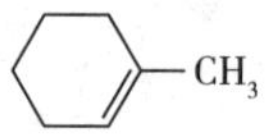

2. 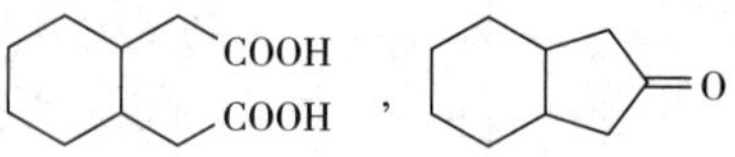 ，

3.

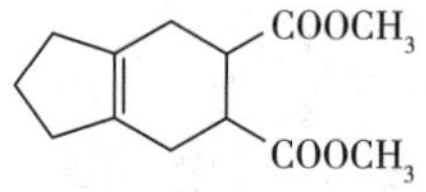

4. 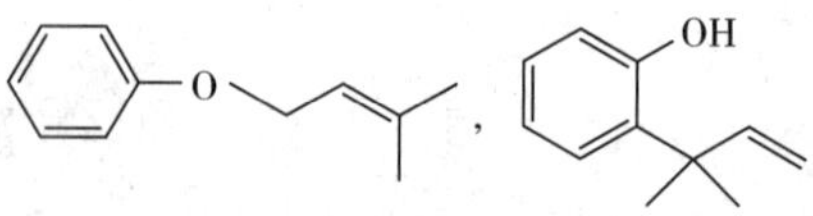 ，

5.  (CH₃)₂CHCOCOCH₂CH(CH₃)₂

6. 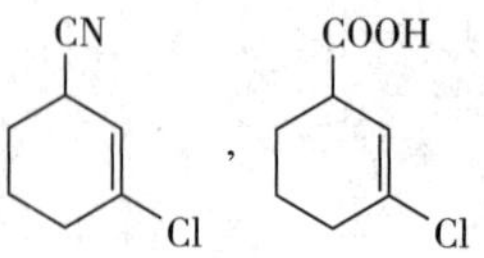 ，

7.

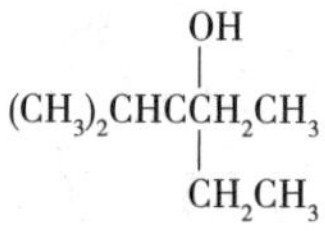

四、鉴别下列各组化合物

1.

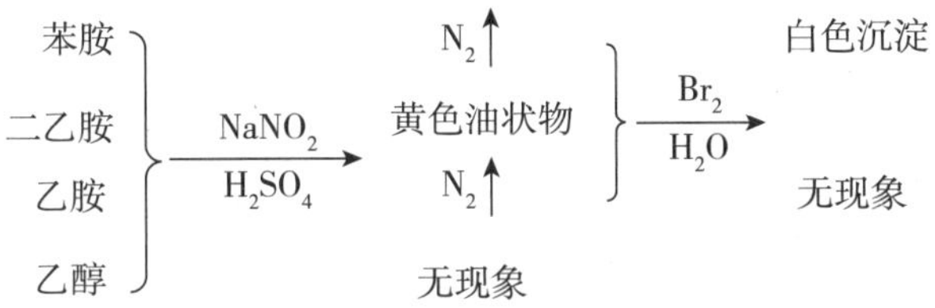

2.

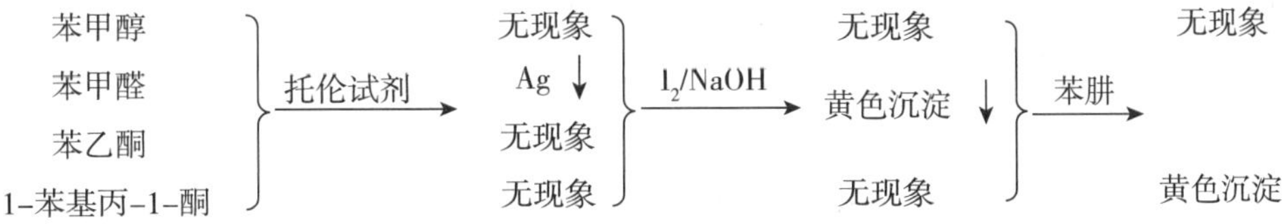

五、简答题

1.

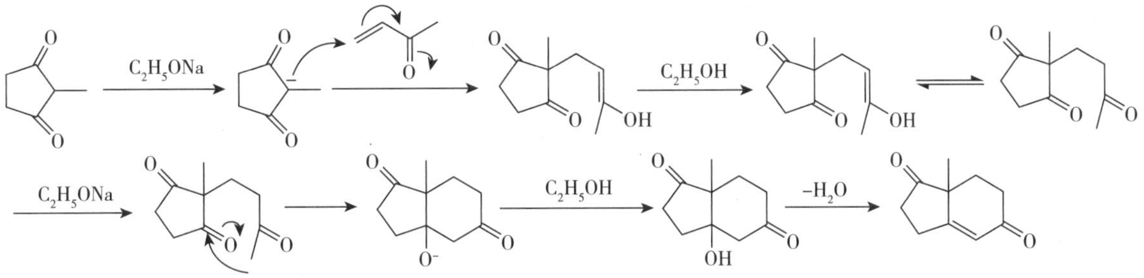

2.

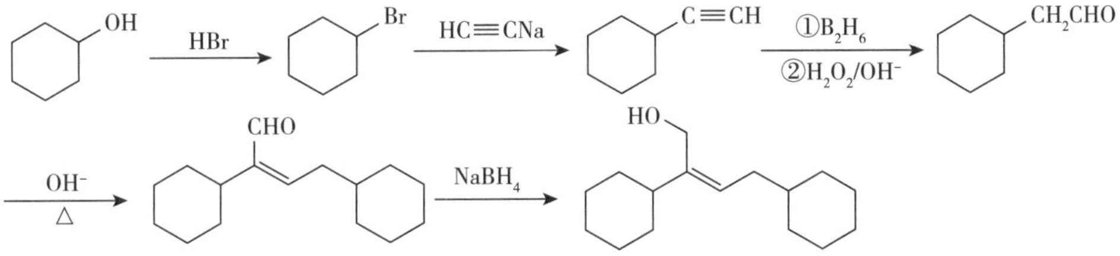

3. A. 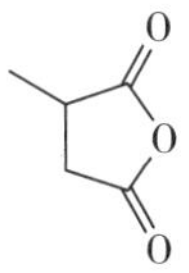 B. 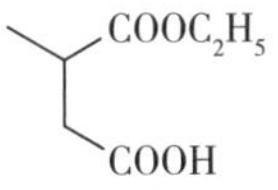 C.

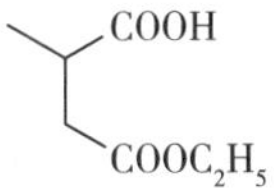

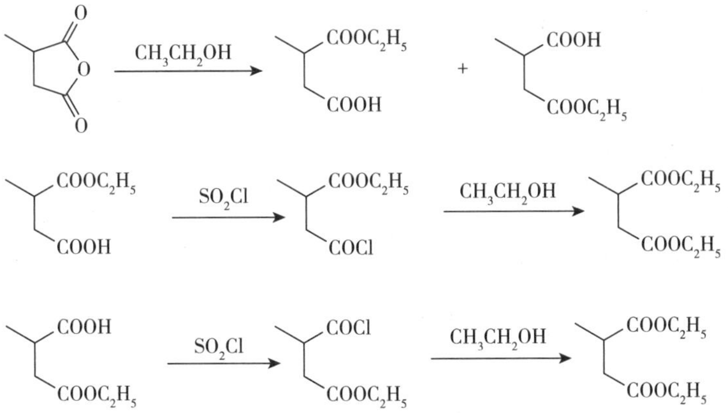

试卷十二

一、单项选择题

1～5. A ABBD　6～10. CAADB　11～15. ADCDD

二、写出下列反应的主产物

1. $CH_3CH_2CH_2COOH$

2. $\underset{\underset{Br}{|}}{CH_3}\overset{\overset{CH_3}{|}}{C}HCH_3$

3. $\underset{CH_3}{\overset{\overset{NOH}{||}}{C}}CH_3$

4. $CH_3CH=CHCH_3$

5. $\underset{CH_3}{\overset{\overset{O}{||}}{C}}NH_2$

6. $\underset{CH_3}{\overset{H}{}}C=C\underset{H}{\overset{CH_2CH_3}{}}$

7. 苯基-NH_2

8. $\underset{OCH_2CH_3}{CH_3CHCH_2OH}$

9. γ-丁内酯 (五元环内酯)

10. $C_2H_5\overset{O}{\overset{||}{C}}-O-\overset{O}{\overset{||}{C}}CH_3$

11. $\underset{}{CH_3CHCH_2CH}$ (OH, O)

12. 丁二酸酐

13. CH_3NH_2

14. 六氢异苯并呋喃 (环状醚)

15. $\underset{OH}{HOOH}$ (连苯三酚)

三、合成题

1. （1） 苯 + Li $\longrightarrow$ 苯-Li $\xrightarrow{CuI}$ Ph_2CuLi

（2） $CH_2=CHCH_3 \xrightarrow[\text{光照}]{Br_2} CH_2=CHCH_2Br$

（1） + （2） $\longrightarrow CH_2=CH-CH_2Ph$

2. $CH_3COCH_2COOC_2H_5 \xrightarrow{C_2H_5ONa} [CH_3COCHCOOC_2H_5]^-Na^+ \xrightarrow{CH_3Cl}$

$\underset{CH_3}{CH_3COCHCOOC_2H_5} \xrightarrow{CH_3CH_2Cl} \underset{CH_3}{CH_3CO\overset{CH_2CH_3}{\overset{|}{C}}COOC_2H_5} \xrightarrow[\text{②}H^+]{\text{①}40\%NaOH} \underset{CH_3}{CH_3CH_2CH_2CHCOOH}$

3. $CH_2=CH_2 \xrightarrow[H^+]{H_2O} CH_3CH_2OH \xrightarrow{CrO_3} CH_3CHO \xrightarrow[\text{②}H_3O^+]{\text{①}CH_3CH_2MgCl} CH_3CH_2CHOHCH_3 \xrightarrow{CrO_3} CH_3CH_2COCH_3$

4. 乙苯 $\xrightarrow{Cl, Fe}$ 对氯乙苯 $\xrightarrow{NBS}$ 对氯-α-溴乙苯 $\xrightarrow{NaOH, EtOH}$ 对氯苯乙烯

$\xrightarrow[ROOR]{HBr}$ 对氯-β-溴乙苯 $\xrightarrow[AlCl_3]{CH_3COCl}$ 产物

四、简答题

1.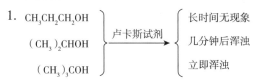

$CH_3CH_2CH_2OH$

$(CH_3)_2CHOH$ — 卢卡斯试剂 → 长时间无现象 / 几分钟后浑浊 / 立即浑浊

$(CH_3)_3COH$

（CH₃CH₂CH₂OH → 长时间无现象；(CH₃)₂CHOH → 几分钟后浑浊；(CH₃)₃COH → 立即浑浊）

2. 环己烯 / 环己-1,3-二烯 / 己-1-炔 ——$Ag(NH_3)_2NO_3$→ 无现象 / 无现象 / 白色沉淀 ——顺丁烯二酸酐 △→ 无现象 / 白色沉淀

3. 苯胺 / N-甲基苯胺 / N,N-二甲基苯胺 ——$\dfrac{NaNO_2}{HCl}$→ 白色 / 黄色 / 绿色

4. A. $(CH_3)_2CHCCH_2CH_3$ （含 O 羰基）   B. $(CH_3)_2CHCHCH_2CH_3$（含 OH）   C. $(CH_3)_2C{=}CHCH_2CH_3$

D. CH_3CCH_3（含 OH）   E. CH_3CH_2CHO

试卷十三

一、用系统命名法命名下列化合物或根据名称写出结构式

1. 1-羟基萘-3-甲酸
2. 2,2,5-三甲基己烷
3. 苯基叔丁基醚
4. 5,5-二甲基二环[2.1.1]己-2-烯

二、写出下列反应的主产物

1. $CH_3CH_2CH_2CH_2Br$

2. [苯环]$CH{=}CHCOCH_3$

3. $\underset{H\quad H}{\overset{H_3C\quad CH_3}{C{=}C}}$

4. [环己烯-OCH₃结构]

5. [环戊酮-COOEt结构] , [环戊酮-COOEt/CH₂Ph结构]

6. $H_3C{-}[苯环]{-}C(CH_3)_3$, $HOOC{-}[苯环]{-}C(CH_3)_3$

7. [苯环]$COCH_3$, $O_2N{-}[苯环]{-}COCH_3$

三、鉴别下列各组化合物

1.
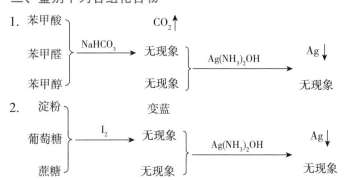

苯甲酸 / 苯甲醛 / 苯甲醇 ——$NaHCO_3$→ $CO_2\uparrow$ / 无现象 / 无现象 ——$Ag(NH_3)_2OH$→ $Ag\downarrow$ / 无现象

2. 淀粉 / 葡萄糖 / 蔗糖 ——I_2→ 变蓝 / 无现象 / 无现象 ——$Ag(NH_3)_2OH$→ $Ag\downarrow$ / 无现象

四、合成题

1.

2.

五、写出下列反应的反应机理